# 3ds Max 2024 中文版标准实例教程

胡仁喜　刘昌丽　编著

本书由浅入深、循序渐进地介绍了使用 3ds Max 2024 制作三维模型和动画的基础知识。全书共分 14 章，内容涵盖了 3ds Max 2024 简介、对象的基本操作、利用二维图形建模、几何体建模、复合和多边形建模、NURBS 建模、物体的修改、材质的使用、贴图的使用、灯光与摄像机、空间变形和粒子系统、环境效果、动画制作初步及渲染与输出。

本书图文并茂，采用参数讲解与应用举例相结合的方式，力求让读者通过有限的篇幅学到尽可能多的知识，使读者在了解参数含义的同时能最大限度地学会应用。另外，各章的课后习题能帮助读者熟练地掌握操作技巧，独立制作出各种美妙的三维模型及精彩的动画作品。

为了满足广大读者的不同需求，本书对每一个命令既提供了英文名称，也提供了相应的中文解释。

本书适用于效果图与动画制作初、中级用户，也可用作高校相关专业和社会培训班的培训教材。

**图书在版编目（CIP）数据**

3ds Max2024 中文版标准实例教程 / 胡仁喜，刘昌丽编著 . —北京：机械工业出版社，2024.1

ISBN 978-7-111-75072-7

Ⅰ . ① 3…　Ⅱ . ①胡…②刘…　Ⅲ . ①三维动画软件 – 教材　Ⅳ . ① TP391.414

中国国家版本馆 CIP 数据核字（2024）第 043531 号

机械工业出版社（北京市百万庄大街 22 号　邮政编码 100037）

策划编辑：王　珑　　　责任编辑：王　珑

责任校对：李可意　李　婷　　　责任印制：任维东

北京中兴印刷有限公司印刷

2024 年 4 月第 1 版第 1 次印刷

184mm×260mm ·19 印张 ·481 千字

标准书号：ISBN 978-7-111-75072-7

定价：69.00 元

电话服务　　　　网络服务

客服电话：010-88361066　机　工　官　网：www.cmpbook.com

010-88379833　机　工　官　博：weibo.com/cmp1952

010-68326294　金　　书　　网：www.golden-book.com

**封底无防伪标均为盗版**　机工教育服务网：www.cmpedu.com

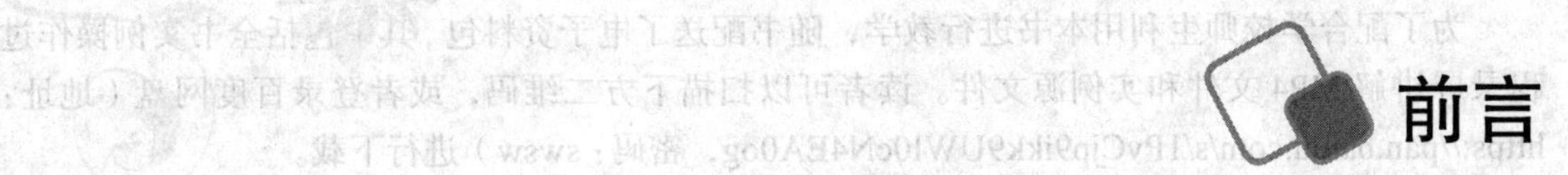

# 前言

随着计算机软件各种性能的提高和游戏、影视、娱乐等行业的蓬勃发展，计算机图形技术的应用越来越广泛，特别是计算机三维动画设计在多媒体设计中占据着相当重要的地位。借助计算机三维动画设计软件，设计者能够将想象力发挥得淋漓尽致，制作出丰富多彩的三维模型和绚丽多姿的动画作品。

3ds Max 是由著名的 Autodesk 公司麾下的 Discreet 子公司开发的应用最广、最成功的动画制作软件之一。它是目前世界上销量最大的三维建模、动画制作及渲染软件，被广泛应用于电影特技、影视广告、计算机游戏、教育娱乐和建筑装潢等方面。3ds Max 由于其功能强大、使用方便、界面交互性强而深受广大专业制作人员及业余爱好者的青睐。

3ds Max 2024 是 3ds Max 软件的新版本。本书由浅入深、循序渐进地介绍了 3ds Max 2024 的相关内容。全书共分 14 章。第 1 章介绍了 3ds Max 2024 的应用领域、新增功能以及操作界面，并通过一段简单的动画制作讲述了制作动画的一般流程。第 2 章介绍了对象的基本操作，内容包括对象简介、对象的选择、对象的轴向固定变换、对象的复制以及对象的对齐与缩放。第 3 章 ~ 第 7 章介绍了各种建模的方法，其中第 3 章介绍了二维图形建模的相关知识，包括二维图形的绘制、二维图形的参数卷展栏简介、二维图形的编辑以及二维图形转换成三维物体的方法；第 4 章介绍了几何体建模的相关知识，内容涵盖了标准几何体的创建、扩展几何体的创建、门的创建、窗的创建以及楼梯的创建；第 5 章讲解了复合和多边形建模的方法，内容包括放样生成三维物体、变形放样对象、布尔运算、变形物体与变形动画以及多边形网格建模；第 6 章介绍了 NURBS 建模的相关知识，内容包括 NURBS 曲线的创建与修改、NURBS 曲面的创建与修改、NURBS 工具箱的使用以及 NURBS 建模的方法；第 7 章介绍了物体的修改方法，内容包括修改器面板的介绍、修改器堆栈的使用和常用编辑器的使用。第 8 章介绍了材质的使用，内容包括材质编辑器简介、标准材质的使用和复合材质的使用。第 9 章介绍了贴图的使用，内容包括贴图类型、贴图通道以及 UVW 贴图修改器功能简介。第 10 章讲解了灯光与摄像机的相关知识，内容包括标准光源的建立、光源的控制、灯光特效以及摄像机的使用。第 11 章介绍了空间变形和粒子系统，可以让读者对使用 3ds Max 2024 制作自然景象有一定的了解，并掌握一定的操作技能。第 12 章介绍了环境效果的创建方法，内容包括“环境和效果”对话框的介绍、环境贴图的应用、雾效和体积光的使用以及火效果的制作。第 13 章介绍了动画制作的基本知识，内容涵盖了动画的简单制作、使用功能曲线编辑动画轨迹以及使用控制器制作动画的方法。第 14 章讲解了渲染与输出的相关知识，内容包括渲染工具的使用和后期合成的方法。

本书图文并茂，采用参数讲解与应用举例相结合的方式，力求让读者通过有限的篇幅学到尽可能多的知识，使读者在了解参数含义的同时能最大限度地学会应用。另外，各章的课后习题能帮助读者熟练地掌握操作技巧，独立制作出各种美妙的三维模型及精彩的动画作品。

为了满足广大读者的不同需求，本书对每一个命令既提供了英文名称，也提供了相应的中文解释。

为了配合学校师生利用本书进行教学，随书配送了电子资料包，其中包括全书实例操作过程录屏讲解 MP4 文件和实例源文件。读者可以扫描下方二维码，或者登录百度网盘（地址：https://pan.baidu.com/s/1PvCjp9ikk9UWI0cN4EA0og，密码：swsw）进行下载。

本书由三维书屋工作室总策划，河北交通职业技术学院的胡仁喜和石家庄三维书屋文化传播有限公司的刘昌丽编写，其中胡仁喜编写了第 1 ~ 9 章，刘昌丽编写了第 10 ~ 14 章。

尽管编者对书稿进行了多次校审，但由于水平所限，书中难免有不足之处，恳请广大读者联系 714491436@qq.com 不吝斧正，也欢迎加入三维书屋图书学习交流群（QQ：512809405）交流探讨。

编　者

# 目录

## 前言

## 第 10 章 灯光与摄像机 …… 209

## 第 11 章 空间变形和粒子系统 …… 234



## 第 12 章 环境效果 …… 246



## 第 13 章 动画制作初步 …… 264

# 第 1 章　3ds Max 2024 简介

### 教学目标

通过对本章的学习，可以使 3ds Max 初学者对 3ds Max 2024 有一个感性的认识，并为其以后的学习打下坚实的基础，使有过其他版本学习经验的 3ds Max 用户初步认识 3ds Max 2024 的新功能。

### 教学重点与难点

- 3ds Max 2024 的应用领域
- 3ds Max 2024 的新增功能
- 3ds Max 2024 的界面
- 3ds Max 2024 制作动画的步骤

## 1.1　3ds Max 2024 的应用领域

### 1.1.1　片头广告

在市场经济推动下，商业广告、电视片头的需求量剧增。3ds Max 2024 是广告制作者的有力工具。针对广告业的特点，3ds Max 2024 提供了特有的文字创建系统和完善的后期工具，令广告制作者几乎不需要其他后期软件就可以制作出漂亮的广告片头。用 3ds Max 2024 制作的片头如图 1-1 和图 1-2 所示。

图 1-1　片头一

图 1-2　片头二

### 1.1.2　影视特效

3ds Max 2024 在影视制作中有着相当广泛的应用前景，它与 Discreet 公司推出的 3ds 影视特效合成软件 combustion2.0 完美结合，可提供理想的动画及 3D 合成方案。同时，采用 3ds

Max 制作特效并获奖的电影作品也在不断增多，如《角斗士》《碟中碟 2》《星战前传》《黑客帝国》等就是其中的精品。图 1-3 所示为电影中的特效镜头。

图 1-3　特效镜头

### 1.1.3　建筑装潢

3ds Max 在建筑装潢行业中有着相当广泛的应用，它以强大的建模工具配合快速的渲染功能，尤其在新版本中加入了各种高级的渲染器之后使其能够快速地制作出可与彩色照片相媲美的效果图作品，而且可以利用 3ds Max 2024 强大的动画制作功能制作出建筑景观的环游动画。由于使用 3ds Max 制作效果图相对比较容易上手，所以已有越来越多的建筑、装潢设计师将其作为建筑效果图及环境处理的完整解决方案。图 1-4 和图 1-5 所示为建筑装潢效果图。

图 1-4　建筑装潢效果图一

图 1-5　建筑装潢效果图二

### 1.1.4　游戏开发

3ds Max 2024 强大的动画制作功能使它受到了游戏开发者的青睐。在使用 3ds Max 的游戏开发领域中，3ds Max 2024 和 character studio 是最佳的开发解决方案，它们可以提供更多的建立和调整角色的方法。3ds Max 2024 还可以使用众多的插件，从而给游戏开发者提供了各种各样的特殊效果及高效工具。图 1-6 和图 1-7 所示为用 3ds Max 制作的游戏角色。

图 1-6　游戏角色一

图 1-7　游戏角色二

## 1.2　3ds Max 2024 的新增功能

### 1.2.1　布尔修改器改进

与 3ds Max 2023 相比，3ds Max 2024 对布尔修改器做了多项改进，包括新的缓存方法、对法线的支持以及各种错误修复。

3ds Max 2024 在布尔修改器中添加了一种新的缓存方法，可以将布尔结果网格与场景文件一起保存，这使得布尔场景的后续加载速度提高了 7 倍。

3ds Max 2024 的布尔修改器完全支持平滑组、指定法线和可存在于输入布尔运算对象上的显式法线，当在布尔运算中使用这些类型的运算对象时，运算对象中包含的平滑和法线数据会被处理并包含在由修改器创建的布尔结果网格中。

### 1.2.2　阵列修改器更新

在 3ds Max 2024 所有“阵列”修改器的“Distribution”卷展栏中都包含新的“Array By Element”方法，从而可以更好地控制元素的排列。此外，用户还可以使用新的“Variation”参数调整叶状螺旋中克隆的角度。

### 1.2.3　创建自定义默认值

在 3ds Max 2024 中，用户定义的默认值可通过 UI 中的上下文菜单使用。作为新的上下文菜单改进的一部分，3ds Max 2024 可以直接在 UI 中设置用户定义的默认设置（以前只能通过 Maxscript 获得），以便在许多微调器、复选框、单选按钮、文本字段、下拉菜单和颜色中自定义属性。

### 1.2.4　动画控制器改进

复制和粘贴动画不再需要通过右击上下文菜单访问匹配的控制器，3ds Max 2024 可以指定正确的控制器，使“复制”和“粘贴”工作流能够通过右击上下文菜单按预期运行。

### 1.2.5 智能挤出更新

3ds Max 2024 对智能挤出工作流进行了以下更新：

1）当对“可编辑多边形”对象执行“智能挤出”操作时，用户可以利用应用于生成的面的新多边形平滑。

2）当执行与原始多边形曲面共面的正“智能挤出”（如延伸圆柱体的顶部多边形）时，3ds Max 2024 会尝试在使用“智能挤出”挤出的新面上使用相邻面的现有法线，从而创建平滑结果。

3）当使用“智能挤出”从向内或向外挤出创建新的几何体时，那些与先前存在的几何体属于非平面的面将被自动平滑（前提是彼此之间的公差在 30° 以内）。此结果类似于应用角度阈值为 30° 的平滑修改器。

## 1.3 3ds Max 2024 界面介绍

3ds Max 2024 是运行在 Windows 系统下的三维动画制作软件，具有一般窗口式的软件特征，即窗口式的操作界面。3ds Max 2024 主窗口操作界面如图 1-8 所示。

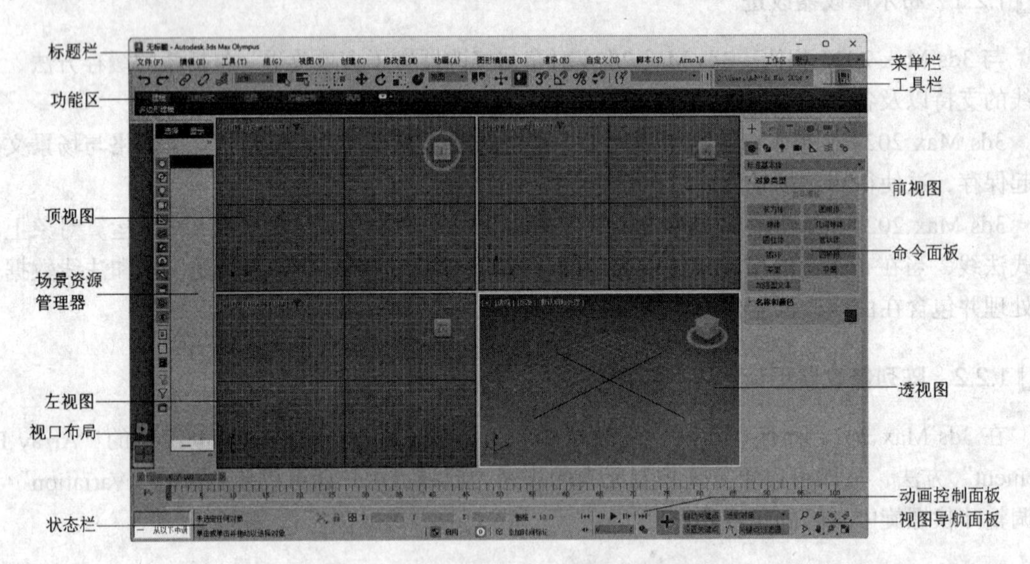


图 1-8 3ds Max 2024 主窗口操作界面

### 1.3.1 菜单栏

3ds Max 2024 采用了标准的下拉菜单。它包括的菜单具体如下：

✧【File】(文件)菜单：该菜单包含用于管理文件的命令。

✧【Edit】(编辑)菜单：用于选择和编辑对象，主要包括对操作步骤的撤消、临时保存、删除、复制和全选、反选等命令。

✧【Tools】(工具)菜单：提供了较为高级的对象变换和管理工具，如镜像和对齐等。

✧【Group】(组)菜单：用于对象成组，包括成组、分离和加入等命令。

✧【Views】(视图)菜单：包含了对视图工作区的操作命令。

✧【Create】(创建)菜单：用于创建二维图形、标准几何体、扩展几何体和灯光等。

✧【Modifiers】(修改器)菜单：用于修改造型或接口元素等设置。3ds Max 2024 按照选择编辑、曲线编辑、网格编辑等类别提供了全部内置的修改器。

✧【Animation】(动画)菜单：用于设置动画，包括各种动画控制器、IK 设置、创建预览和观看预览等命令。

✧【Graph Editors】(图形编辑器)菜单：包含 3ds Max 2024 中以图形的方式形象地展示与操作场景中各元素相关的各种编辑器。

✧【Rendering】(渲染)菜单：包括与渲染相关的工具和控制器。

✧【Civil View】菜单：要使用 Civil View，必须先将其初始化，然后重新启动 3ds Max 2024。

✧【Customize】(自定义)菜单：用户可以自定义界面，包括与其有关的所有命令。

✧【Scripting】(脚本)菜单：MAXScript 是 3ds Max 2024 内置的脚本语言。用该菜单可以进行各种与 3ds Max 2024 对象相关的编程工作，从而提高工作效率。

✧【Content】(内容)菜单：可以通过此菜单启动 3ds Max 2024 资源库。

✧【Arnold】菜单：3ds Max 2024 可以跟 Arnold 渲染器搭配使用，从而创建出更加出色的场景和惊人的视觉效果。

✧【Substance】菜单：此组件提供了一键式解决方案，可构建明暗器网络以用于常用渲染器，允许用户在 Slate 材质编辑器中导入 Substance 材质。

✧【Help】(帮助)菜单：为用户提供各种相关的帮助。

### 1.3.2　工具栏

默认情况下，3ds Max 2024 只显示主要工具栏。主要工具栏中的工具图标包括选择类工具图标、操作类工具图标、选择及锁定工具图标、坐标类工具图标、连接关系类工具图标和其他一些如帮助、对齐、数组复制等工具图标。当前选中的工具图标呈蓝底显示。要打开其他的工具栏可以在工具栏上右击，在弹出的快捷菜单中选择或配置要显示的工具项和标签工具条，如图 1-9 所示。

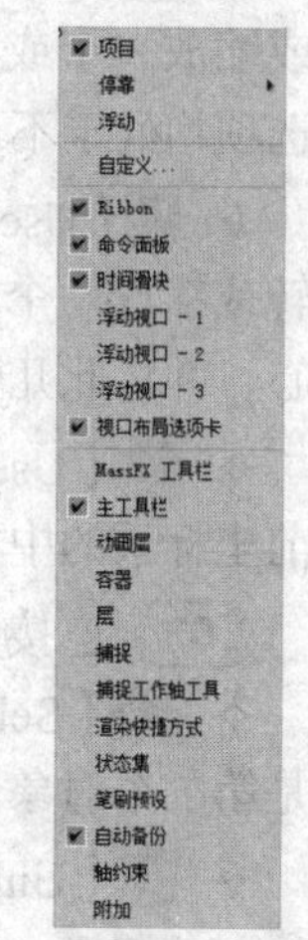

图 1-9　快捷菜单

**01** 选择类工具图标

✧ 全部 【Selection Filter】(选择过滤器)：用来设置过滤器种类。

✧ 【Select Object】(选择对象)：单击该图标以后，在任意一个视图内，鼠标指针都会变成一白色十字游标。单击要选择的物体即可将其选中。

✧ 【Select by Name】(按名称选择)：该图标的功能允许用户按照场景中对象的名称选择物体。

✧ 【Rectangular Selection Region】(矩形选择区域)：单击此图标时按住鼠标左键不动，会弹出 4 个选取方式，矩形是其中之一。

✧ 【Circular Selection Region】(圆形选择区域)：单击该图标，在视图中拉出的选择区域为一个圆。

✧ 【Fence Selection Region】(围栏选择区域)：在视图中，用鼠标选定第一点，拉出直线，再选定第二点，如此拉出一个不规则的图形，将其作为选择区域，该区域中的对象被全部选中。

✧ 【Lasso Selection Region】(套索选择区域)：用鼠标滑过视图会产生一个轨迹，以这条轨迹为选择区域的选择方法就是套索区域选择。

✧ 【Paint Selection Region】(绘制选择区域)：将在视图中通过拖拽而生成的图形作为选择区域，该区域中的对象被选中。

✧ 【Window/Crossing】(窗口/交叉)：可以在窗口和交叉模式之间进行切换。交叉选择模式只需要框住对象的任意局部或全部就能将其选中，而窗口选择模式只能框住对象的全部才能将其选中。

✧ 【Edit Named Selection Sets】(编辑命名选择集)：单击该图标，可打开"选择集对话框"。在其中可进行对象的选择、合并和删除等操作。

**02** 选择与操作类工具图标

✧ 【Select and Move】(选择并移动)：单击该图标，能对所选对象进行移动操作。

✧ 【Select and Rotate】(选择并旋转)：单击该图标，能对所选对象进行旋转操作。

✧ 【Select and Uniform Scale】(选择并均匀缩放)：单击该图标，能对所选对象进行缩放操作。该图标下面还有两个缩放工具，一个是正比例缩放，一个是非比例缩放。

✧ 【Select and Place】(选择并放置)：使用"选择并放置"工具可将对象准确地定位到另一个对象的曲面上。此图标的功能与"自动栅格"选项类似，但随时可以使用，而不仅限于在创建对象时。

✧ 【Select and Rotate】(选择并旋转)：与"选择并放置"图标类似，这里不再赘述。

✧ 【Use Pivot Point Center】(使用轴点中心)：单击该图标，可以围绕其各自的轴点旋转或缩放一个或多个对象。自动关键点处于活动状态时"使用轴点中心"将自动关闭，同时其他选项均处于不可用状态。

✧ 【Use Selection Center】(使用选择中心)：单击该图标，可以围绕其共同的几何中心旋转或缩放一个或多个对象。如果变换多个对象，3ds Max Design 会计算所有对象的平均几何中心，并将此几何中心用作变换中心。

✧ 【Use Transform Coordinate Center】(使用变换坐标中心)：单击该图标，可以围绕当前坐标系的中心旋转或缩放一个或多个对象。

**03** 连接关系类工具图标

✧ 【Select and Link】(选择并链接)：将两个对象链接成父子关系，第一个被选择的对象是第二个对象的子体。这种链接关系是3d studio max中的动画基础。

✧ 【Unlink Selection】(断开当前选择链接)：单击此图标，上述的父子关系将解除。

✧ 【Bind to Space Warp】(绑定到空间扭曲)：将空间扭曲结合到指定对象上，使物体产生空间扭曲和空间扭曲动画。

**04** 复制、视图工具图标

✧ 【Mirror Selected Objects】(镜像)：单击该图标，可对当前选择的物体进行镜像操作。

✧ 【Align】(对齐)：单击该图标，可对齐当前的对象。其下还有五种对齐方式，可应用于不同的情况。

✧ 【Quick Align】（快速对齐）：使用“快速对齐”可将当前选择的位置与目标对象的位置立即对齐。

✧ 【Normal Align】（法线对齐）：单击该图标，可打开“法线对齐”对话框。在其中可设置基于每个对象的上面或选择的法线方向将两个对象对齐。

✧ 【Place Highlight】（放置高光）：使用“对齐”弹出按钮上的“放置高光”，可将灯光或对象对齐到另一对象，以便可以精确定位其高光或反射。

✧ 【Align Camera】（对齐摄影机）：使用“对齐”弹出按钮中的“对齐摄影机”，可以将摄影机与选定的面法线对齐。

✧ 【Align to View】（对齐到视图）：单击“对齐”弹出按钮中的“对齐到视图”，打开“对齐到视图”对话框，可以将对象或子对象选择的局部轴与当前视口对齐。

✧ 【Toggle Scene Explorer】（切换场景资源管理器）：单击此图标，打开“场景资源管理器”对话框。“场景资源管理器”对话框可用于查看、排序、过滤和选择对象，还可用于重命名、删除、隐藏和冻结对象，创建和修改对象层次，以及编辑对象属性。

✧ 【Toggle Layer Explorer】（切换层资源管理器）：单击此图标，打开“层资源管理器”对话框。“层资源管理器”是一种显示层及其关联对象和属性的“场景资源管理器”模式，可以用来创建、删除和嵌套层，以及在层之间移动对象，还可以查看和编辑场景中所有层的设置，以及与其相关联的对象。

✧ 【Toggle Ribbon】（显示功能区）：单击该图标，可打开层次视图，以显示关联对象的父子关系。

✧ 【Curve Editer】（曲线编辑器）：单击该图标，可打开轨迹窗口。

✧ 【Schematic View】（图解视图）：单击该按钮，可打开“图解视图”对话框，在其中可查看、创建并编辑对象间的关系。“图解视图”是基于节点的场景图。

✧ 【Material Editer】（材质编辑器）：用于打开“材质编辑器”对话框。快捷键为 M。

**05** 捕捉类工具图标

✧ 【Snap Toggle】（捕捉开关）：单击该图标可打开或关闭三维捕捉模式。

✧ 【Angle Snap Toggle】（角度捕捉切换）：单击该图标可打开或关闭角度捕捉模式。

✧ 【Percent snap Toggle】（百分比捕捉切换）：单击该图标可打开或关闭百分比捕捉模式。

✧ 【Spinner Snap Toggle】（微调器捕捉切换）：单击该图标可打开或关闭旋转器锁定开关。

**06** 其他工具图标

✧ 【Render Setup】（渲染设置）：使用“渲染”可以基于 3D 场景创建 2D 图像或动画，从而可以使用所设置的灯光、所应用的材质及环境设置（如背景和大气）为场景内的几何体着色。

✧ 【Rendered Frame Window】（渲染帧窗口）：用于显示渲染输出。

✧ 【Render Production】（渲染产品）：单击该图标，可以使用当前产品级渲染设置渲染场景，而无须打开“渲染设置”对话框。

✧ 【Render in the Cloud】（在线渲染）：单击该图标，可打开“渲染设置：A360 在线渲染”

对话框，可以在该对话框中设置参数。A360 渲染使用云资源，用云渲染可以把渲染的步骤放到云上，不占用计算机 CPU，并且渲染速度快，可大大提高作图效率。

### 1.3.3 命令面板

在 3ds Max 2024 主窗口操作界面的右侧是 3ds Max 2024 的命令面板。可以通过 ＋（创建）、（修改）、（层次）、（运动）、（显示）、（实用程序）等控制按钮在不同的命令面板中进行切换。

命令面板是一种可以卷起或展开的板状结构，上面布满了用来设置当前操作的各种相关命令和参数。选择某个控制按钮，便会打开相应的命令面板。命令面板上面有一些标有功能名称的卷展栏，左侧带有“▼”或“▶”号，其中“▼”号表示此卷展栏控制的命令已经关闭，“▶”号则表示此卷展栏控制的命令是可以使用的。图 1-10 ~ 图 1-13 所示为部分命令面板的截图。

> 技巧：鼠标指针在命令面板中的某些区域呈现手形，此时可以按住鼠标左键上下移动命令面板到相应的位置，以选择相应的命令按钮、编辑参数及各种设置等。

**01**【Create】（创建）命令面板

“创建”命令面板如图 1-10 所示。下面分别介绍其中的子面板。

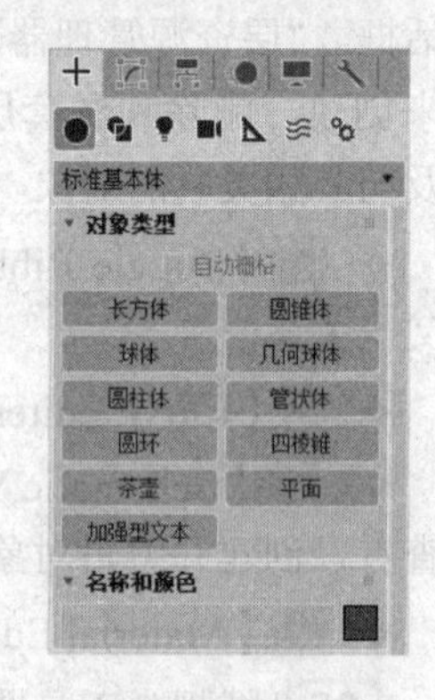


图 1-10 “创建”命令面板

✧ 【Geometry】（几何体）:【Geometry】按钮可以用来生成标准几何体、扩展基本体、合成物体、粒子系统、网格面片、NURBS 曲面和动力学物体等。

✧ 【Shapes】（图形）:【Shapes】按钮可以用来生成二维图形，并沿某个路径放样生成三维造型。

✧ 【Lights】（灯光）：可以用来模拟现实生活中各种灯光造型，如泛光灯和聚光灯等。

✧ 【Cameras】（摄影机）：可以用来生成目标摄像机或自由摄像机。

✧ 【Helpers】（辅助对象）：可以用来生成一系列起到辅助制作功能的特殊对象。

✧ 【Space Warps】（空间扭曲）：可以用来生成空间扭曲以模拟风、引力等特殊效果。

✧ 【Systems】（系统）：具有特殊功能的组合工具，可生成日光和骨骼等系统。

**02**【Modify】（修改）命令面板

如果要修改对象的参数，则需要打开“修改”命令面板。在该面板中可以对对象应用各种修改器，每次应用的修改器都会记录下来，保存在修改器堆栈中。“修改”命令面板一般由四部分组成，如图 1-11 所示。

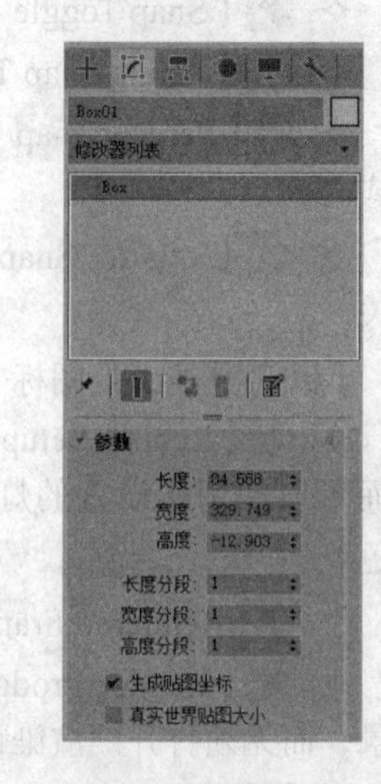


图 1-11 “修改”命令面板

✧ 名称和颜色区：名称和颜色区显示了修改对象的名称和颜色。

✧ 修改命令区：可以选择相应的修改器。单击【Configure Modifier Sets】(配置修改器集)图标，可配置有个性的修改器面板。

✧ 堆栈区：在这里记录了对对象每次进行的修改，以便随时对以前的修改做出更正。

✧ 参数区：显示了当前堆栈区中被选对象的参数。该区域随对象和修改器的不同而不同。

**03**【Hierarchy】(层次)命令面板

这个命令面板提供了对对象链接控制的功能，如图 1-12 所示。通过该面板可以生成 IK 链，以及创建物体间的父子关系，多个对象的链接可以形成非常复杂的层次树。该面板提供了正向运动和反向运动双向控制的功能。“层次”命令面板包括三部分：

✧【Pivot】(轴)：3ds Max 中的所有物体都只有一个轴心点，轴心点的作用主要是作为变动修改中心的默认位置。当为对象施加一个变动修改时，将进入它的 Center（中心）次对象级，轴心点在默认的情况下将成为变动的中心；作为缩放和旋转变换的中心点，可以以此为中心进行缩放和旋转变换；作为父对象与其子对象链接的中心，子对象可针对此中心进行变换操作；作为反向链接运动的链接坐标中心，可以进行反向链接操作。

✧【IK】(反向运动)：IK 是根据反向运动学的原理，对复合链接的对象进行运动控制。我们知道，当移动父对象时，它的子对象也会随之运动，而当移动子对象时，如果父对象不跟着运动，则称为正向运动，否则称为反向运动。简单地说，IK 就是当移动子对象时，父对象也跟着一起运动。使用 IK 可以快速准确地完成复杂的复合动画。

✧【Link Info】(链接信息)：链接信息可用来控制物体在移动、旋转、缩放时，在三个坐标轴上的锁定和继承情况。

**04**【Motion】(运动)命令面板

通过“运动”命令面板可以控制被选择对象的运动轨迹，还可以为它指定各种动画控制器，同时对各关键点的信息进行编辑操作。“运动”命令面板包括两部分，如图 1-13 所示。

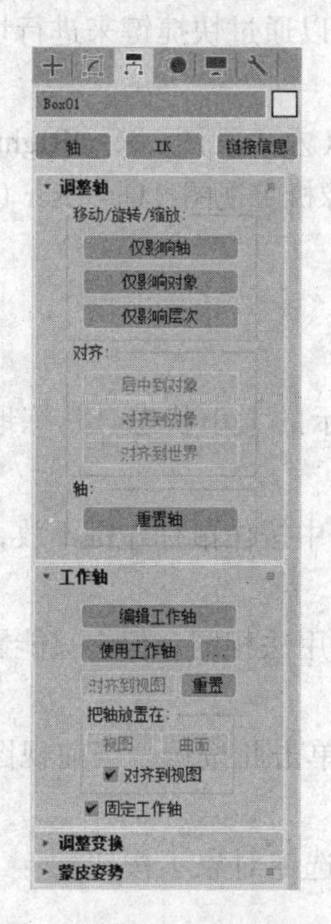


图 1-12　“层次”命令面板

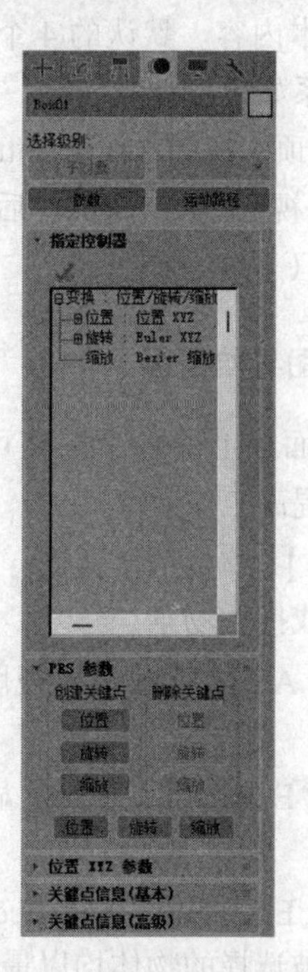


图 1-13　“运动”命令面板

✧【Parameters】(参数)：在“参数”子面板内可以为对象指定各种动画控制器，还可以建立或删除动画的关键点。

✧【Motion Paths】(运动路径)：通过轨迹控制面板，可以在视图中显示物体的运动轨迹，在轨迹曲线上的白点代表过渡帧的位置点，白色方框点代表关键点。可以通过变换工具对关键点进行移动、缩放、旋转以改变物体运动轨迹的形态，还可以将其他的曲线替换为运动轨迹。

### 1.3.4　窗口

在 3ds Max 2024 主窗口中的 4 个视图是在三维空间内同一物体不同视角的一种反映。3ds Max 2024 系统默认的视图设置为 4 个。

✧【Top】(顶)视图：即从物体上方向下做正投影得到的视图，默认布置在视图区的左上角。在这个视图里没有深度的概念，只能编辑对象的上表面。在顶视图里移动物体，只能在 XZ 平面内移动，不能在 Y 方向移动。

✧【Front】(前)视图：即从物体正前方向后方做正投影得到的视图，默认布置在视图区的右上角。在这个视图中没有宽度的概念，物体只能在 XY 平面内移动。

✧【Left】(左)视图：即从物体左侧向右侧做正投影得到的视图，默认布置在视图区的左下角。在这个视图中没有长度的概念，物体只能在 YZ 平面内移动。

✧【Perspective】(透)视图：即按照三维物体近大远小的透视原理，在二维平面上得到的具有深度感和立体感的视图。【Perspective】(透)视图充分体现出了 3D 软件的特点。

> 说明：观察一栋楼房，离观察者远的地方看上去要比离得近的地方矮一些，这种近大远小的效果就是透视效果。

Perspective(透)视图加上前面的顶视图、前视图和左视图 3 个视图，构成了计算机模拟三维空间的基本内容。默认的 4 个视图不是固定不变的，可以通过快捷键来进行切换。快捷键与视图对应关系如下：

T = Top(顶)视图，B = Bottom(底)视图，L = Left(左)视图，R = Right(右)视图，F = Front(前)视图，K = Back(后)视图，C = Camera(摄像机)视图，U = User(用户)视图，P = Perspective(透)视图。

### 1.3.5　视图导航面板

视图导航面板上的各个按钮可用于控制视图中图像显示的大小状态。熟练地运用这些按钮，可以大大提高工作效率。

✧【Zoom】(缩放)按钮：单击此按钮，在任意视图中按住鼠标左键不放，上下拖动鼠标，可以拉近或推远场景。

✧【Zoom All】(缩放所有视图)按钮：和【Zoom】用法相同，但它只能影响所有可见的视图。

✧【Zoom Extents】(最大化显示选定对象)按钮：单击此按钮，当前视图以最大方式显示。

✧【Zoom Extents All Selected】(所有视图最大化显示选定对象)按钮：单击此按钮，在所有视图中被选择的物体均以最大方式显示。

✧【Zoom Region】(缩放区域)按钮：单击此按钮，可用鼠标拖拽出一个矩形框，矩形框内的所有物体组成的整体以最大方式在本视图中显示，不影响其他视图。

✧【Pan View】(平移视图)按钮：单击此按钮，在任意视图拖动鼠标，可以移动视图观察窗。

✧【Orbit Subobject】(环绕子对象)按钮：单击此按钮，将在视图中出现一个黄圈，可以在圈内、圈外或圈上的 4 个顶点上拖动鼠标以改变物体在视图中的角度。在透视图以外的视图应用此命令时，视图自动切换为用户视图。如果想恢复原来的视图，可以用快捷键来实现。

✧【Min/Max Toggle】(最小化 / 最大化视口切换)按钮：单击此按钮，可使当前视图以最小或全屏方式显示。再次单击，可恢复为原来状态。

### 1.3.6　时间滑块

时间滑块主要用在动画制作中，是调整某一帧的状态的工具，可以在每一帧设置不同的物体状态，按照时间的先后顺序播放。时间滑块如图 1-14 所示。

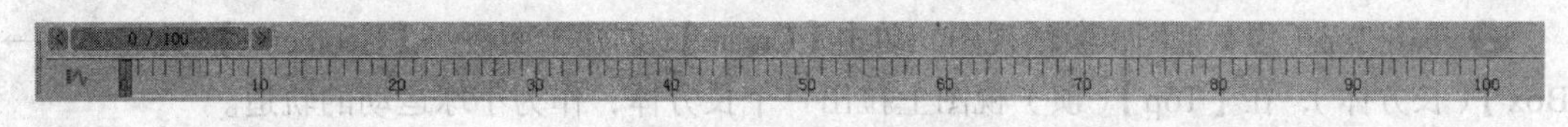

图 1-14　时间滑块

### 1.3.7　状态栏

状态栏显示出了目前操作的状态。其中 X、Y、Z 文本框分别表示游标在当前窗口中的具体坐标位置，用户可通过移动游标查看文本框的变化。提示区给出了目前操作工具的扩展描述及使用方法。如当用户选中“选择并移动”按钮时，提示区就会出现提示信息栏【Click and drag to select and scale】(单击或单击并拖动以选择对象)，如图 1-15 所示。

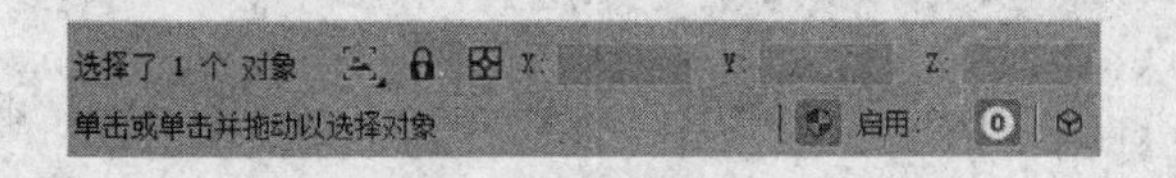


图 1-15　状态栏

### 1.3.8　动画控制面板

✧【Auto Key】(自动关键点)自动关键点：单击该按钮开始制作动画，再次单击退出动画制作。

✧【Go to Start】(转至开头)：单击该按钮，退到第 0 帧动画帧。

✧【Previous Frame】(上一帧)：单击该按钮，回到前一动画帧。

✧【Play Animation】(播放动画)：单击该按钮，在当前视图窗口播放制作的动画。

✧【Next Frame】(下一帧)：单击该按钮，前进到后一动画帧。

✧【Go to End】(转至结尾)：单击该按钮，转到最后的动画帧。

✧【Key Mode Toggle】(关键点模式切换)：单击此按钮，仅对动画关键帧进行操作。

✧(时间控制器)：在该文本框中输入数值后，进至相应的动画帧。

✧【Time Configuration】(时间配置)：单击该按钮，可以在弹出的对话框中设置动画模式和总帧数。

## 1.4 简单三维动画实例

下面以制作一个弹跳小球的动画为例来介绍动画制作的全过程。

### 1.4.1 确定情节

该动画的情节是在风景优美的原野上有一条狭长的木质轨道，从远处飞过来一个布质小球落在木质轨道上，弹跳两下之后滚向轨道的另一端。

### 1.4.2 制作模型及场景

❶ 单击菜单栏中的文件→【Reset】(重置)命令，重新设置系统。按快捷键G，关闭栅格。

❷ 单击Top(顶)视图，激活视图。单击【Create】(创建)面板→【Geometry】(几何体)→【Box】(长方体)，在【Top】(顶)视图上拉出一个长方体，作为小球运动的轨道。

❸ 在【Front】(前)视图的空白处右击，激活视图。单击【Create】(创建)面板→【Geometry】(几何体)→【Sphere】(球体)，在轨道的左上方建立一个球体。

❹ 单击【Select and Move】(选择并移动)按钮，选中球体，将球体移到适当的位置，如图1-16所示。

❺ 单击右下方的视图调整工具【Zoom Extents All Selected】(所有视图最大化显示选定对象)按钮，完成模型及场景的制作。

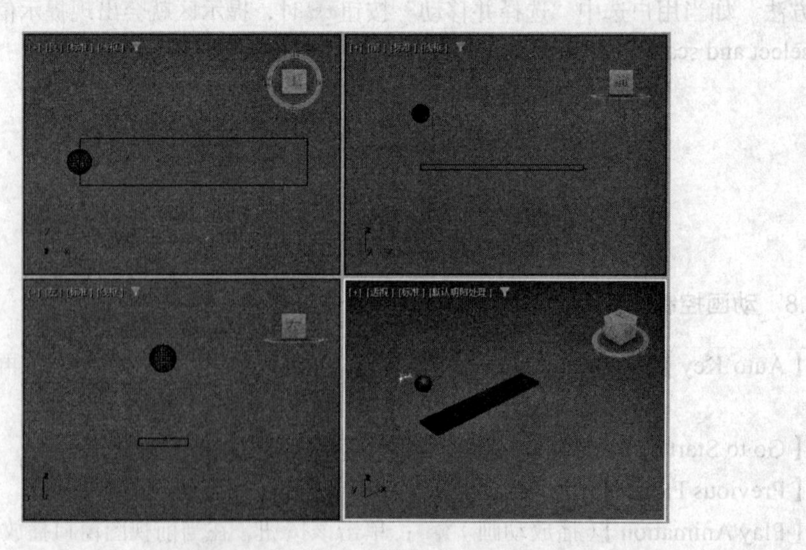

图1-16 制作小球模型及轨道

### 1.4.3 制作动画

❶ 激活【Front】(前)视图，单击右下方的视图调整工具【Maximize Viewport Toggle】

（最大化视口切换）按钮，或者按快捷键 Alt+W，将【Front】（前）视图最大化。

❷ 单击【Auto Key】（自动关键点）按钮开始制作动画。

❸ 单击选中小球，将时间滑块移动到第 10 帧。单击移动按钮，将小球沿 X 轴向右、沿 Y 轴向下移动适当距离，使其刚好与轨道接触，如图 1-17 所示。

❹ 将时间滑块拖动到第 12 帧，按住【Select and Uniform Scale】（选择并均匀缩放）按钮不放，在弹出的下拉菜单中单击【Select and Non Uniform Scale】（选择并非均匀缩放）按钮，将鼠标移动到 Y 轴上，当 Y 轴变成黄色而 X 轴依然为红色时，单击并拖动鼠标，沿 Y 轴方向压缩小球，如图 1-18 所示。

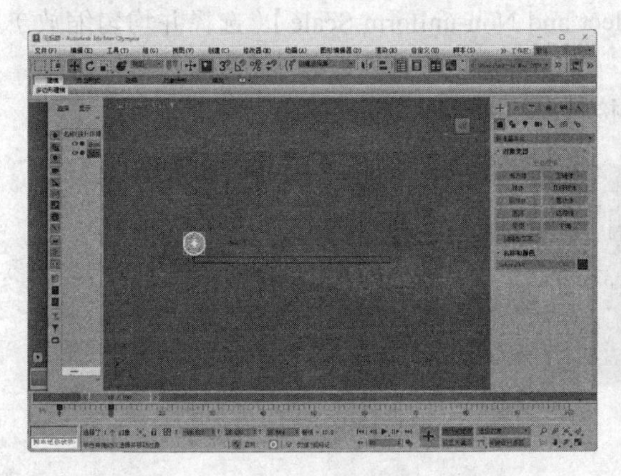

图 1-17 移动小球

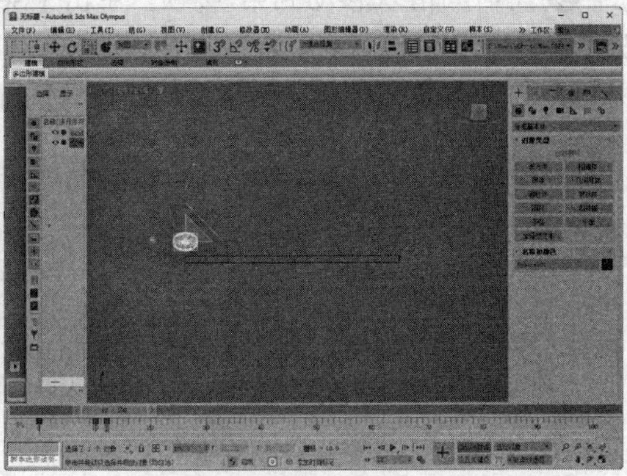

图 1-18 压缩小球

❺ 可以看到，非等比压缩后，小球和轨道之间产生了一些距离，这不是我们想要的结果。单击【Select and Move】（选择并移动）按钮，沿 Y 轴向下移动小球，使小球与轨道接触，如图 1-19 所示。

❻ 将时间滑块移动到第 30 帧。单击【Select and Move】（选择并移动）按钮，将小球向右沿 X 轴移动适当距离，然后沿 Y 轴向上移动适当距离，如图 1-20 所示。

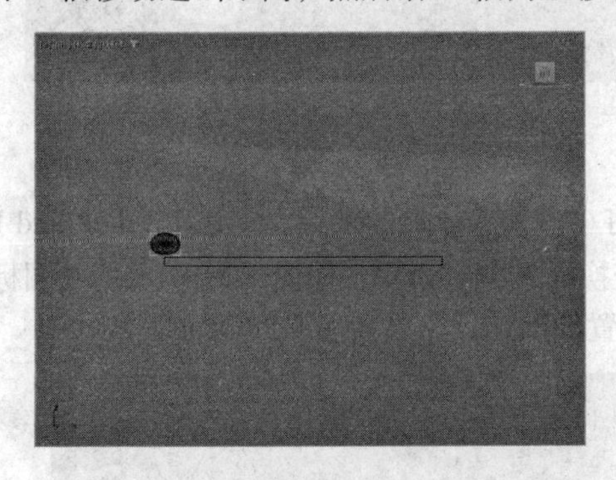

图 1-19 使压缩后的小球与轨道接触

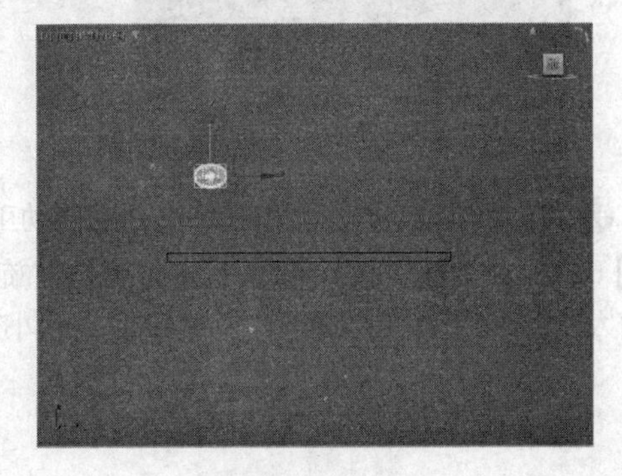

图 1-20 移动小球

❼ 单击【Select and Uniform Scale】（选择并均匀缩放）按钮，沿 Y 轴将压扁的小球复原，如图 1-21 所示。

❽ 将时间滑块移动到第 50 帧。单击【Select and Move】（选择并移动）按钮，将小球向右沿 X 轴移动适当距离，然后沿 Y 轴向下移动适当距离，如图 1-22 所示。

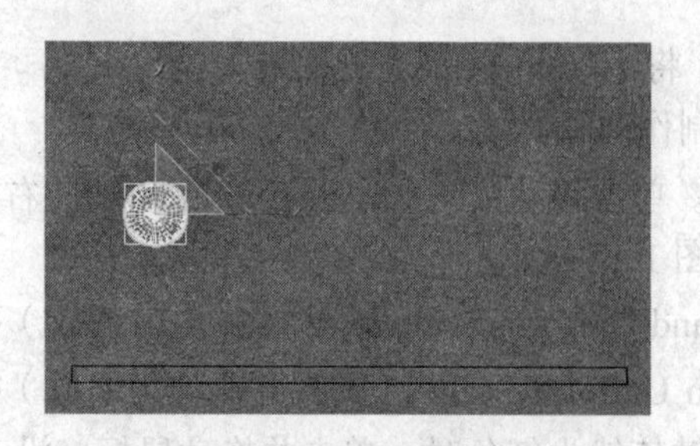

图 1-21　将压扁的小球复原

图 1-22　移动小球

❾ 将时间滑块移动到第 52 帧。单击【Select and Non-uniform Scale】(选择并均匀缩放)按钮，沿 Y 轴将小球压缩，如图 1-23 所示。

❿ 按照第❺ 步操作，将小球移动到与轨道接触，如图 1-24 所示。

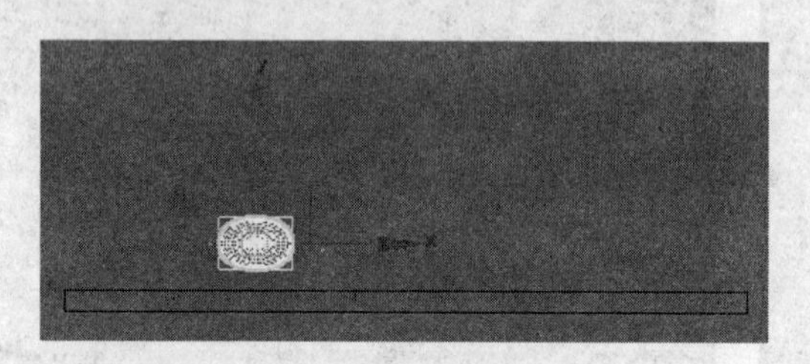

图 1-23　压缩小球

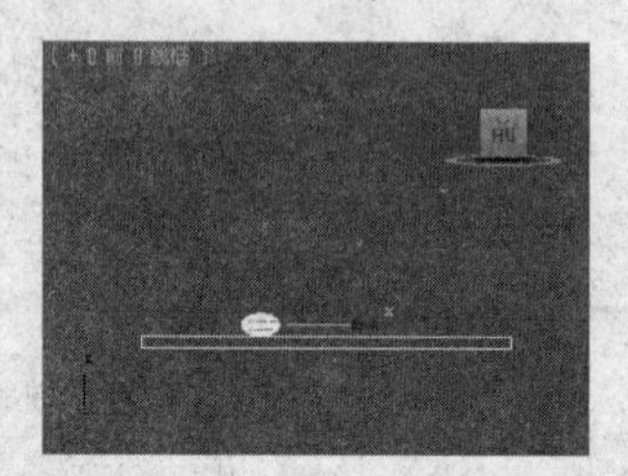

图 1-24　使压缩后的小球与轨道接触

⓫ 按照第❻ 步 ~ 第❽ 步的操作，给小球在第 70 ~ 90 帧之间添加同第 10 ~ 50 帧之间一样的动画，结果如图 1-25 和图 1-26 所示。

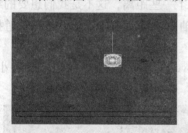

图 1-25　弹起后的小球

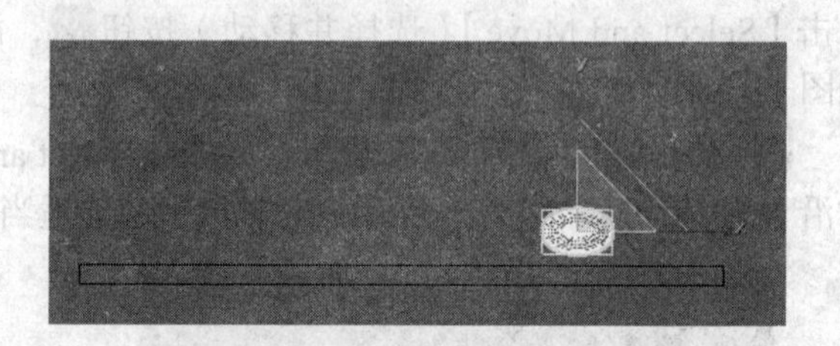

图 1-26　落地后的小球

⓬ 将时间滑块移动到第 100 帧。用移动工具将小球移至轨道的末端，并在【Select and Rotate】(选择并旋转)按钮上右击，弹出"旋转变换输入"对话框，如图 1-27 所示。在图标位置输入 90，然后按 Enter 键，完成最后一帧小球位置的确定，结果如图 1-28 所示。

图 1-27　"旋转变换输入"对话框

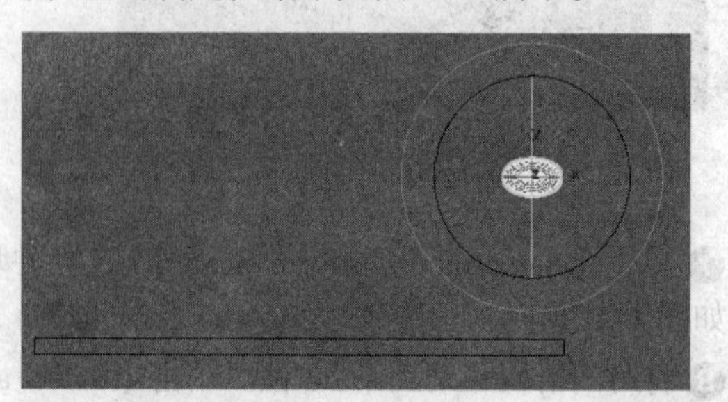

图 1-28　最后一帧的小球位置

⓭ 单击【Auto Key】(自动关键点)按钮，结束动画制作。此时，可以单击【Play Animation】(播放动画)按钮▶，在【Perspective】(透)视图中观看制作完成的动画。

### 1.4.4　为模型和场景添加材质和贴图

❶ 选中小球，单击【Material Editor】(材质编辑器)按钮，打开“材质编辑器”对话框，如图 1-29 所示。选择第一个材质球，单击【Blinn Basic Parameters】(Blinn 基本参数)卷展栏下【Diffuse】(漫反射)旁边的小灰块，在弹出的对话框中双击选择【Bitmap】(位图)贴图方式，从弹出的对话框中选择一副布料图片(网盘中的贴图 / PAT0127.tga 文件)，单击“打开”按钮，可以看到材质球发生了变化。

❷ 单击【Assign Material to Selection】(将材质指定给选定对象)按钮，把材质赋给小球。单击【Show Map in Viewport】(在视口中显示明暗处理材质)按钮，观看【Perspective】(透)视图，可见小球被贴上了纤维样的图片，如图 1-30 所示。

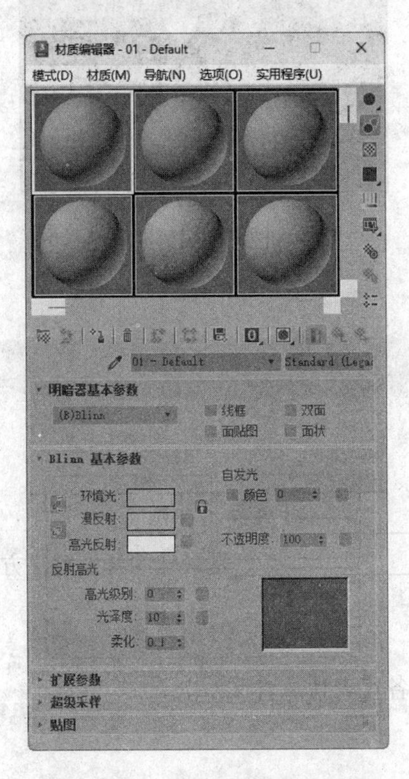


图 1-29　“材质编辑器”对话框

图 1-30　赋予材质和贴图的小球

❸ 采用同样方法，给轨道贴上木板材质，如图 1-31 所示。

图 1-31　贴了木板材质的轨道

❹ 单击菜单栏中的【Rendering】(渲染)→【Environment】(环境)，打开如图 1-32 所示的“环境和效果”对话框，从中选择一幅图片作为场景的贴图。

❺ 渲染透视图，可以看到场景贴图后的效果如图 1-33 所示。

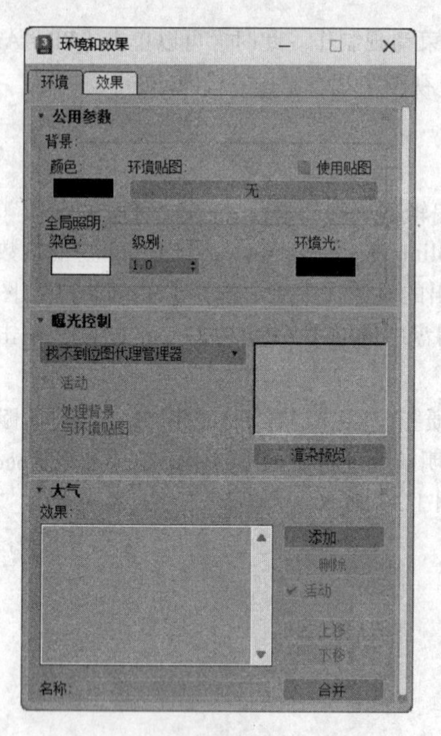


图 1-32 “环境和效果”对话框

图 1-33 场景贴图后的渲染效果

## 1.5 课后习题

### 1. 填空题

（1）3ds Max 2024 的应用领域主要包括________、________、________和________。

（2）在影视制作中，3ds Max 2024 常与________________软件结合使用。

（3）在 3D 游戏开发领域中，3ds Max 2024 和________________是最佳的开发解决方案。

### 2. 问答题

（1）3ds Max 2024 操作界面有哪些方面的改进？

（2）3ds Max 2024 的主窗口中默认有几个视图？各代表什么含义？

### 3. 操作题

（1）运行 3ds Max 2024，观察并熟悉操作界面。

（2）建立一个简单的三维物体，观察 4 个视图中的形状。

（3）仿照 1.4 节中的方法，制作一段简单动画。

# 第 2 章　对象的基本操作

## 教学目标

要利用 3ds Max 2024 进行建模、动画设计，必须掌握一定的技巧。由于这些技巧是建立在很好地掌握基本概念、基本变换的基础之上，所以只有抓住核心概念，熟练掌握基本操作、基本变换，并能举一反三，才能够灵活地运用各种技巧。本章着重介绍了三维设计中对象的概念、对象的选择、对象的轴向固定变换以及对象的复制等基础知识。这些都是学好 3ds Max 必须具备的知识，初学者对此应予以足够的重视。

## 教学重点与难点

- ➢ 对象的概念
- ➢ 对象的空间变换技巧
- ➢ 对象的几种复制方式

## 2.1 对象简介

3ds Max 是开放的、面向对象的设计软件，从编程的角度讲，不仅创建的三维场景、灯光、镜头和材质编辑器属于对象，甚至贴图和外部插件也属于对象。对象分为两类：

✧ 场景中创建的几何体、灯光、镜头及虚拟物体，称为对象。为了便于区分，我们将在视图中创建的对象称为场景对象。

✧ 菜单栏、下拉框、材质编辑器、编辑修改器、动画控制器和贴图等，称为特定对象。

### 2.1.1 参数化对象

3ds Max 2024 提供了强大的精细定义或修改对象参数的功能，可以准确地确定对象的各种属性。参数化的对象极大地增强了 3ds Max 的建模、修改和动画功能。当用户在视图中建立一个对象时，系统会自动生成与之相关的参数，当修改这些参数时，视图中的对象也会发生变化。下面举例说明。

❶ 打开【Create】（创建）命令面板，单击【Geometry】（几何体）按钮●，在【Object Type】（对象类型）卷展栏里选择【Cylinder】（圆柱体）。

❷ 在【Perspective】（透）视图中按住鼠标左键并拖动，拉出圆柱体的底面，松开鼠标左键，向上或向下移动鼠标至适当位置单击，完成圆柱体的创建，结果如图 2-1 所示。

❸ 系统已经为刚创建的圆柱体生成了各种参数，如图 2-2 所示。

❹ 调整这些参数，会发现视图中的圆柱体也发生相应的变化。

初学者可边调节边观察圆柱体在透视图中的形状，从而熟悉各参数的作用。需要说明的是，有些参数在小范围内的调节对对象的影响不大，可大胆调节，观察变化。

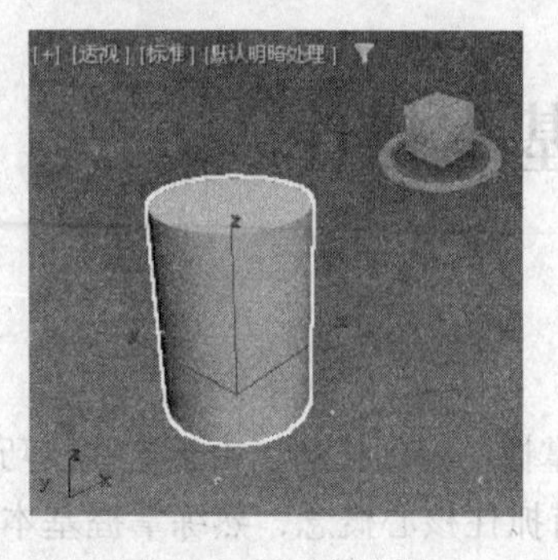


图 2-1　创建圆柱体

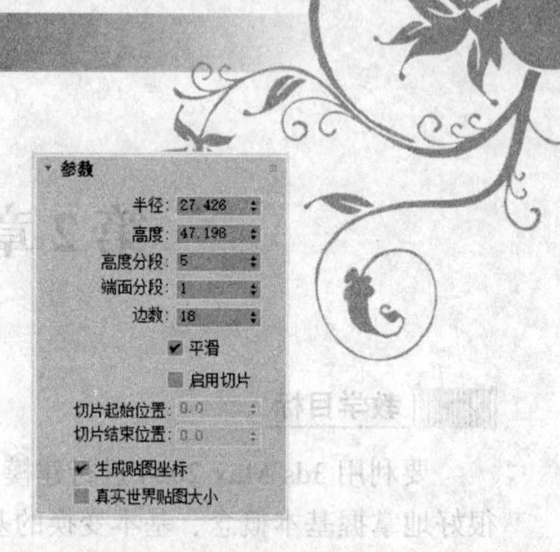


图 2-2　系统为圆柱体生成的参数

### 2.1.2　主对象与次对象

✧ 主对象：指用【Create】（创建）命令面板中的各种功能创建的带有参数的原始对象。

✧ 主对象的类型：二维形体、放样路径、三维造型、运动轨迹、灯光、摄像机等。

✧ 次对象：指主对象中可以被选定并且可操作的组件。

✧ 常见的次对象：组成形体的点、线、面和运动轨迹中的关键点。

✧ 其他类型的次对象：有网格或片面对象的节点、边和面，放样对象的路径及型，布尔运算和变形的目标，【NURBS】对象的控制点、控制节点、导入点、曲线、表面等。

> 说明：所有的次对象都能通过【Modify】（修改）命令面板中的【Sub-Object】（次物体对象）选项进行操作。

下面举例说明主对象和次对象。

❶ 打开【Create】（创建）命令面板，单击【Geometry】（几何体）按钮●，在【Object Type】（对象类型）卷展栏里选择【Sphere】（球体）。

❷ 在【Perspective】（透）视图中按住鼠标左键并拖动，创建一个球体，结果如图 2-3 所示。视图中的球体即为主对象。

❸ 选中球体，打开【Modify】（修改）命令面板，在【Modifier List】（修改器列表）中单击【Edit mesh】（编辑网格）选项，在参数区【Selection】（选择）中选择【Polygon】（多边形）选项，按住 Shift 键选择几个四方形面片，如图 2-4 所示。这些面片即为球体的次对象。

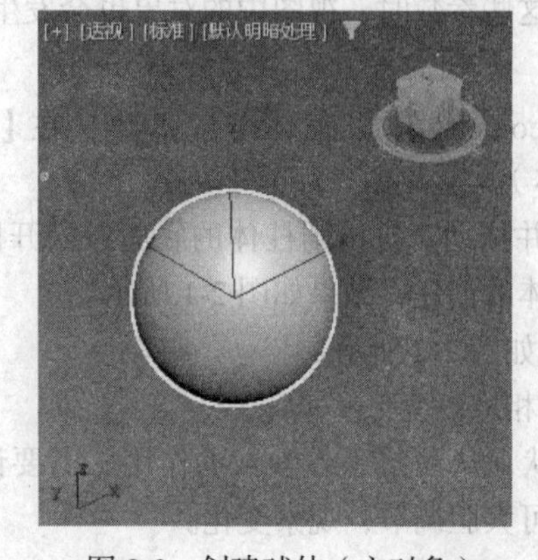


图 2-3　创建球体（主对象）

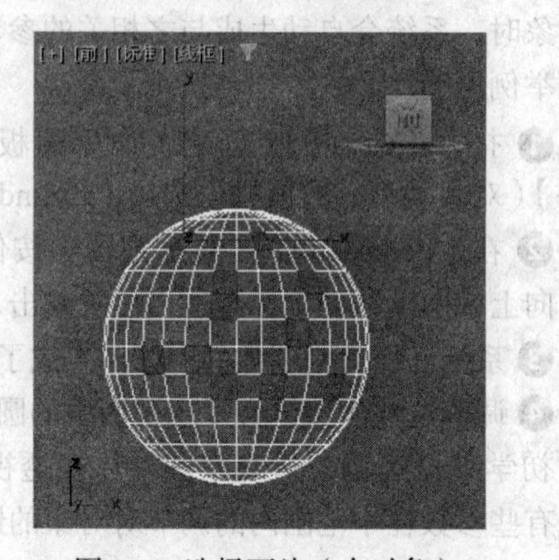

图 2-4　选择面片（次对象）

## 2.2　对象的选择

### 2.2.1　使用单击选择

在 3ds Max 的选择方法中，通过单击鼠标来选择对象是最常用、最简单的方法。采用这种方法的前提是，已经在工具栏中选择了选取工具，包括【Select Object】(选择对象)按钮、【Select and Move】(选择并移动)按钮和【Select and Rotate】(选择并旋转)按钮等。对象是否被选中，要看视图中对象的状态，初学者应仔细观察。下面举例介绍。

❶ 打开【Create】(创建)命令面板，单击【Geometry】(几何体)按钮，在【Object Type】(对象类型)卷展栏里选择【Teapot】(茶壶)。

❷ 在【Perspective】(透)视图中按住鼠标左键并拖动，创建一个茶壶，然后在空白处单击，结果如图 2-5 所示。

❸ 在工具栏上单击【Select Object】(选择对象)按钮，移动鼠标到茶壶上，此时光标变成一个白色的十字形，同时出现茶壶的名称“Teapot001”，如图 2-6 所示。单击即可选中茶壶，此时茶壶外侧显示蓝色轮廓，表明茶壶已经被选中，如图 2-7 所示。

图 2-5　创建茶壶

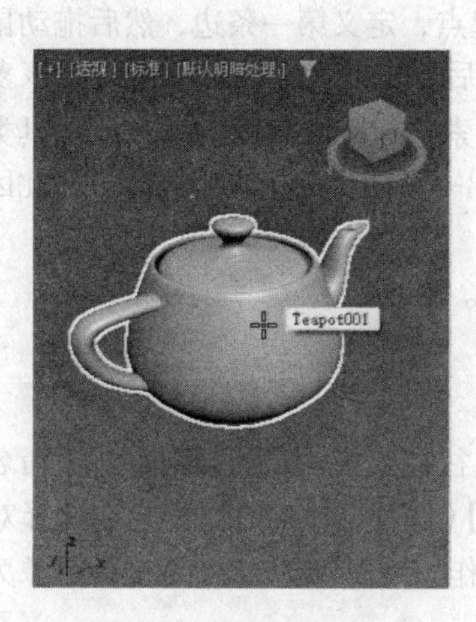


图 2-6　茶壶上的光标

图 2-7　处于选中状态的茶壶

### 2.2.2　使用区域选择

在建模过程中，常常需要选择某一区域内的多个对象，这时可以使用区域选择。下面举例介绍。

❶ 打开【Create】(创建)命令面板，单击【Geometry】(几何体)按钮●，在【Object Type】(对象类型)卷展栏中任意选择几个物体，在透视图中创建为对象。

❷ 在工具栏上单击【Rectangular Selection Region】(矩形选择区域)按钮，在透视图中用鼠标拉出一个矩形虚线框，使要选择的对象都在矩形框内或者和框相交，如图 2-8 所示。

❸ 释放鼠标，则该区域内的所有对象都被选中，被选中的物体外侧显示蓝色轮廓，如图 2-9 所示。

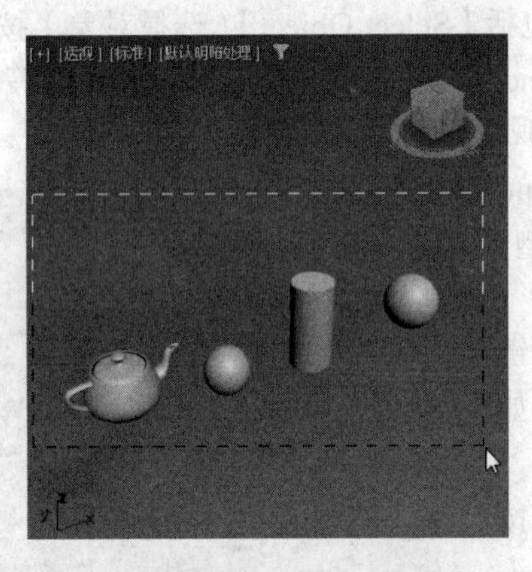
图 2-8　用鼠标拉出的矩形虚线框

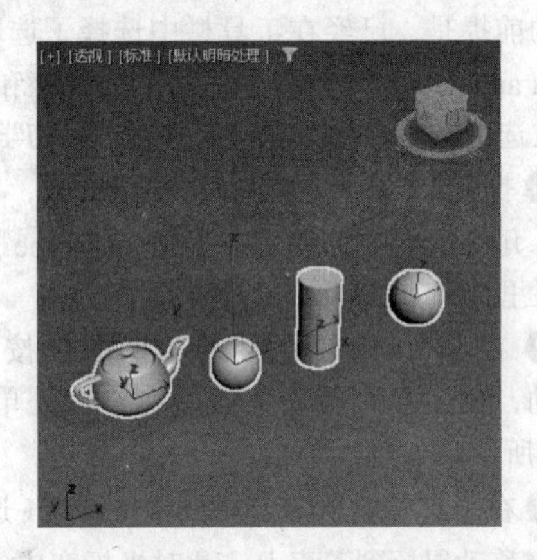
图 2-9　矩形虚线框区域内的对象被选中

按住工具栏中的“矩形选择区域”按钮不放，在其下弹出的其他区域形状的选择按钮(包括“圆形选择区域”按钮、“围栏选择区域”按钮及“套索选择区域”按钮)中任意选取一个按钮，即可选择相应区域形状内的对象。例如，按住工具栏中的“圆形选择区域”按钮不放，以鼠标单击的点为圆心，可以拖出一个圆形区域，在该区域内的对象会被选中；按住工具栏中的“围栏选择区域”按钮，以鼠标单击的点为起点，定义第一条边，然后拖动鼠标，定义第二条边(可以任意拖动鼠标以定义更多的边)，最后双击或者在起点单击封闭该多边形区域，在该区域内的对象将被选中；按住工具栏中的“套索选择区域”按钮(此工具类似画图软件中的套索工具)，以鼠标单击的点为起点，可以拖出一个闭合的不规则区域，在此区域内的对象将被选中。

建议读者多尝试，变换区域选择按钮，体会其功能。

### 2.2.3　根据名称选择

在建模过程中，如果场景比较复杂，对象比较多，往往要按一定的规则为对象命名。默认情况下，系统会为创建的对象自动命名，如【Cylinder】(圆柱体)01。这样，在选择对象的时候就可以根据名称来选择。该方法特别适合大场景的制作。下面以 2.2.2 小节中的对象为例加以说明。

❶ 场景中有一个茶壶、两个球体和一个圆柱体共 4 个对象。系统自动为它们赋予的名称分别为【Teapot】(茶壶)01、【Sphere】(球体)01、【Sphere】(球体)02 和【Cylinder】(圆柱体)01。

❷ 在工具栏上单击【Select by Name】(按名称选择)按钮，弹出“从场景选择”对话框，如图 2-10 所示。

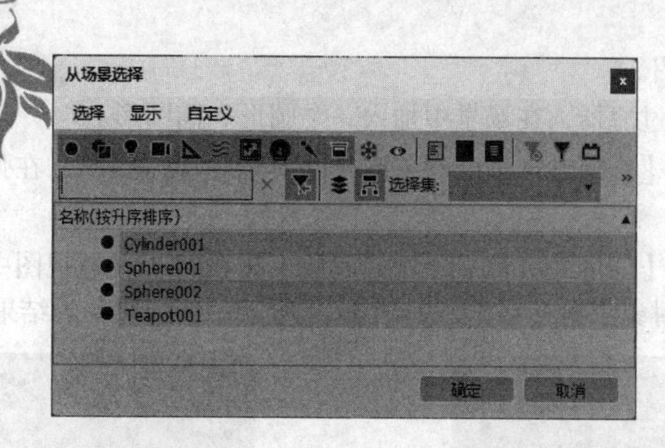


图 2-10　“从场景选择”对话框

❸ 在列表框上方的文本框中输入需要选择对象的名称，或者在“名称”列表中单击所要选择的对象名称，再单击工具栏上的【Select Object】(选择对象)按钮，对象即被选中。也可以双击对象直接将其选中。

❹ 当需要选择多个对象时，可以按住 Ctrl 或者 Shift 键的同时选择其他对象的名称。

### 2.2.4　根据颜色选择

3ds Max 2024 还提供了按照颜色选择对象的方法。该方法常用来选择一组颜色相同的对象，这就要求在创建对象时要合理分组设置对象的颜色。下面以 2.2.2 小节中的对象为例加以介绍。

❶ 场景中有一个茶壶、两个球体、一个圆柱体共 4 个对象。

❷ 选中茶壶和圆柱体，单击【Creat】(创建)命令面板上【Name and Color】(名称和颜色)卷展栏中的色块，并在打开的颜色对话框中设置两者的颜色相同，结果如图 2-11 所示。

❸ 选择菜单栏上的【Edit】(编辑)命令，在弹出的下拉菜单里选择【Select By】(选择方式)，然后在其子菜单里选择【Color】(颜色)命令。将鼠标移到场景中的茶壶上，此时鼠标指针形状显示为。

❹ 在茶壶上单击，则与茶壶颜色相同的对象均被选中，如图 2-12 所示。

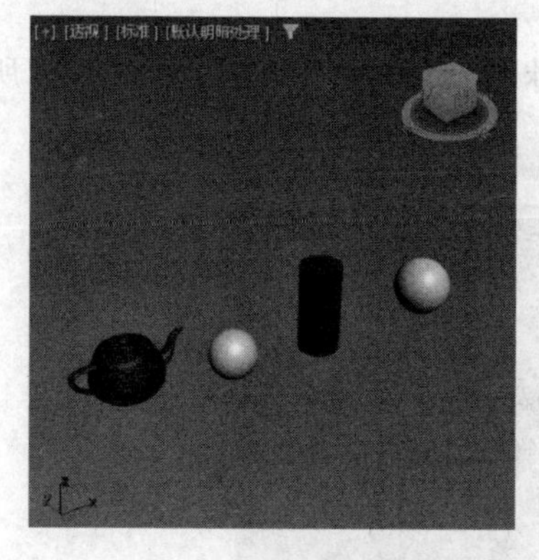

图 2-11　为茶壶和圆柱体赋予相同颜色

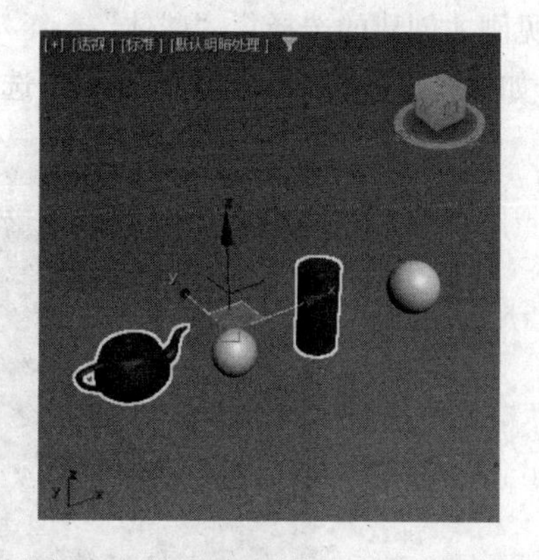

图 2-12　颜色相同的对象均被选中

### 2.2.5　利用选择过滤器选择

利用选择过滤器选择对象，可以过滤掉所要选择的对象类型之外的对象。下面以 2.2.2 小节中的对象为例加以介绍。

❶ 为了能利用选择过滤器，在场景中加入一个圆形和椭圆形。

❷ 单击工具栏上的【Selection Filter】(选择过滤器) S-图形，在弹出的下拉列表中选择【S- 图形】命令。

❸ 在工具栏上单击【Select Object】(选择对象) 按钮，在透视图中拉出一个矩形区域选择框，将视图中所有的对象都囊括在内，如图 2-13 所示。选择对象的结果如图 2-14 所示。

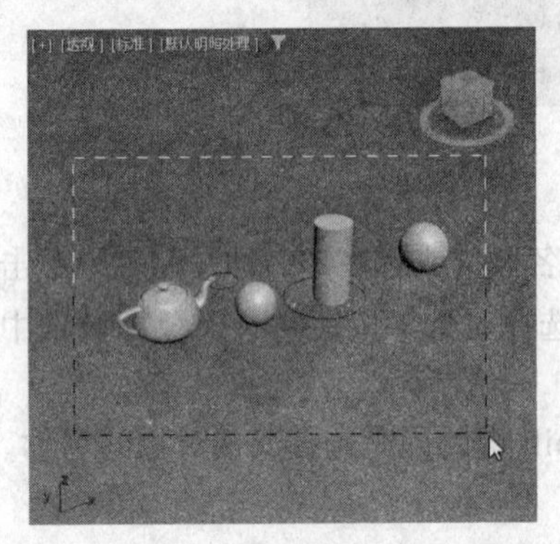

图 2-13　用矩形区域选择框选择对象

图 2-14　选择对象的结果

## 2.2.6　建立命名选择集

在建模的过程中，如果需要重复选择某些相同的对象，可以利用 3ds Max 提供的选择集来实现，即先将某几个对象定义为一个选择集，在需要选择这几个特定的对象时，通过选择此选择集就可以将它们选中。下面以 2.2.5 节中的对象为例加以介绍。

❶ 选中视图中的两个球体。

❷ 在工具栏中【Named Selection Sets】(创建选择集) 栏中输入“球体”作为该选择集的名称，然后按 Enter 键确定，完成该选择集的创建。

❸ 单击工具栏中【Named Selection Sets】(创建选择集) 栏旁边的小三角，在下拉列表中可以看见刚才创建的选择集“球体”。

❹ 如果要选择两个球体，只需单击选择集中的“球体”即可将其选中，如图 2-15 所示。

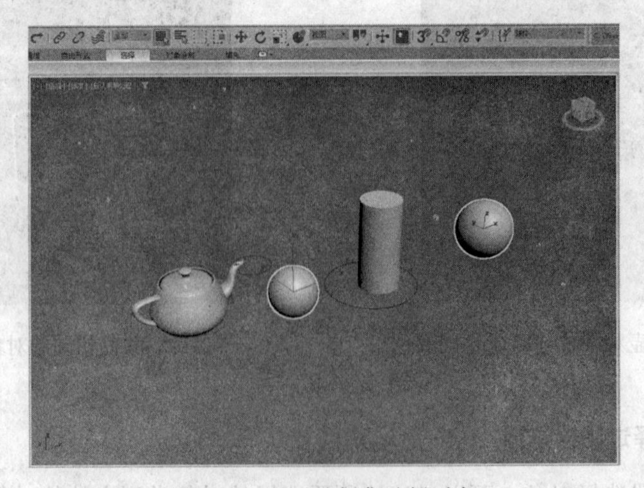

图 2-15　通过选择集选择对象

### 2.2.7　编辑命名选择集

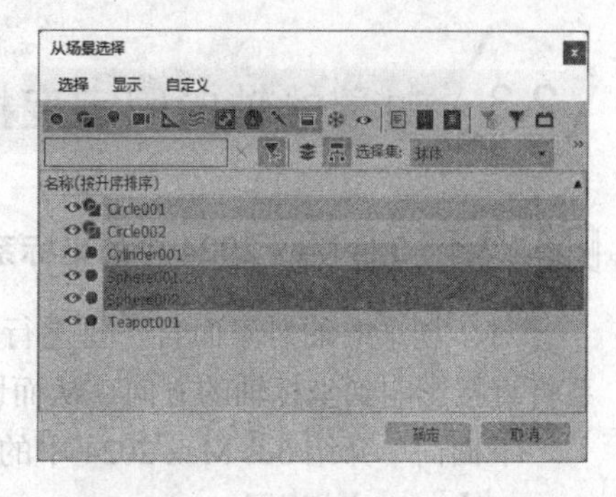

图 2-16 “从场景选择”对话框

创建选择集后，如果需要对选择集进行某些调整，可以使用编辑选择集命令来实现。下面通过 2.2.6 小节中创建的选择集来讲解。

❶ 选择菜单栏上的【Edit】(编辑)命令，在下拉菜单里选择【Select by】(选择方式)下的【Name】(名称)命令，弹出【Edit Named Selections】(从场景选择)对话框，如图 2-16 所示。在“名称”列表框中列出了目前已有的选择集。本例中有一个“球体”选择集，选择集里有【Sphere001】(球体 001)和【Sphere002】(球体 002)两个对象。

❷ 通过对话框上面的相关按钮对选择集进行编辑。

读者可以多命名几个选择集，然后练习各按钮的功能。

### 2.2.8　选择并组合对象

组是一个比较有用的命令，它可以把已创建的不同对象组合在一起，进行统一的操作。例如，在创建好沙发各组件后，可以利用组命令将沙发组件组合为一个整体，从而避免在移动或者进行其他操作的时候丢失组件。下面以 2.2.2 小节中的对象为例，讲解将圆柱体和两个球组合成组的方法。

❶ 利用区域选择命令选中圆柱体和两个球。

❷ 选择【Group】(组)菜单中的【Group】(组)命令，弹出“组”对话框，如图 2-17 所示。

❸ 系统默认的组名为【Group001】(组 001)，在对话框中的文本框内输入组的名称“球柱”，然后单击“确定”按钮，即可把刚才选中的对象组合在一起，如图 2-18 所示。利用移动工具移动，可以看到三个对象同时移动(注意：选中的对象只有一个而不是三个白色边框)。选择时只要在任何一个成员上单击，即可选中组。

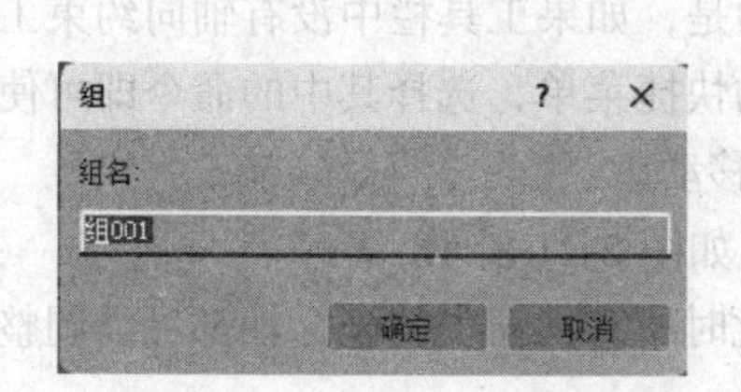

图 2-17 “组”对话框

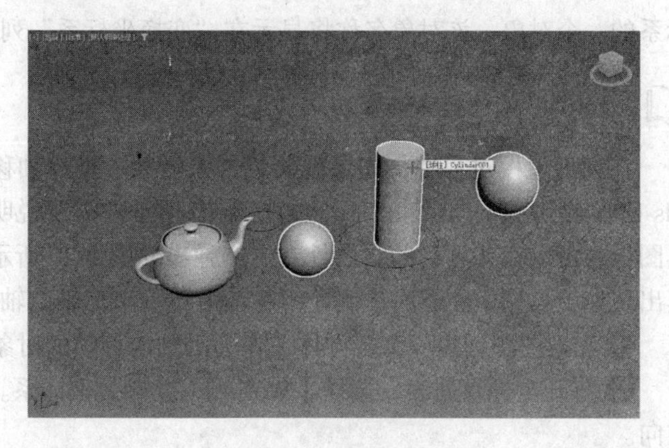
图 2-18　组合对象

如果要拆分组，只需先选中组，再选择【Group】(组)菜单下的【Ungroup】(解组)命令即可。

## 2.3 对象的轴向固定变换

### 2.3.1 3ds Max 2024 中的坐标系

对于场景中的对象而言，要进行空间变换，首先要考虑的问题就是坐标系，因为不同坐标系将直接影响到坐标轴的方向，从而影响空间变换的效果。

下面简单介绍 3ds Max 2024 中的各坐标系。

✧【View】(视图)：3ds Max 2024 中最常用的坐标系，也是系统默认的坐标系。在正交视窗中使用【Screen】(屏幕) 坐标系，在类似【Perspective】(透) 视图这样的非正交视窗中使用【World】(世界) 坐标系。

✧【Screen】(屏幕)：当不同的视窗被激活时，坐标系的轴会发生变化，这样可使坐标系的 XY 平面始终平行于视窗，而 Z 轴指向屏幕内。

✧【World】(世界)：不管激活哪个视窗，XYZ 轴均固定不变，XY 平面总是平行于顶视图，Z 轴则垂直于顶视图向上。在 3ds Max 2024 中，各视窗的坐标系就是【World】(世界) 坐标系。

✧【Parent】(父对象)：使用选定对象的父对象的局部坐标系。如果对象不是一个被链接的子对象，那么【Parent】(父对象) 坐标系的效果与【World】(世界) 坐标系一样。

✧【Local】(局部)：使用选定对象的局部坐标系。如果不止一个对象被选中，那么每一个对象都围绕自己的坐标轴变换。

✧【Gimbal】(万向)：坐标系与 Euler XYZ 旋转控制器一同使用。它与局部坐标系类似，但其三个旋转轴相互之间不一定垂直。

✧【Grid】(栅格)：使用激活栅格的坐标系。当默认主栅格被激活时，【Grid】(栅格) 坐标系的效果同【View】(视图) 一样。

✧【Working】(工作)：使用工作轴坐标系。可以随时使用坐标系，无论工作轴是否处于活动状态。使用工作轴启用时，即为默认的坐标系。

✧【Pick】(拾取)：使用场景中另一个对象的坐标系。选择“拾取”后，单击要使用该坐标系的一个对象，该对象名称将显示在“变换坐标系”列表中。

### 2.3.2 沿单一坐标轴移动

在精细建模过程中，如果需要将对象沿某一坐标轴移动，而在其他方向无位移，可以使用 3ds Max 提供的轴向约束工具，如图 2-19 所示。需要说明的是，如果工具栏中没有轴向约束工具图标，可以在工具栏的空白处右击，弹出如图 2-20 所示的快捷菜单，选择其中的命令即可使其出现在工具栏中。下面举例介绍物体沿单一坐标轴的轴向移动。

❶ 在视图中创建一个长方体，作为沿轴向移动的对象，如图 2-21 所示。

❷ 打开坐标系列表，选择【World】(世界) 坐标系。此时所有视窗中的坐标轴都可以调整方向。

❸ 选择创建的长方体，单击工具栏中的【Transform Gizmo Y Constraint】(变换 Gizmo Y 轴约束) 按钮 Y，然后单击【Select and Move】(选择并移动) 按钮 ✥。此时，各视图中的 Y 轴线变成黄颜色，表明约束至 Y 轴生效，如图 2-22 所示。

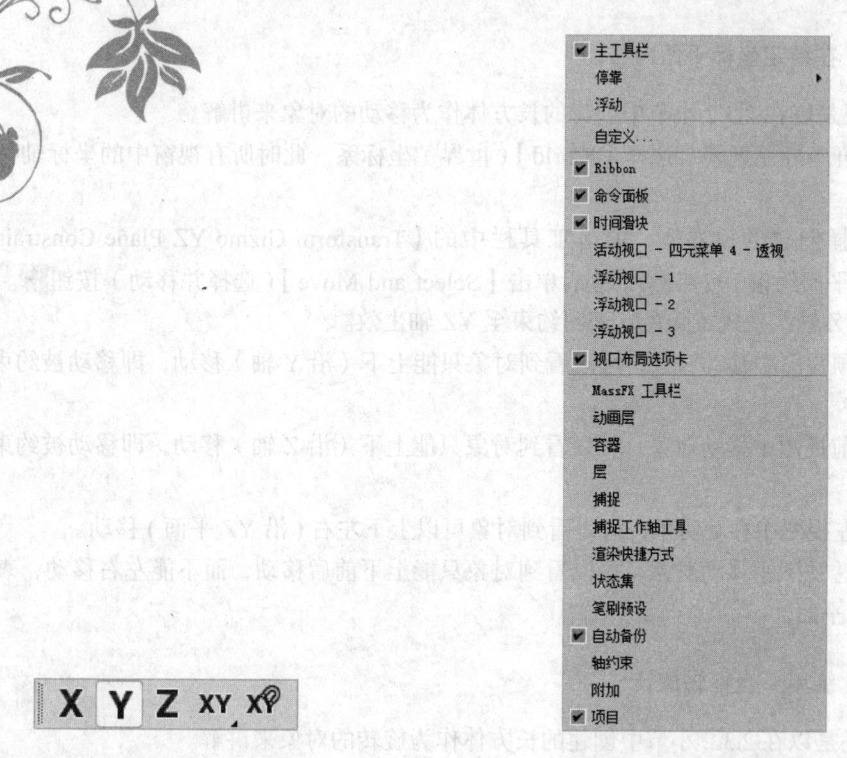

图 2-19　轴向约束工具图标

图 2-20　快捷菜单

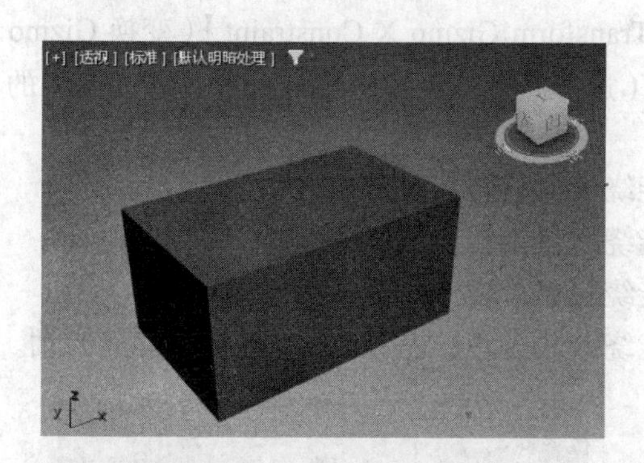

图 2-21　创建长方体

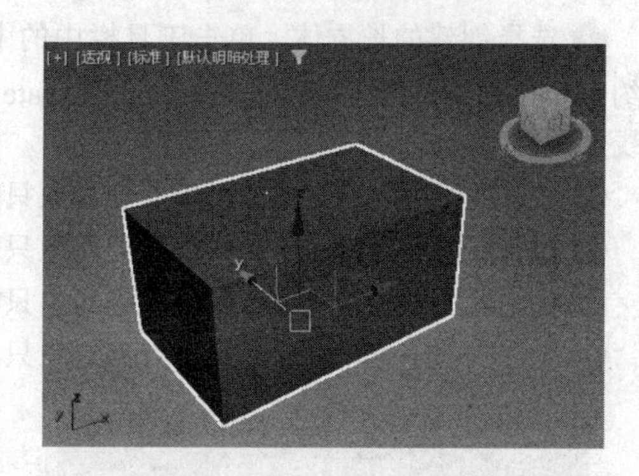

图 2-22　约束至 Y 轴

❹ 在顶视图中移动对象，可以看到对象只能上下移动，即被约束至 Y 轴。
❺ 在前视图中移动对象，可以看到对象不能移动。
❻ 在左视图中移动对象，可以看到对象只能左右移动，即被约束至 Y 轴。
❼ 在透视图中移动对象，可以看到对象只能前后移动，即被约束至 Y 轴。

注意：在沿单一坐标轴移动的过程中，可以不用选择轴向移动按钮，只需将鼠标移到所要约束的坐标轴上，坐标轴变成黄色，即表明移动被约束至该轴。事实上，即使选择了轴向约束按钮，在移动的过程中，如果将鼠标放在了其他坐标轴上，移动的轴向也会随着发生改变。这一点初学者应特别注意。

## 2.3.3 在特定坐标平面内移动

这里还是以在 2.3.2 小节中创建的长方体作为移动的对象来讲解。

❶ 打开坐标系列表，选择【World】(世界)坐标系。此时所有视窗中的坐标轴都可以调整方向。

❷ 选择创建的长方体，单击工具栏中的【Transform Gizmo YZ Plane Constraint】(变换 Gizmo YZ 平面约束)按钮YZ，然后单击【Select and Move】(选择并移动)按钮。此时，各视图中的 YZ 轴线变成黄颜色，表明约束至 YZ 轴生效。

❸ 在顶视图中移动对象，可以看到对象只能上下（沿 Y 轴）移动，即移动被约束至 YZ 平面生效。

❹ 在前视图中移动对象，可以看到对象只能上下（沿 Z 轴）移动，即移动被约束至 YZ 平面生效。

❺ 在左视图中移动对象，可以看到对象可以上下左右(沿 YZ 平面)移动。

❻ 在透视图中移动对象，可以看到对象只能上下前后移动，而不能左右移动，表明对象被约束至 YZ 平面。

## 2.3.4 绕单一坐标轴旋转

这里还是以在 2.3.2 小节中创建的长方体作为旋转的对象来讲解。

❶ 打开坐标系列表，选择【World】(世界)坐标系。此时所有视窗中的坐标轴都可以调整方向。

❷ 选择创建的长方体，单击工具栏中的【Transform Gizmo X Constraint】(变换 Gizmo X 轴约束)按钮X，然后单击【Select and Rotate】(选择并旋转)按钮。此时，各视图中的 X 轴线变成黄颜色，表明约束至 X 轴生效。

❸ 在顶视图中旋转对象，可以看到对象只能绕 X 轴旋转，如图 2-23 所示。

❹ 在前视图中旋转对象，可以看到对象只能绕 X 轴旋转。

❺ 在左视图中旋转对象，可以看到对象只能绕 X 轴旋转，如图 2-24 所示。

❻ 在透视图中旋转对象，可以看到对象只能绕 X 轴旋转，表明对象旋转被约束至 X 轴。

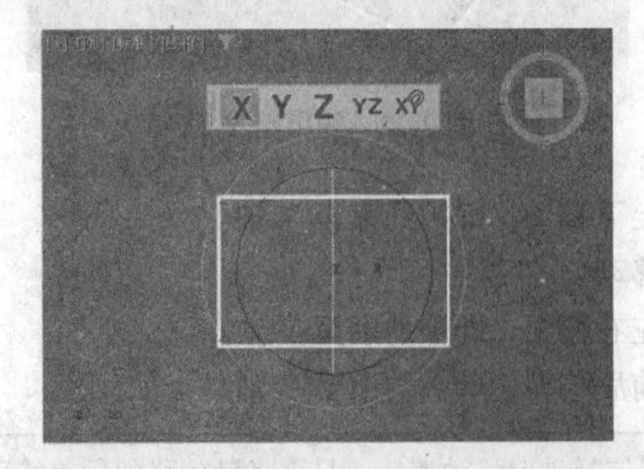


图 2-23 顶视图中对象只能绕 X 轴旋转

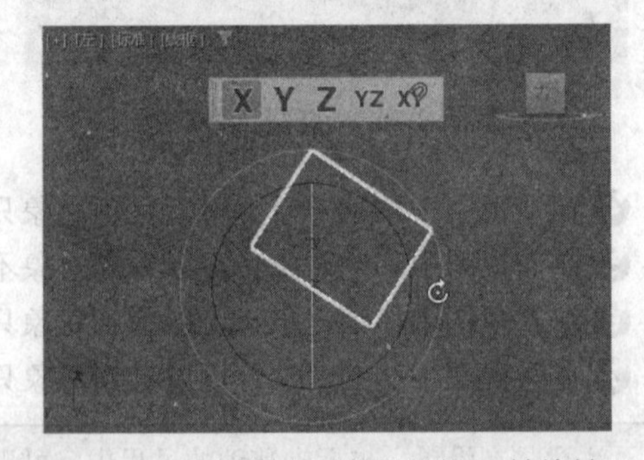


图 2-24 左视图中对象只能绕 X 轴旋转

## 2.3.5 绕坐标平面旋转

这里还是以在 2.3.2 小节中创建的长方体作为旋转的对象来讲解。

❶ 打开坐标系列表，选择【World】(世界）坐标系。此时所有视窗中的坐标轴都可以调整方向。

❷ 选择创建的长方体，单击工具栏中的【Transform Gizmo XY Plane Constraint】(变换 Gizmo XY 平面约束）按钮，然后单击【Select and Rotate】(选择并旋转）按钮。此时，各视图中的 XY 轴线变成黄颜色，表明约束至 XY 轴生效。

❸ 在顶视图中旋转对象，可以看到对象能同时绕 X 轴和 Y 轴旋转。

❹ 在前视图中旋转对象，可以看到对象只能绕 X 轴旋转。

❺ 在左视图中旋转对象，可以看到对象只能绕 Y 轴旋转。

❻ 在透视图中旋转对象，可以看到对象只能绕 X 轴和 Y 轴旋转，表明对象旋转被约束至 XY 平面。

## 2.3.6　绕点对象旋转

在使用 3ds Max 进行创作时，如果希望以场景中的某一点为中心旋转物体，就要用到点对象。点对象是一种辅助对象，它不可以被渲染。下面举例介绍如何利用点对象旋转物体。

❶ 打开【Create】(创建）命令面板，单击【Geometry】(几何体）按钮，在【Object Type】(对象类型）卷展栏下选择【Sphere】(球体)，在视图中创建一个球体。

❷ 在【Create】(创建）命令面板中单击【Helpers】(辅助对象）按钮，在【Object Type】(对象类型）卷展栏下选择【Point】(点)，在视图中适当位置创建一个点对象，结果如图 2-25 所示。

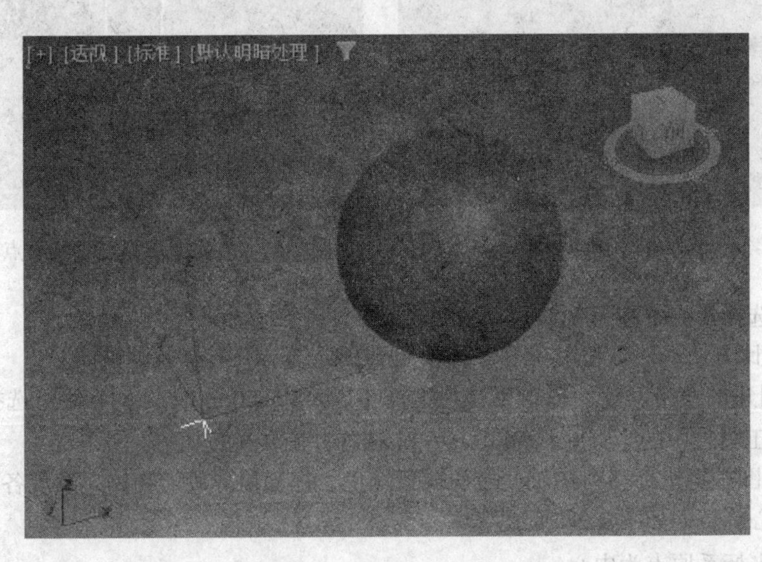

图 2-25　创建球体及点对象

❸ 打开坐标系列表，选择【Pick】(拾取）坐标系。选择刚创建的点对象，此时在坐标系下拉列表中出现【Point01】(点 01）字样，说明已经将点对象【Point01】(点 01）设置成了坐标中心。

❹ 选择创建的球体，单击工具栏中的【Select and Rotate】(选择并旋转）按钮，再单击工具栏上的【Transform Gizmo Y Constraint】(变换 Gizmo Y 轴约束）按钮，然后在各视图中

旋转球体，可以看到球体只能沿着点对象的 Y 轴旋转。

❺ 单击工具栏上的【Transform Gizmo XY Plane Constraint】(变换 Gizmo XY 平面约束）按钮 XY，在各视图中旋转球体，可以看到：在顶视图中，只能沿着点对象的 X 轴旋转；在前视图中，可以沿着点对象的 X 轴和 Y 轴旋转；在左视图中，只能沿着点对象的 Y 轴旋转；在透视图中，可以沿着点对象的 X 轴和 Y 轴旋转。

### 2.3.7 多个对象的变换问题

01 以各对象的轴心点为中心

❶ 打开【Create】(创建）命令面板，单击【Geometry】(几何体）按钮，展开【Object Type】(对象类型）卷展栏，在场景中分别创建一个茶壶、一个长方体和一个圆柱体，如图 2-26 所示。

❷ 选中创建的三个对象。单击工具栏上的【Use Pivot Point Center】(使用轴点中心）按钮，然后单击工具栏中的【Select and Rotate】(选择并旋转）按钮。

❸ 在透视图中将鼠标移到 Z 轴使之变成黄颜色，拖动鼠标旋转物体，发现各对象均以自己的轴心点为中心旋转，如图 2-27 所示。

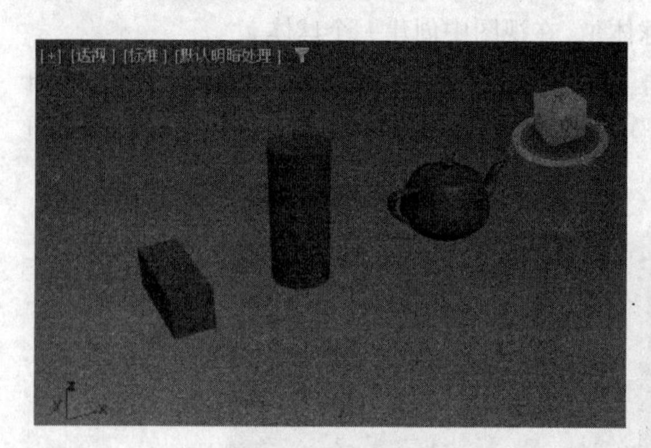

图 2-26 在场景中创建对象

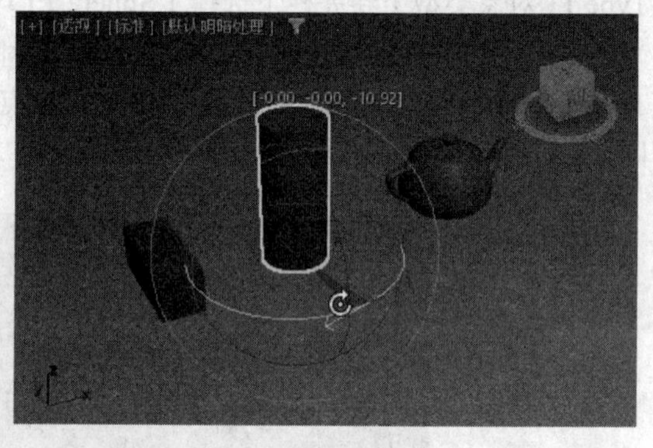


图 2-27 各对象以自己的轴心点为中心旋转

02 以选择集的中心为中心

❶ 为了对比方便，还是利用在图 2-26 中创建的茶壶、长方体及圆柱体。

❷ 选中创建的三个对象。单击工具栏上的【Use Selection Center】(使用选择中心）按钮，然后单击工具栏中的【Select and Rotate】(选择并旋转）按钮。

❸ 在透视图中将鼠标移到 Z 轴使之变成黄颜色，拖动鼠标旋转物体，发现各对象均以选择集的中心为中心旋转，如图 2-28 所示。

03 以坐标系原点为中心

❶ 为了对比方便，还是利用在图 2-26 中创建的茶壶、长方体及圆柱体。

❷ 选中创建的三个对象。单击工具栏上的【Use Transform Coordinate Center】(使用变换坐标中心）按钮，然后单击工具栏中的【Select and Rotate】(选择并旋转）按钮。

❸ 在透视图中将鼠标移到 Z 轴使之变成黄颜色，拖动鼠标旋转物体，发现各对象均以坐标系原点为中心旋转，如图 2-29 所示。

图 2-28　各对象以选择集中心为中心旋转

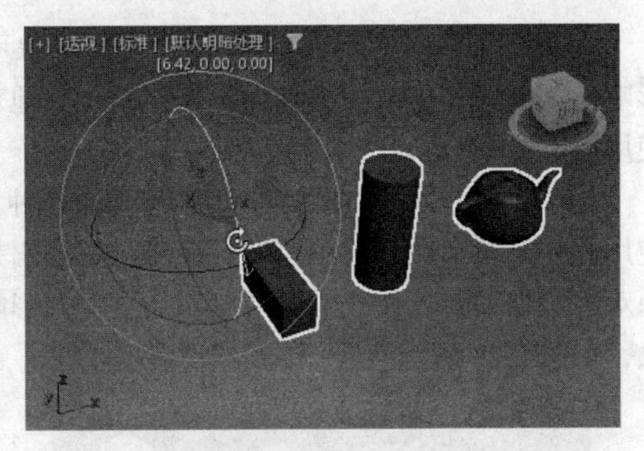


图 2-29　各对象以坐标系原点为中心旋转

## 2.4　对象的复制

在大规模的建模过程中，经常需要创建同样的对象，这时最方便的办法就是使用复制功能。3ds Max 提供了多种复制功能，下面分别介绍。

### 2.4.1　对象的直接复制

最常用的对象复制方式就是用利用键盘和空间变换工具对对象进行复制。下面举例介绍。

❶ 打开【Create】(创建)命令面板，单击【Geometry】(几何体)按钮，展开【Object Type】(对象类型)卷展栏，在场景中创建一个球体，如图 2-30 所示。

❷ 选中创建的球体，单击工具栏上的【Select and Move】(选择并移动)按钮，按住 Shift 键的同时移动球体。

❸ 弹出"克隆选项"对话框，如图 2-31 所示。在【Number of Copies】(副本数)文本框内输入 2，然后单击"确定"按钮，即可复制出两个球体，结果如图 2-32 所示。

从"克隆选项"对话框可以看出，复制物体时有三种选择，即【Copy】(复制)、【Instance】(实例)、【Reference】(参考)，它们的区别在于：

✧【Copy】(复制)：复制出来的对象是独立的，复制品与原来的对象没什么关系。如果对源对象施加编辑器修改，复制品不会受到影响。本例采用的就是此项命令。

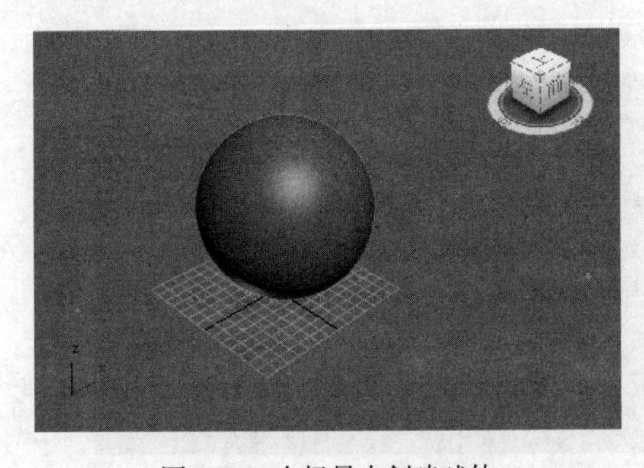

图 2-30　在场景中创建球体

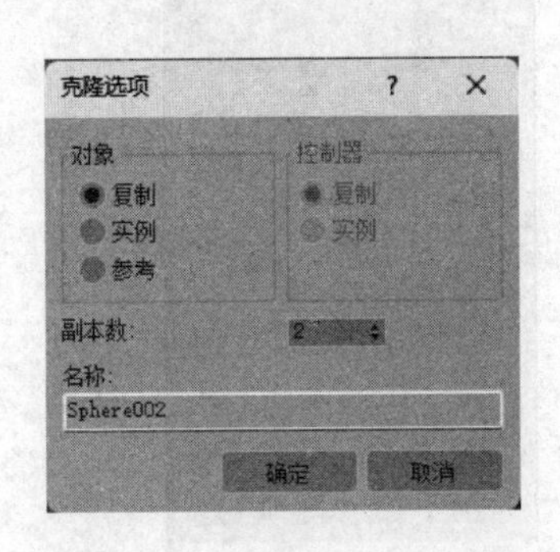


图 2-31　"克隆选项"对话框

✧【Instance】(实例)：复制出来的对象不独立，复制品及源对象受任何一个成员对象的影响，如果对其中之一施加编辑器修改，其他对象会产生相应的变化。此命令常用于多个地方使用同一对象的场合。

✧【Reference】(参考)：相当于上面两种复制命令的结合。使用此项命令可以使多个对象使用同一个根参数和根编辑器，而每个复制出来的对象保持独立编辑的特性。也就是说，在对源对象施加编辑器修改时参考复制品会受到影响，而对参考复制品进行的操作不会影响到源对象，如图 2-33 所示。

图 2-32　复制球体

图 2-33　关联复制与参考复制对比

## 2.4.2　对象的镜像复制

镜像复制是模拟现实中镜子的效果来复制对象。下面举例介绍。

❶ 打开【Create】(创建)命令面板，单击【Geometry】(几何体)按钮，展开【Object Type】(对象类型)卷展栏，在场景中创建一个茶壶。

❷ 选中茶壶，单击主工具栏上的【Mirror】(镜像)按钮，弹出“镜像：世界坐标”对话框，如图 2-34 所示。

❸ 选择镜像轴为【X】轴，选择复制方式为【Copy】(复制)，此时场景中已经可以看到镜像复制的效果，如图 2-35 所示。修改【Offset】(偏移)的值可以调节两个茶壶对象之间的距离。

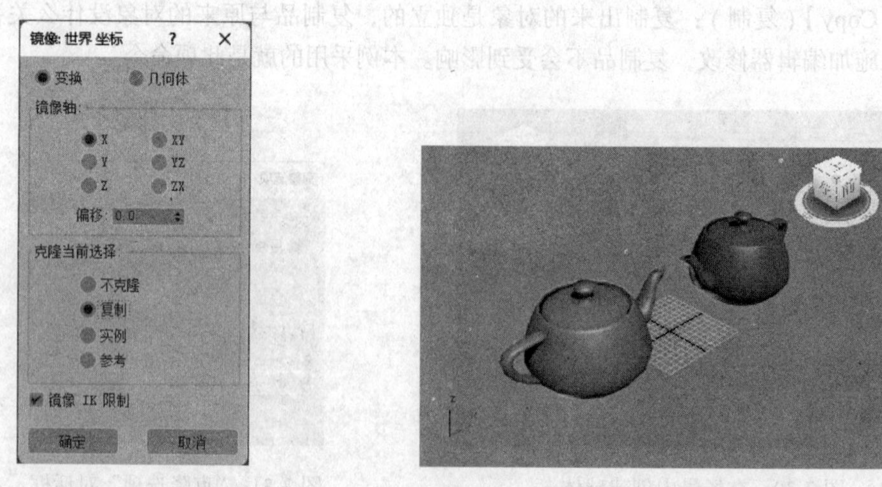


图 2-34　“镜像：世界坐标”对话框

图 2-35　镜像复制的效果

镜像对话框中的选项含义如下：

✧【Mirror Axis】（镜像轴）：用于选择镜像的轴或者平面。默认是 X 轴。

✧【Offset】（偏移）：用于设定镜像生成的对象偏移原始对象轴心点的距离。

✧【Clone Selection】（克隆当前选择）：用于控制对象是否复制，以何种方式复制。默认选项是【No Clone】（不克隆），即只翻转对象而不复制对象。

✧【Mirror IK Limits】（镜像 IK 限制）：当围绕一个轴镜像几何体时，会导致镜像 IK 约束（与几何体一起镜像）。如果不希望 IK 约束受镜像命令的影响，可禁用此命令。

说明：使用移动和旋转工具也能达到镜像复制的效果，但是使用镜像工具更为方便。

### 2.4.3　对象的阵列复制

Array（阵列）命令可以同时复制出多个相同的对象，并且使得这些复制出的对象在空间上按照一定的顺序和形式排列。下面举例说明。

❶ 打开【Create】（创建）命令面板，单击【Geometry】（几何体）按钮，展开【Object Type】（对象类型）卷展栏，在场景中创建一个球体。

❷ 选择球体，单击菜单栏上的【Tools】（工具）菜单，在下拉菜单中选择【Array】（阵列）命令，弹出“阵列”对话框，如图 2-36 所示。

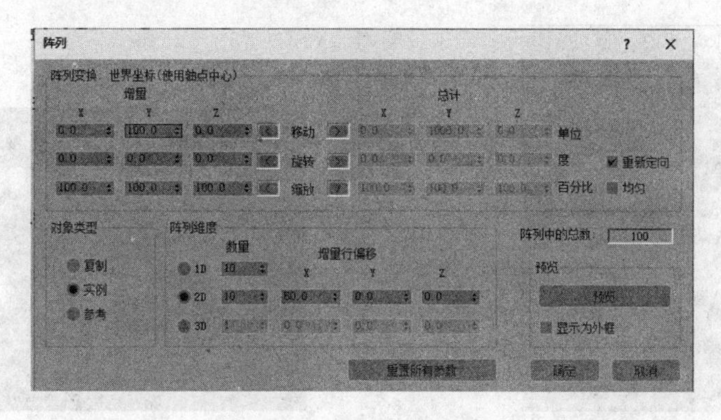


图 2-36　“阵列”对话框

❸ 在“阵列”对话框中的【Array Dimensions】（阵列维度）选项组中选择【2D】，并在【2D Count】（二维数量）和【1D Count】（一维数量）中输入 10，然后在【Incremental Row Offset】（增量行偏移）中设置【X】为 50，在【Incremental】（增量）中设置【Y】值为 100，单击“确定”按钮，完成 10 × 10 二维阵列的创建，结果如图 2-37 所示。

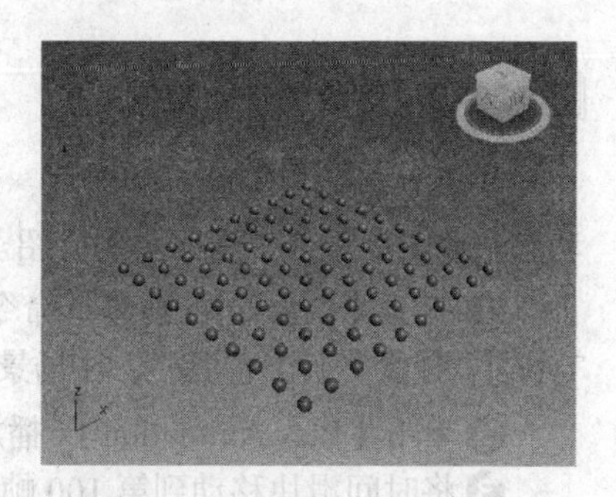

图 2-37　创建二维阵列

“阵列”对话框中的选项含义如下：

✧【Array Transformation】（阵列变换）：用于控制使用哪种变换方式来形成阵列。通常多种变换方式和变换轴可以同时作用。

✧【Type of Object】（对象类型）：用于设置复制对象的类型。和“克隆选项”对话框类似。

✧【Array Dimensions】(阵列维度)：用于指定阵列的维数。

✧【Total in Array】(阵列中的总数)：用于控制复制对象的总数。默认为 10 个。

## 2.4.4 对象的空间复制

如果需要让对象沿着某一条路径分布，仅使用阵列命令则难以实现。此时可以利用 3ds Max 提供的【Spacing Tools】(空间工具)来满足我们的要求。下面举例介绍。

❶ 打开【Create】(创建)命令面板，单击【Geometry】(几何体)按钮，展开【Object Type】(对象类型)卷展栏，在场景中创建一个球体。

❷ 在【Create】(创建)命令面板中单击【Shapes】(图形)按钮，展开【Object Type】(对象类型)卷展栏，在场景中创建一个椭圆。

❸ 选择球体，单击菜单栏上的【Tools】(工具)菜单中【Align】(对齐)下拉菜单中的【Spacing Tools】(间隔工具)命令，弹出“间隔工具”对话框，如图 2-38 所示。

❹ 单击对话框中的【Pick Path】(拾取路径)按钮，然后在视图中选择椭圆，此时【Pick Path】(拾取路径)按钮上的文字变成椭圆的名称。

❺ 设置【Count】(计数)为 20、【Context】(前后关系)为【Center】(中心)排列方式，单击“应用”按钮，然后单击“取消”按钮结束空间排列。此时在透视图中看到的应用空间工具后的效果如图 2-39 所示。

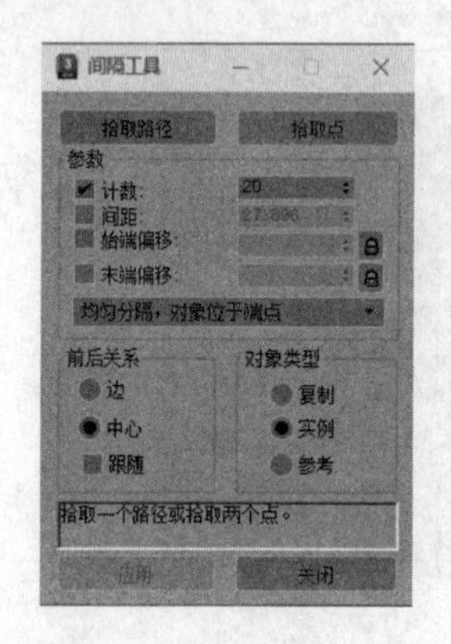


图 2-38 “间隔工具”对话框

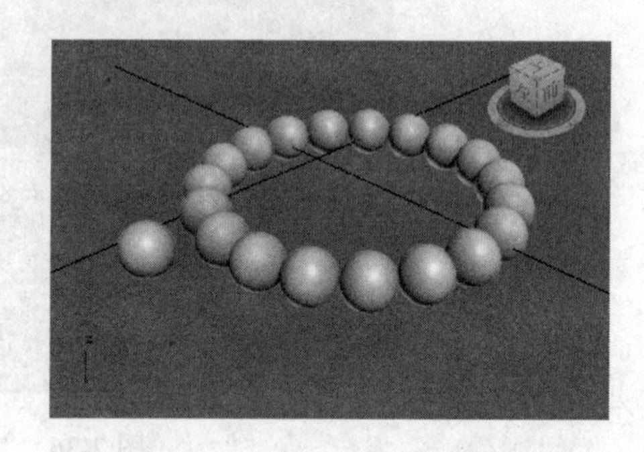

图 2-39 应用空间工具后的效果

## 2.4.5 对象的快照复制

快照复制适用于已有的动画，可以从动画中截取其中的图片，就好像用照相机的快照功能动态获取图片一样。下面举例介绍。

❶ 打开【Create】(创建)命令面板，单击【Geometry】(几何体)按钮，展开【Object Type】(对象类型)卷展栏，在场景中创建一个圆柱体。

❷ 单击【Play Animation】(播放动画)按钮，此时按钮变成红色。

❸ 将时间滑块移动到第 100 帧，然后在顶视图中将圆柱体沿 X 轴移动一段距离。

❹ 再次单击【Play Animation】(播放动画)按钮，关闭动画制作。

❺ 选中圆柱体，单击菜单栏上的【Tools】(工具)菜单，在下拉菜单中选择【Snapshot】(快照)命令，弹出“快照”对话框，设置参数如图 2-40 所示。

❻ 单击“确定”按钮，完成对象的快照复制。在透视图中用快照复制出的对象如图 2-41 所示。

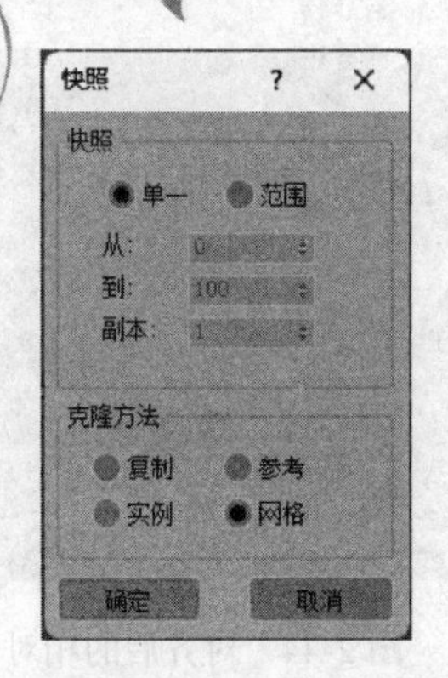


图 2-40 “快照”对话框

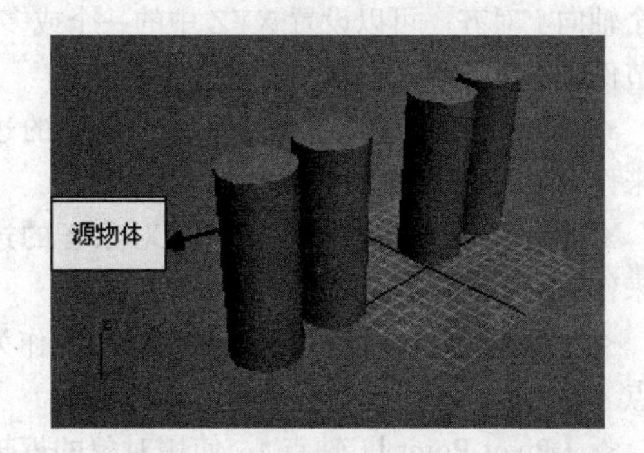


图 2-41 用快照复制出的对象

## 2.5 对象的对齐与缩放

### 2.5.1 对象的对齐

在建模的过程中，经常会遇到一些对物体的相对位置要求比较严格的情况，如将各种组件组合成物体。这时用 3ds Max 提供的对齐工具是明智的选择。3ds Max 中的对齐工具共有 6 个，分别是对齐、快速对齐、法线对齐、放置高光、对齐摄像机和对齐到视图。其中第一个工具最为常用，这里举例介绍。

❶ 打开【Create】(创建)命令面板，单击【Geometry】(几何体)按钮，展开【Object Type】(对象类型)卷展栏，在场景中创建一个长方体和一个圆柱体，如图 2-42 所示。

❷ 选中圆柱体，单击工具栏上的【Align】(对齐)按钮，然后将鼠标移动到圆柱体上，当鼠标指针变成十字形状时单击，弹出“对齐当前选择（Cylinder001）”对话框，设置参数如图 2-43 所示。

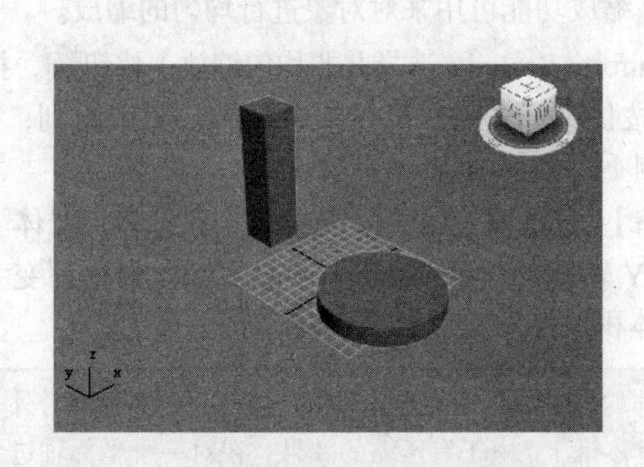

图 2-42 创建长方体和圆柱体

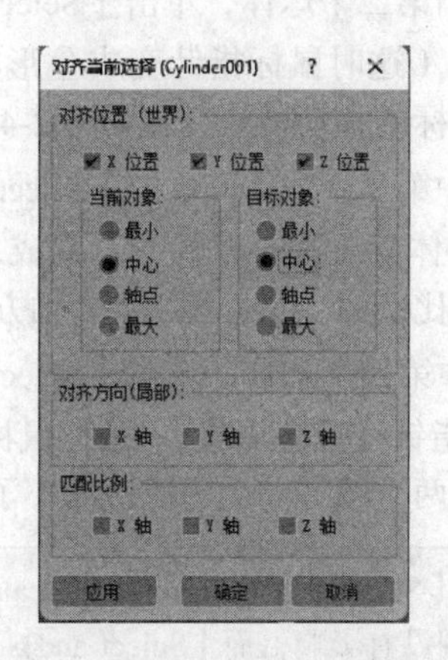


图 2-43 “对齐当前选择（Cylinder001）”对话框

❸ 单击“确定”按钮，完成对齐操作。在透视图中对齐后的相对位置如图 2-44 所示。

“对齐当前选择（Cylinder001）”对话框中的选项含义如下：

✧【Align Position】（对齐位置）：用来设置在哪个轴向上对齐。可以设置 XYZ 中的一个或多个，本节例子中设置了三个轴向对齐。

✧【Minimum】（最小）：使用对象负的边缘点来作为对齐点。

✧【Maximum】（最大）：使用对象正的边缘点来作为对齐点。

✧【Center】（中心）：使用对象的中心作为对齐点。

✧【Pivot Point】（轴点）：使用对象的枢轴点作为对齐点。

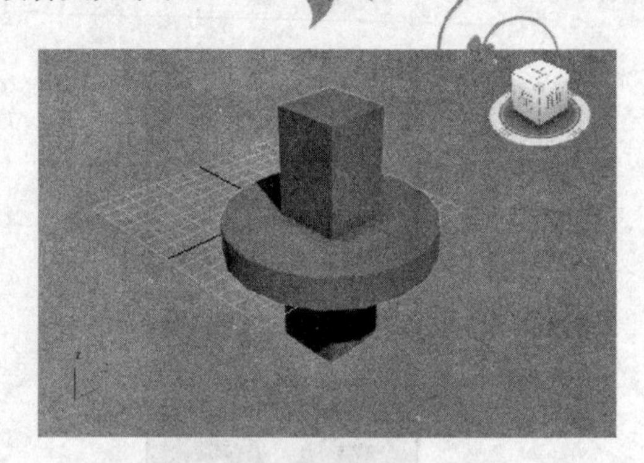

图 2-44　对齐后的相对位置

✧【Align Orientation(local)】（对齐方向（局部））：将当前对象的局部坐标轴方向改变为目标对象的局部坐标轴方向。

✧【Match Scale】（匹配比例）：如果目标对象被缩放了，那么选择轴向可使被选定对象沿局部坐标轴缩放到与目标对象相同的百分比。

### 2.5.2　对象的缩放

利用缩放功能可改变被选中对象各个坐标的比例大小。缩放功能分为三种，即【Select and Uniform Scale】（选择并均匀缩放）功能、【Select and Non-uniform Scale】（选择并非均匀缩放）功能和【Select and Squash】（选择并挤压）功能。三种功能的切换方法是，用鼠标左键按住当前工具栏上的缩放按钮不放，就会看到其他的两个功能按钮，移动鼠标到需要的按钮上，选中该功能按钮即可。

下面建立一个球体，并通过对其的操作来体会缩放功能的作用。

❶ 打开【Create】（创建）命令面板，单击【Geometry】（几何体）按钮，展开【Object Type】（对象类型）卷展栏，在场景中创建一个球体，并复制三个相同的球。

❷ 选中第二个球体，单击【Select and Uniform Scale】（选择并均匀缩放）按钮，把鼠标移到球体上（这时鼠标指针变成形状）。按住鼠标左键，上下移动鼠标。可以看到，球体的大小随着鼠标的移动而改变，如图 2-45a 所示。该缩放功能可用来对对象进行均匀的缩放。

❸ 选中第三个球体，单击【Select and Non-uniform Scale】（选择并非均匀缩放）按钮，把鼠标移到球体上（这时鼠标指针变成形状）。按住鼠标左键并沿 Y 轴移动体。可以看到，Y 轴方向上的比例改变了，而 X、Z 轴方向上的比例不变，如图 2-45b 所示。

❹ 选中第四个球体，单击【Select and Squash】（选择并挤压）按钮，把鼠标移到球体上（这时鼠标指针变成形状）。按住鼠标左键并沿 Y 轴移动。可以看到，Y 轴方向上的比例变大了，而其他两个轴方向上的比例缩小了，球体总体积保持不变，如图 2-45c 所示。

> 注意：【Select and Non-uniform Scale】（选择并非均匀缩放）只改变被选中坐标轴的比例，对另外两个坐标轴没有影响；而【Select and Squash】（选择并挤压）由于有压缩的效果，在对一个坐标轴进行操作时，其他两个坐标轴会跟着进行相应的变化。

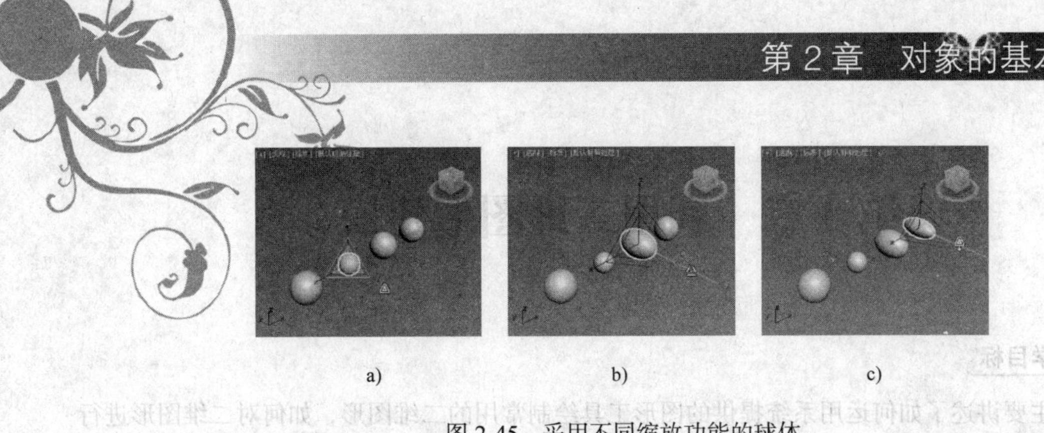
a)　　b)　　c)

图 2-45　采用不同缩放功能的球体

## 2.6 课后习题

1. 填空题

（1）主对象的类型包括：二维形体、放样路径、________、运动轨迹、________、摄像机等。

（2）常见的次对象包括：组成形体的点、________、面和运动轨迹中的 ________。

（3）使用名称选择对象的时候，首先要知道对象的 ________。

（4）复制物体时在弹出的对话框中的三种复制方式是复制、________和参考。

2. 问答题

（1）什么是主对象？什么是次对象？

（2）如何将对象组合在一起？

（3）沿轴向移动物体时需要注意什么？

（4）对象的缩放功能有哪三种？

3. 操作题

（1）建立几个简单的三维物体，练习各种选择操作。

（2）建立一个球体，练习沿各个轴向移动的操作。

（3）建立一个茶壶，练习各种复制的操作。

（4）建立一个长方体和一个球体，练习对齐操作。

# 第3章　利用二维图形建模

## 教学目标

本章主要讲述了如何运用系统提供的图形工具绘制常用的二维图形，如何对二维图形进行编辑，如何利用二维图形和简单的命令生成三维物体。其中，二维图形的绘制与编辑是基础，相关命令的运用是建模的重点，读者应多加练习，多思考其原理，为以后的学习打下良好的基础。

## 教学重点与难点

- 二维图形的绘制及参数意义
- 二维图形的编辑修改等操作
- 二维图形编辑修改器的使用

## 3.1 二维图形的绘制

二维图形由一条或多条【Splines】(样条线）构成。二维图形也是制作复杂的不规则三维曲面模型的基础。二维图形一般有以下 5 种用途：

✧ 运用【Extrude】(挤出）功能，可以把一个二维图形拉伸成一个有厚度的立体模型，如立体字的制作。

✧ 运用【Lathe】(车削）功能，可以把一个二维图形截面旋转成一个轴对称的三维模型，如柱子的制作。

✧ 构造放样造型的路径或截面图形。

✧ 指定动画中物体运动的路径。

✧ 作为复杂的反关节活动的一种连接方式。

二维图形的创建和修改在 3ds Max 中非常方便。下面介绍几种常用二维图形的绘制，其他的二维图形与这几种二维图形的绘制方法类似。

### 3.1.1 【Line】(线）的绘制

线在 3ds Max 中的应用非常广泛，它的绘制分为两种。

**01** 直线段的连接线

❶ 单击【File】(文件）菜单中的【Reset】(重置）命令，重新设置系统，并在顶视图中右击将其激活。

❷ 单击【Create】(创建）命令面板上的【Shapes】(图形）按钮，弹出图形子命令面板，如图 3-1 所示。

❸ 在【Shapes】(图形）子命令面板中单击【Line】(线）按钮，然后在【Top】(顶）视图中任意位置单击，确定线的起点，移动鼠标到另一点，再次单击，绘制一条线段。如果要结束

绘制，右击即可。

❹ 如果要绘制多边形框，可重复上述操作，最后将鼠标移至起始点单击。此时系统会弹出“样条线”对话框，询问是否将图形闭合，如图 3-2 所示。单击“是”按钮，生成闭合图形，在顶视图中绘制的直线段闭合框如图 3-3 所示。

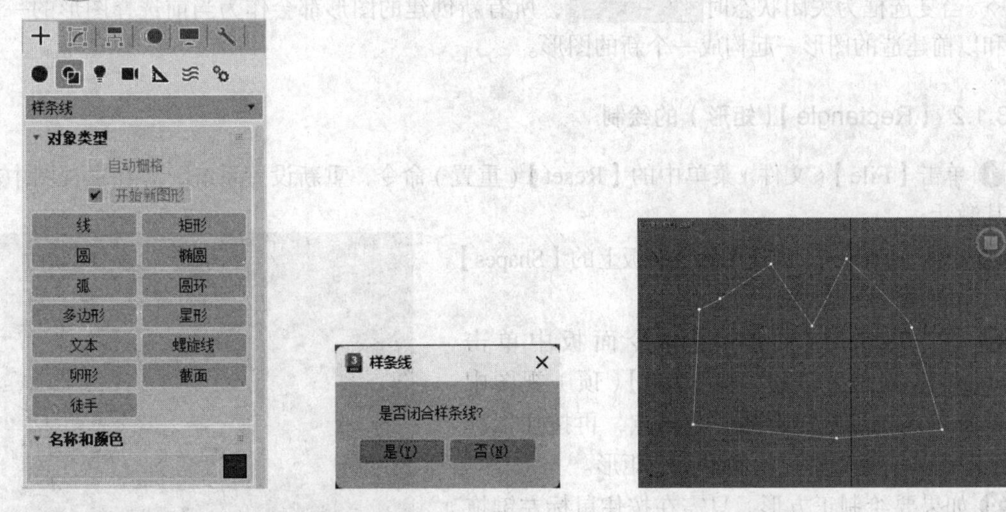


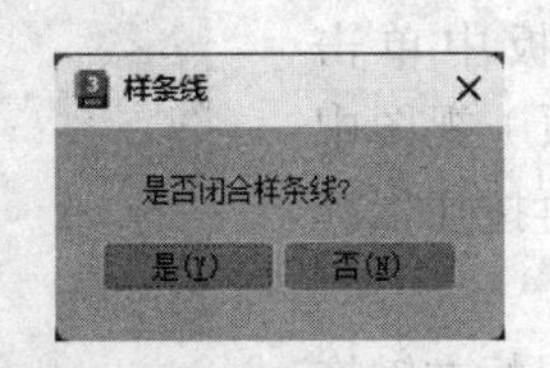


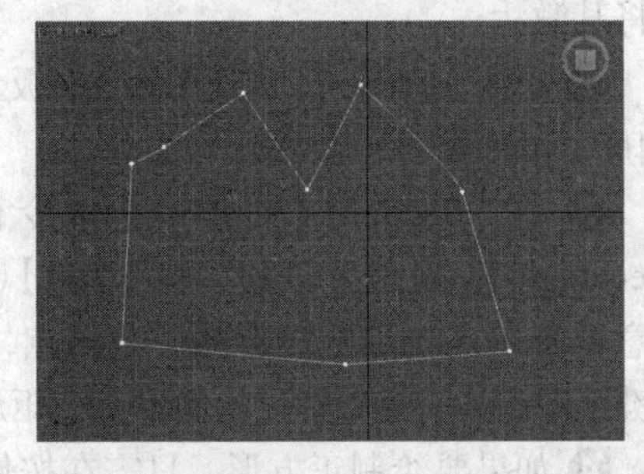

图 3-1　图形子命令面板　　图 3-2　“样条线”对话框　　图 3-3　顶视图中绘制的直线段闭合框

**02** 曲线段的连接线

❶ 单击【File】(文件)菜单中的【Reset】(重置)命令，重新设置系统，并在顶视图中右击将其激活。

❷ 单击【Create】(创建)命令面板上的【Shapes】(图形)按钮。

❸ 在【Shapes】(图形)子命令面板中单击【Line】(线)按钮，在顶视图中任意位置单击，确定线的起点，移动鼠标到另一点，再次单击并按住鼠标左键，拖动鼠标到第三点，绘制一条曲线段。如果要结束绘制，右击即可。

❹ 如果要绘制的曲线闭合框，可重复上述操作，结果如图 3-4 所示。

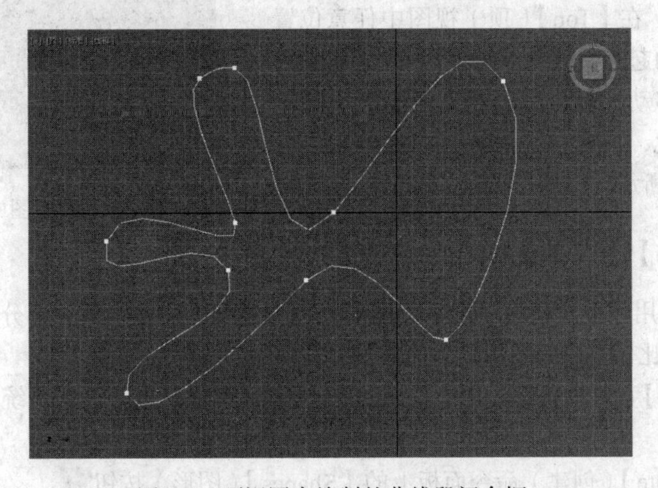

图 3-4　顶视图中绘制的曲线段闭合框

需注意的是，位于【Object Type】(对象类型)卷展栏下方的【Start New Shape】(开始新图形)复选框，3ds Max 2024 默认为打开方式。

✧ 当复选框为打开状态时 开始新图形 ，表示目前处于【Start New Shape】(开始新图形)模式，此时新创建的每一个图形都会成为一个新的独立的个体。

✧ 当复选框为关闭状态时 开始新图形 ，所有新创建的图形都会作为当前选择图形的一部分，和以前建造的图形一起构成一个新的图形。

### 3.1.2 【Rectangle】(矩形)的绘制

❶ 单击【File】(文件)菜单中的【Reset】(重置)命令，重新设置系统，并在顶视图中右击将其激活。

❷ 单击【Create】(创建)命令面板上的【Shapes】(图形)按钮。

❸ 在【Shapes】(图形)子命令面板中单击【Rectangle】(矩形)按钮，在【Top】(顶)视图中任意位置单击，确定矩形的一个角点，再按住鼠标左键拖动到另一点，即可绘制出一个矩形。

❹ 如果要绘制正方形，只需在按住鼠标左键拖动时按住 Ctrl 键不放即可。绘制的长方形和正方形如图 3-5 所示。

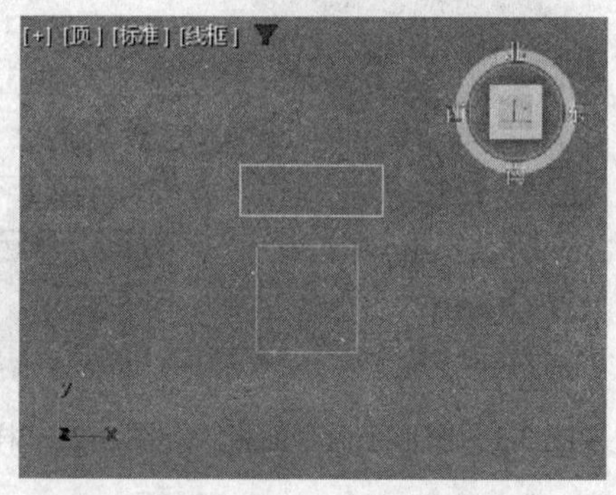


图 3-5 顶视图中绘制的长方形及正方形

### 3.1.3 【Arc】(弧)的绘制

❶ 单击【File】(文件)菜单中的【Reset】(重置)命令，重新设置系统，并在顶视图中右击将其激活。

❷ 单击【Create】(创建)命令面板上的【Shapes】(图形)按钮。

❸ 在【Shapes】(图形)子命令面板中单击【Arc】(弧)按钮，在【Top】(顶)视图中任意位置单击，确定弧形的起点，再按住鼠标左键拖动到另一点放开，此时移动鼠标，可以看见弧度大小随鼠标位置移动而变化，再次单击鼠标，即可绘制出一个圆弧，如图 3-6 所示。

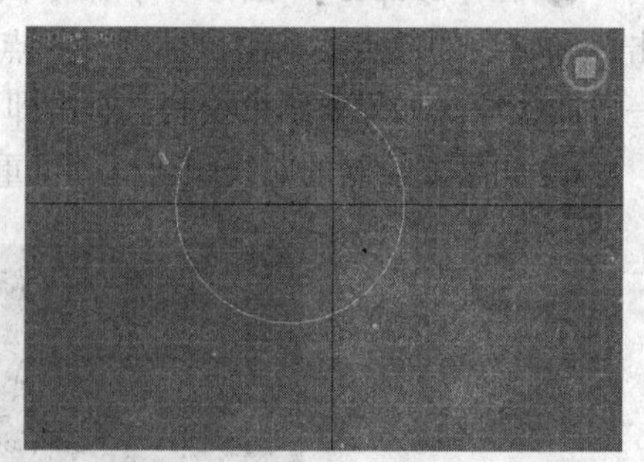

图 3-6 顶视图中绘制的圆弧

### 3.1.4 【Circle】(圆)的绘制

圆形是一种使用频率较高的二维平面图形，创作过程中往往将其一部分与其他的二维图形组合在一起来制作比较复杂的图形。下面举例介绍。

❶ 单击【File】(文件)菜单中的【Reset】(重置)命令，重新设置系统，并在顶视图中右击将其激活。

❷ 单击【Create】(创建)命令面板上的【Shapes】(图形)按钮。

❸ 在【Shapes】(图形)子命令面板中单击【Circle】(圆)按钮，在【Top】(顶)视图中

任意位置单击，确定圆心，再按住左键拖动到另一点放开，即可绘制出一个圆，如图 3-7 所示。

### 3.1.5 【Ellipse】(椭圆)的绘制

椭圆的绘制与圆基本相同，这里不再赘述，结果如图 3-8 所示。

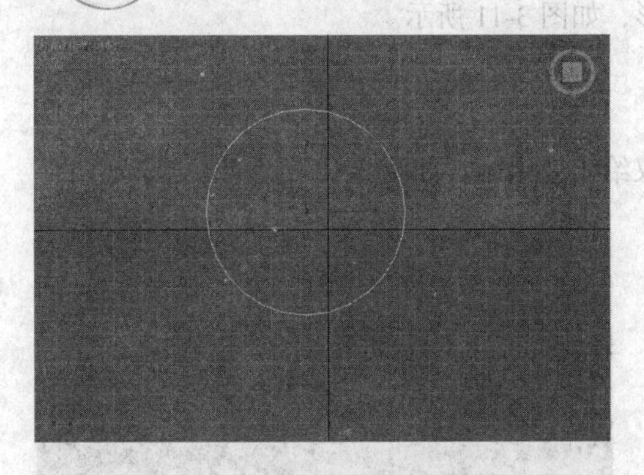

图 3-7　顶视图中绘制的圆

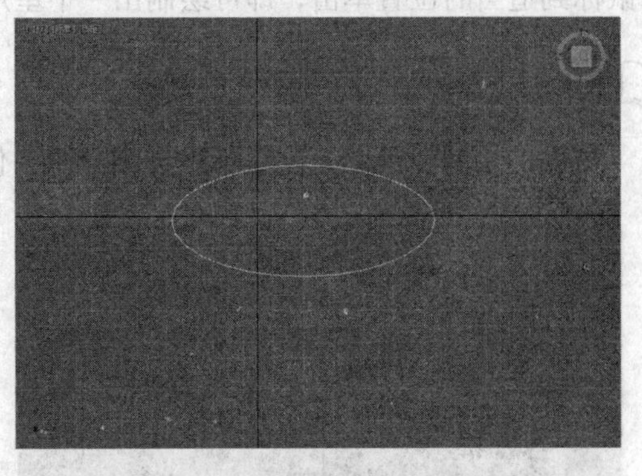

图 3-8　顶视图中绘制的椭圆

### 3.1.6 【Donut】(圆环)的绘制

❶ 单击【File】(文件)菜单中的【Reset】(重置)命令，重新设置系统，并在顶视图中右击将其激活。

❷ 单击【Create】(创建)命令面板上的【Shapes】(图形)按钮。

❸ 在【Shapes】(图形)子命令面板中单击【Donut】(圆环)按钮，在【Top】(顶)视图中任意位置单击，确定同心圆的圆心，再按住鼠标左键拖动到另一点后放开，绘制出第一个圆，移动鼠标到适当的位置，再次单击，绘制出另一个圆，结果如图 3-9 所示。

### 3.1.7 【NGon】(多边形)的绘制

多边形的绘制比较简单，这里不做详细介绍，结果如图 3-10 所示。

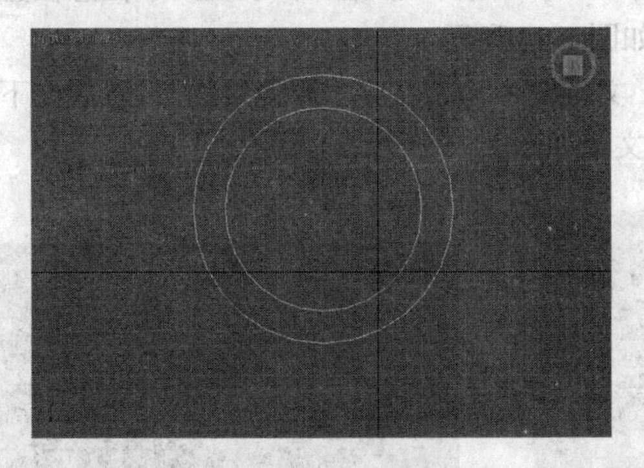

图 3-9　顶视图中绘制的圆环

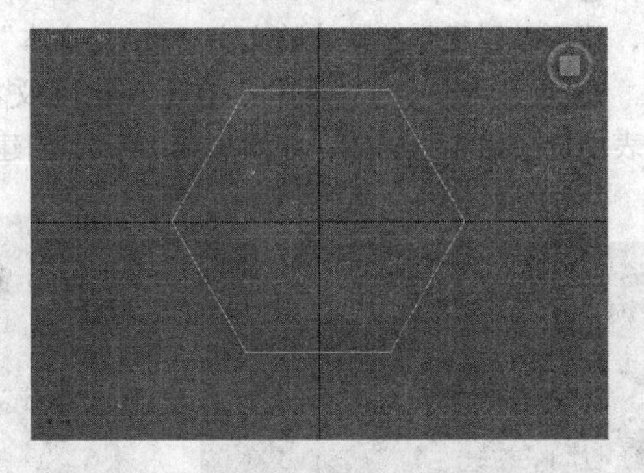

图 3-10　顶视图中绘制的多边形

### 3.1.8 【Star】(星形)的绘制

❶ 单击【File】(文件)菜单中的【Reset】(重置)命令，重新设置系统，并在顶视图中右

击将其激活。

❷ 单击【Create】(创建)命令面板上的【Shapes】(图形)按钮。

❸ 在【Shapes】(图形)子命令面板中单击【Star】(星形)按钮，在【Top】(顶)视图中任意位置单击，确定星形外接圆的圆心，然后按住鼠标左键向外拖动到另一点放开，再向内移动鼠标到适当的位置单击，即可绘制出一个星形，如图 3-11 所示。

### 3.1.9 【Section】(截面)的创建

截面的绘制较简单，这里不做详细介绍，仅给出效果图，如图 3-12 所示。

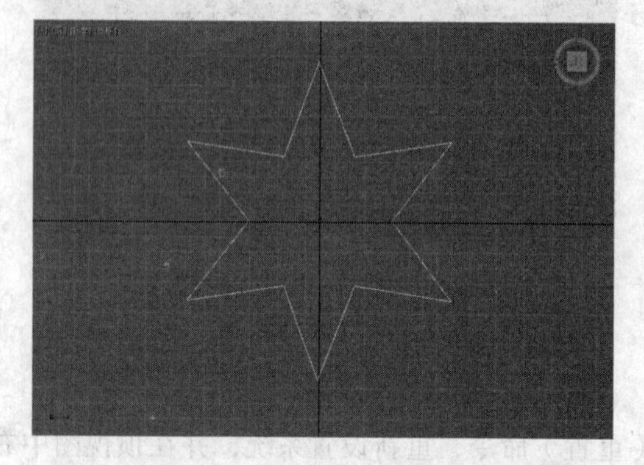

图 3-11　顶视图中绘制的星形

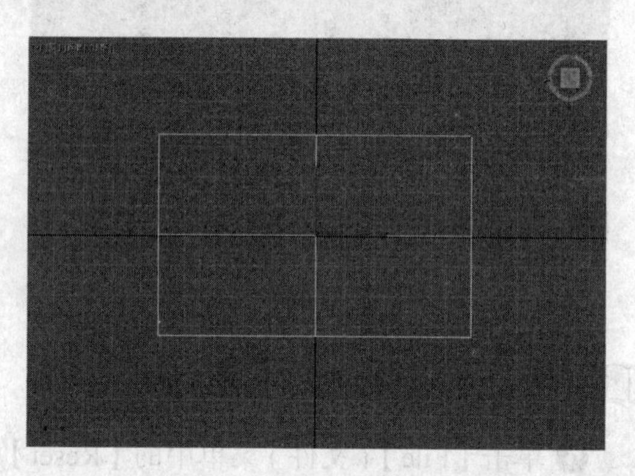

图 3-12　顶视图中绘制的截面

### 3.1.10 【Text】(文字)的创建

利用 3ds Max 创建三维文字很方便。下面举例介绍。

❶ 单击【File】(文件)菜单中的【Reset】(重置)命令，重新设置系统，并在顶视图中右击将其激活。

❷ 单击【Create】(创建)命令面板上的【Shapes】(图形)按钮。

❸ 在【Shapes】(图形)子命令面板中单击【Text】(文本)按钮，在顶视图中任意位置单击，就可以创建系统默认的文字“MAX 文本”，如图 3-13 所示。

❹ 展开【参数】卷展栏，在【Text】(文本)文本框中输入文字“厚德载物”，然后在下拉列表中选择字体为宋体，如图 3-14 所示。创建的文字如图 3-15 所示。

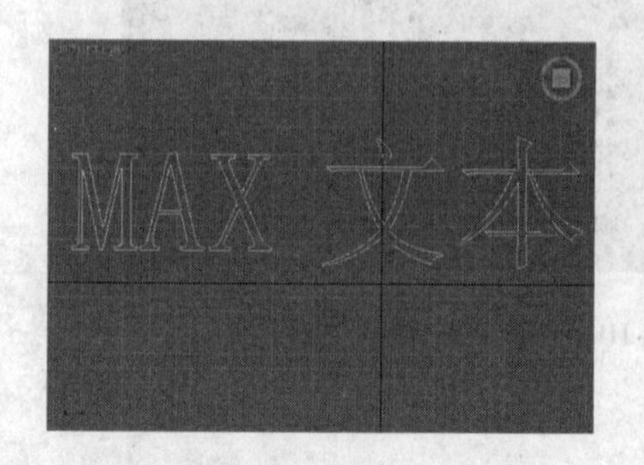


图 3-13　系统默认文字

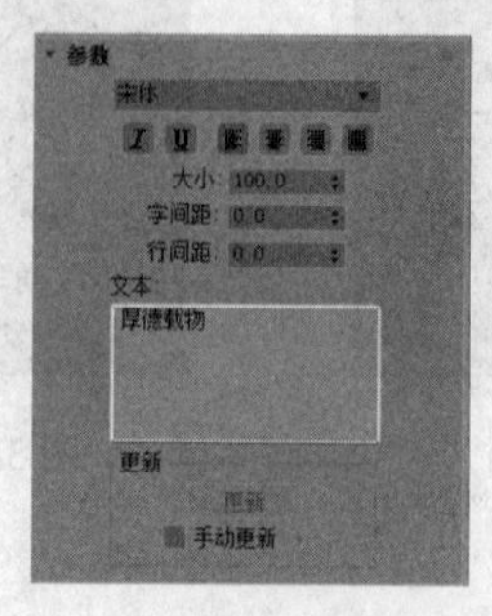


图 3-14　设置文本参数

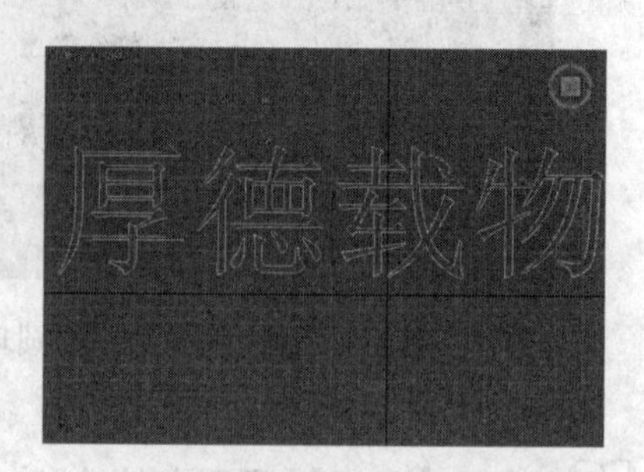


图 3-15　创建文字

### 3.1.11 【Helix】(螺旋线)的绘制

❶ 单击【File】(文件)菜单中的【Reset】(重置)命令，重新设置系统，并在顶视图中右击将其激活。

❷ 单击【Create】(创建)命令面板上的【Shapes】(图形)按钮 。

❸ 在【Shapes】(图形)子命令面板中单击【Helix】(螺旋线)按钮，在【Top】(顶)视图中单击，确定螺旋线的起点。按住鼠标左键拖动，确定螺旋线的起始半径后松开鼠标左键。单击并拖动鼠标至适当位置，确定螺旋线的高度。单击并拖动鼠标至适当位置，确定螺旋线的终点。

❹ 如图 3-16 所示设置螺旋线参数，绘制螺旋线。单击【Zoom Extents All Selected】(所有视图最大化显示选定对象)按钮 ，在【Perspective】(透)视图中可观察所绘制的螺旋线，如图 3-17 所示。

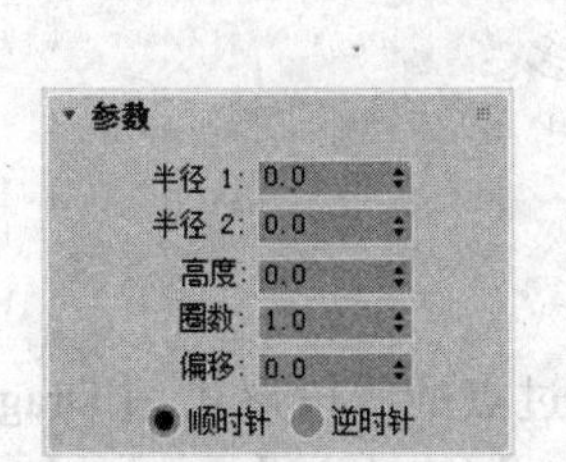


图 3-16　设置螺旋线参数

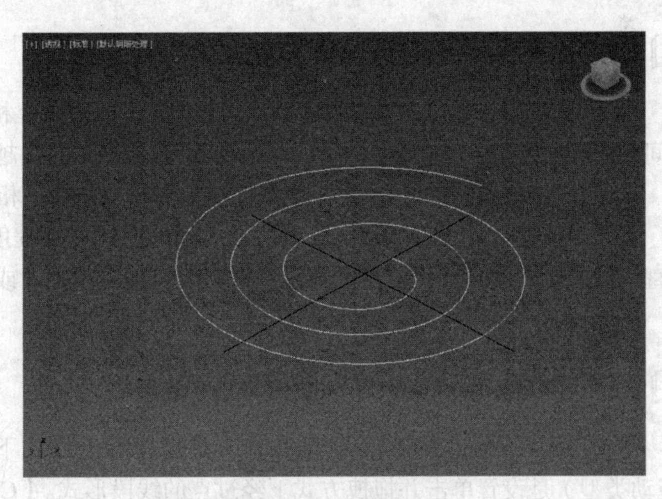

图 3-17　绘制螺旋线

## 3.2　二维图形的参数卷展栏简介

二维图形的参数卷展栏比较简单，但对于精确建模非常重要。各种二维图形的参数卷展栏大部分都很相似。下面以绘制圆为例，选择部分有代表性的参数来讲解。首先在【Top】(顶)视图中创建一个圆。此时，会显示出所有与其有关的参数卷展栏。下面分别介绍。

### 3.2.1 【Name and Color】(名称和颜色)卷展栏

✧ 默认名称为【Circle001】(圆 001)，可以根据需要进行更改。

✧ 系统随机为操作对象赋予颜色，可以根据需要进行更改。

图 3-18 所示为“名称和颜色”卷展栏。

图 3-18　“名称和颜色”卷展栏

### 3.2.2 【Rendering】(渲染)卷展栏

✧ 默认状态下，系统选中【Rendering】(渲染)选项，样条曲线的【Thickness】(厚度)为 1.0。此时视图中的样条曲线没有粗细的概念，只是一条抽象的线，若改变样条曲线的粗细，在视图中不会看到变化。

✧ 勾选【Enable In Renderer】(在渲染中启用)选项，再单击工具栏中的【Render Production】(渲染产品)按钮。此时可以看到渲染后的样条曲线，若改变样条曲线的粗细则可以看出变化。

✧ 勾选【Enable In Viewport】(在视口中启用)选项，在视图中可以看到曲线有了粗细。

图 3-19 所示为“渲染”卷展栏。

图 3-19 “渲染”卷展栏

### 3.2.3 【Interpolation】(插值)卷展栏

✧【Steps】(步数)：该选项的默认设置是 6，即曲线上相邻两点之间的曲线要经过 6 步才可以生成。步数值设置越高，曲线越光滑。

✧【Optimize】(优化)：使步数最优化地分布在曲线上相邻两点之间。

✧【Adaptive】(自适应)：根据两点之间的曲线复杂程度来决定用几步。例如，两点之间是直线段，步数就是 0；两点之间是一个曲线，步数就是 6 或更多。

图 3-20 所示为“插值”卷展栏。

### 3.2.4 【Creation Method】(创建方法)卷展栏

✧ 直线:【Initial Type】(初始类型)是设置单击方式下经过点的线段形式，【DragType】(拖动类型)是设置单击并拖拽方式下经过点的线段形式。【Corner】(角点)、【Smooth】(平滑)和【Bezier】(贝塞尔曲线)三个单选项表示三种不同线段形式，其中【Corner】(角点)单选项会让经过该点的曲线以该点为顶点组成一条折线，【Smooth】(平滑)单选项会让经过该点的曲线以该点为顶点组成一条光滑的幂函数曲线，【Bezier】单选项会让经过该点的曲线以该点为顶点组成一条贝塞尔曲线。

✧ 弧:【End-End-Middle】(端点 - 端点 - 中央)单选项，即先确定弦长，再确定半径；【Center-End-End】(中间 - 端点 - 端点)单选项，即先确定半径，再移动鼠标确定弧长。

✧ 圆、同心圆、多边形和椭圆:【Center】(中心)，第一点是图形的中心；【Edge】(边)，第一点在图形的边缘。圆形的“创建方法”卷展栏如图 3-21 所示。

图 3-20 “插值”卷展栏

图 3-21 “创建方法”卷展栏

### 3.2.5 【Keyboard Entry】(键盘输入)卷展栏

利用“键盘输入”卷展栏，可以通过键盘在视图中生成图形，可以精确控制图形生成的位置和图形的各项参数。该卷展栏中的 X、Y、Z 中的数值为控制点的位置，对圆来说就是圆心的位置，下面的参数随图形的不同而不同，对于圆来说，只有半径一项。圆形的“键盘输入”卷展栏如图 3-22 所示。建议大家多用“键盘输入”卷展栏来生成图形。

### 3.2.6 【Parameters】(参数)卷展栏

通过【Parameters】(参数)卷展栏可以控制图形的参数。不同的二维图形有不同的参数。圆形的“参数”卷展栏如图 3-23 所示。

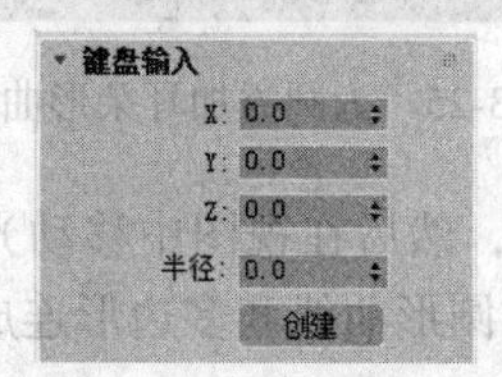


图 3-22　“键盘输入”卷展栏

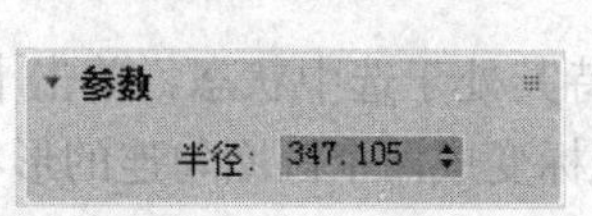


图 3-23　“参数”卷展栏

> 技巧：
> 1) 多边形的【Corner Radius】(棱角半径)可以用来为图形倒角。
> 2) 星形的【Fillet Radius】(倒角半径)和【Distortion】(扭曲)可以为图形倒角和扭曲星形。
> 3) 螺旋线的【Turns】(旋转)可设置旋转的圈数，【Bias】(倾斜)可控制螺旋线的斜率，【CW】(旋转上升)和【CCW】(旋转下降)可设置螺旋的旋转方向。

## 3.3 二维图形的编辑

创建的二维图形如果不能满足要求，就需要对其进行修改和编辑。因为二维图形的编辑比较重要，它可以直接为后面讲到的放样建模提供截面，所以在此详加介绍。

在二维图形的修改过程中，用得最多的是【Edit Spline】(编辑样条线)命令。该命令可以修改曲线的 4 个层次，即物体层次、节点层次、线段层次和曲线层次，而且每个层次上都有很多相应的操作。下面分别介绍。

### 3.3.1 在物体层次编辑曲线

在物体层次编辑关闭时，只有【Geometry】(几何体)物体卷展栏处于激活状态。下面举例介绍。

❶ 单击【File】(文件)菜单中的【Reset】(重置)命令，重新设置系统，并在顶视图中右击将其激活。

❷ 单击【Create】(创建)按钮 +，再单击【Shapes】(图形)子命令面板中的【NGon】(多边形)和【Circle】(圆)按钮，在视图中绘制一个多边形和圆，如图 3-24 所示。

❸ 选取圆，在【Modify】(修改)命令面板中的【Modifier List】(修改器列表)下拉列表中选择【Edit Spline】(编辑样条线)修改器，对圆进行物体层次修改。

❹ 展开【Geometry】(几何体)卷展栏，单击【Creat line】(创建线)按钮，为圆添加两个耳朵形的曲线，如图 3-25 所示。

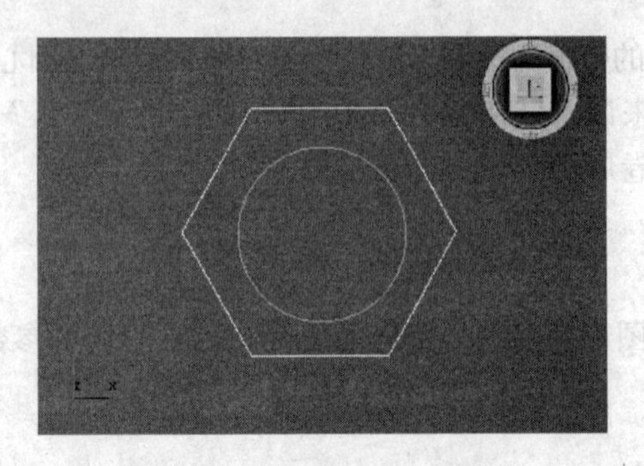

图 3-24　绘制多边形和圆

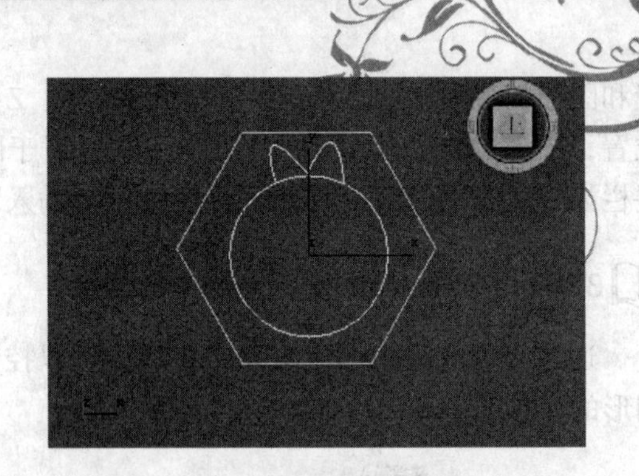

图 3-25　为圆添加耳朵形曲线

❺ 保持其处于选中状态，单击【Attach】(附加)按钮，然后在视图中移动光标到多边形上，此时光标变成两个圆圈勾连的形状，单击，将场景中的圆形曲线和多边形连成复合体，如图 3-26 所示。

若要分离已经结合在一起的二维图形，可单击【Detach】(分离)按钮。把刚才加入圆形曲线中的多边形分离出来的方法如下：

❶ 单击【Attach】(附加)按钮，使其处于弹起状态，打开【Selection】(选择)卷展栏，单击【Spline】(样条线)按钮，然后在顶视图中选择多边形，使其呈红色选中状态，如图 3-27 所示。

❷ 打开【Geometry】(几何体)卷展栏，找到【Detach】(分离)按钮，单击使其处于可用状态，此时弹出分离对话框。单击"确定"按钮，多边形即可从复合图形中分离出来。

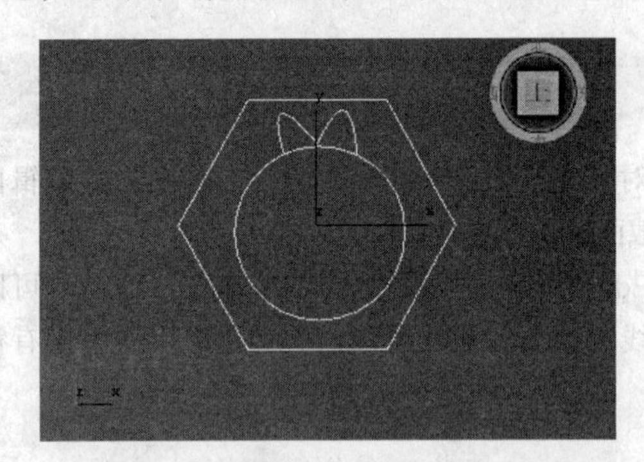

图 3-26　圆形曲线和多边形曲线复合体

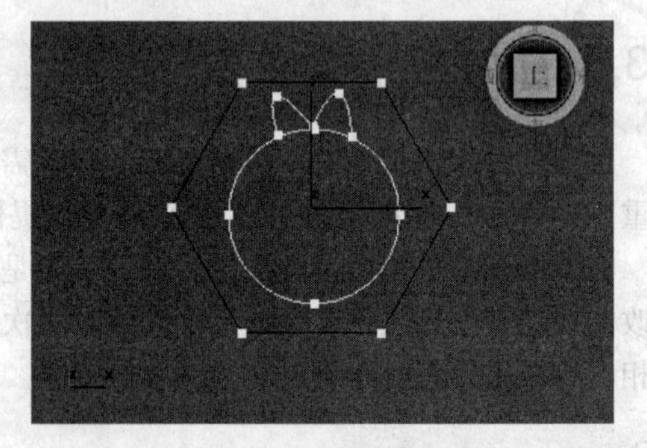

图 3-27　处于选中状态呈红色的多边形

> 技巧与提示：
>
> 1）在【Modifer List】(修改器列表)中寻找【Edit Spline】(编辑样条线)修改器时可按键盘上的字母 e 加速寻找。
>
> 2）分离多边形过程中使其呈红色选中状态的前提是先关闭【Attach】(附加)按钮，如果不关闭将无法选中。

### 3.3.2　在节点层次编辑曲线

**01** 认识 4 种类型的点

❶ 在【Top】(顶)视图中创建一个矩形对象。

❷ 选择矩形对象，在【Modify】(修改)命令面板中选择【Edit Spline】(编辑样条线)修改器，在【Selection】(选择)卷展栏中单击【Vertex】(顶点)按钮，此时在矩形的 4 个节点上出现十字标记，其中有一个节点含有一个小白框，标明此节点为此造型的起始节点。

❸ 选取矩形的一个节点，此时节点两旁出现两个绿色的小方框和一根连接这两个小方框的两根调整杆，同时可以看到有节点的地方出现红色的标记。视图中的绿色小方框可以用来调整节点的位置。

节点有 4 种类型，分别为：

✧【Smooth】(平滑)：强制把线段变成圆滑的曲线，但仍和节点成相切状态。

✧【Corner】(角点)：让节点两旁的线段能呈现任何的角度。

✧【Bezier】(贝塞尔)：提供节点一根角度调整杆，调整杆和节点相切。

✧【Bezier Corner】(贝塞尔角点)：提供两根调整杆，可随意更改其方向以产生所需的角度。

❹ 在选取的节点上右击，弹出如图 3-28 所示的快捷菜单，可以在此选择顶点的类型。

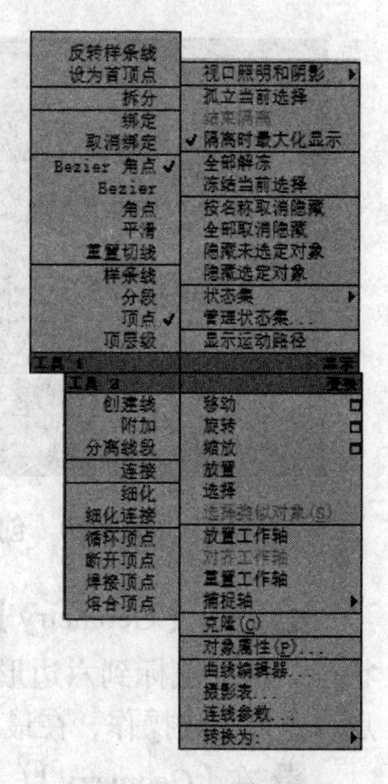


图 3-28　右键快捷菜单

❺ 顶点不同类型的异同如图 3-29 所示。

系统提供了两种调整节点的方法：一种是拖动调整杆绕节点旋转，另一种是将调整杆的绿色小方框向节点推开或拉近。当旋转调整杆时，改变的是线段旋转的角度；而当移动绿色小方框时，改变的是线段本身的张力。当调整杆缩成一点和节点重合时，节点两旁的线段成为一条直线。

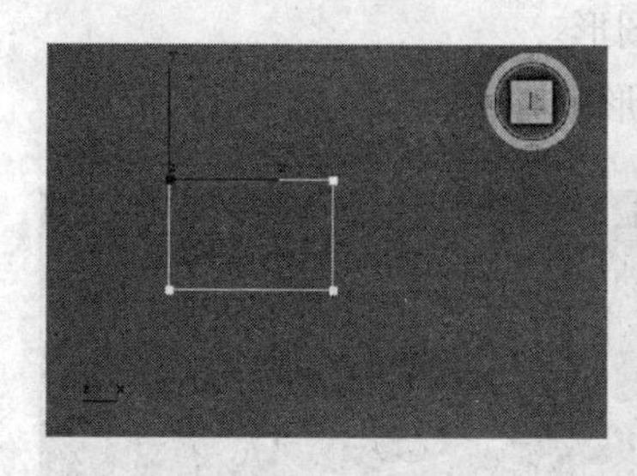
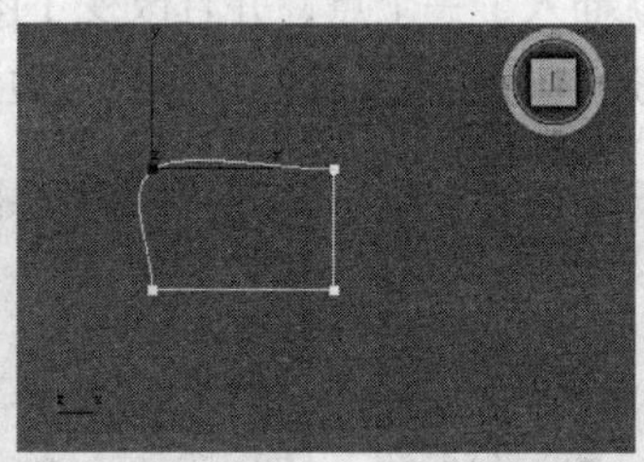
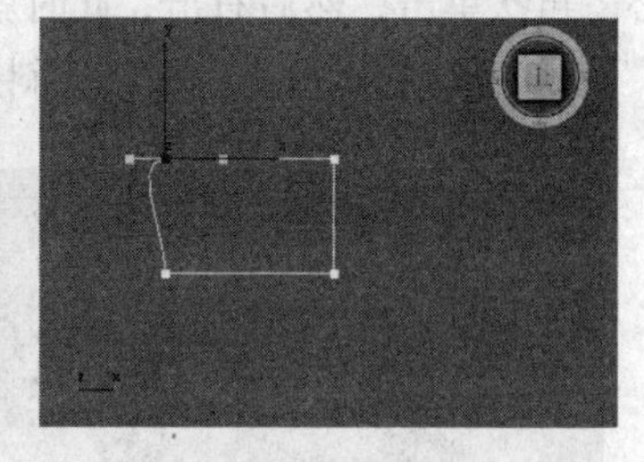

图 3-29　顶点不同类型的异同

【Lock Handles】(锁定控制柄)是一个用来控制手柄的工具。当关闭【Lock Handles】(锁定控制柄)复选开关时，只有被选取的控制柄才会受到影响。当打开【Lock Handles】(锁定控制柄)复选开关时，有以下两个选项可供选择：

✧【Alike】(相似)：选择此项时，只有选择集中与调整的控制柄方向相同的那些控制柄才能起作用。例如，在调整一个进入控制柄时，选择集中所有的进入控制柄都在起变化。

✧【All】(全部)：在调整时，选择集中所有的控制柄都起作用，无论是进入还是退出控制柄。

**02** 常用参数命令的举例运用之一

❶ 单击【File】(文件)菜单中的【Reset】(重置)命令，重新设置系统，并在顶视图中右

击将其激活。

❷ 单击【Create】（创建）按钮 ＋，再单击【Shapes】（图形）子命令面板中的【NGon】（多边形）按钮，在视图中创建一个六边形，如图 3-30 所示。

❸ 选取六边形，在【Modify】（修改）命令面板中的【Modifier List】（修改器列表）下拉列表中找到【Edit Spline】（编辑样条线）修改器。展开【Selection】（选择）卷展栏。单击【顶点】按钮，进行点级别修改，如图 3-31 所示。

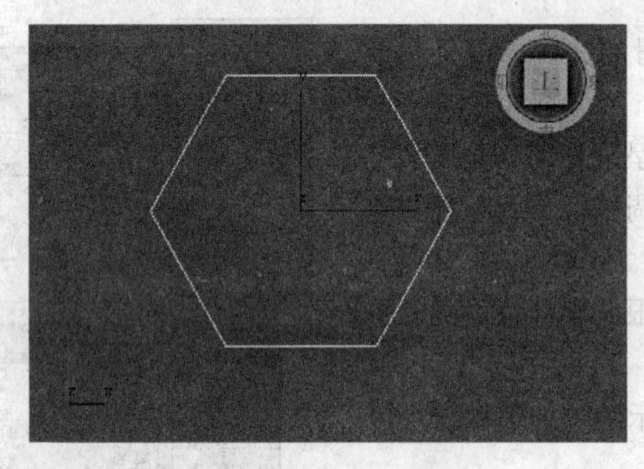

图 3-30　创建六边形

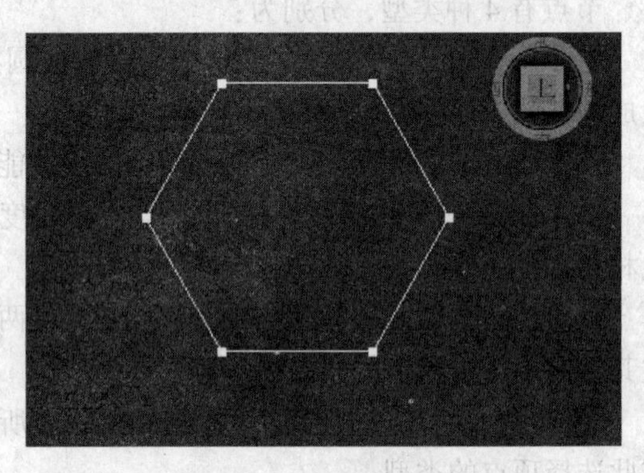

图 3-31　点级别修改

❹ 展开【Geometry】（几何体）卷展栏，找到【Refine】（优化）按钮，单击使其处于可用状态。移动鼠标到六边形最上面的边中间，此时鼠标变为形状，在边上单击，插入一个节点，重复上述操作，在最下边的边中间也插入一个点，结果如图 3-32 所示。

❺ 在【Geometry】（几何体）卷展栏中找到【Insert】（插入）按钮，单击使其处于可用状态。移动鼠标到六边形的一个斜边中间，此时鼠标变为形状，单击并按住鼠标左键拖向六边形中心。再次单击，然后右击，此时就插入了一个点，并且改变了图形。

❻ 重复上述操作，在其他斜边中同样插入点，并移至六边形中心，结果如图 3-33 所示。

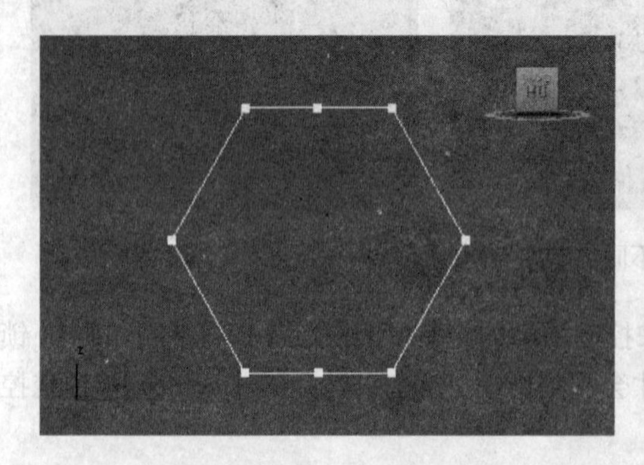

图 3-32　插入点

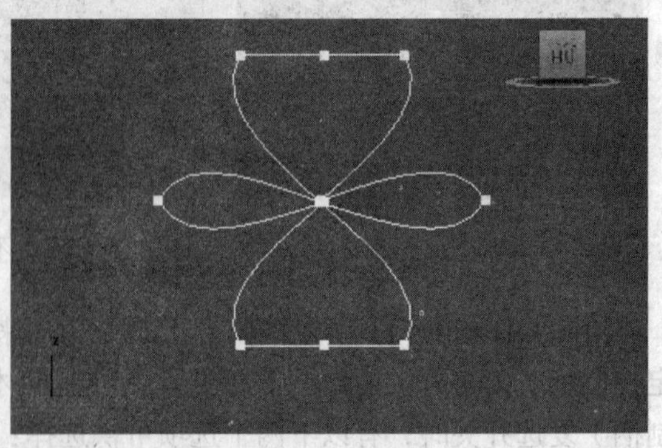

图 3-33　移动插入点

❼ 选中最上面边的中点，在【Geometry】（几何体）卷展栏中找到【Break】（断开）按钮，单击使其处于可用状态。单击选择中点，利用移动工具往下移，发现最上面的边已经从中点处断开，如图 3-34 所示。

❽ 选中断开的另一点，沿 Y 轴向下移动，如图 3-35 所示。可以看见两个点之间有些距离。

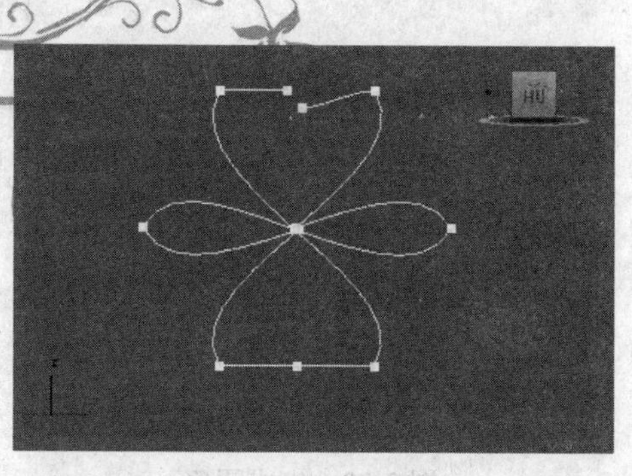

图 3-34　断开点

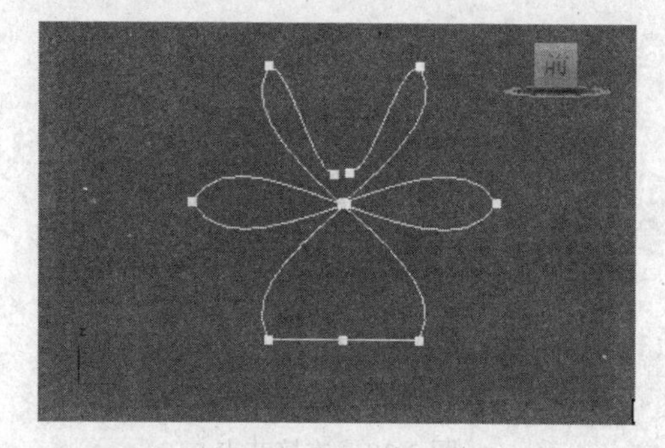

图 3-35　移动断开点

❾ 利用边框选择方式，选中移下来的两个点，在【Geometry】(几何体)卷展栏中找到【Weld】(焊接)按钮，单击使其处于可用状态，即可将两点焊接在一起。如果不能焊接，可以将【Weld】(焊接)按钮后面的数值设置得大一些，结果如图 3-36 所示。

❿ 用同样的方法，将最下边从中点处断开，移动到如图 3-37 所示的位置。

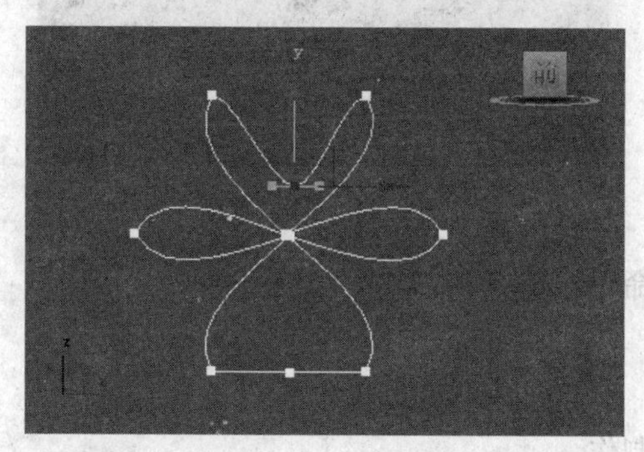

图 3-36　焊接点

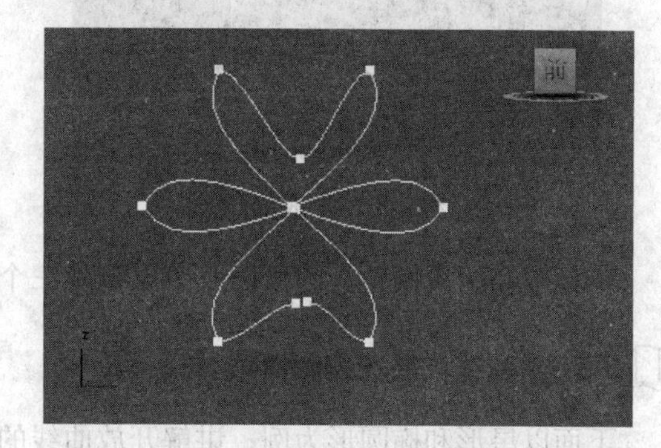

图 3-37　断开并移动最下边中间点

下面来讲解【Connect】(连接)命令。

在【Geometry】(几何体)卷展栏中找到【Connect】(连接)按钮，单击使其处于可用状态。单击刚移动的任一点并按住鼠标不放，将其拖向已移动的另一点，释放鼠标，这样两个节点之间就被一条线段连接起来，如图 3-38 所示。

在此例中，综合运用了优化、插入、断开、焊接和连接 5 个命令。这些命令在绘制复杂的二维图形中常用到，初学者应多练习。

**03** 常用参数命令的举例运用之二

❶ 单击【File】(文件)菜单中【Reset】(重置)命令，在场景中创建一个矩形对象。

❷ 选取矩形对象并添加【Edit Spline】(编辑样条线)修改器，在【Selection】(选择)卷展栏中单击【Vertex】(顶点)按钮，选中一个顶点。

❸ 单击【Geometry】(几何体)卷展栏中的【Fillet】(圆角)按钮，输入 10，在选中的顶点处生成圆角，如图 3-39 所示。

❹ 单击同一卷展栏中的【Chamfer】(倒角)按钮，输入 10，在选中的顶点处生成倒角，如图 3-40 所示。

❺ 选中另一个顶点，按【Delete】(删除)键，可以看到，该顶点被删掉了，而与该顶点相邻的两点被一条曲线连接起来，如图 3-41 所示。

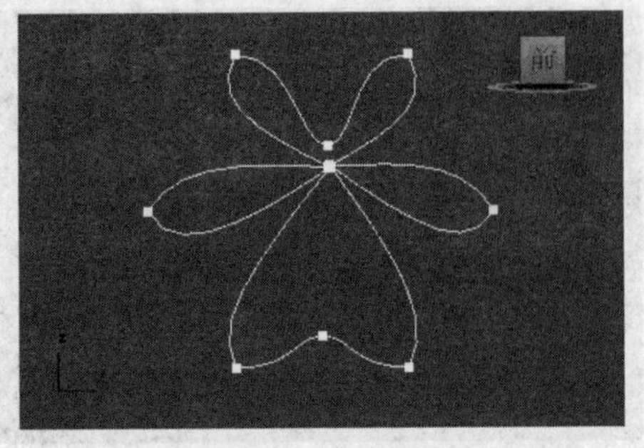

图 3-38　连接节点

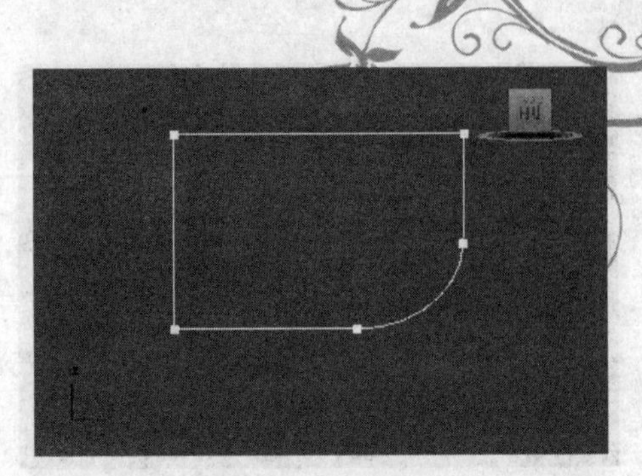

图 3-39　生成圆角

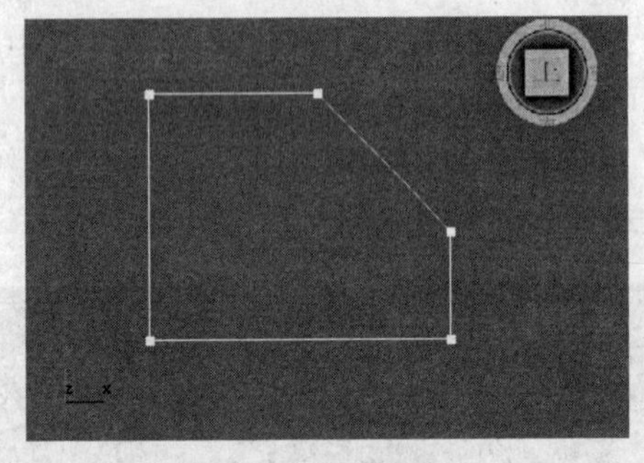

图 3-40　生成倒角

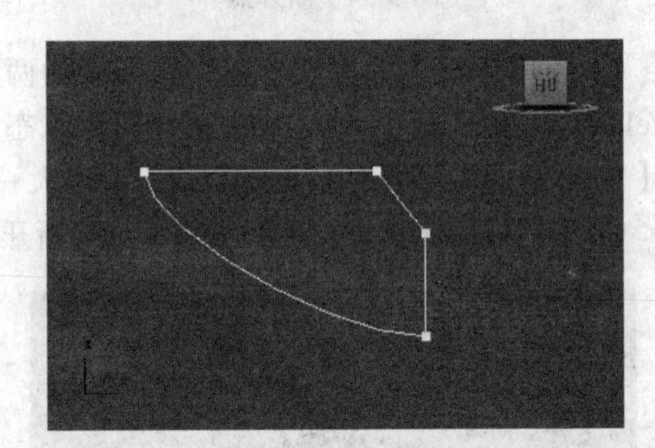

图 3-41　删除节点

本例中介绍了倒角、圆角以及节点删除三个命令。

### 3.3.3　在线段层次编辑曲线

下面以星形和椭圆形为例，讲解开放曲线的制作。

❶ 单击【File】(文件)菜单中的【Reset】(重置)命令，重新设置系统，并在顶视图中右击将其激活。

❷ 单击【Create】(创建)按钮，再单击【Shapes】(图形)子命令面板中的【Star】(星形)按钮，在视图中创建一个星形，再采用同样方法创建一个椭圆形对象，如图 3-42 所示。

❸ 按住 Ctrl 键，选取星形和椭圆。

❹ 在【Modify】(修改)命令面板中的“修改器列表”中选择【Edit Spline】(编辑样条线)修改器，在【Selection】(选择)卷展栏中单击【Segment】(线段)按钮，此时可以对构成星形和椭圆的线段进行编辑。

❺ 在视图中框选星形的一部分和椭圆的上半部，使其呈红色状态，如图 3-43 所示。

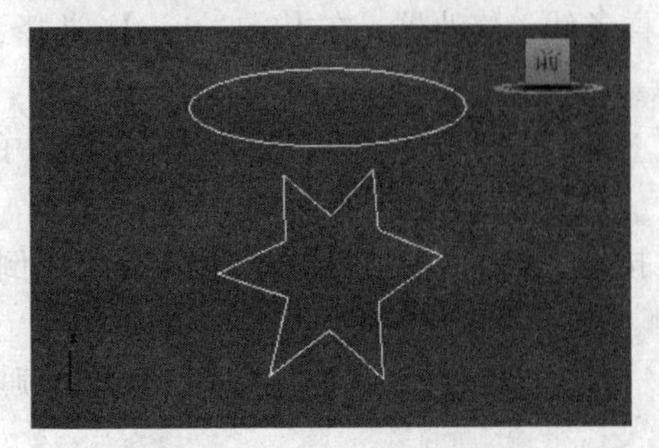

图 3-42　创建星形和椭圆

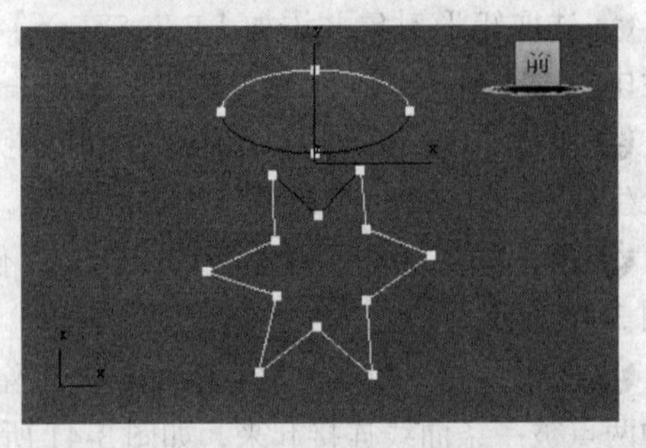

图 3-43　选中星形和椭圆的部分线段

❻ 按 Delete（删除）键删除选中的线段，此时场景中的星形和椭圆变成开放的曲线，如图 3-44 所示。

### 3.3.4　在曲线层次编辑曲线

下面以 3.3.3 小节中的星形和椭圆为例，讲解连接开放曲线及轮廓的制作。

❶ 单击【Selection】（选择）卷展栏中的【Spline】（样条线）按钮，然后选取半椭圆形，单击【Geometry】（几何体）卷展栏中的【Close】（闭合）按钮，即可用一条弯曲的线段将半椭圆形的两个端点连接起来，闭合后的图形如图 3-45 所示。

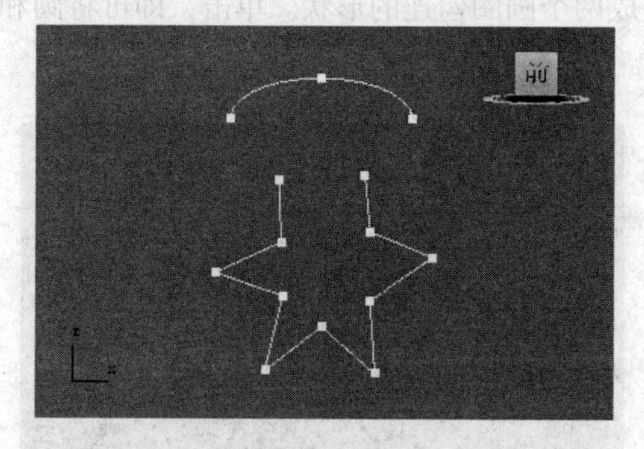

图 3-44　制作椭圆和星形的开放曲线

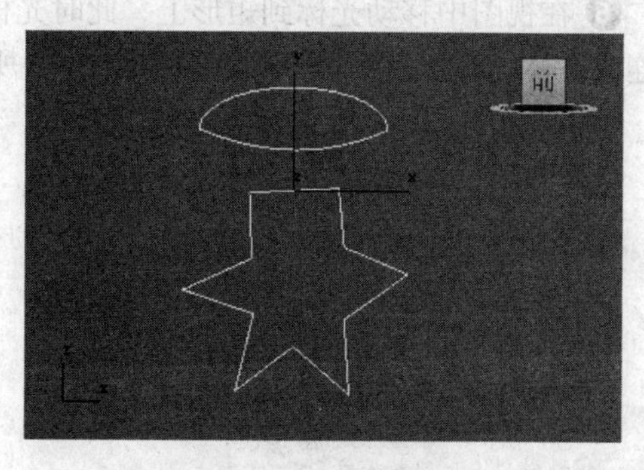

图 3-45　闭合后的图形

❷ 选取星形，单击【Close】（闭合）按钮，即可用一条直线将星形封闭起来，闭合后的图形如图 3-45 所示。

❸ 查看视图中星形和椭圆的节点模式，半椭圆形是【Bezier】（贝塞尔）节点，星形是【Bezier Corner】（贝塞尔角点）节点类型。

❹ 确保星形处于曲线编辑层次。展开【Geometry】（几何体）卷展栏，找到【Outline】（轮廓）按钮，单击使其处于可用状态。然后在后面的文本框内输入 10。可以看到，星形曲线的变化如图 3-46 所示。

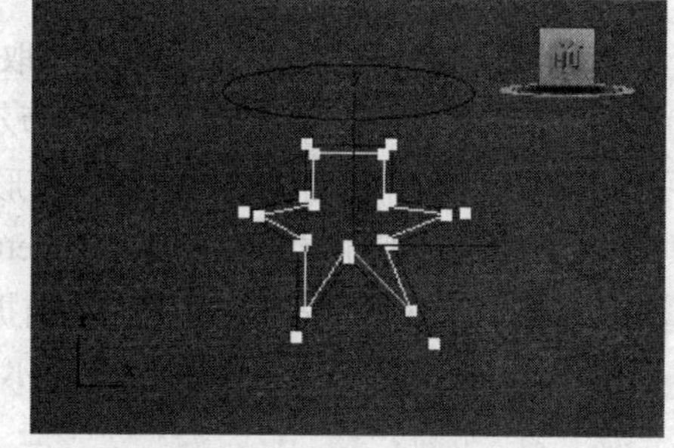

图 3-46　星形曲线的变化

### 3.3.5　二维图形的布尔操作

当两个对象具有重叠部分时，可以使用【Boolean】（布尔）命令将它们组合成一个新的对象。【Boolean】（布尔）就是将两个以上的对象进行并集、差集、交集和剪切运算，以产生新的对象。

下面通过实例来讲解二维布尔运算的用法。

❶ 单击【File】（文件）菜单中的【Reset】（重置）命令，重置系统。

❷ 单击【Create】（创建）命令面板中【Shapes】（图形）子命令面板中的【Rectangle】（矩形）和【Circle】（圆）按钮，在视图中创建一个矩形和圆，如图3-47 所示。

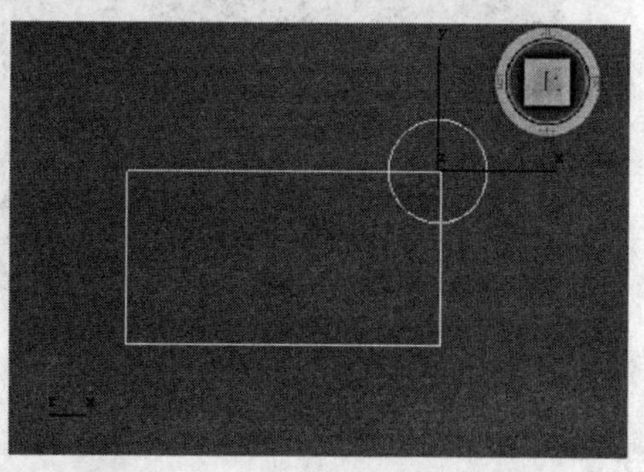

图 3-47　创建矩形和圆

❸ 选取圆，单击【Modify】(修改)命令面板中的【Edit Spline】(编辑样条线)按钮，选取修改器堆栈树形列表中的【Spline】(样条线)按钮。

❹ 要进行布尔运算，必须先将两条曲线合并在一起，这需要使用【Attach】(附加)命令。选中圆，使其变成红色被选中状态，单击【Attach】(附加)按钮，使其处于可用状态。移动鼠标到矩形上，此时鼠标变为形状。单击矩形，即可将矩形和圆复合在一块。

❺ 确保处于【Spline】(样条线)编辑状态，单击选中圆形曲线，使其呈红色被选中状态。单击【Geometry】(几何体)卷展栏中的【Boolean】(布尔)按钮，在【Boolean】(布尔)按钮变成黄色的情况下单击【Union】(并集)图标按钮，如图 3-48 所示。

❻ 在视图中移动光标到矩形上，此时光标变成两个圆圈勾连的形状。单击，即可将圆和矩形连成一体，布尔并集运算的结果如图 3-49 所示。

图 3-48　单击“并集”图标按钮

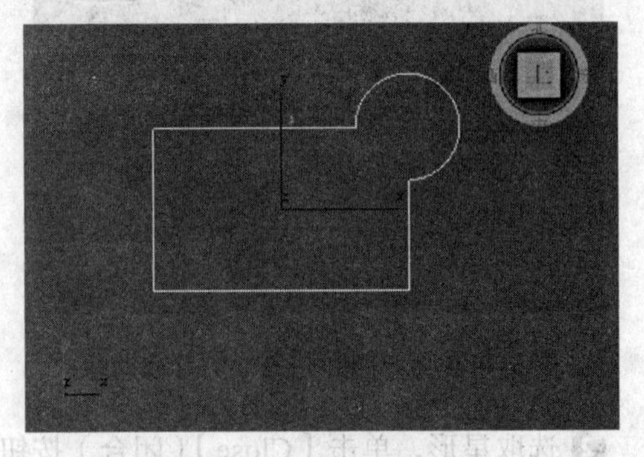
图 3-49　布尔并集运算结果

❼ 取消❺、❻步操作。确定选取了圆，单击【Geometry】(几何体)卷展栏中的【Boolean】(布尔)按钮，在【Boolean】(布尔)按钮变成黄色的前提下单击【Subtraction】(差集)图标按钮，然后在视图中单击选中矩形，即可从圆中减去与矩形相交部分，如图 3-50 所示。

❽ 确定选取了圆，单击【Geometry】(几何体)卷展栏中的【Boolean】(布尔)按钮，在【Boolean】(布尔)按钮变成黄色的前提下单击【Intersection】(交集)图标按钮，然后在视图中单击选中圆与矩形相交部分，布尔交集运算的结果如图 3-51 所示。

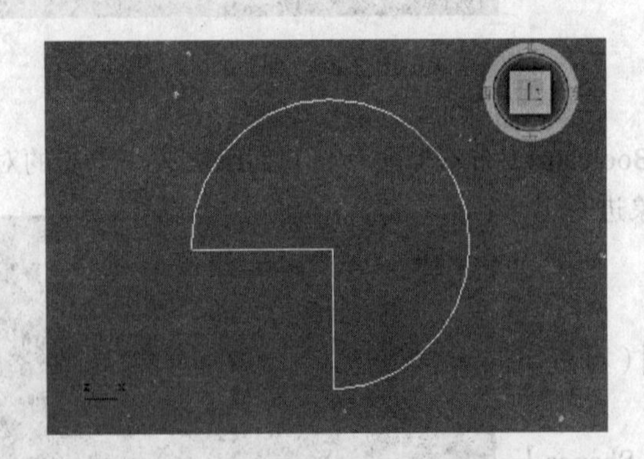
图 3-50　布尔差集运算结果

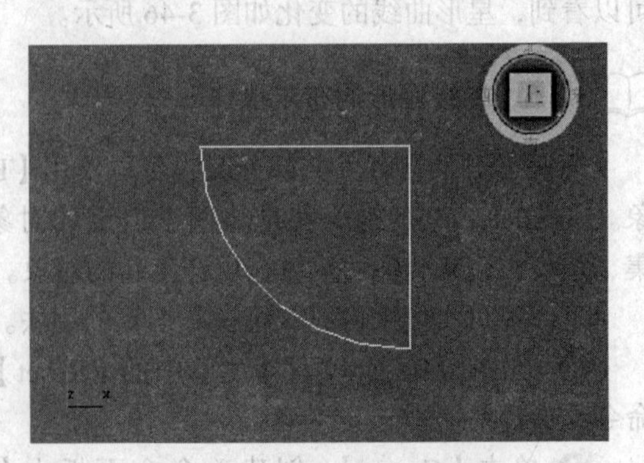
图 3-51　布尔交集运算结果

## 3.4　二维图形转换成三维物体

### 3.4.1 【Extrude】(挤出)建模

【Extrude】(挤出)修改器功能非常强大，它能将闭合的或者开放的二维图形沿着垂直方向拉伸，从而生成三维物体。下面通过台阶模型的制作来讲解【Extrude】(挤出)修改器。

❶ 单击【File】(文件)菜单中的【Reset】(重置)命令，重置系统，并激活右视图。

❷ 单击【Create】(创建)命令面板中【Shapes】(图形)子命令面板中的【Line】(线)按钮，在视图中利用网格绘制台阶截面闭合曲线，如图 3-52 所示。

❸ 打开【Modify】(修改)命令面板，在"修改器列表"中选择【Edit Spline】(编辑样条线)按钮，单击【Selection】(选择)卷展栏中的【Vertex】(顶点)按钮，使所绘制的图形中的所有点都显示出来。

❹ 在视图中选取左上角不规则的点，右击，设置其类型为【Corner】(角点)类型。修改后的台阶截面曲线如图 3-53 所示。

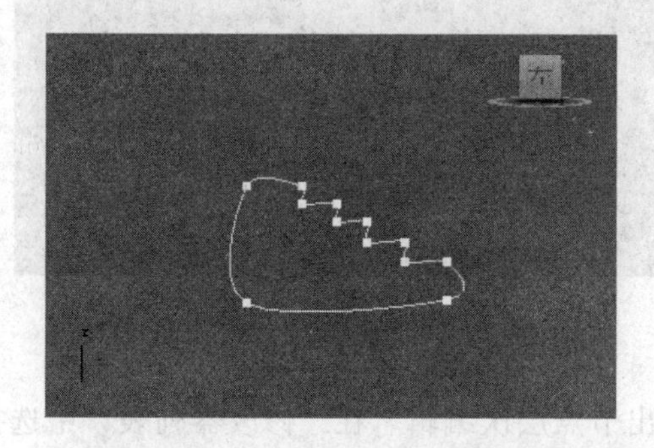

图 3-52　绘制台阶截面闭合曲线

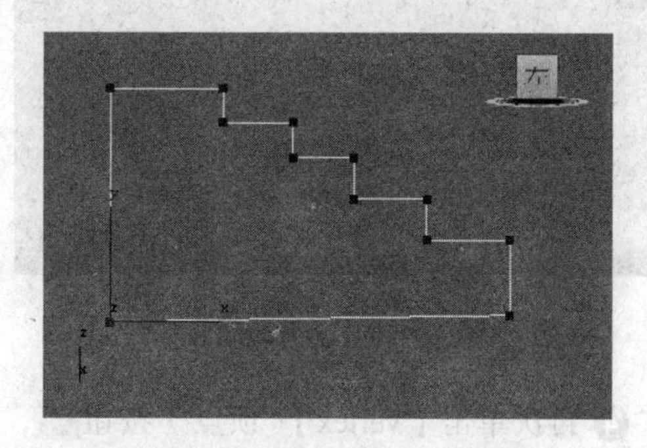

图 3-53　修改后的台阶截面曲线

❺ 再次单击【Vertex】(顶点)按钮，取消节点层次编辑。在"修改器列表"中选择【Extrude】(挤出)命令，并设置参数如图 3-54 所示。

❻ 单击【Zoom Extents All Selected】(所有视图最大化显示选定对象)按钮，在【Perspective】(透)视图中可以看到挤出而成的台阶模型，如图 3-55 所示。

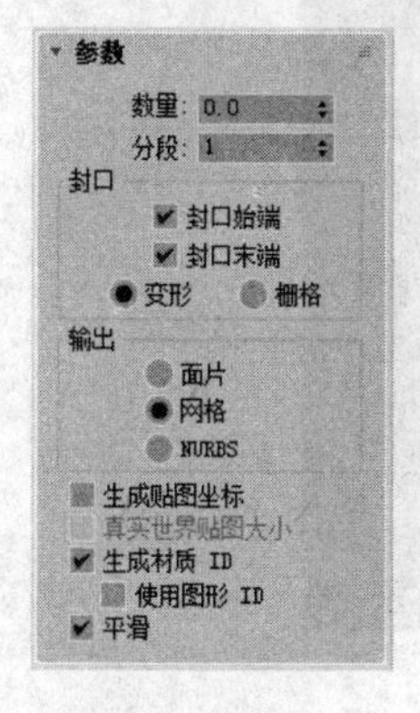


图 3-54　设置参数

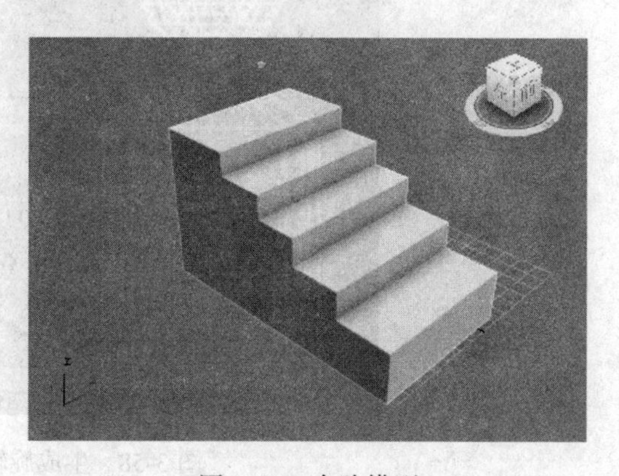

图 3-55　台阶模型

### 3.4.2 【Lathe】(车削)建模

【Lathe】(车削)修改器可以通过旋转把二维图形变成三维物体，用于生成三维物体的源造型通常是目标造型横截面的一半。下面通过杯子模型的建立来介绍【Lathe】(车削)修改器。

❶ 单击【File】(文件)菜单中的【Reset】(重置)命令，重置系统，并激活前视图。

❷ 单击【Create】(创建)命令面板中【Shapes】(图形)子命令面板中的【Line】(线)按钮，在视图中利用网格绘制一条杯子截面闭合曲线，如图 3-56 所示。

❸ 打开【Modify】(修改)命令面板，在“修改器列表”中选择【Edit Spline】(编辑样条线)按钮，单击【Selection】(选择)卷展栏中【Vertex】(顶点)按钮，使所绘制的图形中的所有点都显示出来。将有些点的类型设置为 Bezier 并调整，使杯子截面光滑匀称。修改后的杯子截面曲线如图 3-57 所示。

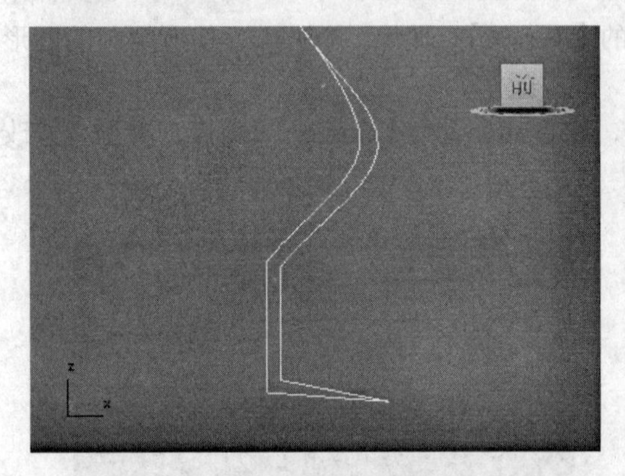

图 3-56　绘制杯子截面闭合曲线

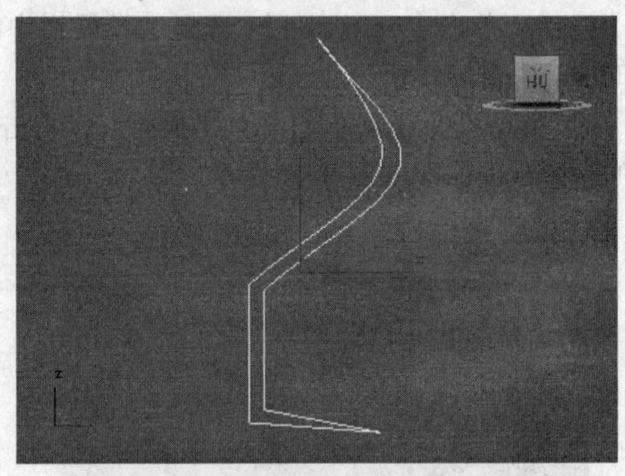

图 3-57　修改后的杯子截面曲线

❹ 再次单击【Vertex】(顶点)按钮，退出节点层次编辑。在“修改器列表”中选择【Lathe】(车削)命令，生成如图 3-58 所示的旋转体。

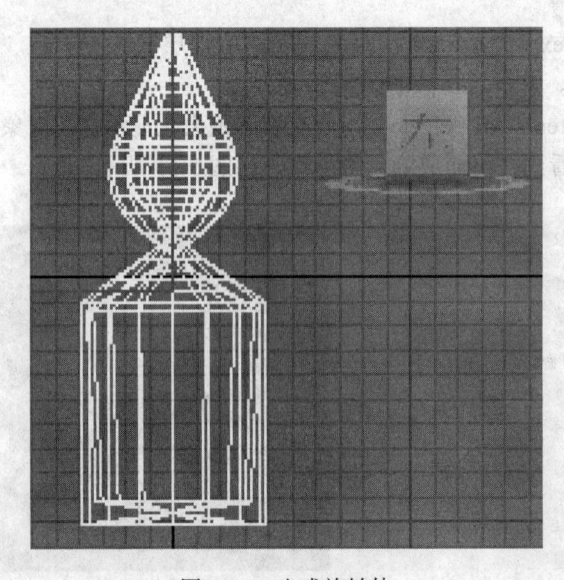

图 3-58　生成旋转体

❺ 打开“参数”卷展栏，在【Align】(对齐) 下选择【Min】(最小) 按钮，即可得到杯子的形状，结果如图 3-59 所示。

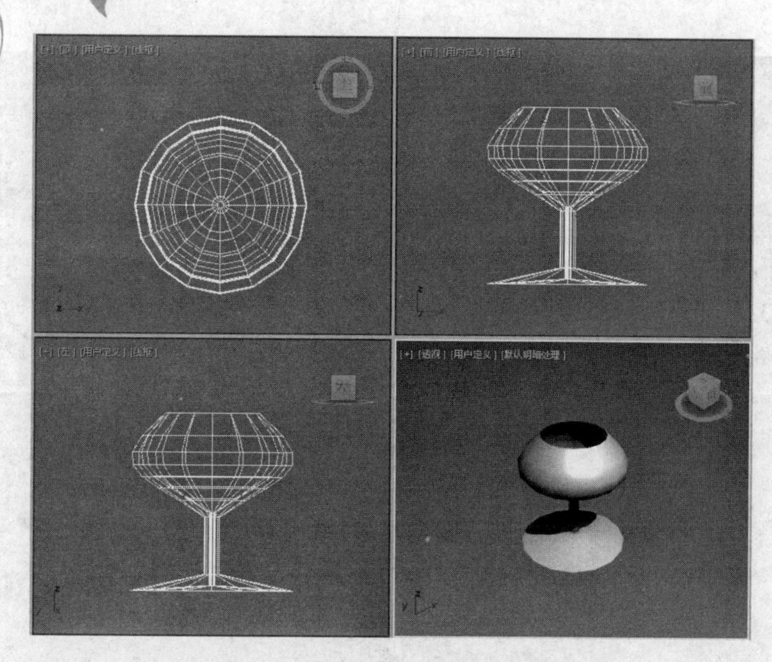

图 3-59　选择最小对齐方式后的杯子形状

## 3.4.3 【Bevel】(倒角) 建模

【Bevel】(倒角) 修改器通常用于二维图形的拉伸变形，在拉伸的同时，可以在边界上加入倒角或者圆角。此修改器多用于制作三维文字标志。

❶ 单击【File】(文件) 菜单中的【Reset】(重置) 命令，重置系统，并激活前视图。

❷ 单击【Create】(创建) 命令面板中【Shapes】(图形) 子命令面板中的【Text】(文本) 按钮，在视图中创建“DISNEY”字样，如图 3-60 所示。

❸ 打开【Modify】(修改) 命令面板，在“修改器列表”中选择【Bevel】(倒角) 命令，展开【Bevel Values】(倒角值) 卷展栏，设置参数如图 3-61 所示。

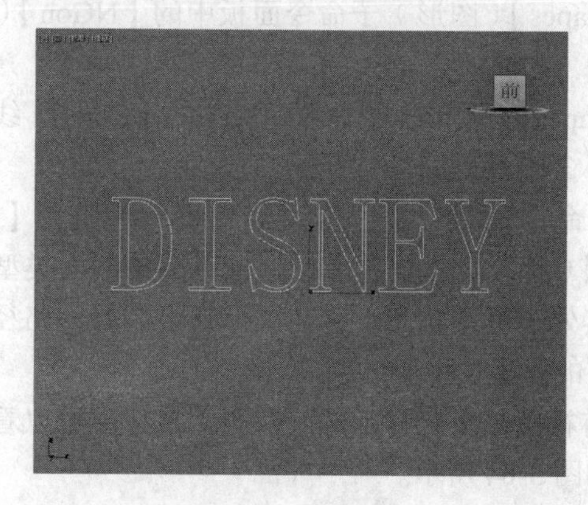


图 3-60　创建字样

图 3-61　设置参数

❹ 单击【Zoom Extents All Selected】(所有视图最大化显示选定对象)按钮,可以看到制作成的立体字模型,如图 3-62 所示。

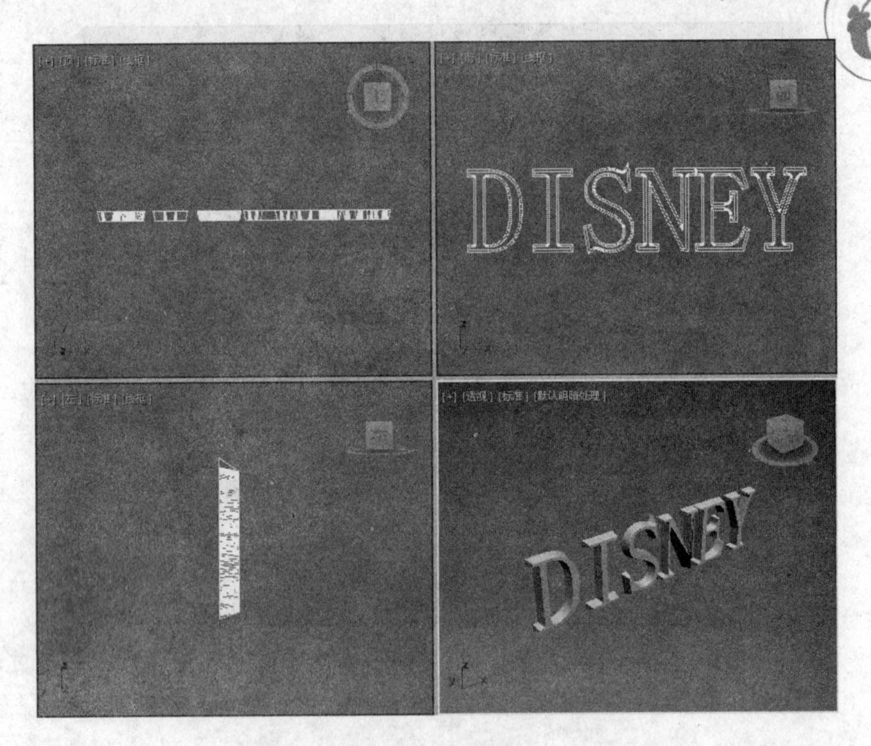


图 3-62 设置参数后的立体字模型

## 3.4.4 【Bevel pro3DS】(倒角剖面)建模

【Bevel pro3DS】(倒角剖面)修改器是【Bevel】(倒角)修改器的延深,建模过程中需要创建倒角轮廓线和放样路径。需要注意的是,建模完成后倒角轮廓线不能删除,如果删除,模型也将被删除。下面举例介绍。

❶ 单击【File】(文件)菜单中的【Reset】(重置)命令,重置系统,激活顶视图。

❷ 单击【Create】(创建)命令面板中【Shapes】(图形)子命令面板中的【NGon】(多边形)按钮,在视图中创建一个六边形作为截面。

❸ 单击【Create】(创建)命令面板中【Shapes】(图形)子命令面板中的【Line】(线)按钮,在视图中绘制一条曲线作为路径,结果如图 3-63 所示。

❹ 选中六边形,打开【Modify】(修改)命令面板,在“修改器列表”中选择【Bevel pro3DS】(倒角剖面)命令,展开【Parameters】(参数)参数卷展栏,选择倒角剖面类型为经典,单击【Pick Pro3DS】(拾取剖面)按钮使其处于可用状态。移动鼠标到绘制好的路径曲线上,鼠标变成十字形时单击。可以看到,视图中的模型发生变化。

❺ 单击【Zoom Extents All Selected】(所有视图最大化显示选定对象)按钮,可以看到用倒角剖面命令制作成的截面为六边形的模型,如图 3-64 所示。

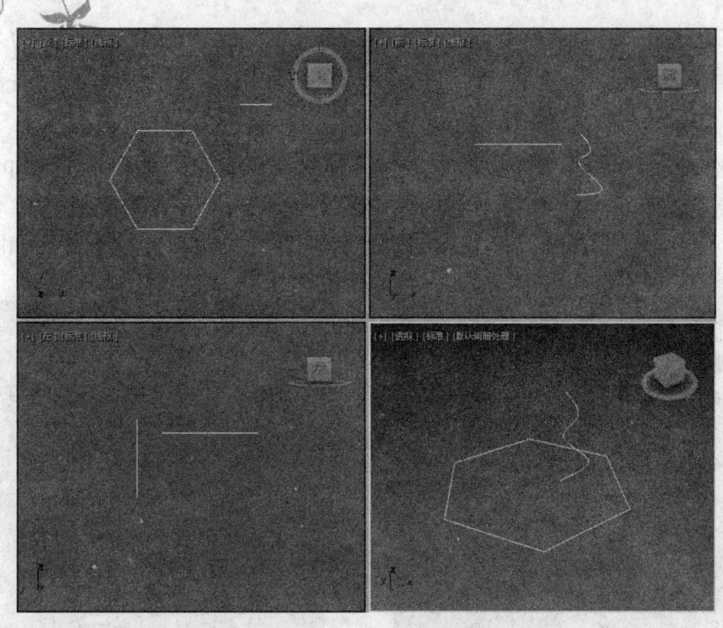

图 3-63　创建六边形截面与路径

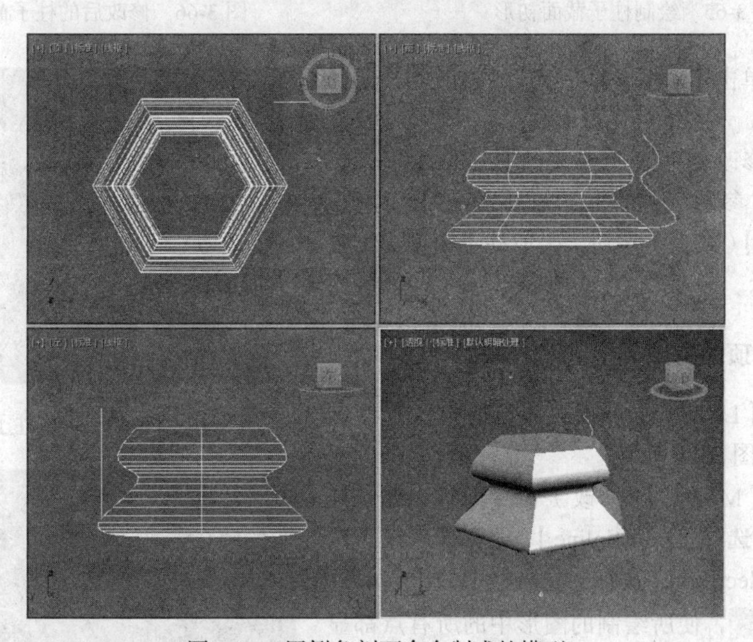

图 3-64　用倒角剖面命令制成的模型

## 3.5 实战训练——候车亭

下面通过制作路旁候车亭模型，来综合练习简单模型的制作方法。

### 3.5.1　柱子的制作

❶ 单击【File】(文件)菜单中的【Reset】(重置)命令，重置系统，并激活前视图。

❷ 单击【Create】(创建)命令面板中【Shapes】(图形)子命令面板中的【Line】(线)按钮，最大化显示【Front】(前)视图，在视图中绘制一条曲线作为柱子截面初形，如图 3-65 所示。

❸ 打开【Modify】(修改)命令面板，在“修改器列表”中选择【Edit Spline】(编辑样条线)按钮，单击【Selection】(选择)卷展栏中的【Vertex】(顶点)按钮，使所绘制的柱子截面图形中的所有点都显示出来。调整点的位置和类型，修改后的柱子截面如图 3-66 所示。

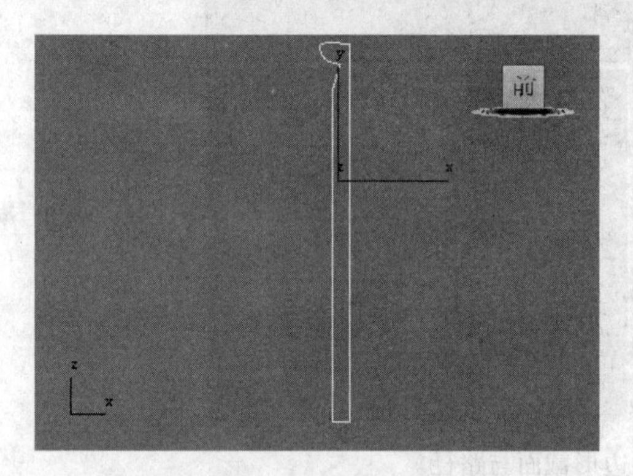

图 3-65　绘制柱子截面初形

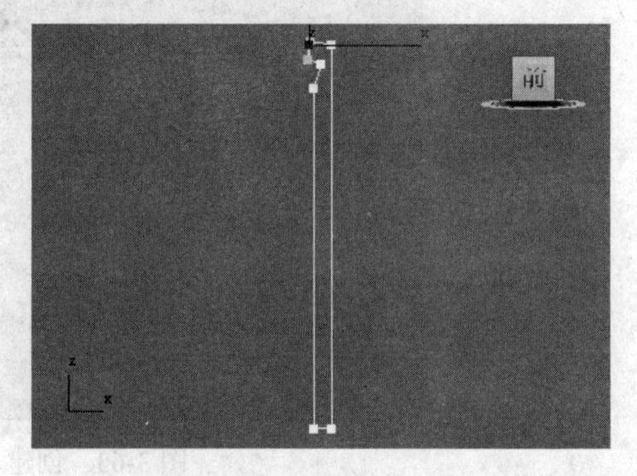


图 3-66　修改后的柱子截面

❹ 再次单击【Vertex】(顶点)按钮，退出节点层次编辑。

❺ 在“修改器列表”中选择【Lathe】(车削)命令，打开“参数”卷展栏，在【Align】(对齐)下选择【Max】(最大)按钮，生成柱子模型，结果如图 3-67 所示。

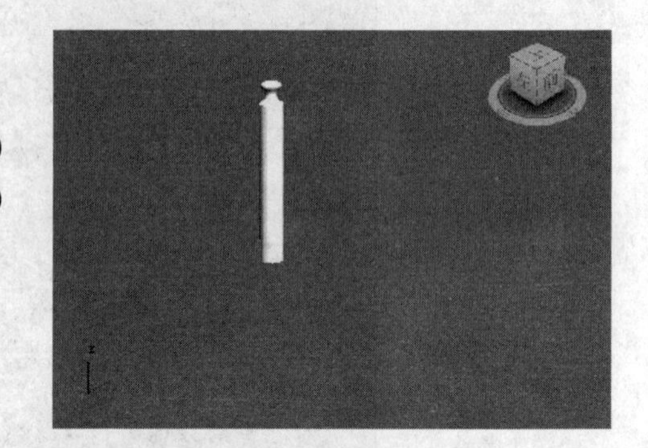

图 3-67　生成柱子模型

### 3.5.2　亭顶的制作

❶ 激活【Left】(左)视图，在适当位置绘制一个椭圆，如图 3-68 所示。

❷ 打开【Modify】(修改)命令面板，在“修改器列表”中选择【Edit Spline】(编辑样条线)按钮，单击【Selection】(选择)卷展栏中的【Vertex】(顶点)按钮，使所绘制的图形中的所有点都显示出来。

❸ 展开【Geometry】(几何体)卷展栏，单击【Break】(断开)按钮把椭圆从离柱子最近的点处断开，并做相应移动，调整为如图 3-69 所示。

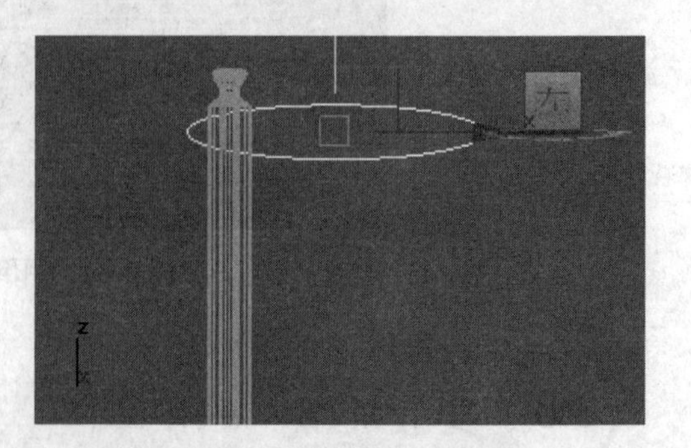


图 3-68　绘制椭圆

❹ 单击【Connect】(连接)按钮，在断开的一个点上单击并按住鼠标左键拖向另一个点，将两个点连接起来，形成亭顶截面，结果如图 3-70 所示。

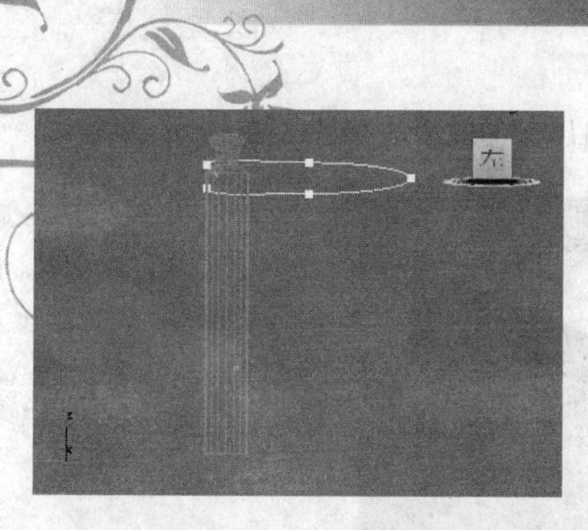

图 3-69　断开并移动椭圆

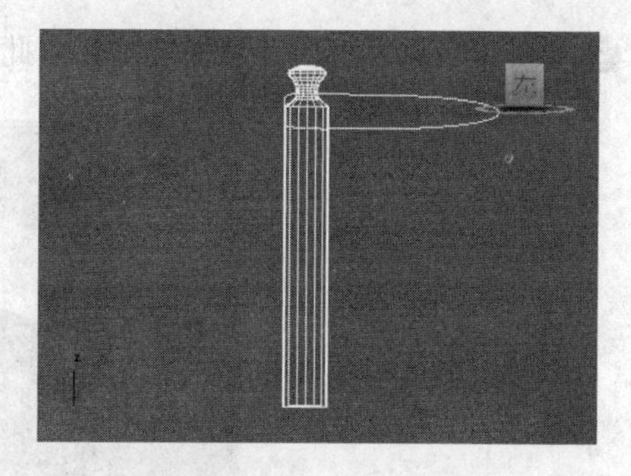

图 3-70　形成亭顶截面

❺ 再次单击【Vertex】(顶点)按钮，取消节点层次编辑。在“修改器列表”中选择【Extrude】(挤出)命令，并设置【Amount】(数量)参数为 500（可视情况调整），绘制出亭顶，结果如图 3-71 所示。

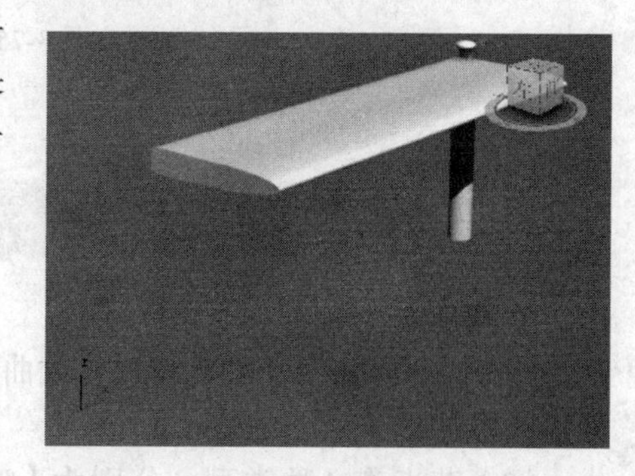
图 3-71　绘制亭顶

### 3.5.3　亭壁的制作

亭壁可用一个长方体来表示，此处不做详细介绍，仅给出加入亭壁后的效果图，如图 3-72 所示。

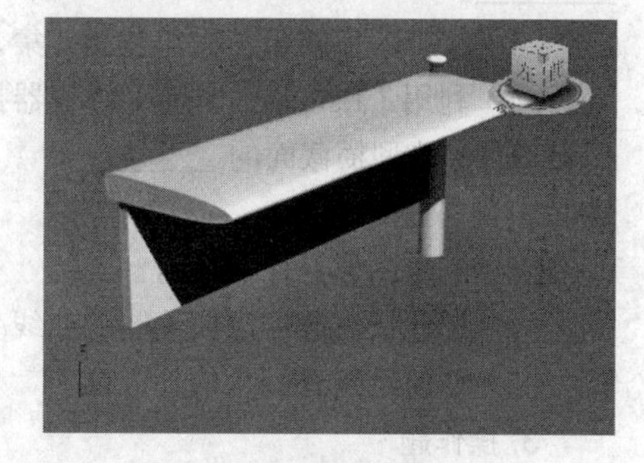
图 3-72　加入亭壁后的效果图

### 3.5.4　候车亭的合成

❶ 单击【Zoom Extents All Selected】(所有视图最大化显示选定对象)按钮，让所有模型均可看到。

❷ 激活【Top】(顶)视图，选中柱子，按住 Shift 键的同时用移动工具将其沿 X 轴移动到亭子的另一侧。弹出复制对话框，选择【Instance】(实例)方式，结果如图 3-73 所示。

❸ 在【Left】(左)视图中用移动工具调整各模型的相对位置。然后激活【Perspective】(透)视图，在其中可观看制作完成的候车亭，如图 3-74 所示。

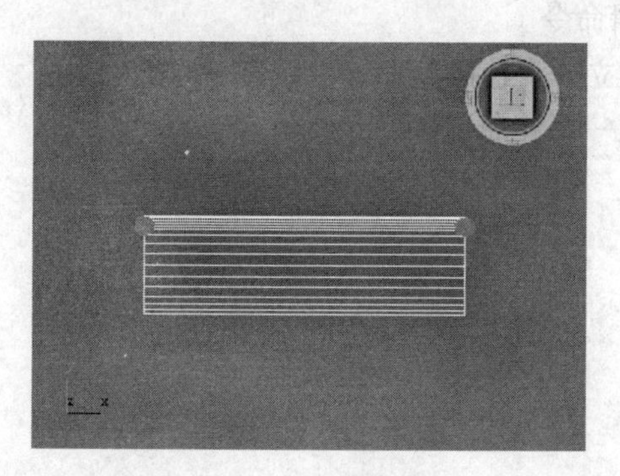
图 3-73　实例复制柱子

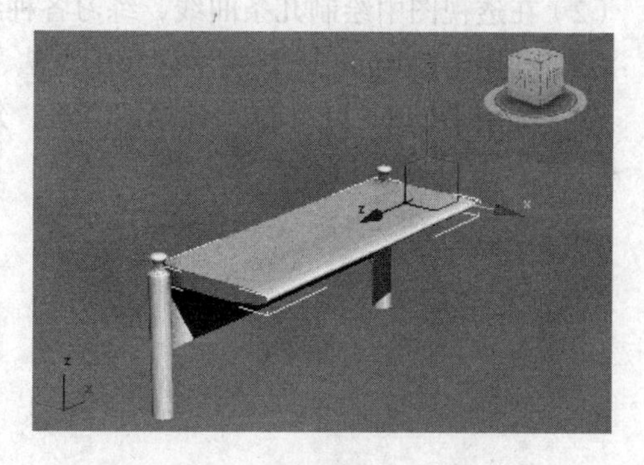
图 3-74　制作完成的候车亭

❹ 为候车亭赋予材质并添加装饰物。此处仅给出参考效果，如图 3-75 所示。

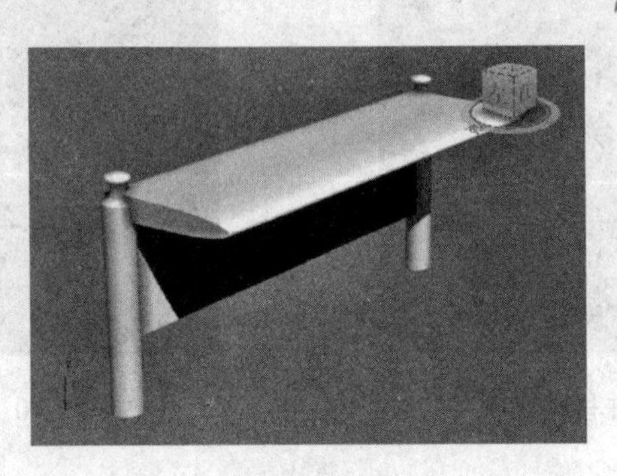

图 3-75　赋予材质后的候车亭

## 3.6 课后习题

1. 填空题

（1）【Edit Spline】功能可以修改曲线的 4 个层次，分别是物体层次、________、________及曲线层次。

（2）节点有 4 种类型，分别为【Smooth】（平滑）、________、【Bezier】（贝塞尔）以及________。

（3）二维图形的布尔操作包括并集、________、________和剪切运算。

（4）利用【Lathe】（车削）修改器把二维造型变成三维物体，用于生成三维物体的源造型通常是目标造型横截面的 ________。

2. 问答题

（1）二维图形有什么用途？

（2）用什么方法可以使绘制的曲线变得光滑？

（3）如何绘制有倒角的长方体？

3. 操作题

（1）在透视图中绘制各种二维形体并改变参数，观察它们的形状变化。

（2）在透视图中绘制几条曲线，练习各种编辑命令。

（3）利用【Extrude】（挤出）建模的方法，建立一个柱体。

（4）利用【Lathe】（车削）建模的方法，建立一个花瓶。

# 第 4 章　几何体建模

## 教学目标

三维模型的创建方法有多种，本章将通过创建标准几何体、扩展基本体和一些建筑构件来讲述使用 3ds Max 创建几何体的方法，举例说明创建几何体的常用参数。本章采用了丰富的图片对比来培养读者对各种几何体的感性认识，初学者应认真掌握，多加练习。

## 教学重点与难点

➢ 标准几何体的创建
➢ 扩展基本体的创建
➢ 利用几何体建模的方法

## 4.1　标准几何体的创建

三维建模有多种方法，最简单的方法就是利用 3ds Max 系统配置的标准几何体造型，然后在这些标准几何体的基础上运用各种修改器对其进行修改，达到创建三维模型的目的。

### 4.1.1 【Box】长方体的创建

01 创建方式

❶ 单击【File】(文件)菜单中的【Reset】(重置)命令，重新设置系统。

❷ 打开【Create】(创建)命令面板，单击【Geometry】(几何体)按钮，在【Object Type】(对象类型)卷展栏里选择【Box】(长方体)。

❸ 在顶视图中按住鼠标左键并拖动，拉出长方体的底面，松开鼠标左键，向上或向下移动鼠标，可以在透视图中实时观察到长方体的变化。单击，完成长方体的创建，结果如图 4-1 所示。

❹ 如果要创建立方体，最简单的办法就是在【Object Type】(对象类型)卷展栏中选择【Box】(长方体)，此时在下面显示【Creation Method】(创建方法)卷展栏，从中选择【Cube】(立方体)，然后在视图中拖动鼠标，即可创建出立方体，如图 4-2 所示。

图 4-1　创建长方体

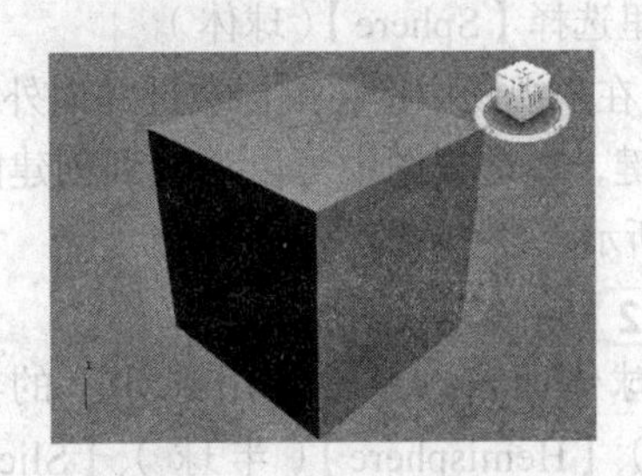

图 4-2　创建立方体

**02** 重要参数举例

段数对长方体来说是一个很重要的概念。段数的多少直接影响着长方体能否被某些修改器所编辑。默认情况下，长、宽、高的段数均为 1。

❶ 重置系统。按照上述方法，在【Top】(顶) 视图中创建一个长方体。

❷ 选中长方体，选择移动工具，按住 Shift 键的同时沿 X 轴移动长方体，此时弹出复制对话框，在数量文本框中输入 2，单击"确定"按钮，复制两个长方体。

❸ 选中第二个长方体，打开【Modify】(修改) 命令面板，在【Parameters】(参数) 卷展栏中长、宽、高的段数文本框中分别输入 2、2、2。

❹ 选中第三个长方体，打开【Modify】(修改) 命令面板，在【Parameters】(参数) 卷展栏中长、宽、高的段数文本框中分别输入 3、3、3。

❺ 从顶视图、左视图以及前视图中可以看出各长方体的段数变化，如图 4-3 所示。

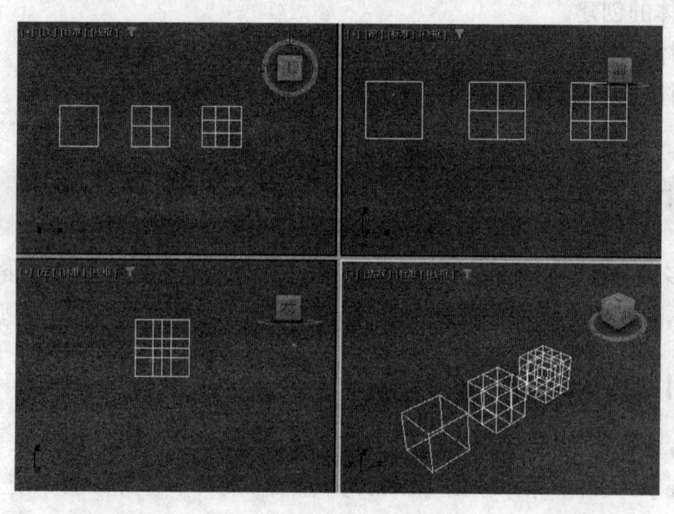

图 4-3　各长方体的段数变化

### 4.1.2 【Sphere】(球体) 的创建

**01** 创建方式

❶ 单击【File】(文件) 菜单中的【Reset】(重置) 命令，重新设置系统。

❷ 打开【Create】(创建) 命令面板，单击【Geometry】(几何体) 按钮，在【Object Type】(对象类型) 卷展栏里选择【Sphere】(球体)。

❸ 在顶视图中按住鼠标左键并向外拖动，然后松开鼠标左键，在透视图中可以观察到创建的球体，结果如图 4-4 所示。

图 4-4　创建球体

**02** 重要参数举例

对球体而言，经常会用到如下的参数:【Smooth】(平滑)、【Hemisphere】(半球)、【Slice on】(启用切片)。下面举例介绍。

❶ 重置系统。按照上述方法，在【Top】（顶）视图中创建一个球体。

❷ 选中球体，选择移动工具，按住 Shift 键的同时沿 X 轴移动长方体，此时弹出复制对话框，在数量文本框中输入 3，单击“确定”按钮，复制三个球体。

❸ 选中第二个球体，打开【Modify】（修改）命令面板，在【Parameters】（参数）卷展栏中取消勾选【Smooth】（平滑）复选框。

❹ 选中第三个球体，打开【Modify】（修改）命令面板，在【Parameters】（参数）卷展栏中的【Hemisphere】（半球）文本框内输入 0.5。

❺ 选中第四个球体，打开【Modify】（修改）命令面板，在【Parameters】（参数）卷展栏中单击选中【Slice on】（启用切片），在其下面的【Slice to】（切片结束位置）文本框内输入 200。

❻ 在透视图中可以看到不同参数时球体的形状，如图 4-5 所示。

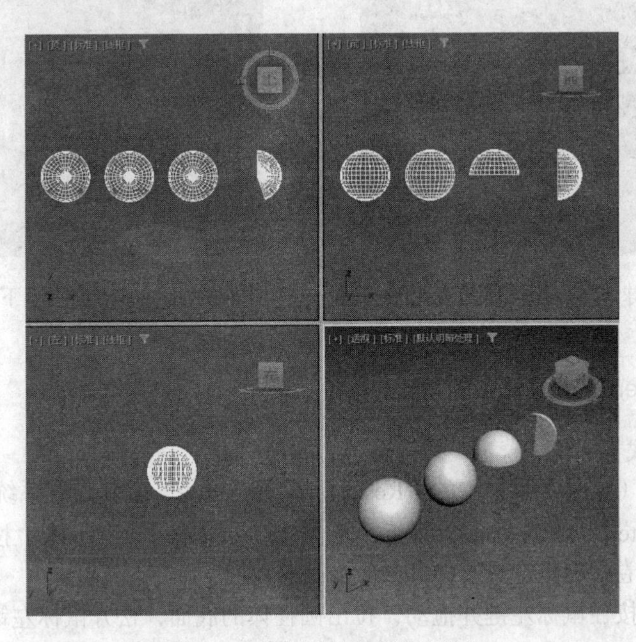

图 4-5　不同参数时球体的形状

### 4.1.3 【Geosphere】（几何球体）的创建

几何球体与经纬球体两者的差别在于面片结构的不同。在两者点面数相同的情况下，几何球体比经纬球体更光滑。

**01** 创建方式

几何球体与经纬球体的创建方法几乎相同，这里不再介绍，仅给出几何球体与经纬球体的对比图，如图 4-6 所示。

**02** 重要参数举例

这里重点对比不同基本点面类型下的几何球体的异同。需要说明的是，几何球体只能设置半球模式，而不能像经纬球体那样可以产生任意百分比的球体。

❶ 重置系统。按照上述方法，在【Top】（顶）视图中创建一个几何球体。

❷ 选中几何球体，选择移动工具，按住 Shift 键的同时沿 X 轴移动几何球体，此时弹出复制对话框，在数量文本框中输入 2，单击“确定”按钮，复制两个几何球体。

❸ 选中第一个几何球体，打开【Modify】(修改）命令面板，再打开【Parameters】(参数）卷展栏，在【Geodesic Base Type】(基点面类型）下选中【Tetra】(四面体)。

❹ 选中第二个几何球体，打开【Modify】(修改）命令面板，再打开【Parameters】(参数）卷展栏，在【Geodesic Base Type】(基点面类型）下选中【Octa】(八面体)。

❺ 选中第三个几何球体，打开【Modify】(修改）命令面板，再打开【Parameters】(参数）卷展栏，在【Geodesic Base Type】(基点面类型）下选中【Icosa】(二十面体)。

❻ 观察不同基点面类型下几何球体的形状，如图 4-7 所示。

图 4-6　几何球体与经纬球体的对比图

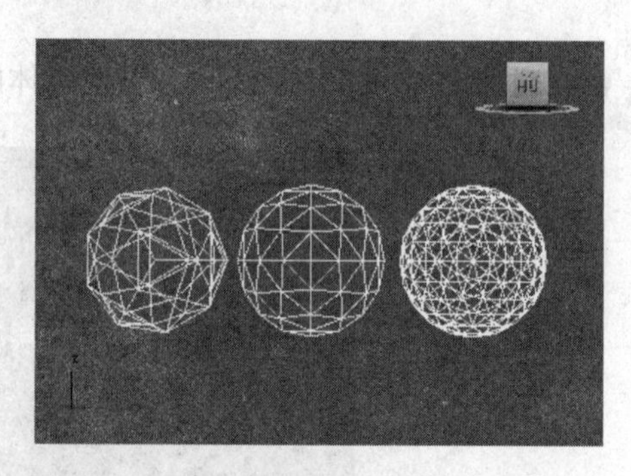

图 4-7　不同基点面类型下几何球体的形状

### 4.1.4 【Cylinder】(圆柱体）的创建

**01** 创建方式

❶ 单击【File】(文件）菜单中的【Reset】(重置）命令，重新设置系统。

❷ 打开【Create】(创建）命令面板，单击【Geometry】(几何体）按钮●，在【Object Type】(对象类型）卷展栏里选择【Cylinder】(圆柱体)。

❸ 在顶视图中按住鼠标左键并拖动，拉出圆柱体的底面，松开鼠标左键，向上或向下移动鼠标，可以在透视图中实时观察到圆柱体的变化过程。单击，完成圆柱体的创建，结果如图 4-8 所示。

**02** 重要参数举例

对圆柱体来说，除一般的参数之外，还经常会用到如下的参数：【Smooth】(平滑)、【Side】(边数)、【Slice on】(启用切片)。下面举例介绍。

❶ 重置系统。按照上述方法，在【Top】(顶）视图中创建一个圆柱体。

❷ 选中圆柱体，选择移动工具，按住 Shift 键的同时沿 X 轴移动圆柱体，此时弹出复制对话框，在数量文本框中输入 3，单击“确定”按钮，复制三个圆柱体。

❸ 选中第二个圆柱体，打开【Modify】(修改）命令面板，在【Parameters】(参数）卷展栏中将【Side】(边数）设置为 8。

❹ 选中第三个圆柱体，打开【Modify】(修改）命令面板，在【Parameters】(参数）卷展栏中取消勾选【Smooth】(平滑）复选框。

❺ 选中第四个圆柱体，打开【Modify】(修改）命令面板，在【Parameters】(参数）卷

展栏中单击选中【Slice on】(启用切片)，在其下面的【Slice to】(切片起始位置)文本框内输入 -150。

❻ 在透视图中可以看到不同参数时圆柱体的形状，如图 4-9 所示。

图 4-8　创建圆柱体

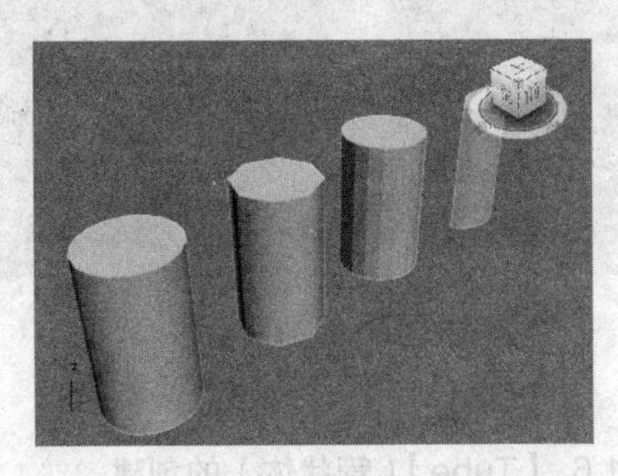

图 4-9　透视图中不同参数时圆柱体的形状

## 4.1.5 【Cone】(圆锥体)的创建

圆锥体可以看作是圆柱体的延伸，它的用途比较广泛，可以用来生成圆锥、圆台、棱锥和棱台等物体。

**01** 创建方式

❶ 单击【File】(文件)菜单中的【Reset】(重置)命令，重新设置系统。

❷ 打开【Create】(创建)命令面板，单击【Geometry】(几何体)按钮●，在【Object Type】(对象类型)卷展栏中选择【Cone】(圆锥体)。

❸ 在顶视图中按住鼠标左键并拖动，拉出圆锥体的底面，松开鼠标左键，向上移动鼠标，可以看到在透视图中出现了一个圆柱体。单击，移动鼠标，圆柱体顶面开始缩小，当其缩小至一点时，再次单击，即可完成圆锥体的创建，结果如图 4-10 所示。

**02** 重要参数举例

对圆锥体来说，除一般的参数之外，还经常会用到以下参数:【Smooth】(平滑)、【Side】(边数)、【Slice on】(启用切片)。尤其要注意的是，可以利用【Radius2】(半径 2)参数完成圆台、棱台的创建，利用【Side】(边数)完成棱柱的创建。下面举例介绍。

❶ 重置系统。按照上述方法，在【Top】(顶)视图中创建一个圆锥体。

❷ 选中圆锥体，选择移动工具，按住 Shift 键的同时沿 X 轴移动圆锥体，此时弹出复制对话框，在数量文本框中输入 3，单击“确定”按钮，复制三个圆锥体。

❸ 选中第二个圆锥体，打开【Modify】(修改)命令面板，在【Parameters】(参数)卷展栏中将【Side】(边数)设置为 8。

❹ 选中第三个圆柱体，打开【Modify】(修改)命令面板，在【Parameters】(参数)卷展栏中取消勾选【Smooth】(平滑)复选框。

❺ 选中第四个圆柱体，打开【Modify】(修改)命令面板，在【Parameters】(参数)卷展栏中单击选中【Slice on】(启用切片)，在其下面的【Slice to】(切片结束位置)文本框内输入 -150。

❻ 在透视图中可以看到不同参数时圆锥体的形状，如图 4-11 所示。

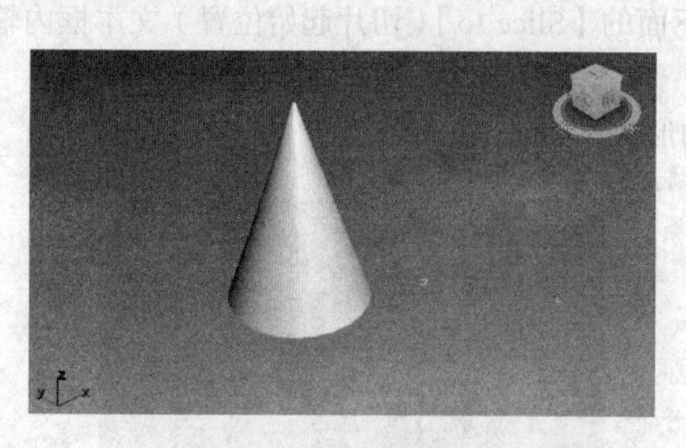

图 4-10 创建圆锥体

图 4-11 透视图中不同参数时圆锥体的形状

## 4.1.6 【Tube】(管状体)的创建

在 3ds Max 2024 中，类似管状物的创建非常容易。管状物往往作为建筑效果图的基础，在制作椅子的应用中非常广泛。

**01** 创建方式

❶ 单击【File】(文件)菜单中的【Reset】(重置)命令，重新设置系统。

❷ 打开【Create】(创建)命令面板，单击【Geometry】(几何体)按钮，在【Object Type】(对象类型)卷展栏中选择【Tube】(管状体)。

❸ 在顶视图中按住鼠标左键并拖动，拉出管状体的底面外轮廓，松开鼠标左键，向内移动鼠标，确定管状体的内圆大小后单击。然后向上拖动鼠标，在透视图中观察管状体的高度，到适当位置时单击，完成管状体的创建，如图 4-12 所示。

**02** 重要参数举例

对管状体来说，经常会用到以下参数：【Smooth】(光滑)、【Side】(边数)、【Slice on】(启用切片)。管状体和圆柱体的参数非常相似，这里不再赘述，只给出不同参数时管状体的形状，如图 4-13 所示。

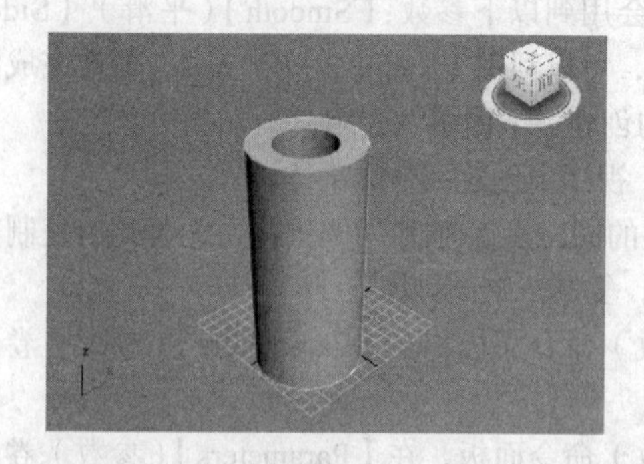

图 4-12 创建管状体

图 4-13 不同参数时管状体的形状

## 4.1.7 【Torus】(圆环)的创建

**01** 创建方式

❶ 单击【File】(文件)菜单中的【Reset】(重置)命令，重新设置系统。

❷ 打开【Create】(创建)命令面板，单击【Geometry】(几何体)按钮●，在【Object Type】(对象类型)卷展栏中选择【Torus】(圆环)。

❸ 在顶视图中按住鼠标左键并拖动，拉出圆环的外轮廓，松开鼠标左键，向内移动鼠标，可以在透视图中看到圆环的内轮廓随着鼠标的移动而变动。移动到适当位置时再次单击，完成圆环的创建，结果如图 4-14 所示。

**02** 重要参数举例

创建圆环的参数比较多，这里主要介绍几个比较难懂的参数:【Smooth】(平滑)、【Rotation】(旋转)、【Twist】(扭曲)。下面举例介绍。

❶ 重置系统。按照上述方法，在【Top】(顶)视图中创建一个圆环。为了使对比效果更明显，将圆环的【Sides】(边数)设置为 8。

❷ 选中圆环，选择移动工具，按住 Shift 键的同时沿 X 轴移动圆环，此时弹出复制对话框，在数量文本框中输入 3，单击“确定”按钮，复制三个圆环。

❸ 选中第二个圆环，打开【Modify】(修改)命令面板，在【Parameters】(参数)卷展栏中将【Smooth】(平滑)方式设置为【Sides】(侧面)。

❹ 选中第三个圆环，打开【Modify】(修改)命令面板，在【Parameters】(参数)卷展栏中将【Smooth】(平滑)方式设置为【None】(无)。

❺ 选中第四个圆环，打开【Modify】(修改)命令面板，在【Parameters】(参数)卷展栏中将【Smooth】(平滑)方式设置为【Segments】(分段)。

❻ 对四个圆环进行微调。可以在透视图中看到采用不同光滑方式时圆环的形状，如图 4-15 所示。

❼ 重复第❶、❷步操作，将数量设置为 2，再复制两个圆环。

❽ 选中第二个圆环，打开【Modify】(修改)命令面板，在【Parameters】(参数)卷展栏中的【Rotation】(旋转)文本框内输入 180。

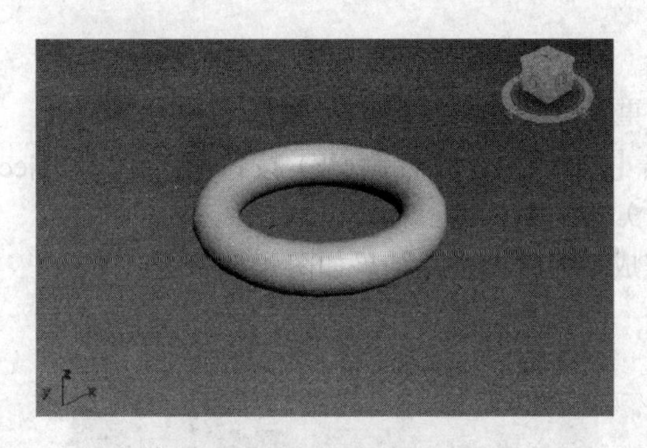

图 4-14　创建圆环

图 4-15　不同光滑方式时圆环的形状

❾ 选中第三个圆环，打开【Modify】(修改)命令面板，在【Parameters】(参数)卷展栏中的【Twist】(扭曲)文本框内输入 720。

❿ 在透视图中可以看到不同参数时圆环的形状，如图 4-16 所示。

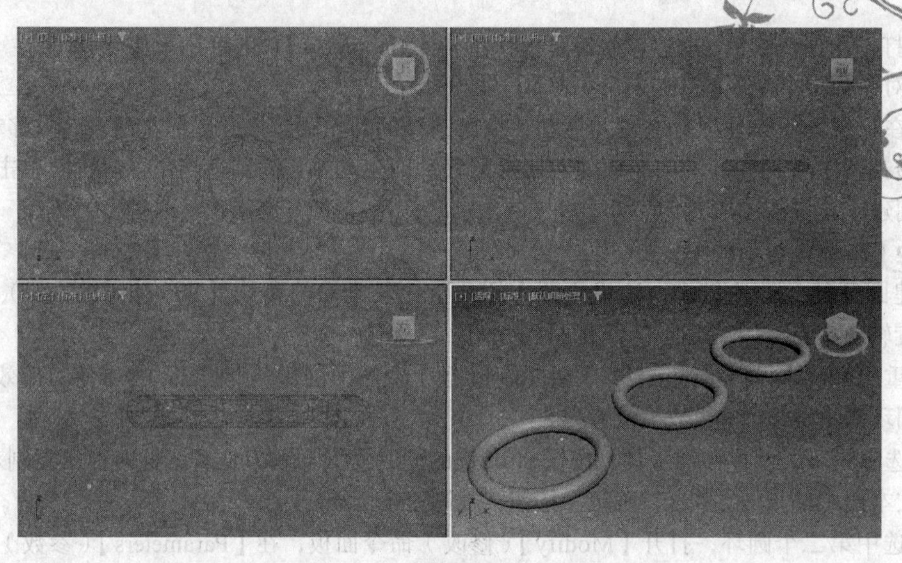

图 4-16　不同参数时圆环的形状

### 4.1.8 【Pyramid】(四棱锥)的创建

❶ 单击【File】(文件)菜单中的【Reset】(重置)命令，重新设置系统。

❷ 打开【Create】(创建)命令面板，单击【Geometry】(几何体)按钮，在【Object Type】(对象类型)卷展栏里选择【Pyramid】(四棱锥)。

❸ 在顶视图中按住鼠标左键并拖动，拉出四棱锥的底面，松开鼠标左键，向上或向下移动鼠标，可以在透视图中实时观察到四棱锥的变化。单击，完成四棱锥的创建，结果如图 4-17 所示。

创建四棱锥的参数都比较简单，这里不做介绍。

### 4.1.9 【Plane】(平面)的创建

❶ 单击【File】(文件)菜单中的【Reset】(重置)命令，重新设置系统。

❷ 打开【Create】(创建)命令面板，单击【Geometry】(几何体)按钮，在【Object Type】(对象类型)卷展栏里选择【Plane】(平面)。

❸ 在顶视图中按住鼠标左键并拖动，即可完成平面的创建，结果如图 4-18 所示。

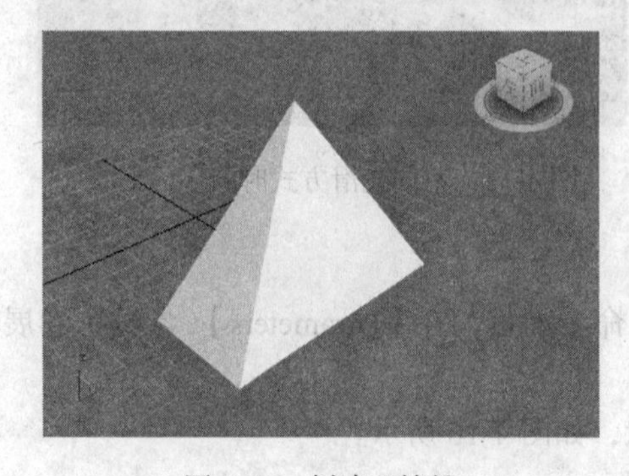

图 4-17　创建四棱锥

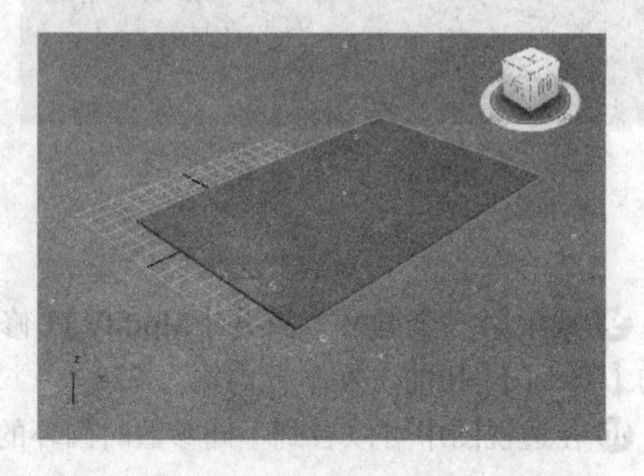

图 4-18　创建平面

创建平面的参数都比较简单，这里不做介绍。

### 4.1.10 【Teapot】(茶壶)的创建

**01** 创建方式

❶ 单击【File】(文件)菜单中的【Reset】(重置)命令，重新设置系统。

❷ 打开【Create】(创建)命令面板，单击【Geometry】(几何体)按钮●，在【Object Type】(对象类型)卷展栏里选择【Teapot】(茶壶)。

❸ 在顶视图中按住鼠标左键并拖动，即可完成茶壶的创建，结果如图 4-19 所示。

**02** 重要参数举例

【Teapot】(茶壶)命令不仅可以用来创建整个茶壶，而且可以用来创建其部件。茶壶的部件包括【Body】(壶体)、【Handle】(壶把)、【Spout】(壶嘴)和【Lid】(壶盖)。下面举例介绍。

❶ 重置系统。按照上述方法，在【Top】(顶)视图中创建一个茶壶。

❷ 选中茶壶，选择移动工具，按住 Shift 键的同时沿 X 轴移动茶壶，此时弹出复制对话框，在数量文本框中输入 4，单击“确定”按钮，复制四个茶壶。

❸ 选中第二个茶壶，打开【Modify】(修改)命令面板，在【Parameters】(参数)卷展栏中的【Teapot parts】(茶壶部件)里仅勾选【Body】(壶体)。

❹ 选中第三个茶壶，打开【Modify】(修改)命令面板，在【Parameters】(参数)卷展栏中的【Teapot parts】(茶壶部件)里仅勾选【Handle】(壶把)。

❺ 选中第四个茶壶，打开【Modify】(修改)命令面板，在【Parameters】(参数)卷展栏中的【Teapot parts】(茶壶部件)里仅勾选【Spout】(壶嘴)。

❻ 选中第五个茶壶，打开【Modify】(修改)命令面板，在【Parameters】(参数)卷展栏中的【Teapot parts】(茶壶部件)里仅勾选【Lid】(壶盖)。

❼ 在透视图中可以看到茶壶在不同参数时的形状，如图 4-20 所示。

图 4-19 创建茶壶

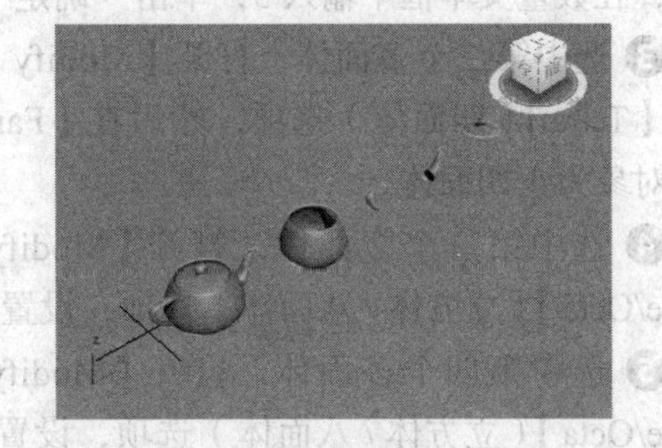

图 4-20 透视图中茶壶在不同参数时的形状

## 4.2 扩展基本体的创建

扩展基本体是比较重要的一类内置模型，在这类模型的基础上运用各种修改器，可以达到创建复杂模型的目的。

### 4.2.1 【Hedra】(多面体)的创建

**01** 创建方式

❶ 单击【File】(文件)菜单中的【Reset】(重置)命令，重新设置系统。

❷ 打开【Create】(创建)命令面板，单击【Geometry】(几何体)按钮●，在下拉列表中选择【Extended Primitives】(扩展基本体)，打开创建扩展基本体的命令面板，如图 4-21 所示。

❸ 单击【Hedra】(多面体)按钮，然后在【Top】(顶)视图中按住鼠标左键并拖动，即可完成多面体的创建，结果如图 4-22 所示。

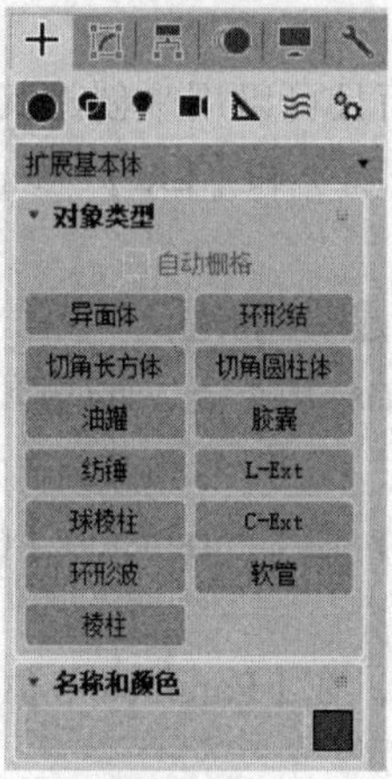

图 4-21 创建扩展基本体的命令面板

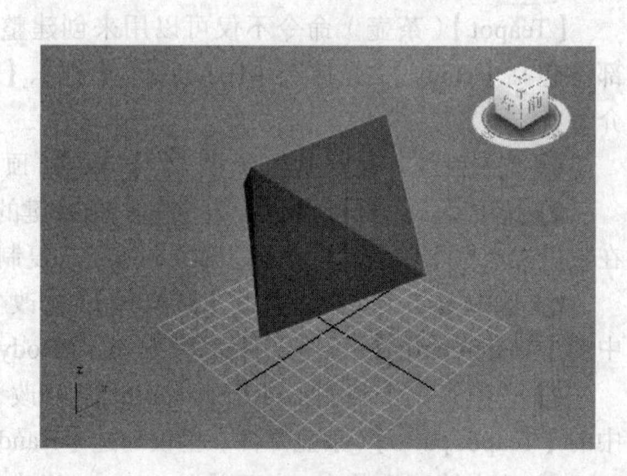

图 4-22 创建多面体

**02** 重要参数举例

❶ 重置系统。按照上述方法，在【Top】(顶)视图中创建一个多面体。

❷ 选中多面体，选择移动工具，按住 Shift 键的同时沿 X 轴移动多面体，此时弹出复制对话框，在数量文本框中输入 5，单击“确定”按钮，复制 5 个多面体。

❸ 选中第二个多面体，打开【Modify】(修改)面板，在【Parameters】(参数)卷展栏中选择【Tetra】(四面体)选项，然后在【Family Parameters】(系列参数)中设置 P 的值为 1.0。此时对象为正四面体。

❹ 选中第三个多面体，打开【Modify】(修改)面板，在【Parameters】卷展栏中选择【Cube/Octa】(立方体 / 八面体)选项，设置 P 的值为 1.0。此时对象为正八面体。

❺ 选中第四个多面体，打开【Modify】(修改)面板，在【Parameters】卷展栏中选择【Cube/Octa】(立方体 / 八面体)选项，设置 P 的值为 1.0、Q 的值为 1.0。此时多面体变成了立方体形状。

❻ 选中第五个多面体，打开【Modify】(修改)面板，在【Parameters】卷展栏中选择【Dodec/Icos】(十二面体 / 二十面体)选项，设置 Q 的值为 1.0。此时正八面体变成了正十二面体。

❼ 选中第六个多面体，打开【Modify】(修改)面板，在【Parameters】卷展栏中选择【Dodec/Icos】(十二面体 / 二十面体)选项，设置 P 的值为 1.0、Q 的值为 1.0。此时正十二面体变成了正二十面体。

❽ 在透视图中可以看到不同参数时多面体的形状，如图 4-23 所示。

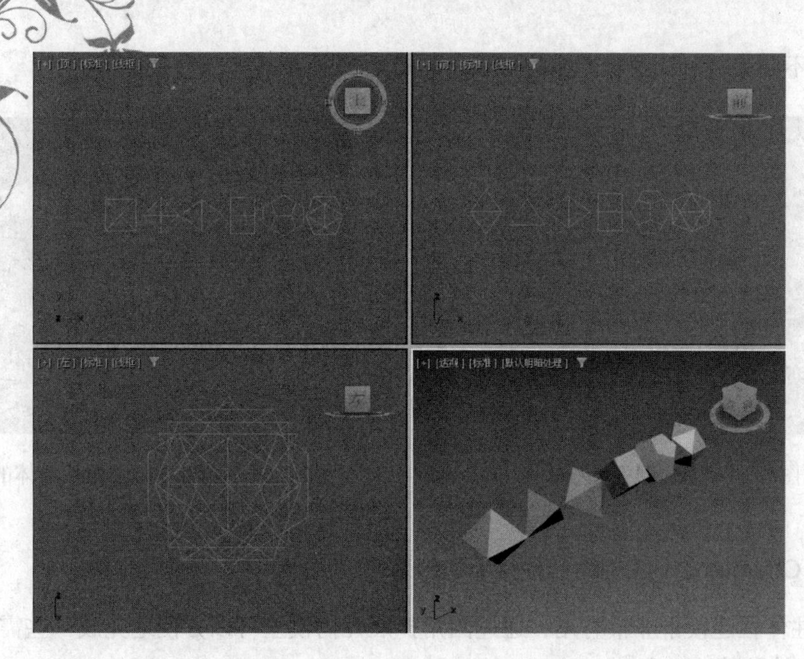

图 4-23　不同参数时多面体的形状

## 4.2.2 【ChamferBox】(倒角长方体)的创建

倒角长方体在建模中非常有用，通过倒角扩展几何模型可以方便地完成一些需要倒角的造型，如沙发和椅垫等。

01 创建方式

❶ 单击【File】(文件)菜单中的【Reset】(重置)命令，重新设置系统。

❷ 打开【Create】(创建)命令面板，单击【Geometry】(几何体)按钮，在下拉列表中选择【Extended Primitives】(扩展基本体)。

❸ 单击【ChamferBox】(倒角长方体)按钮，在顶视图中按住鼠标左键并拖动，拉出长方体的底面，松开鼠标左键，向上或向下移动鼠标，单击，可以看到透视图中出现长方体模型。晃动鼠标，长方体出现倒角，单击完成倒角长方体的创建，结果如图 4-24 所示。

02 重要参数举例

对倒角长方体而言，经常会用到如下的参数:【Fillet】(圆角)、【Fillet Segs】(圆角分段)、【Smooth】(平滑)。前两个参数可控制长方体的圆角大小，如【Fillet】的值越大则圆角部分越大,【Fillet Segs】(圆角分段)的值越大则圆角越光滑。下面举例介绍。

❶ 重置系统。按照上述方法，在【Top】(顶)视图中创建一个倒角长方体。

❷ 选中倒角长方体，选择移动工具，按住 Shift 键的同时沿 X 轴移动倒角长方体，此时弹出复制对话框，在数量文本框中输入 2，单击“确定”按钮，复制两个倒角长方体。

❸ 选中第二个倒角长方体，打开【Modify】(修改)命令面板，在【Parameters】(参数)卷展栏中取消【Smooth】(平滑)复选框的勾选。

❹ 选中第三个倒角长方体，打开【Modify】(修改)命令面板，在【Parameters】(参数)卷展栏中的【Fillet Segs】(圆角分段)文本框内输入 200，然后在【Fillet】(圆角)文本框内输入 438。

❺ 观察不同参数时倒角长方体的形状，如图 4-25 所示。

图 4-24　创建倒角长方体

图 4-25　不同参数时倒角长方体的形状

### 4.2.3 【ChamferCyl】（倒角圆柱体）的创建

倒角圆柱体在建模中非常有用，通过圆角扩展几何模型可以方便地完成一些需要圆角的造型，如沙发和椅垫等。

**01** 创建方式

倒角圆柱体的创建方法几乎与圆柱体相同，只多了一步生成倒角的操作，所以这里不再详细介绍，仅给出圆柱体与倒角圆柱体的对比图，如图 4-26 所示。

**02** 重要参数举例

除具有圆柱体的一般参数外，倒角圆柱体还有两个特有的参数，即【Fillet】（圆角）和【Fillet Segs】（圆角分段）。【Fillet】（圆角）的值越大，圆角的部分就越大；【Fillet Segs】（圆角分段）的值越大，则圆角越光滑。下面举例介绍。

❶ 重置系统。按照上述方法，在【Top】（顶）视图中创建一个倒角圆柱体。

❷ 选中倒角圆柱体，选择移动工具，按住 Shift 键的同时沿 X 轴移动倒角圆柱体，此时弹出复制对话框，在数量文本框中输入 2，单击“确定”按钮，复制两个倒角圆柱体。

❸ 选中第二个倒角圆柱体，打开【Modify】（修改）命令面板，展开【Parameters】（参数）卷展栏，保持其他参数不变，将【Fillet Segs】（圆角分段）的值设置为 5。

❹ 选中第三个倒角圆柱体，打开【Modify】（修改）命令面板，展开【Parameters】（参数）卷展栏，保持其他参数不变，将【Fillet】（圆角）的值增加 10。

❺ 在透视图中可以看到不同参数时倒角圆柱体的形状，如图 4-27 所示。

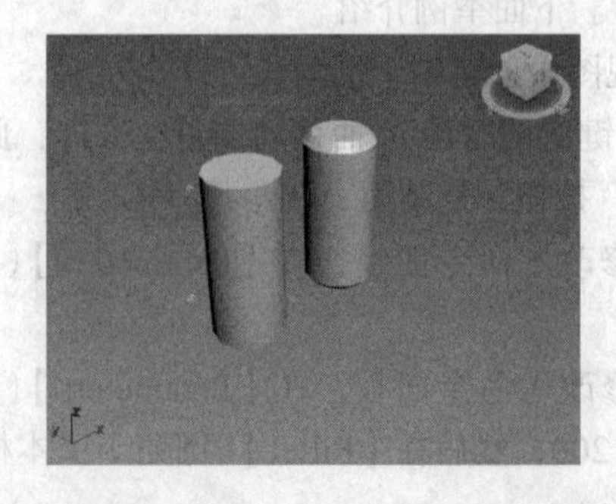

图 4-26　圆柱体与倒角圆柱体的对比图

图 4-27　不同参数时倒角圆柱体的形状

### 4.2.4 【Oiltank】(桶状体)的创建

**01** 创建方式

❶ 单击【File】(文件)菜单中的【Reset】(重置)命令，重新设置系统。

❷ 打开【Create】(创建)命令面板，单击【Geometry】(几何体)按钮●，在下拉列表中选择【Extended Primitives】(扩展基本体)。

❸ 单击【Oiltank】(油罐)按钮，在顶视图中按住鼠标左键并拖动，拉出桶状体的两个盖，松开鼠标左键，向上或向下移动鼠标，在适当高度单击，完成桶状体的创建，结果如图 4-28 所示。

**02** 重要参数举例

对桶状体来说，除一般的参数之外，还会用到以下两个参数:【Cap Hight】(封口高度)、【Blend】(混合)。下面举例介绍。

❶ 重置系统。按照上述方法，在【Top】(顶)视图中创建一个桶状体。

❷ 选中桶状体，选择移动工具，按住 Shift 键的同时沿 X 轴移动桶状体，此时弹出复制对话框，在数量文本框中输入 2，单击“确定”按钮，复制两个桶状体。

❸ 选中第二个桶状体，打开【Modify】(修改)命令面板，在【Parameters】(参数)卷展栏中将【Cap Hight】(封口高度)的值增加 10。

❹ 选中第三个桶状体，打开【Modify】(修改)命令面板，在【Parameters】(参数)卷展栏中的【Blend】(混合)文本框内输入 4。

❺ 在透视图中可以看到桶状体在不同参数时的形状，如图 4-29 所示。

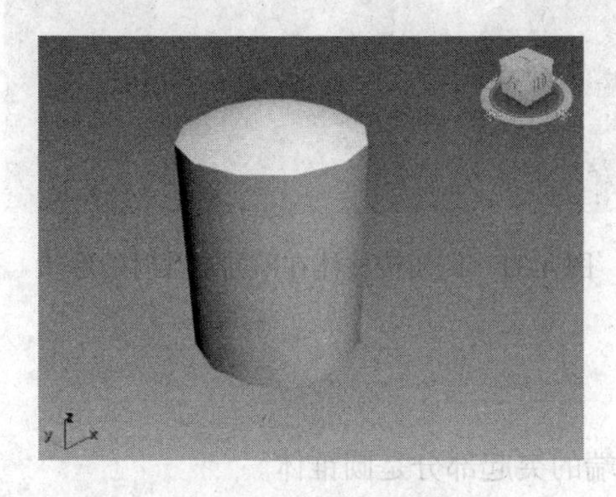

图 4-28 创建桶状体

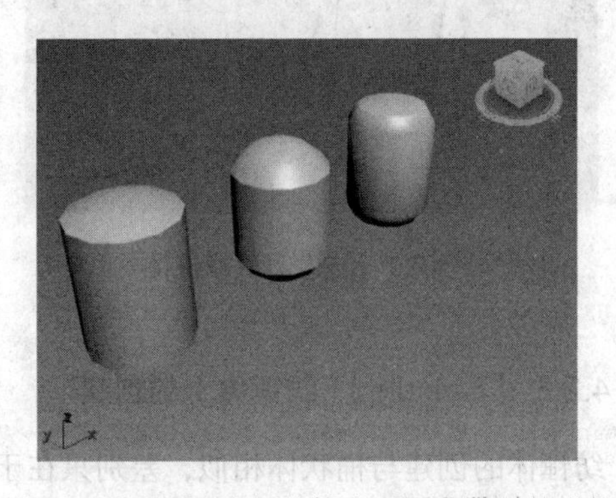

图 4-29 透视图中桶状体在不同参数时的形状

### 4.2.5 【Gengon】(球棱柱)的创建

**01** 创建方式

❶ 单击【File】(文件)菜单中的【Reset】(重置)命令，重新设置系统。

❷ 打开【Create】(创建)命令面板，单击【Geometry】(几何体)按钮●，在下拉列表中选择【Extended Primitives】(扩展基本体)。

❸ 单击【Gengon】(球棱柱)按钮，在顶视图中按住鼠标左键并拖动，拉出五边形的底面，松开鼠标左键，向上移动鼠标，可以看到在透视图中出现了一个五棱柱。单击确定高度。晃动鼠标，发现棱柱的倒角发生变化。再次单击，完成倒角棱柱体的创建，结果如图 4-30 所示。

**02** 重要参数举例

对倒角棱柱体来说，除一般的参数之外，经常会用到如下的参数：【Smooth】(平滑)、【Fillet】(圆角)、【Fillet Segs】(圆角分段)。这些参数基本和前面的扩展体的参数相同。下面举例介绍。

❶ 重置系统。按照上述方法，在【Top】(顶)视图中创建一个倒角棱柱体。

❷ 选中倒角棱柱体，选择移动工具，按住 Shift 键的同时沿 X 轴移动倒角棱柱体，此时弹出复制对话框，在数量文本框中输入 3，单击“确定”按钮，复制三个倒角棱柱体。

❸ 选中第二个倒角棱柱体，打开【Modify】(修改)命令面板，在【Parameters】(参数)卷展栏中勾选【Smooth】(平滑)复选框。

❹ 选中第三个倒角棱柱体，打开【Modify】(修改)命令面板，在【Parameters】(参数)卷展栏中将【Fillet】(圆角)的值增加 5。

❺ 选中第四个倒角棱柱体，单击【Modify】(修改)命令面板，在【Parameters】(参数)卷展栏中的【Fillet Segs】(圆角分段)文本框内输入 2。

❻ 在透视图中可以看到倒角棱柱体在不同参数时的形状，如图 4-31 所示。

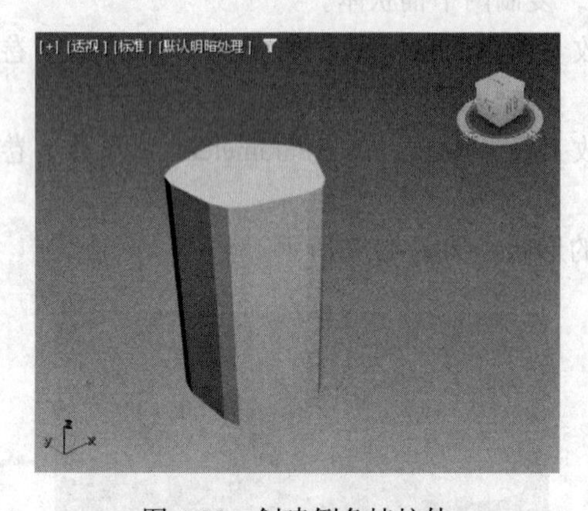


图 4-30　创建倒角棱柱体

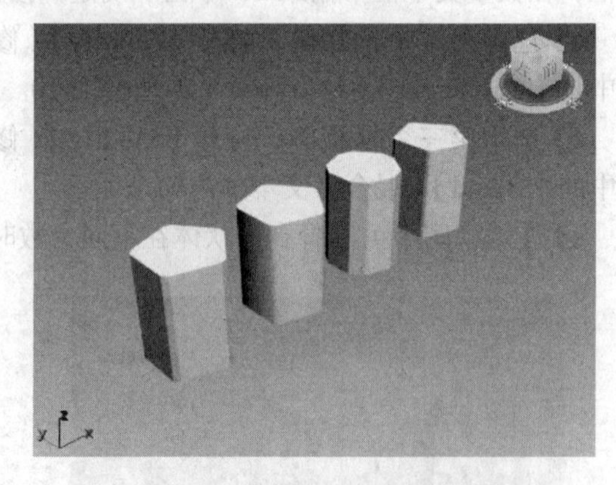

图 4-31　倒角棱柱体在不同参数时的形状

### 4.2.6 【Spindle】(纺锤体)的创建

纺锤体的创建与桶状体相似，差别只在于其两端的突起部分是圆锥体。

**01** 创建方式

纺锤体可以参考桶状体的创建方法，这里不再赘述。创建的纺锤体如图 4-32 所示。

**02** 重要参数举例

创建纺锤体的参数跟桶状体相似，这里仅介绍在创建桶状体时未提及的参数：【Overall】(总体)、【Centers】(中心)。下面举例介绍。

❶ 重置系统。按照上述方法，在【Top】(顶)视图中创建一个纺锤体。

❷ 选中纺锤体，选择移动工具，按住 Shift 键的同时沿 X 轴移动纺锤体，此时弹出复制对话框，在数量文本框中输入 1，单击“确定”按钮，复制一个纺锤体。

❸ 选中第一个纺锤体，打开【Modify】(修改)命令面板，在【Parameters】(参数)卷展栏中勾选【Overall】(总体)复选框。此时纺锤体的高度包括两个端面的高度。

❹ 选中第二个纺锤体，打开【Modify】(修改)命令面板，在【Parameters】(参数)卷展栏中勾选【Centers】(中心)复选框。此时纺锤体的高度不包括两个端面的高度。

❺ 在透视图中可以看到纺锤体在不同参数时的形状，如图 4-33 所示。

图 4-32　创建纺锤体

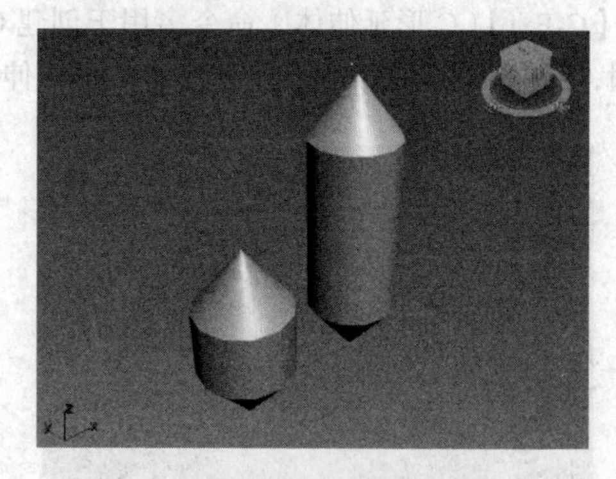

图 4-33　纺锤体在不同参数时的形状

## 4.2.7 【Capsile】(胶囊体)的创建

胶囊体与纺锤体相似，区别只在于其两端的突起部分是半圆形。

**01** 创建方式

胶囊体可以参考桶状体的创建方法，这里不再赘述。创建的胶囊体如图 4-34 所示。

**02** 重要参数举例

创建胶囊体的参数与纺锤体相似，这里不再介绍，仅给出胶囊体在不同半径、同一高度下的形状，如图 4-35 所示。

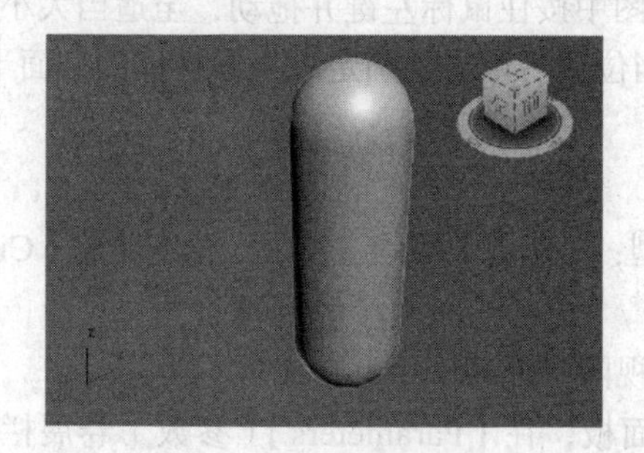

图 4-34　创建胶囊体

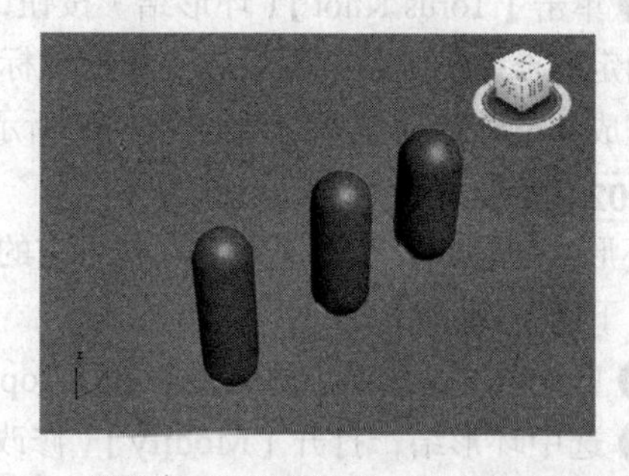

图 4-35　胶囊体在不同半径、同一高度下的形状

## 4.2.8 【L-Ext】(L 形延伸体)的创建

❶ 单击【File】(文件)菜单中的【Reset】(重置)命令，重新设置系统。

❷ 打开【Create】(创建)命令面板，单击【Geometry】(几何体)按钮●，在下拉列表中选择【Extended Primitives】(扩展基本体)。

❸ 单击【L-Ext】(L 形延伸体)按钮，在顶视图中按住鼠标左键并拖动，拉出一个 L 形的底面，松开鼠标左键，向上或向下移动鼠标到适当的高度单击。移动鼠标，可以看见 L 形延伸体的厚度发生变化。再次单击，完成 L 形延伸体的创建，结果如图 4-36 所示。

创建 L 形延伸体的参数都比较简单，这里不做介绍。

### 4.2.9 【C-Ext】(C 形延伸体) 的创建

【C-Ext】(C 形延伸体) 命令多用于创建 C 形墙体，其创建方法和参数与 L 形延伸体基本相同，此处不做介绍，仅给出创建的 C 形延伸体效果图，如图 4-37 所示。

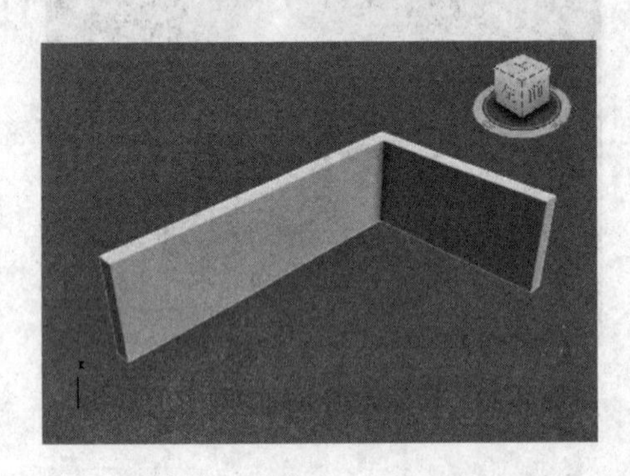

图 4-36 创建 L 形延伸体

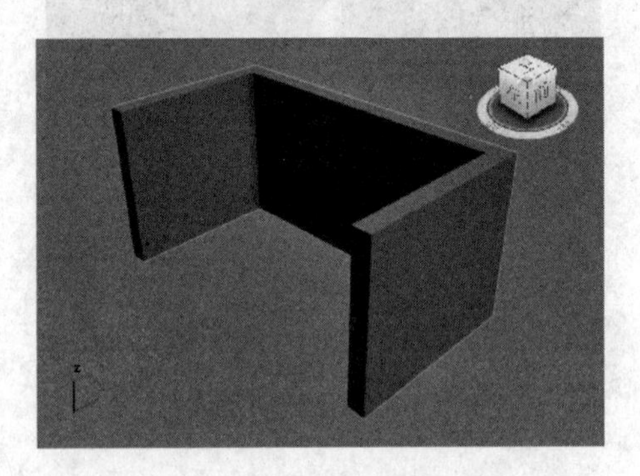

图 4-37 创建 C 形延伸体

### 4.2.10 【Torus Knot】(环形结) 的创建

**01** 创建方式

❶ 单击【File】(文件) 菜单中的【Reset】(重置) 命令，重新设置系统。

❷ 打开【Create】(创建) 命令面板，单击【Geometry】(几何体) 按钮，在下拉列表中选择【Extended Primitives】(扩展基本体) 按钮。

❸ 单击【Torus Knot】(环形结) 按钮，在顶视图中按住鼠标左键并拖动，至适当大小后松开，确定环形结的半径，然后向上移动鼠标，至适当位置后单击，确定缠绕圆柱体的截面半径，从而完成环形结的创建，结果如图 4-38 所示。

**02** 重要参数举例

环形结的参数较多，这里重点介绍它的两种模型：一种是【Knot】(结)，另一种是【Circle】(圆)。下面举例介绍。

❶ 重置系统。按照上述方法，在【Top】(顶) 视图中创建一个环形结。

❷ 选中环形结，打开【Modify】(修改) 命令面板，在【Parameters】(参数) 卷展栏中的【Base Curve】(基础曲线) 中选择【Circle】(圆) 单选按钮，环形结变成了一个圆，如图 4-39 所示。

❸ 取消变成圆的操作，选择移动工具，按住 Shift 键的同时沿 X 轴移动环形结，此时弹出复制对话框，在数量文本框中输入 2，单击“确定”按钮，复制两个环形结。

❹ 选中第二个环形结，打开【Modify】(修改) 命令面板，在【Parameters】(参数) 卷展栏中的【Base Curve】(基础曲线) 中将 P、Q 值分别设置为 1 和 6。

❺ 选中第三个环形结，打开【Modify】(修改) 命令面板，在【Parameters】(参数) 卷展栏中的【Base Curve】(基础曲线) 中选择【Circle】(圆) 单选按钮，并在【Wrap Count】(块偏移) 文本框里输入 15，在【Wrap Height】(块高度) 文本框里输入 2。

图 4-38　创建环形结

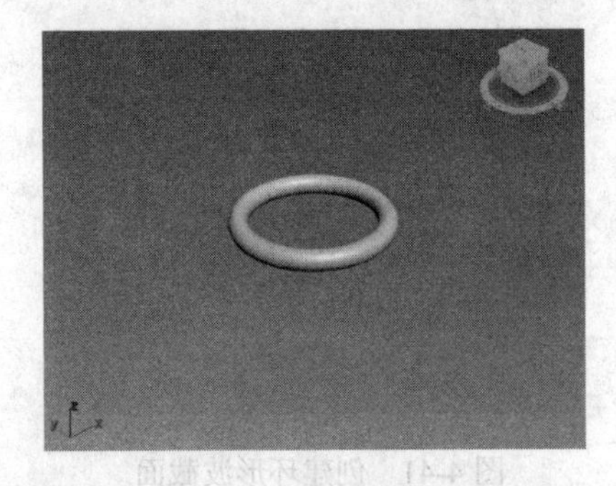

图 4-39　环形结变成圆

❻ 调整视图，观察不同参数时环形结的形状，如图 4-40 所示。

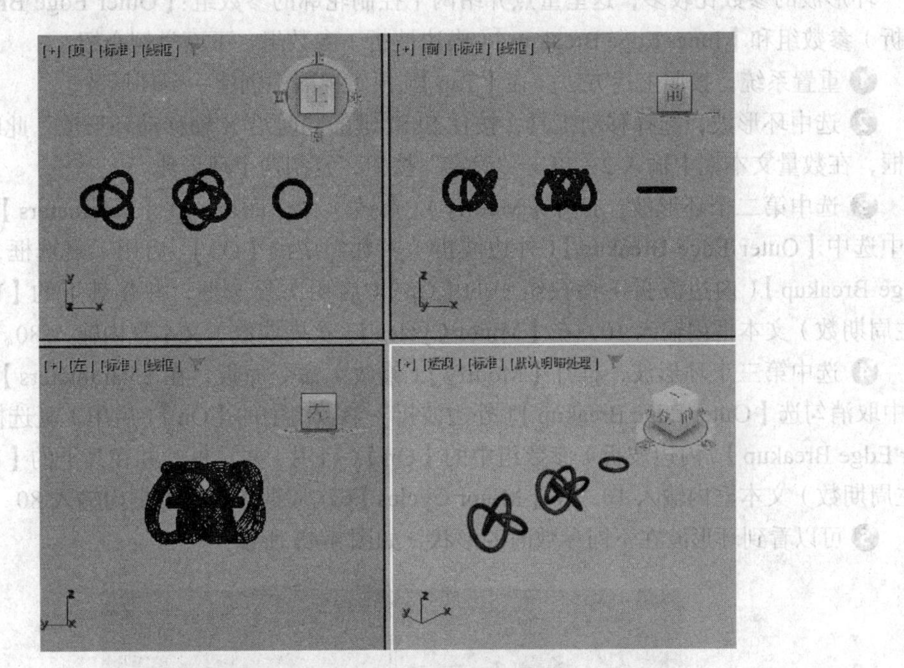


图 4-40　不同参数时环形结的形状

### 4.2.11 【Ringwave】(环形波)的创建

**01** 创建方式

❶ 单击【File】(文件)菜单中的【Reset】(重置)命令，重新设置系统。

❷ 打开【Create】(创建)命令面板，单击【Geometry】(几何体)按钮，在下拉列表中选择【Extended Primitives】(扩展基本体)。

❸ 单击【Ringwave】(环形波)按钮，在顶视图中按住鼠标左键并拖动，拉出环形波的外轮廓，松开鼠标左键，向圆心移动鼠标至适当位置单击，完成环形波截面的创建，结果如图 4-41 所示。

❹ 在视口右边的【Parameters】(参数)卷展栏中找到【Ringwave Size】(环形波大小)，在【Height】(高度)文本框内输入 200，完成环形波的创建，结果如图 4-42 所示。

图 4-41　创建环形波截面

图 4-42　创建环形波

**02** 重要参数举例

环形波的参数比较多，这里重点介绍两个控制轮廓的参数组：【Outer Edge Breakup】（外边波折）参数组和【Inner Edge Breakup】（内边波折）参数组。下面举例介绍。

❶ 重置系统。按照上述方法，在【Top】（顶）视图中创建一个环形波。

❷ 选中环形波，选择移动工具，按住 Shift 键的同时沿 X 轴移动环形波，此时弹出复制对话框，在数量文本框中输入 2，单击“确定”按钮，复制两个环形波。

❸ 选中第二个环形波，打开【Modify】（修改）命令面板，在【Parameters】（参数）卷展栏中选中【Outer Edge Breakup】（外边波折）参数组中的【On】（启用）复选框，取消【Inner Edge Breakup】（内边波折）参数组中的【On】（启用）复选框，并在其下的【Major Cycles】（主周期数）文本框内输入 10，在【Minor Cycles】（次周期数）文本框内输入 80。

❹ 选中第三个环形波，打开【Modify】（修改）命令面板，在【Parameters】（参数）卷展栏中取消勾选【Outer Edge Breakup】（外边波折）参数组中的【On】（启用）复选框，选中【Inner Edge Breakup】（内边波折）参数组中的【On】（启用）复选框，并在其下的【Major Cycles】（主周期数）文本框内输入 10，在【Minor Cycles】（次周期数）文本框内输入 80。

❺ 可以看到环形波在不同参数时的形状，如图 4-43 所示。

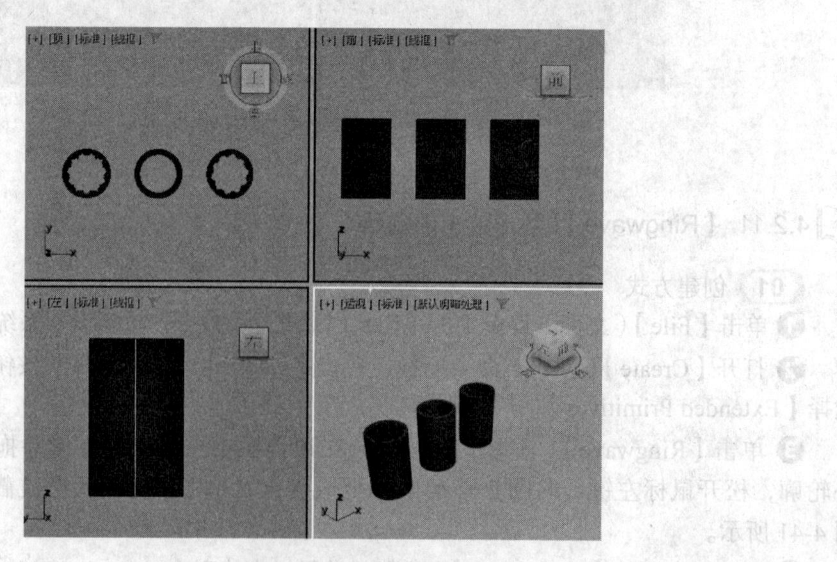

图 4-43　环形波在不同参数时的形状

### 4.2.12 【Hose】(软管)的创建

**01** 创建方式

❶ 单击【File】(文件)菜单中的【Reset】(重置)命令，重新设置系统。

❷ 打开【Create】(创建)命令面板，单击【Geometry】(几何体)按钮●，在下拉列表中选择【Extended Primitives】(扩展基本体)。

❸ 单击【Hose】(软管)按钮，在顶视图中按住鼠标左键并拖动，拉出软管的底面，单击鼠标后移动，在适当高度处单击，即可完成软管的创建。透视图中的软管如图 4-44 所示。

**02** 重要参数举例

软管的参数比较多，这里着重介绍两个参数组，即一般参数组和形状控制参数组。下面举例介绍。

❶ 重置系统。按照上述方法，在【Top】(顶)视图中创建一个软管。

❷ 选中软管，选择移动工具，按住 Shift 键的同时沿 X 轴移动软管，此时弹出复制对话框，在数量文本框中输入 2，单击“确定”按钮，复制两个软管。

❸ 选中第二个软管，打开【Modify】(修改)命令面板，在【Hose Parameters】(软管参数)卷展栏中的【Common Hose Parameters】(公用软管参数)组里勾选【Flex Section】(启用柔体截面)复选框，并将【Starts】(起始位置)和【Ends】(结束位置)的值分别设置为 50 和 90。

❹ 选中第三个软管，打开【Modify】(修改)命令面板，在【Hose Parameters】(软管参数)卷展栏中的【Common Hose Parameters】(公用软管参数)组里勾选【Flex Section】(启用柔体截面)复选框，并将【Starts】(起始位置)和【Ends】(结束位置)的值分别设置为 10 和 50。透视图中不同参数时软管的形状如图 4-45 所示。

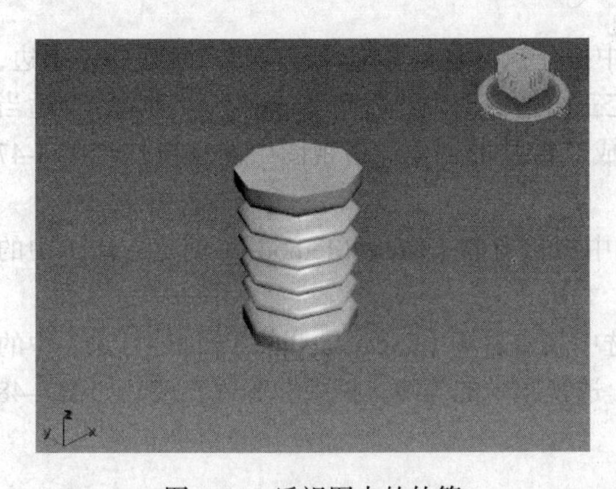

图 4-44　透视图中的软管

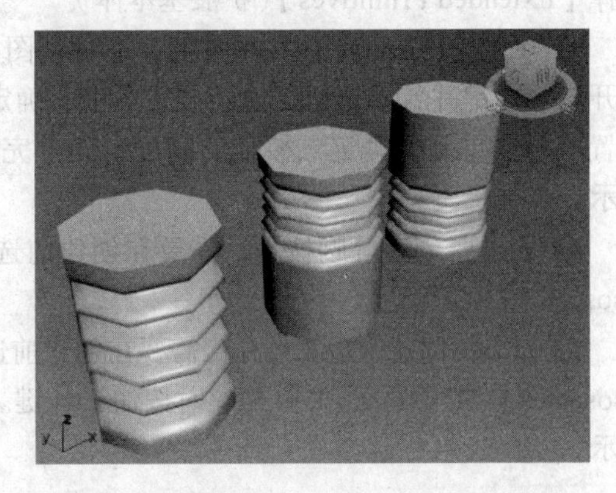

图 4-45　透视图中不同参数时软管的形状

❺ 取消第❸、❹步操作，返回第❷步，即回到复制出两个软管的状态。选中第二个软管，打开【Modify】(修改)命令面板，在【Hose Parameters】(软管参数)卷展栏中的【Hose Shape】(软管形状)内勾选【Rectangular Hose】(长方形软管)复选框，并设置【Fillet】(圆角)和【Fillet Segs】(圆角分段)参数分别为 10 和 5。

❻ 选中第三个软管，打开【Modify】(修改)命令面板，在【Hose Parameters】(软管参数)卷展栏中的【Hose Shape】(软管形状)内勾选【D-section】(D 截面软管)复选框，并设

置【Fillet】(圆角)和【Fillet Segs】(圆角分段)参数分别为 10 和 5。

❼ 观察不同参数时软管的形状，如图 4-46 所示。

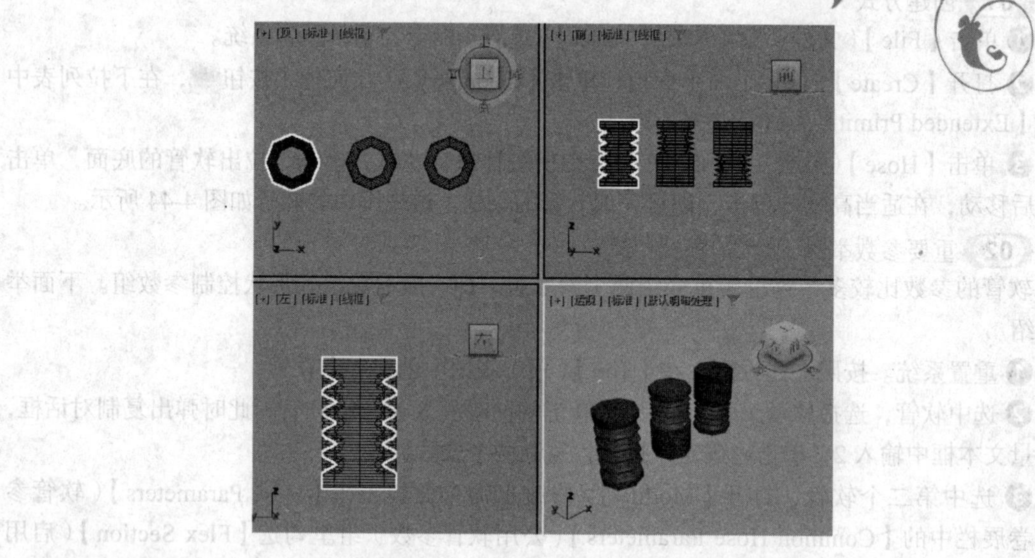

图 4-46　不同参数时软管的形状

### 4.2.13 【Prism】(棱柱)的创建

❶ 单击【File】(文件)菜单中的【Reset】(重置)命令，重新设置系统。

❷ 打开【Create】(创建)命令面板，单击【Geometry】(几何体)按钮，在下拉列表中选择【Extended Primitives】(扩展基本体)。

❸ 单击【Prism】(棱柱)按钮，在顶视图中按住鼠标左键并拖动，拉出三角形的一条边，松开鼠标左键并移动鼠标至适当位置单击，确定三角形截面，然后向上或向下移动鼠标至适当位置，再次单击，确定三棱柱的高度，即可完成三棱柱的创建。透视图中的三棱柱如图 4-47 所示。

❹ 如果要创建等腰棱柱，需要在创建前选中视口右侧【Creat Method】(创建方法)中的【Isosceles】(二等边)。

❺ 如果要创建等边三棱柱，需要在创建前选中视口右侧【Creat Method】(创建方法)中的【Isosceles】(二等边)，并且创建时按住 Ctrl 键。透视图中的等腰三棱柱和等边三棱柱如图 4-48 所示。

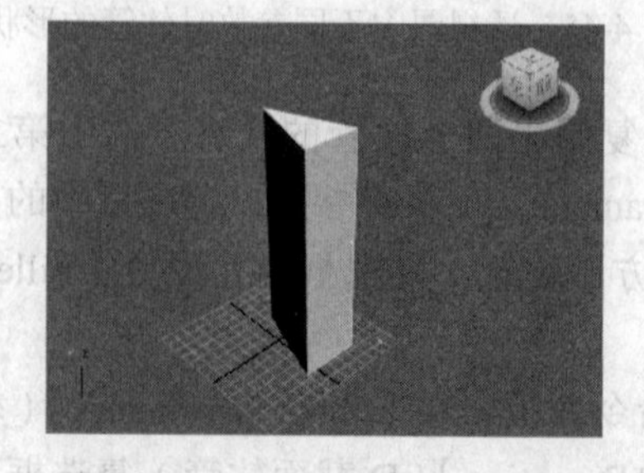

图 4-47　透视图中的三棱柱

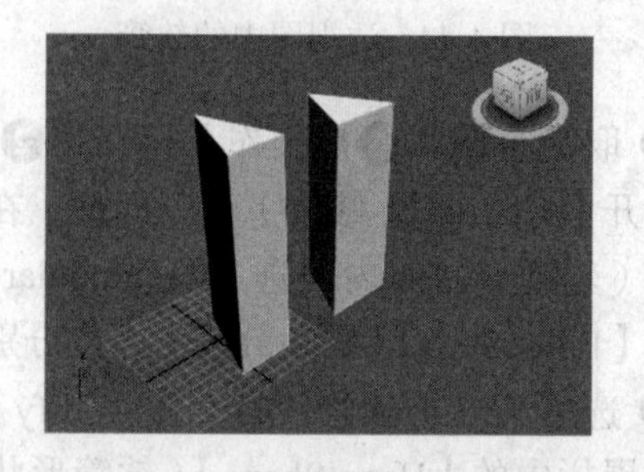

图 4-48　透视图中的等腰三棱柱和等边三棱柱

三棱柱的参数很简单，这里不再介绍。但有一点需要注意，即三棱柱的截面边长调节要受到其他两条边长度的约束，不能任意调节。

## 4.3 门的创建

### 4.3.1 【Pivot】(枢轴门)的创建

**01** 创建方式

❶ 单击【File】(文件)菜单中的【Reset】(重置)命令，重新设置系统。

❷ 打开【Create】(创建)命令面板，单击【Geometry】(几何体)按钮，在下拉列表中选择【Doors】(门)，打开创建门的命令面板，如图 4-49 所示。

❸ 单击【Pivot】(枢轴门)按钮，然后在【Top】(顶)视图中单击，按住鼠标左键并拖动至适当位置单击，确定门的宽度。移动鼠标至适当位置单击，确定门的厚度。移动鼠标至适当高度单击，确定门的高度。创建完成的枢轴门如图 4-50 所示。

图 4-49 创建门的命令面板

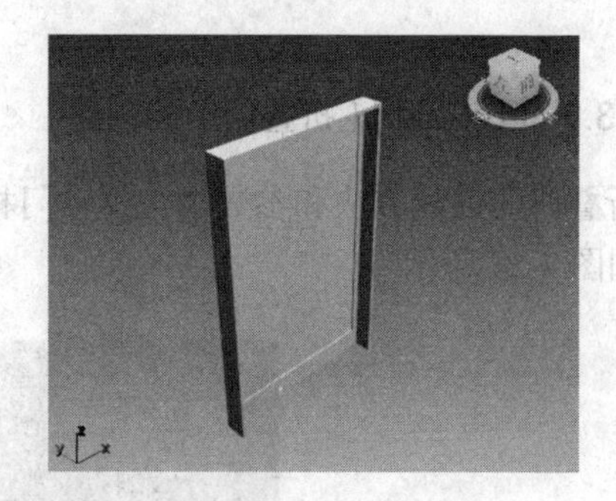

图 4-50 创建枢轴门

**02** 重要参数举例

❶ 重置系统。按照上述方法，在【Top】(顶)视图中创建一个枢轴门。

❷ 选中枢轴门，选择移动工具，按住 Shift 键的同时沿 X 轴移动枢轴门，此时弹出复制对话框，在数量文本框中输入 4，单击“确定”按钮，复制 4 个枢轴门。

❸ 选中第二个枢轴门，打开【Modify】(修改)面板，在【Parameters】(参数)卷展栏中的【Open】(打开)文本框内输入 50。此时，枢轴门打开 50° 。

❹ 选中第三个枢轴门，打开【Modify】(修改)面板，在【Parameters】(参数)卷展栏中选中【Double】(双门)复选框，同时在【Open】(打开)文本框内输入 50。可以看到，此时枢轴门有两个门板。

❺ 选中第四个枢轴门，打开【Modify】(修改)面板，在【Parameters】(参数)卷展栏中选中【Flip Swing】(翻转转动方向)复选框，同时在【Open】(打开)文本框内输入 50。可以看到，此时枢轴门向外开，同时打开 50° 。

❻ 选中第五个枢轴门，打开【Modify】(修改)面板，在【Parameters】(参数)卷展栏中同时选中【Double】(双门)和【Flip Swing】(翻转转动方向)复选框，同时在【Open】文本框内输入 50。

❼ 从透视图中可以看到不同参数时枢轴门的形状，如图 4-51 所示。

### 4.3.2 【Sliding】(推拉门)的创建

推拉门的创建方法和参数均与枢轴门相似，此处不做介绍，仅给出不同参数时推拉门的形状，如图 4-52 所示。

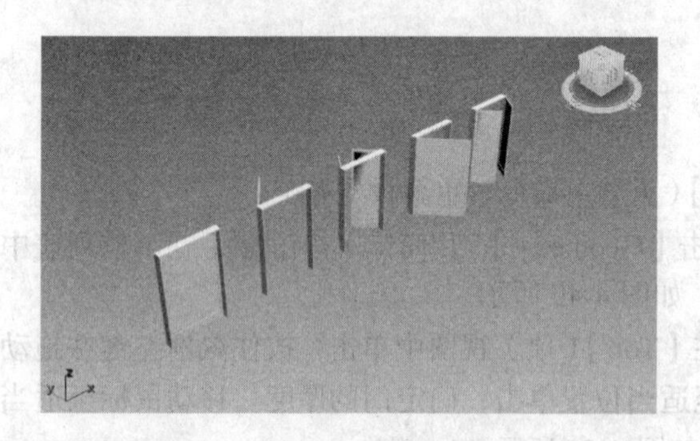

图 4-51 不同参数时枢轴门的形状

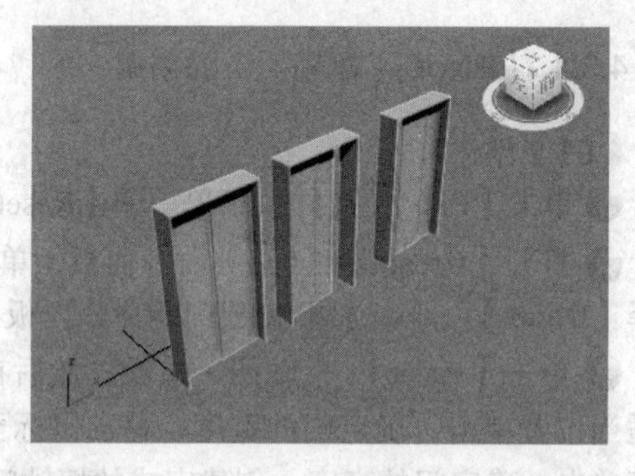

图 4-52 不同参数时推拉门的形状

### 4.3.3 【BiFold】(折叠门)的创建

折叠门的创建方法和参数也与枢轴门相似，此处不做介绍，仅给出不同参数时折叠门的形状，如图 4-53 所示。

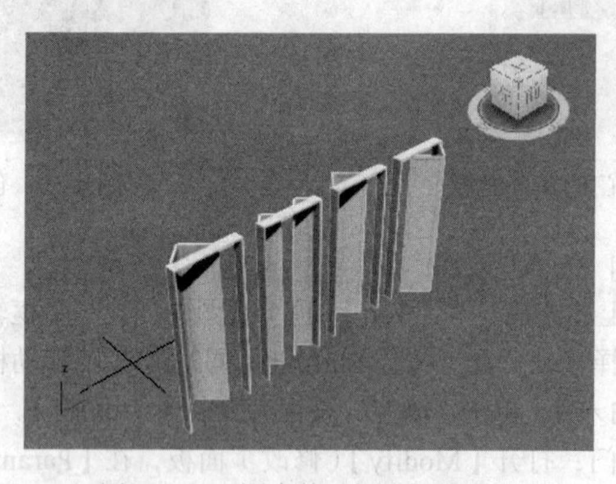

图 4-53 不同参数时折叠门的形状

## 4.4 窗的创建

### 4.4.1 【Awning】(遮篷式窗)的创建

**01** 创建方式

❶ 单击【File】(文件)菜单中的【Reset】(重置)命令，重新设置系统。

❷ 打开【Create】(创建)面板，单击【Geometry】(几何体)按钮●，在下拉列表中选择

【Windows】(窗),打开创建窗的命令面板,如图 4-54 所示。

❸ 单击【Awning】(遮篷式窗)按钮,然后在【Top】(顶)视图中单击,按住鼠标左键并拖动至适当位置再单击,确定窗的宽度。移动鼠标至适当位置单击,确定窗的厚度。移动鼠标至适当高度单击,确定窗的高度,从而完成遮篷式窗的创建。

❹ 在视口右侧参数卷展栏中的【Open】(打开)文本框内输入 50,结果如图 4-55 所示。

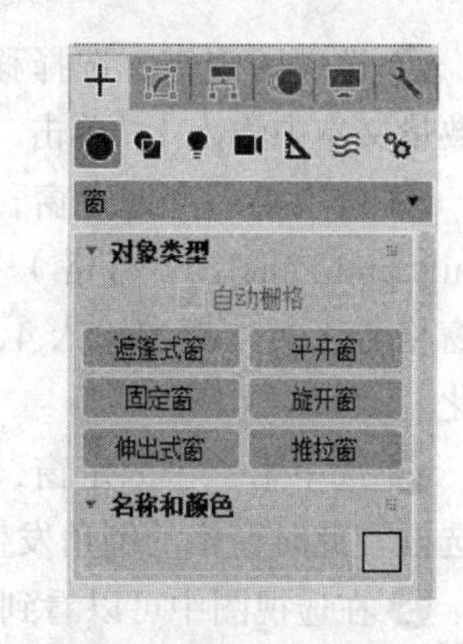

图 4-54 创建窗的命令面板

**02** 重要参数举例

这里主要介绍制作多页窗的参数:【Rails and Panels】(窗格)中的【Panel Count】(窗格数)。

❶ 重置系统。按照上述方法,在【Top】(顶)视图中创建一个打开一定角度的遮篷式窗。

❷ 选中遮篷式窗,选择移动工具,按住 Shift 键的同时沿 X 轴移动遮篷式窗,此时弹出复制对话框,在文本框中输入 2,单击“确定”按钮,复制两个遮篷式窗。

❸ 选中第二个遮篷式窗,打开【Modify】(修改)面板,在【Parameters】(参数)卷展栏内【Rails and Panels】(窗格)参数组中的【Panel Count】(窗格数值)文本框内输入 2。

❹ 选中第三个遮篷式窗,打开【Modify】(修改)面板,在【Parameters】(参数)卷展栏内【Rails and Panels】(窗格)参数组中的【Panel Count】(窗格数值)文本框内输入 4。

❺ 从透视图中可以看到不同参数时遮篷式窗的形状,如图 4-56 所示。

图 4-55 创建遮篷式窗

图 4-56 不同参数时遮篷式窗的形状

### 4.4.2 【Fixed】(固定窗)的创建

**01** 创建方式

❶ 单击【File】(文件)菜单中的【Reset】(重置)命令,重新设置系统。打开【Create】(创建)命令面板,单击【Geometry】(几何体)按钮●,在下拉列表中选择【Windows】(窗)。

❷ 单击【Fixed】(固定窗)按钮,然后在【Top】(顶)视图中单击,按住鼠标左键并拖动至适当位置再单击,确定窗的宽度。移动鼠标至适当位置单击,确定窗的厚度。移动鼠标至适当高度单击,确定窗的高度。创建完成的固定窗如图 4-57 所示。

**02** 重要参数举例

❶ 重置系统。按照上述方法在【Top】(顶)视图中创建一个打开一定角度的固定窗。

❷ 选中固定窗，选择移动工具，按住 Shift 键的同时沿 X 轴移动，此时弹出复制对话框，在数量文本中输入 1，单击“确定”按钮，复制一个固定窗。

❸ 选中第一个固定窗，打开【Modify】（修改）面板，在【Parameters】（参数）卷展栏内【Rails and Panels】（窗格）参数组中的【Width】（宽度）文本框内输入 5，【Panel Horiz】（水平窗格数）文本框内输入 4，【Panel Vert】（垂直窗格数）文本框内输入 4。此时框格数目发生变化。

❹ 选中第二个固定窗，对其进行同样的修改，然后勾选【Chamfered Profile】（倒角剖面）复选框。此时窗格的倒角发生变化。

❺ 在透视图中可以看到固定窗在不同参数时的形状，如图 4-58 所示。

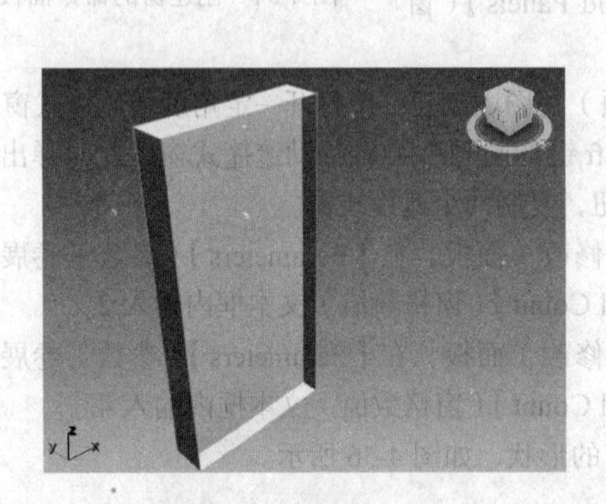
图 4-57　创建固定窗

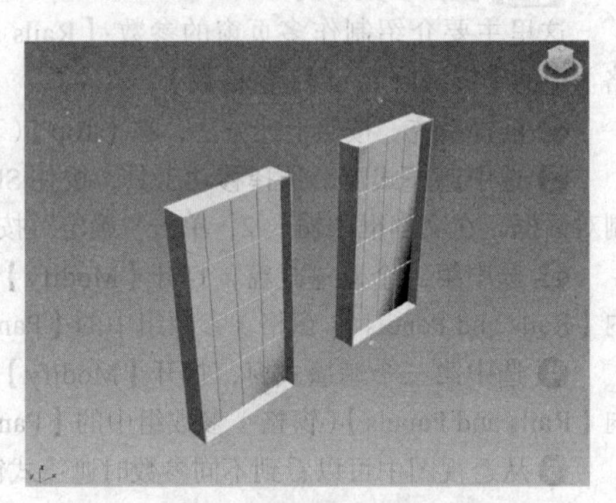
图 4-58　固定窗在不同参数时的形状

### 4.4.3 【Projected】（伸出式窗）的创建

伸出式窗的创建方法和参数基本与遮篷式窗相同，这里不再赘述，仅给出创建的伸出式窗在透视图中的效果图，如图 4-59 所示。

### 4.4.4 【Sliding】（推拉窗）的创建

推拉窗的创建方法和参数基本与遮篷式窗相同，这里不再赘述，仅给出创建的推拉窗在透视图中的效果图，如图 4-60 所示。

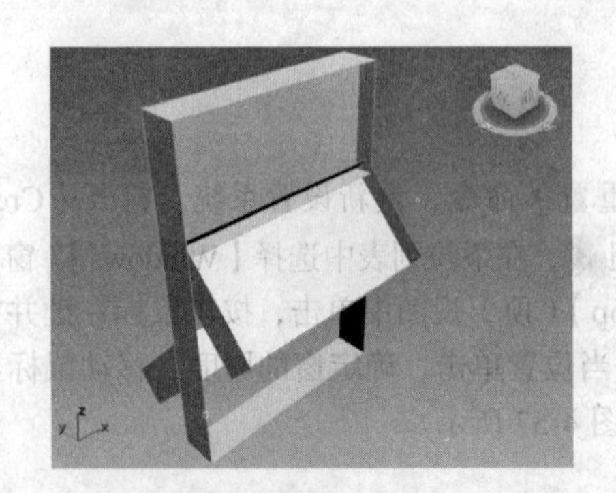
图 4-59　创建伸出式窗

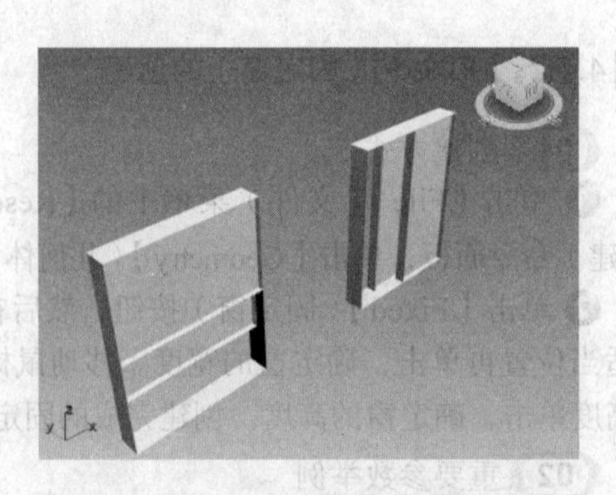
图 4-60　创建推拉窗

### 4.4.5 【Pivoted】(旋开式窗)的创建

旋开式窗的创建方法和参数基本与遮篷式窗相同，这里不再赘述，仅给出创建的旋开式窗在透视图中的效果图，如图 4-61 所示。

### 4.4.6 【Casement】(平开式窗)的创建

平开式窗的创建方法和参数基本与遮篷式窗相同，这里不再赘述，仅给出平开式窗在透视图中的效果图，如图 4-62 所示。

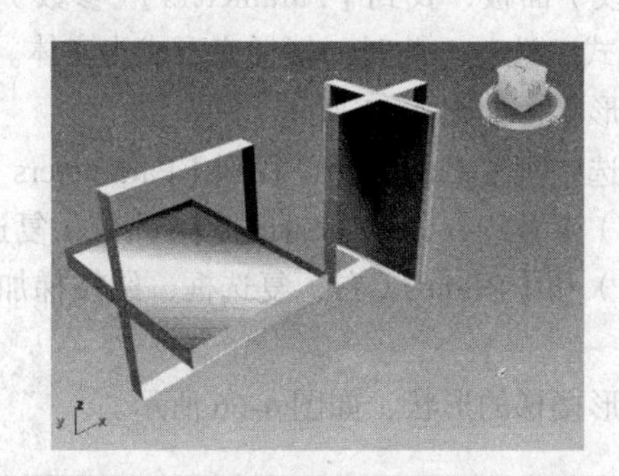

图 4-61　创建旋开式窗

图 4-62　创建平开式窗

## 4.5 楼梯的创建

### 4.5.1 【L Type Stair】(L 形楼梯)的创建

**01** 创建方式

❶ 单击【File】(文件)菜单中的【Reset】(重置)命令，重新设置系统。

❷ 打开【Create】(创建)命令面板，单击【Geometry】(几何体)按钮●，在下拉列表中选择【Stair】(楼梯)，打开创建楼梯的命令面板，如图 4-63 所示。

❸ 单击【L Type Stair】(L 形楼梯)按钮，然后在【Top】(顶)视图中单击并按住鼠标左键拖动，拉出一个矩形。释放鼠标并移动至适当位置单击，确定 L 形投影面。移动鼠标至适当高度再次单击，确定楼梯的高度。创建完成的 L 形楼梯如图 4-64 所示。

图 4-63　创建楼梯的命令面板

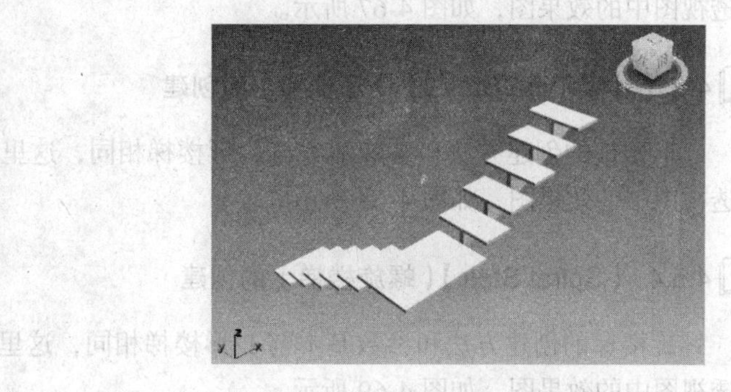

图 4-64　创建 L 形楼梯

**02** 重要参数举例

这里主要介绍参数卷展栏中创建楼梯样式和楼梯辅助设施的参数。下面举例介绍。

❶ 重置系统。按照上述方法，在【Top】(顶) 视图中创建一个 L 形楼梯。

❷ 选中 L 形楼梯，选择移动工具，按住 Shift 键的同时沿 X 轴移动 L 形楼梯，此时弹出复制对话框，在数量文本框中输入 2，单击“确定”按钮，复制两个 L 形楼梯。

❸ 选中第二个 L 形楼梯，打开【Modify】(修改) 面板，找到【Parameters】(参数) 卷展栏中的【Type】(类型) 参数组，选择【Closed】(封闭式) 选项。此时，楼梯之间的空间闭合。

❹ 选中第三个 L 形楼梯，打开【Modify】(修改) 面板，找到【Parameters】(参数) 卷展栏中的【Type】(类型) 参数组，选择【Box】(落地式) 选项。此时，楼梯底下成为实体。

❺ 在透视图中可以看到不同样式的 L 形楼梯的形状，如图 4-65 所示。

❻ 删掉前两个楼梯，保留并复制第三个楼梯，选中刚复制的楼梯，找到【Parameters】(参数) 卷展栏中的【Generate Geometry】(生成几何体) 参数组，勾选【Stringe】(侧弦) 复选框，同时勾选【Handleraile】(扶手) 后面的【Left】(左) 和【Right】(右) 复选框，给楼梯加装护栏和扶手。

❼ 在透视图中可以看到加装护栏和扶手前后 L 形楼梯的形状，如图 4-66 所示。

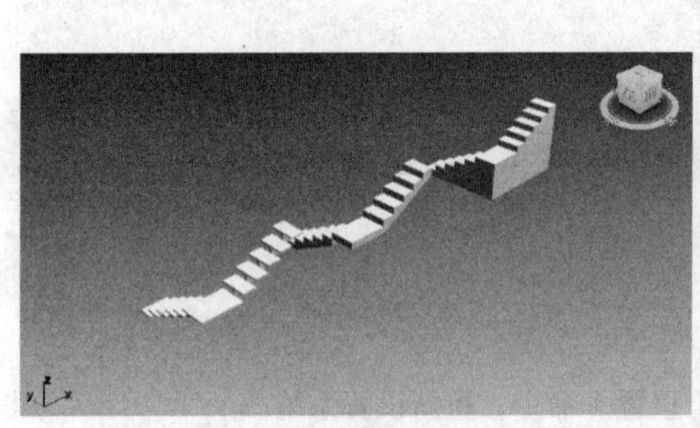

图 4-65　不同样式的 L 形楼梯的形状

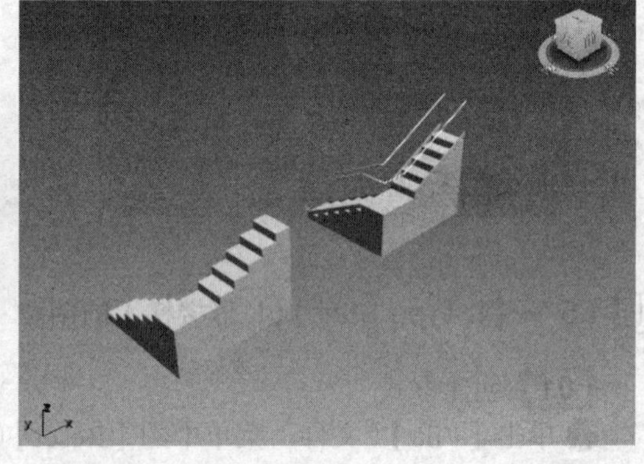

图 4-66　加装护栏和扶手前后 L 形楼梯的形状

### 4.5.2 【Straight Stair】(直线楼梯) 的创建

直线楼梯的创建方法和参数基本与 L 形楼梯相同，这里不再赘述，仅给出创建的直线楼梯在透视图中的效果图，如图 4-67 所示。

### 4.5.3 【U-Type Stair】(U 形楼梯) 的创建

U 形楼梯的创建方法和参数基本与 L 形楼梯相同，这里不再赘述，仅给出创建的 U 形楼梯在透视图中的效果图，如图 4-68 所示。

### 4.5.4 【Spiral Stair】(螺旋楼梯) 的创建

螺旋楼梯的创建方法和参数基本与 L 形楼梯相同，这里不再赘述，仅给出创建的螺旋楼梯在透视图中的效果图，如图 4-69 所示。

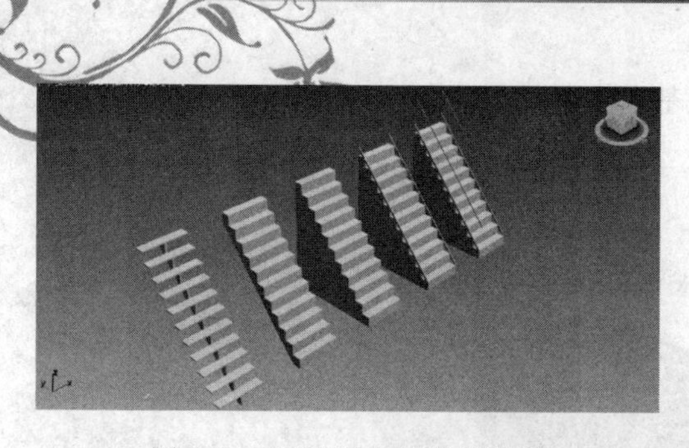

图 4-67　透视图中的直线楼梯

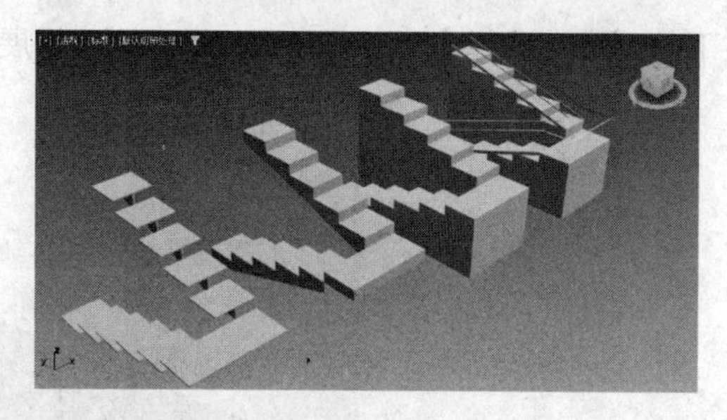

图 4-68　透视图中的 U 形楼梯

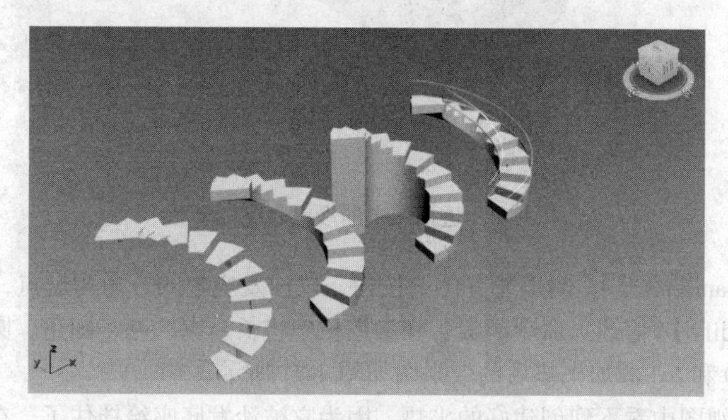

图 4-69　透视图中的螺旋楼梯

## 4.6　实战训练——沙发

本章系统地介绍了基本几何体、扩展基本体以及一些建筑构件的制作方法，这些方法是建模工作的基础。下面将通过制作沙发模型的练习，讲解如何利用系统内置的基本模型以及前面介绍的二维建模知识来创建常用的模型。

### 4.6.1　沙发底座的制作

❶ 单击【File】(文件）菜单中的【Reset】(重置）命令，重置系统。

❷ 打开【Create】(创建）命令面板，单击【Geometry】(几何体）按钮●，在下拉列表中选择【Extended Primitives】(扩展基本体)。

❸ 单击【ChamferBox】(倒角长方体）按钮，创建一个倒角立方体。选中立方体，打开【Modify】(修改）命令面板，在参数栏中将长、宽、高、圆角、圆角分段分别设置为 50、130、30、6 和 5。

❹ 单击【Zoom Extents All Selected】(所有视图最大化显示选定对象）按钮，可以看到制作完成的沙发底座，透视图中的效果图如图 4-70 所示。

### 4.6.2　沙发垫的制作

❶ 激活顶视图，打开【Create】(创建）命令面板，单击【Geometry】(几何体）按钮●，

在下拉列表中选择【Extended Primitives】(扩展基本体)。

图 4-70　透视图中的沙发底座效果图

❷ 单击【ChamferBox】(倒角长方体)按钮，以沙发底座的一角为起点，拉出一个倒角立方体，打开【Modify】(修改)命令面板，在参数栏中将长、宽、高、圆角、圆角分段分别设置为 48、42、8、10 和 6。添加坐垫后的效果图如图 4-71 所示。

❸ 此时在透视图中看不到创建好的坐垫，因为它被沙发底座给挡住了。在前视图空白处右击，激活前视图，选中坐垫，将其沿 Y 轴向上移动至底座面上，结果如图 4-72 所示。

❹ 在前视图中选中坐垫，按住 Shift 键的同时沿 X 轴移动坐垫，在弹出的对话框中选择【Instance】(实例)复选框，并在数量文本框中输入 2，然后单击“确定”按钮，复制两个坐垫，结果如图 4-73 所示。

❺ 沙发坐垫创建完毕。

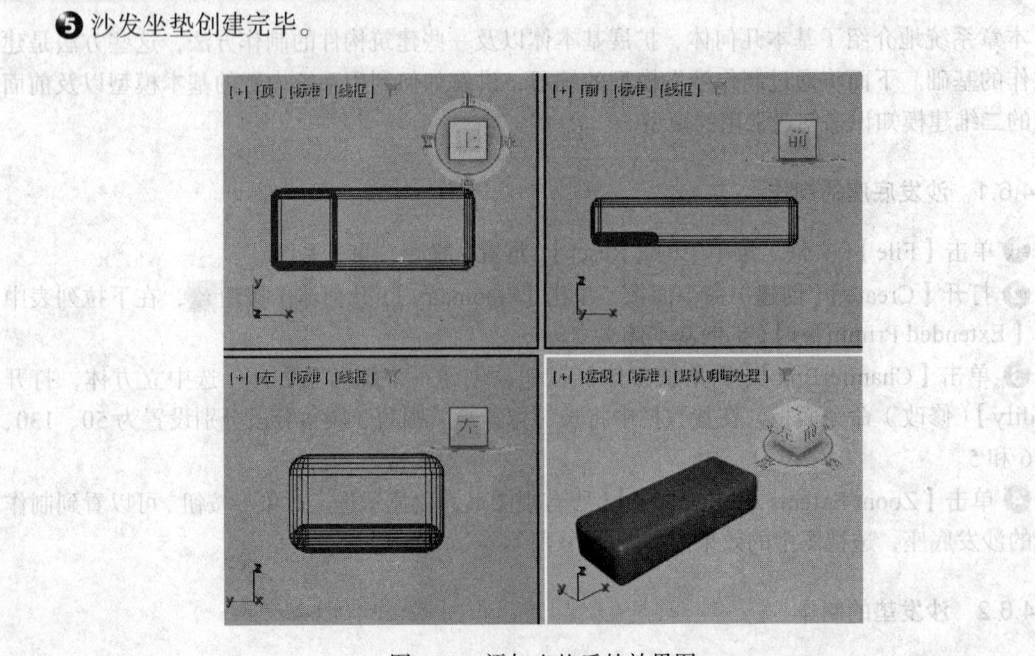

图 4-71　添加坐垫后的效果图

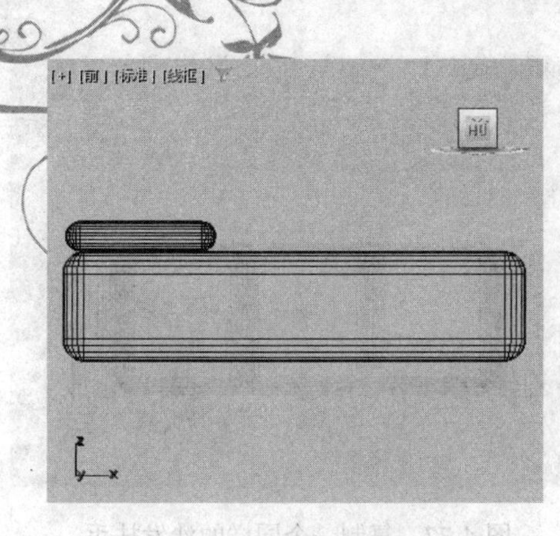


图 4-72　坐垫移动后的前视图

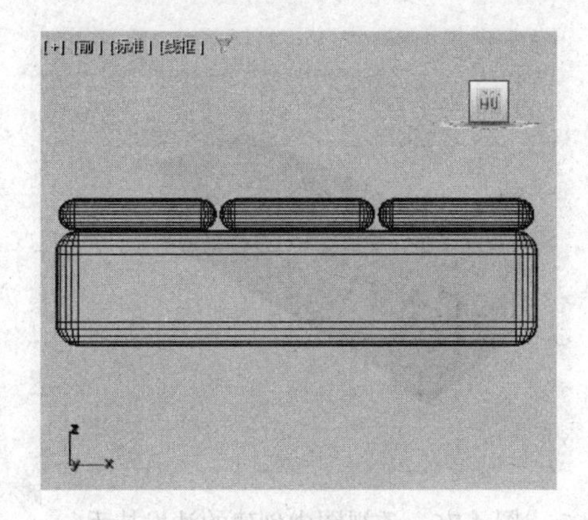


图 4-73　复制坐垫后的前视图

### 4.6.3　沙发扶手的制作

❶ 激活前视图，单击【Create】（创建）命令面板中【Shapes】（图形）子命令面板中的【Rectangle】（矩形）按钮，创建一个矩形框。

❷ 打开【Modify】（修改）命令面板，在参数栏中将长、宽、角半径分别设置为 55、15、6。此时前视图中绘制的带倒角的矩形框如图 4-74 所示。

❸ 在“修改器列表”中选择【Edit Spline】（编辑样条线）按钮，选取【Selection】（选择）卷展栏中的【Vertex】（顶点）按钮，此时所绘制的图形中的所有点都显示出来。选择最下面的两个点，按【Delete】（删除）键将其删除。调整底部的另外两点，使底部平直。前视图中调整后的矩形框如图 4-75 所示。

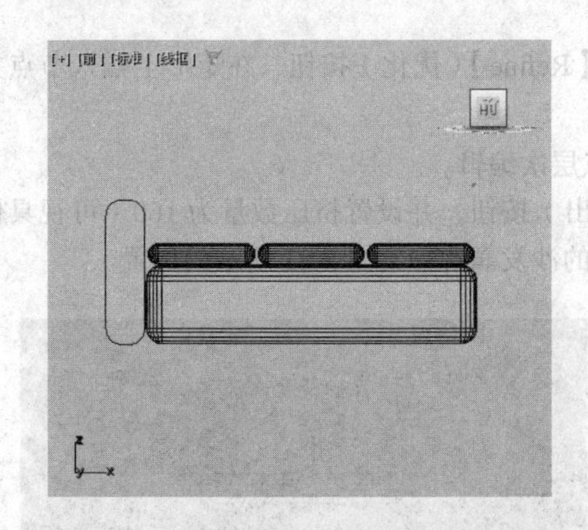


图 4-74　前视图中绘制的带倒角的矩形框

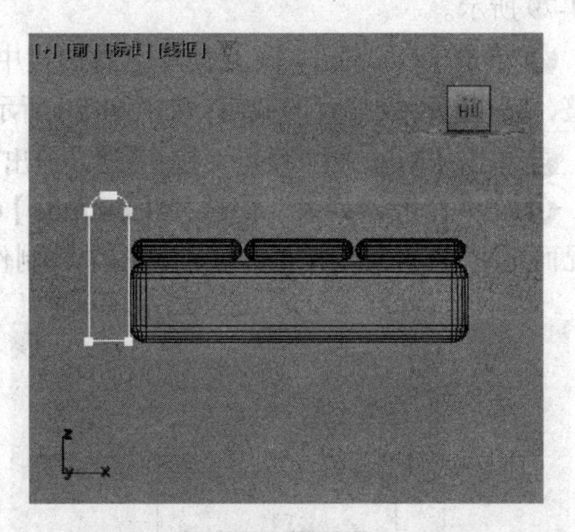


图 4-75　前视图中调整后的矩形框

❹ 单击【Vertex】（顶点）按钮，退出节点层次编辑。

❺ 在“修改器列表”中选择【Extrude】（挤出）按钮，并设置挤压数量为 50。此时透视图中创建的沙发扶手如图 4-76 所示。

❻ 激活顶视图，选中制作好的沙发扶手，将其移动到适当位置，并在底座的另一侧复制一个同样的沙发扶手，如图 4-77 所示。

图 4-76　透视图中创建的沙发扶手

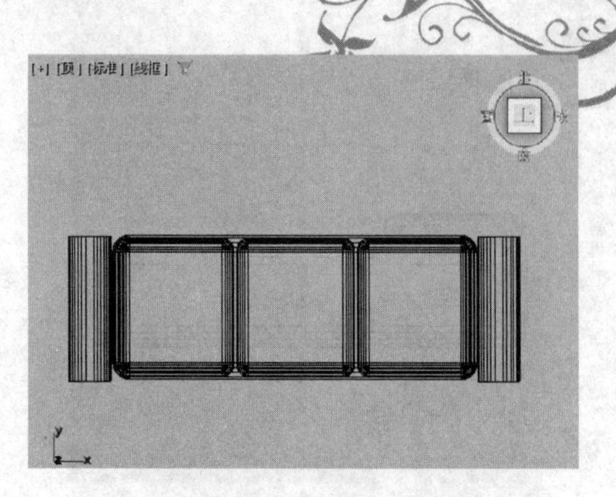

图 4-77　复制一个同样的沙发扶手

❼ 沙发扶手制作完毕。

### 4.6.4　沙发靠背的制作

❶ 激活左视图，单击【Create】(创建）命令面板中【Shapes】(图形）子命令面板中的【Rectangle】(矩形）按钮，创建一个矩形框。

❷ 打开【Modify】(修改）命令面板，在参数栏中将长、宽、角半径分别设置为 75、10、5。此时左视图中创建的矩形框如图 4-78 所示。

❸ 在"修改器列表"中选择【Edit Spline】(编辑样条线）按钮，选取【Selection】(选择）卷展栏中的【Vertex】(顶点）按钮，此时所绘制的图形中的所有点都显示出来。选择最下面的两个点，按【Delete】(删除）键将其删除，再调整底部的另外两点，使底部平直，结果如图 4-79 所示。

❹ 单击【Geometry】(几何体）卷展栏中的【Refine】(优化）按钮，在矩形上插入节点并调整，制作出沙发靠背的截面，如图 4-80 所示。

❺ 单击【Vertex】(顶点）按钮，退出节点层次编辑。

❻ 在"修改器列表"中选择【Extrude】(挤出）按钮，并设置挤压数量为 160（可视具体情况而定）。选择移动工具，在前视图中将制作好的沙发靠背移到图 4-81 所示的位置。

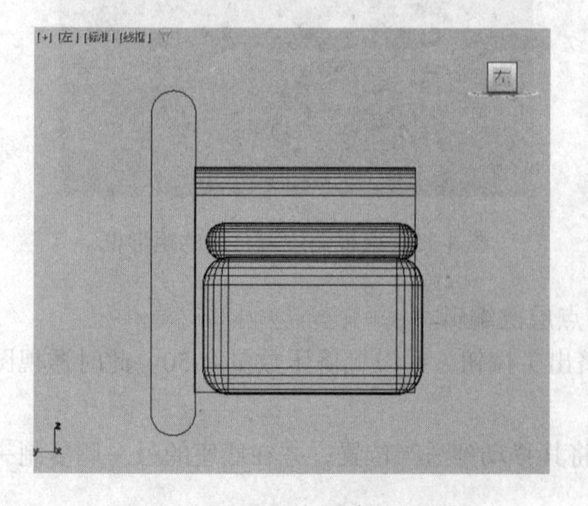

图 4-78　左视图中创建的矩形框

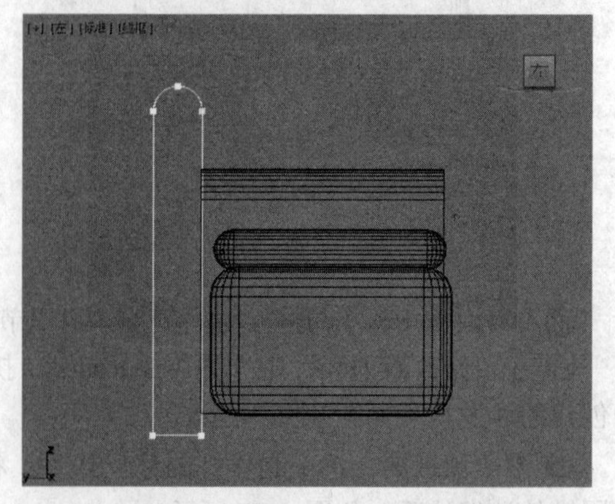

图 4-79　删除矩形框下方节点

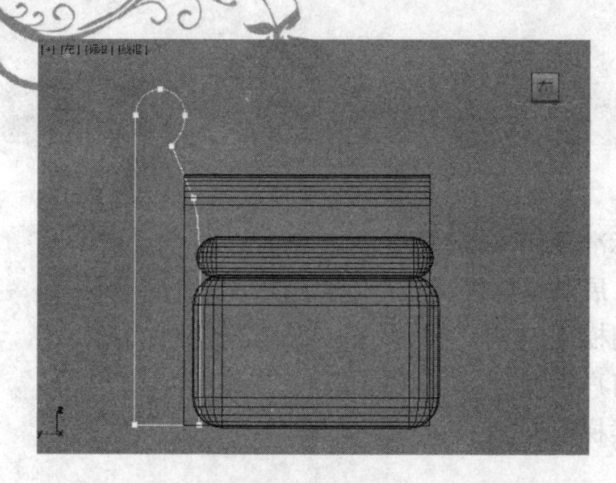

图 4-80　左视图中创建的沙发靠背截面

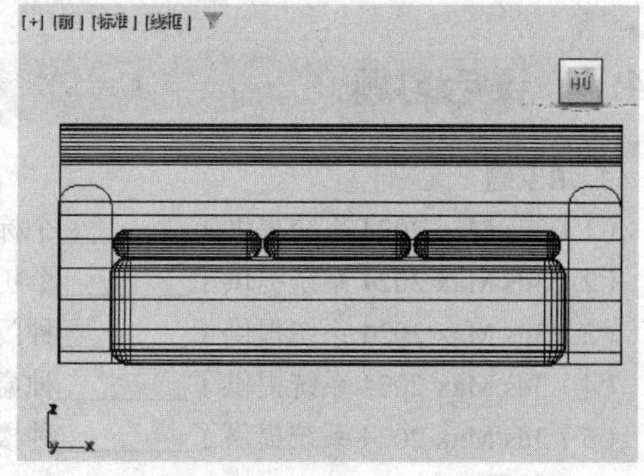

图 4-81　移动沙发靠背

❼ 沙发靠背制作完成。制作好的沙发模型如图 4-82 所示。

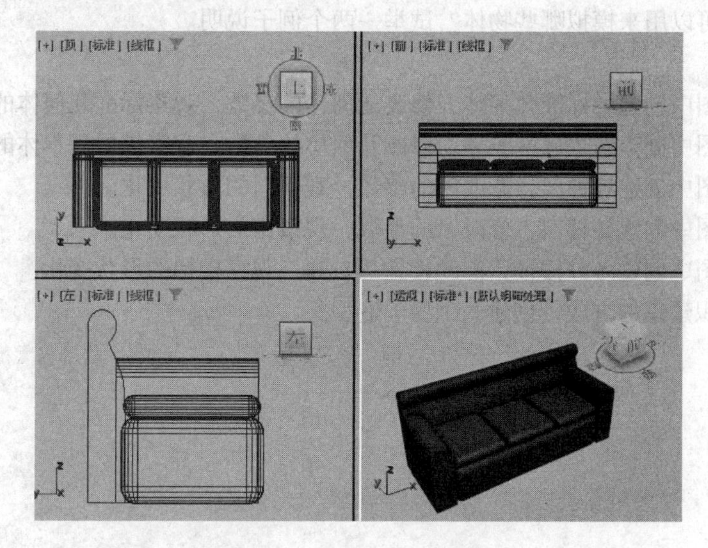

图 4-82　制作好的沙发模型

❽ 还可以为沙发制作装饰物并赋予贴图，装饰后的沙发效果如图 4-83 所示。

图 4-83　装饰后的沙发效果

## 4.7 课后习题

**1. 填空题**

（1）3ds Max 2024 系统提供了________个标准几何体模型。

（2）3ds Max 2024 系统提供了________个扩展基本体模型。

（3）3ds Max 2024 系统提供了________种门模型。

（4）3ds Max 2024 系统提供了________种窗户模型。

（5）3ds Max 2024 系统提供了________种楼梯模型。

**2. 问答题**

（1）什么是几何体的段数？

（2）怎样才能使创建的圆柱截面更圆滑？

（3）桶状体可以用来模拟哪些物体？试举一两个例子说明。

**3. 操作题**

（1）在透视图中创建各标准几何体，修改几何体的参数，观察标准几何体的形状变化。

（2）在透视图中创建各扩展基本体，修改几何体的参数，观察扩展基本体的形状变化。

（3）在透视图中创建各种门，修改门的参数，观察门的形状变化。

（4）在透视图中创建各种窗，修改窗的参数，观察窗的形状变化。

（5）在透视图中创建各种楼梯，修改楼梯的参数，观察楼梯的形状变化。

（6）利用堆积建模的方法，创建一个房子造型。

# 第 5 章　复合和多边形建模

## 教学目标

三维模型的创建方法有多种，本章主要讲述了复合和多边形建模的基本方法，包括放样建模、布尔运算以及变形建模等。同时通过讲解利用多边形创建椅子的全过程，介绍了如何应用多边形建模技术创建复杂模型的方法。本章内容介绍的都是创建三维造型十分常用的方法，也是制作三维动画必要的知识，初学者应认真掌握。

## 教学重点与难点

➢ 变截面放样操作
➢ 对放样物体的修改
➢ 布尔运算
➢ 变形物体与变形动画

## 5.1 放样生成三维物体

在 3ds Max 中，一个造型物体至少由两个平面造型组成：一个造型作为 Path（路径），主要用于定义物体的高度，路径本身可以是开放的线段，也可以是封闭的图形，但必须是唯一的一条曲线且不能有交点；另一个造型则用来作为物体的截面，称为【Shape】（平面造型）或是【Cross Section】（剖面）。可以在路径上放置多个不同形态的【Shape】（平面造型）。下面着重讲述放样建模的方法、一些重要参数及放样变形的主要工具。

### 5.1.1 放样的一个例子

下面以一个简单的放样物体——圆管为例，讲解放样的操作步骤。

❶ 单击【File】（文件）菜单中的【Reset】（重置）命令，重新设置系统。

❷ 打开【Create】（创建）命令面板上的【Shapes】（图形）子命令面板，单击【Line】（线）按钮，在前视图中绘制一条曲线作为放样的路径，如图 5-1 所示。

❸ 单击【Shapes】（图形）子命令面板中的【Donut】（圆环）按钮，在左视图中绘制两个同心圆作为放样的截面，如图 5-2 所示。

❹ 单击选中曲线。单击【Create】（创建）命令面板中的【Geometry】（几何体）按钮，选择【Compound Objects】（复合对象），在弹出的菜单中选择【Loft】（放样）命令。

❺ 展开【Creat Method】（创建方法）卷展栏，单击【Get Shape】（获取图形）按钮，确定【Instance】（实例）为当前选项。

❻ 移动鼠标到同心圆上，当鼠标形状变为时单击，将同心圆的关联复制品移动到路径的起始点上，生成一个造型物体。放样后的透视图如图 5-3 所示。

❼ 新生成的造型物体是由曲线与同心圆的复制品组合而成的，与命令面板中的【Move】

（移动）、【Copy】（复制）、【Instance】（实例）三个选项有密切关系。

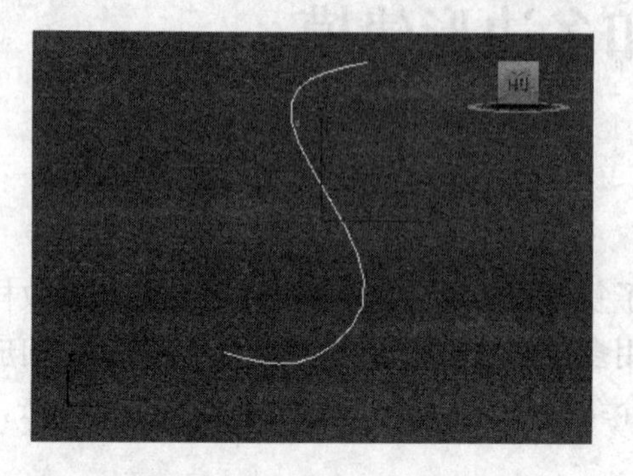


图 5-1　在前视图绘制作为放样路径的曲线

图 5-2　在左视图中绘制作为放样截面的同心圆

由这个例子可以看出，放样操作的步骤一般有三步（前两步可互换），分别为：

✧ 建立放样的截面。
✧ 建立放样的路径。
✧ 放样生成物体。

### 5.1.2　创建放样的截面

放样操作中，截面的作用是按照一定的路径延伸，从而生成三维物体，所以能否正确有效地创建截面，将直接影响到放样的成败。

放样中的截面类型可以分为非闭合图形、闭合图形和复合图形三种，如图 5-4 所示。使用不同的截面类型，会得到不同的放样对象，如图 5-5 所示。

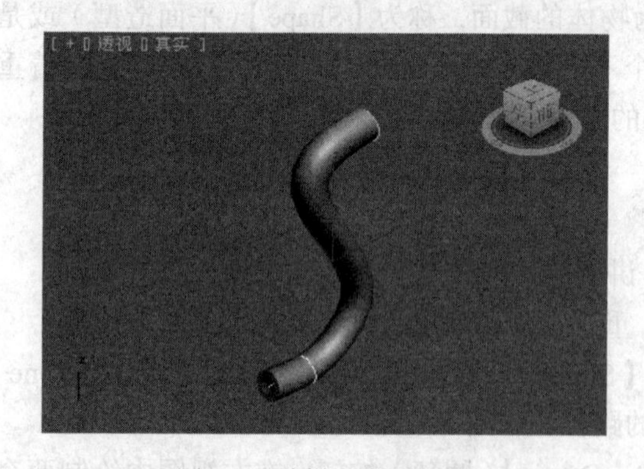


图 5-3　放样后的透视图

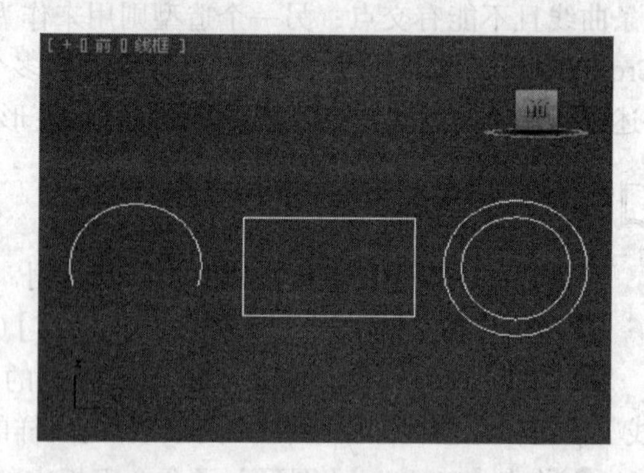


图 5-4　放样的三种截面类型

非闭合图形作为截面生成的放样对象只在一个方向可见，适用于只要求单面可见的放样模型，如窗帘和幔布等。这种模型的点面数量相对较少。

闭合图形作为截面生成的放样对象是一个三维实体，在各方向均可见。闭合图形也是经常用到的截面。当多个截面在一条路径上时，不同的截面所包含的点数应一致。但这并不是很严格的限制，因为 3ds Max 能在点数不同的二维图形间添加表皮，从而产生比较好的过渡。如果要精确控制模型表面的产生，最好按照统一的顺序使不同的截面保持一致的点数和步数。

如果截面由复合图形组成（见图 5-6），则不同截面间的嵌套顺序应该一致。

图 5-5　不同截面类型得到的放样对象

图 5-6　复合图形作为截面

### 5.1.3　创建放样的路径

放样操作中，路径是截面延伸的方向。可以根据需要创建多种多样复杂的路径，从而达到创建复杂模型的目的。因此能否正确有效地创建路径，也会影响到放样的效果。

放样对路径的要求比较简单，只要不是复合图形，都可以作为放样的路径。放样中的路径类型可以分为直线、曲线、闭合图形或者非闭合图形，如图 5-7 所示。

使用不同的路径类型，会得到不同的放样体。例如，将图 5-7 中的图形作为路径，以一个椭圆形截面放样的结果如图 5-8 所示。

图 5-7　不同的放样路径

图 5-8　不同路径的放样结果

### 5.1.4　放样生成物体

创建好了截面和路径，接下来就可以放样生成物体了。放样生成物体的方法分两种：一种是从截面开始放样，另一种是从路径开始放样。

5.1.1 节中讲到的方法就是从路径开始放样，这里不再详细介绍。从截面开始放样的方法跟从路径开始放样基本相同，差别之处在于从截面开始放样的前提是先选择了截面，然后在视图中选择路径。下面举例介绍。

❶ 单击【File】(文件)菜单中的【Reset】(重置)命令，重新设置系统。

❷ 打开【Create】(创建)命令面板上的【Shapes】(图形)子命令面板。在前视图中绘制一个弧作为放样的路径，再在左视图中绘制一个圆形作为放样的截面。在透视图中显示的放样路径与截面如图 5-9 所示。

❸ 单击选中圆形。单击【Create】(创建)命令面板中的【Geometry】(几何体)按钮●,选择【Compound Objects】(复合对象),在弹出的菜单中选择【Loft】(放样)选项。

❹ 展开【Creat Method】(创建方法)卷展栏,单击【Get Path】(获取路径)按钮,确定【Move】(移动)为当前选项。

❺ 移动鼠标到弧线上,当鼠标形状变为 时单击,将弧线的关联复制品移动到圆形的起始面上,生成一个放样体。在透视图中显示的放样体如图 5-10 所示。

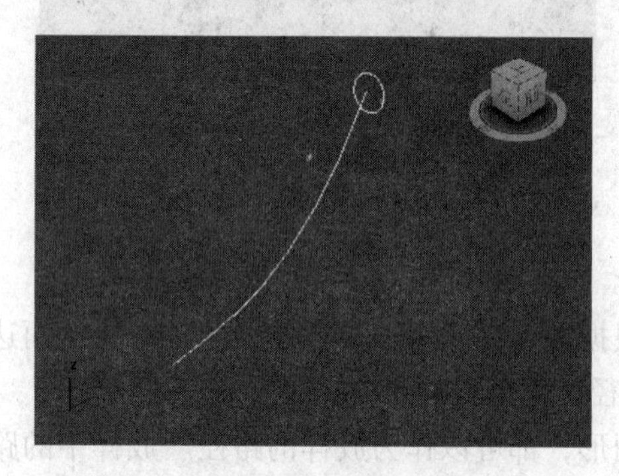

图 5-9 透视图中的放样路径与截面

图 5-10 透视图中的放样体

将本例与前边 5.1.1 节中的例子对比可知,两种放样方法基本相同。从路径开始的方法着眼于路径上截面的排列,从截面开始的方法着眼于截面的延伸。

### 5.1.5 编辑放样对象的表面特性

执行完放样操作,就可以在如图 5-11 所示的修改命令面板中对放样对象进行编辑了。修改命令面板中共有 5 个卷展栏,单击每个卷展栏左边的三角形,即可将其展开,看到具体参数。

下面主要介绍三个卷展栏中主要参数的含义及功能。

**01** "创建方法"卷展栏

✧【Get Path】(获取路径):在先选择截面的情况下获取路径。

✧【Get Shape】(获取图形):在先选择路径的情况下获取截面。

✧【Move】(移动):点选的路径或截面不产生复制品,即点选后的二维图形在场景中不独立存在,其他路径或截面无法再使用。

✧【Copy】(复制):点选的路径或截面产生原来二维图形的复制品。

✧【Instance】(实例):点选的路径或截面产生原来二维图形的一个关联复制品。当对原来二维图形进行修改时,关联复制品也跟着变化。

**02** "曲面参数"卷展栏

✧【Smooth Length】(平滑长度):在路径方向上光滑放样表面。

✧【Smooth Width】(平滑宽度):在截面方向上光滑放样表面。

✧【Mapping】(贴图):激活时系统根据放样对象的形状自动赋予贴图坐标。

✧【Length Repeat】(长度重复):确定贴图在放样对象路径方向上的重复次数。

✧【Width Repeat】(宽度重复):确定贴图在放样对象截面方向上的重复次数。

**03** "蒙皮参数"卷展栏

✧【Capping】(封口):用于指定是否给【Loft】(放样)对象的【Cap Start】(封口始端)

和【Cap End】（封口末端）添加端面。端面可以是【Morph】（变形）和【Grid】（栅格）类型。

✧【Shape Steps】（图形步数）：设置每个顶点的横截面样条曲线的片段数。不同图形步数的对比如图 5-12 所示。

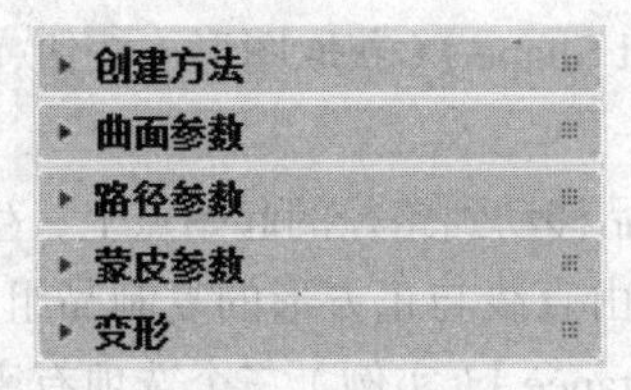


图 5-11　放样对象修改命令面板

图 5-12　不同图形步数的对比

✧【Path Steps】（路径步数）：设置每个分界面间的片段数。片段数越高，表面越光滑，如图 5-13 所示。

✧【Optimize Shapes】（优化图形）和【Optimize Paths】（优化路径）：删除不必要的边和顶点，降低放样对象的复杂程度。

✧【Adaptive Path Steps】（自适应路径步数）：自动确定路径使用的步数。

✧【Contour】（轮廓）：确定横截面形状如何与路径排列。勾选该选项则横截面总是调整为与路径相垂直的方向，不勾选该选项则路径改变方向时横截面仍然保持原来的方向，如图 5-14 所示。

✧【Banking】（倾斜）：勾选该选项，当路径发生弯曲时横截面会随之倾斜。

✧【Constant Cross Section】（恒定横截面）：勾选该选项，则横截面自动缩放，使得它沿着路径的宽度一致；不勾选该选项，则横截面保持原始尺寸。

✧【Linear Interpolation】（线性插值）：勾选该选项，则在不同的横截面之间创建直线边；不勾选该选项，则用平滑的曲线连接各个横截面。

图 5-13　不同路径步数的对比

图 5-14　勾选轮廓选项与否的对比

### 5.1.6　变截面放样变形

放样不仅可以采用单截面，还可以采用多截面。下面举例介绍通过采用【Get Shape】（获取图形）的方式来进行放样造型。

❶ 单击【File】(文件)菜单中的【Reset】(重置)命令，重新设置系统。

❷ 打开【Create】(创建)命令面板上的【Shapes】(图形)子命令面板。在视图中绘制一条直线作为放样的路径，绘制一个星形和一个正方形作为放样的截面，结果如图 5-15 所示。

❸ 在任意视图中单击直线，使它显示为白色。

❹ 单击【Create】(创建)命令面板中的【Geometry】(几何体)按钮 。

❺ 选择【Compound Objects】(复合对象)，在弹出的菜单中选择【Loft】(放样)选项。

❻ 弹出【Loft】(放样)造型子命令面板。单击【Get Shape】(获取图形)按钮，确定【Instance】(实例)为当前选项。

❼ 在任意视图中单击正方形，将正方形的关联复制品移动到路径的起始点上，生成一个造型长方体，如图 5-16 所示。这个新生成的造型长方体是由直线与正方形的复制品组合而成的，与命令面板中的【Move】(移动)、【Copy】(复制)、【Instance】(实例)三个选项有密切关系。

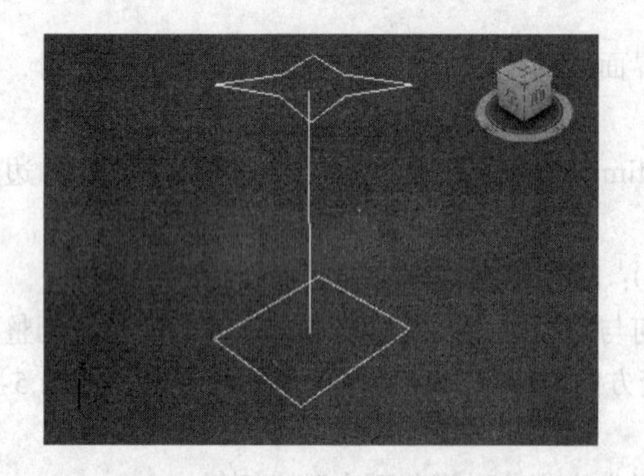

图 5-15　建立路径与放样截面

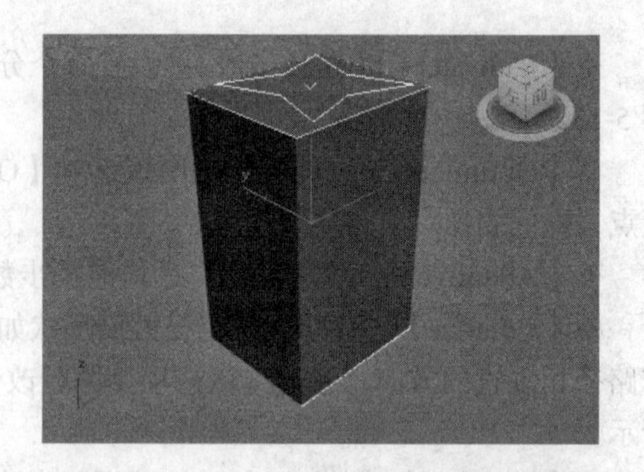

图 5-16　以正方形为截面生成造型长方体

说明：如果选择【Move】(移动)，将不复制新的造型，只移动图形，这很可能造成原图形的破坏。如果选择【Copy】(复制)，将复制出新的造型，但放样的原图形与此新物体无关。如果选择【Instance】(实例)，新的造型组成图形与原图形相关联，这样可以通过对原图形的修改编辑而达到修改物体造型的目的，这是最佳选择方式。

❽ 打开【Modify】(修改)命令面板，显示出造型物体的建立参数。在路径上加入一个新的平面造型时，必须先指明造型放置在路径的什么位置，可以通过具体距离或路径的百分比来确定。

❾ 在任意视图中单击刚生成的造型长方体。在【Path Parameters】(路径参数)中的【On】(启用)上单击将其打开，将【Snap】(捕捉)参数设定为 10，将【Path】(路径)参数设定为 50。

❿ 在顶视图、前视图和左视图中，路径中间会出现一个小的“×”符号。该符号表示新的图形加入的位置。

⓫ 单击【Get Shape】(获取图形)按钮，然后在任意视图中单击星形，将星形加入到长方体中。可以对【Perspective】(透)视图进行适当的角度调整，以便更好地观察。透视图中的多截面放样体如图 5-17 所示。

图 5-17 透视图中的多截面放样体

## 5.2 变形放样对象

放样修改命令面板上的变形放样卷展栏非常重要，本节将详细介绍。

### 5.2.1 使用【Scale】(缩放)变形命令

利用【Scale】(缩放)变形命令可沿着三维造型物体的局部坐标轴 X 轴或 Y 轴对横截面形状进行缩放。变形是通过编辑图形中的一条样条曲线来实现的，其水平方向表示路径的位置，垂直方向表示缩放的大小。下面以 5.1.6 节中的放样对象为例，介绍【Scale】(缩放)变形命令。

❶ 选中放样对象。

❷ 在【Modify】(修改)命令面板中打开【Deformation】(变形)卷展栏，单击【Scale】(缩放)按钮，弹出“缩放变形”对话框，如图 5-18 所示。

❸ 单击均衡按钮，使其呈现黄颜色。此时可使曲线沿 X 轴和 Y 轴按比例变形。

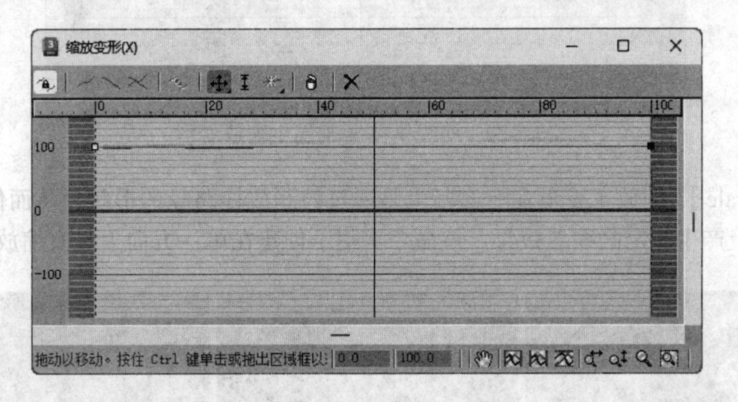


图 5-18 “缩放变形”对话框

❹ 单击插入点按钮，在曲线上插入一个点。

❺ 单击移动按钮，然后在刚插入的点上右击，在弹出的快捷菜单中将刚插入的点类型设

置为【Corner】(角点)。

❻ 利用移动工具，按住鼠标左键向下拖动插入点，调整曲线，结果如图 5-19 所示。这时可以看到，透视图中的放样物体也在轴向发生了变化。

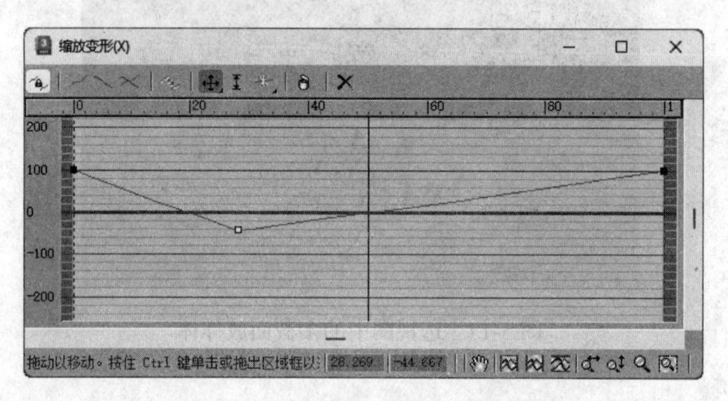


图 5-19　向下拖动插入点调整曲线

❼ 将曲线恢复到原样。再次单击均衡按钮，取消按比例变形，改为按照 Y 轴缩放。

❽ 单击插入点按钮，在曲线上插入一个点，并将其类型设置为【Bezier-Smooth】(贝塞尔平滑)。

❾ 利用移动工具调整曲线，此时可以看到曲线仅在 Y 轴发生缩放变形，如图 5-20 所示。调整曲线后放样对象的形状变化如图 5-21 所示。

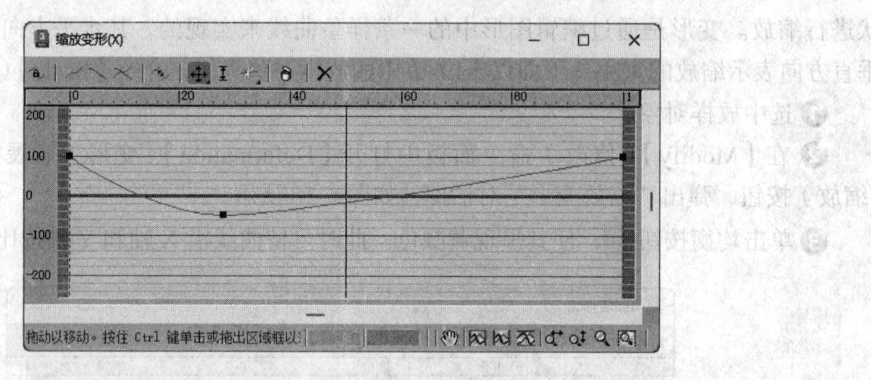


图 5-20　曲线仅在 Y 轴发生缩放变形

可见，【Scale】(缩放)变形命令实际上是通过控制放样路径的形状，从而使放样对象在放样路径的方向上产生一定的缩放效果。该命令常用于创建在单一方向上具有缩放效果的对象。

图 5-21　调整曲线后放样对象的形状变化

### 5.2.2　使用【Twist】（扭曲）变形命令

利用【Twist】（扭曲）变形命令可以路径为轴，对横截面进行扭转变形。下面举例介绍。

❶ 单击【File】（文件）菜单中的【Reset】（重置）命令，重新设置系统。

❷ 打开【Create】（创建）命令面板上的【Shapes】（图形）子命令面板。在视图中绘制一条直线作为放样的路径，绘制一个星形作为放样的截面，结果如图 5-22 所示。

❸ 在任意视图中单击直线，使它显示为白色。单击【Create】（创建）命令面板中的【Geometry】（几何体）按钮，选择【Compound Objects】（复合对象），在弹出的菜单中选择【Loft】（放样）命令。

❹ 弹出【Loft】（放样）造型子命令面板，单击【Get Shape】（获取图形）按钮。

❺ 在任一视图中单击星形，生成放样体，结果如图 5-23 所示。

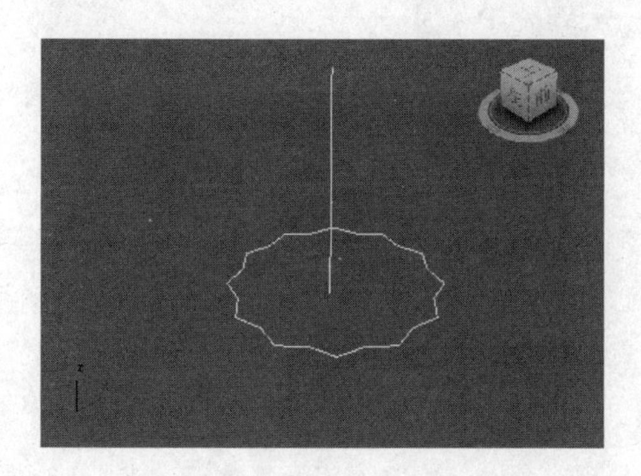

图 5-22　绘制放样截面与路径

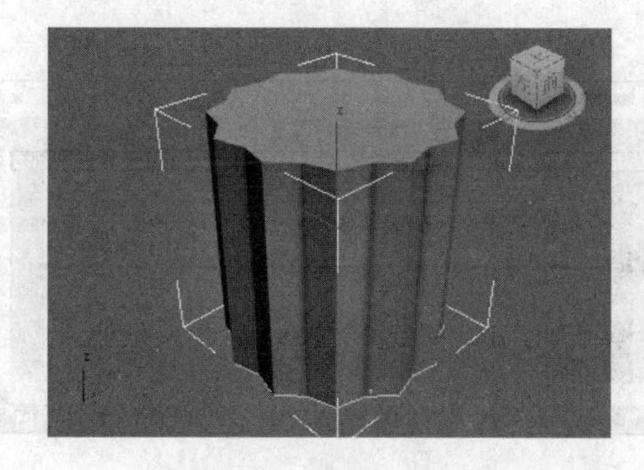

图 5-23　生成放样体

❻ 打开【Modify】（修改）命令面板中的【Deformation】（变形）卷展栏，单击【Twist】（扭曲）按钮，弹出“扭曲变形”对话框。

❼ 单击插入点按钮，在曲线上插入一个点。选取“移动控制点”按钮，在刚插入的点上右击，在弹出的快捷菜单中将刚插入的点类型设置为【Bezier-Smooth】（贝塞尔平滑）。

❽ 利用移动工具，按住鼠标左键向下拖动插入点，调整曲线，结果如图 5-24 所示。这时可以看到，透视图中的放样体明显发生了扭曲变形，如图 5-25 所示。

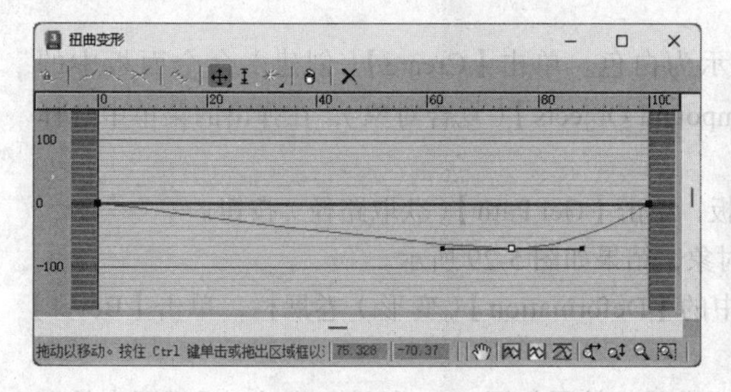


图 5-24　向下拖动插入点调整曲线

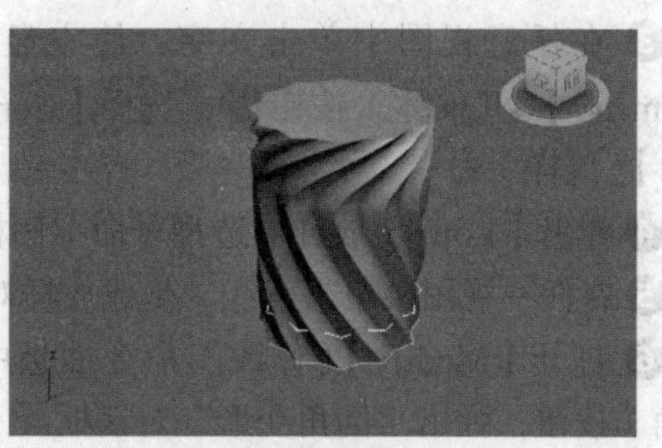

图 5-25　扭曲变形后的放样体

### 5.2.3 使用【Teeter】(倾斜)变形命令

利用【Teeter】(倾斜)变形命令可使横截面绕 X 轴或 Y 轴旋转，改变三维造型物体在路径始末端的倾斜度。下面举例介绍。

❶ 选择 5.2.2 小节中放样产生的星形柱体（图 5-23）。

❷ 打开【Modify】(修改)命令面板中的【Deformation】(变形)卷展栏，单击【Teeter】(倾斜)按钮，弹出“倾斜变形”对话框。

❸ 单击均衡按钮，使其呈现黄颜色。此时可使曲线沿 X 轴和 Y 轴按比例变形。

❹ 单击插入点按钮，在曲线上插入一个点。选取“移动控制点”按钮，在刚插入的点上右击，在弹出的快捷菜单中将刚插入的点类型设置为【Corner】(角点)。

❺ 利用移动工具，按住鼠标左键向下拖动插入点，调整曲线，结果如图 5-26 所示。这时可以看到，透视图中的放样体明显发生了倾斜变形，如图 5-27 所示。

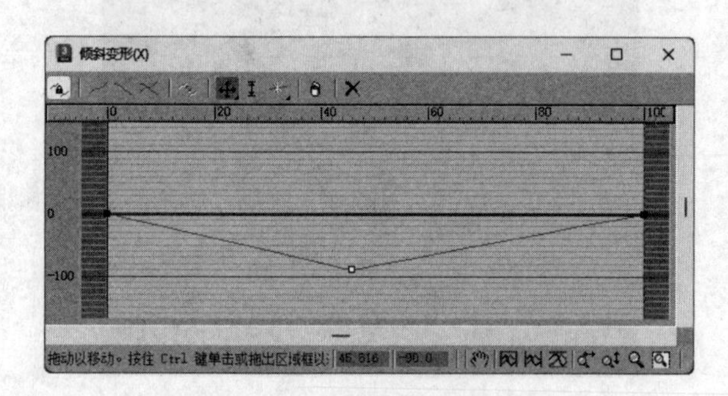


图 5-26　向下拖动插入点调整曲线

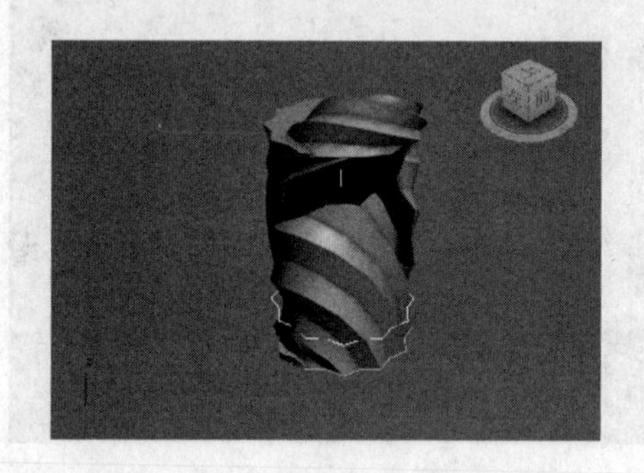

图 5-27　倾斜变形后的放样体

### 5.2.4 使用【Bevel】(倒角)变形命令

利用【Bevel】(倒角)变形命令制作带倒角的文本，可大大增强立体字的金属质感。下面举例介绍。

❶ 单击【File】(文件)菜单中的【Reset】(重置)命令，重新设置系统。

❷ 打开【Create】(创建)命令面板上的【Shapes】(图形)子命令面板。在前视图中创建文本“三维书屋工作室”字样作为放样截面，同时在左视图中创建一条直线作为放样路径，如图 5-28 所示。

❸ 在任意视图中单击文字，使它显示为白色。单击【Create】(创建)命令面板中的【Geometry】(几何体)按钮，选择【Compound Objects】(复合对象)，在弹出的菜单中选择【Loft】(放样)命令。

❹ 弹出【Loft】(放样)造型子命令面板，单击【Get Path】(获取路径)按钮。

❺ 在任一视图中单击直线，生成放样对象，结果如图 5-29 所示。

❻ 打开【Modify】(修改)命令面板中的【Deformation】(变形)卷展栏，单击【Bevel】(倒角)按钮，弹出“倒角变形”对话框。

❼ 插入一个点，并向下拖动插入点调整曲线，结果如图 5-30 所示。此时，透视图中的文字造型也发生了变化，如图 5-31 所示。

图 5-28　创建放样截面与路径

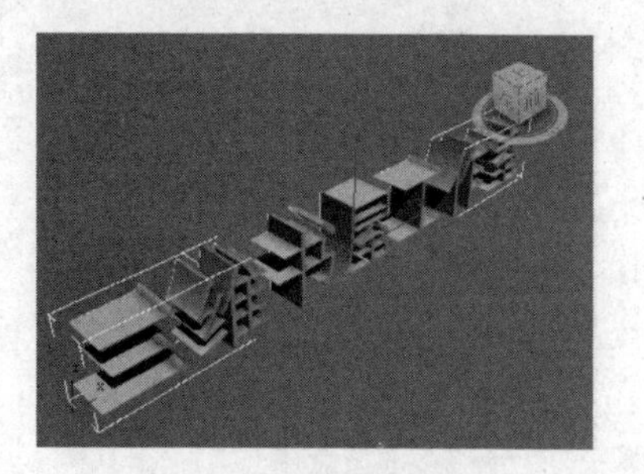

图 5-29　生成放样对象

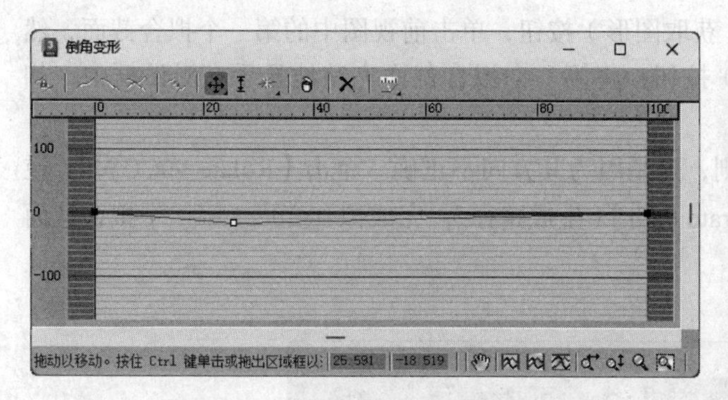


图 5-30　向下拖动插入点调整曲线

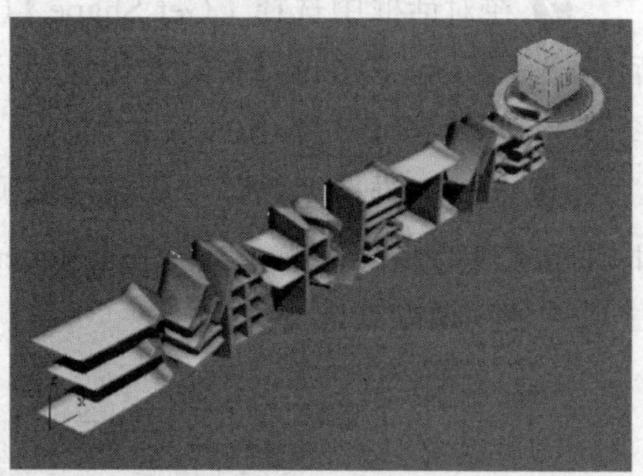

图 5-31　倒角变形的文字造型

> 注意：在进行倒角变形修改时，不要将控制点在 Y 轴方向偏离太远，一般为 −5 左右。这是一个经验值，要想得到好的效果，需以此值为基础调节。

### 5.2.5　使用【Fit】（拟合）变形命令

在 3ds Max 的变形命令中，功能最强大的就是【Fit】（拟合）变形。利用“拟合”变形命令生成三维模型时，先将放样截面沿路径生成放样体，然后通过拟合截面确定模型的形状。该命令虽然较为复杂，然而一旦掌握，就会发现【Fit】（拟合）变形是一个非常好用的工具。下面举例介绍。

❶ 单击【File】（文件）菜单中的【Reset】（重置）命令，重新设置系统。

❷ 打开【Create】（创建）命令面板上的【Shapes】（图形）子命令面板。在前视图中创建如图 5-32 所示的 4 个图形，作为放样截面、路径和拟合截面。

❸ 在任意视图中单击四边形放样截面，使它显示为白色。单击【Create】（创建）命令面板中的【Geometry】（几何体）按钮●，选择【Compound Objects】（复合对象），在弹出的菜单中选择【Loft】（放样）命令。

❹ 弹出【Loft】（放样）造型子命令面板，单击【Get Path】（获取路径）按钮。

❺ 在任一视图中单击作为路径的直线，生成放样体，结果如图 5-33 所示。

❻ 打开【Modify】（修改）命令面板中的【Deformation】（变形）卷展栏，单击【Fit】（拟合）按钮，弹出“拟合变形”对话框。

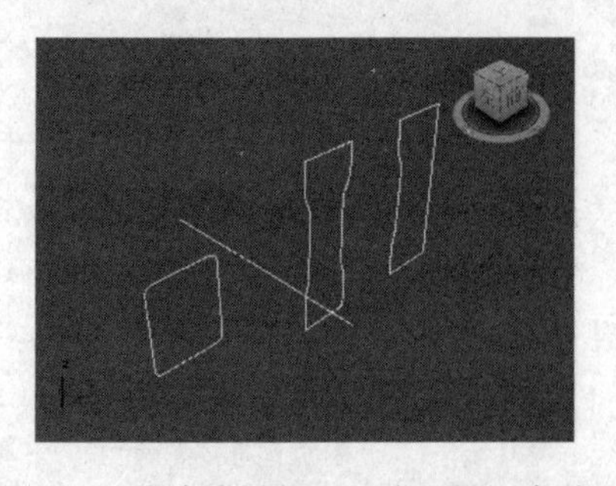

图 5-32　创建放样截面、路径和拟合截面

图 5-33　生成放样体

❼ 在对话框中选择【Get Shape】(获取图形)按钮，单击前视图中的第一个拟合截面，然后单击【Zoom Extents】(最大化显示)按钮，将第一个拟合截面完整地显示在对话框中，如图 5-34 所示。

❽ 此时三维造型物体变得很不规则，这是因为其方向不正确。单击【Rotate 90CCW】(逆时针旋转 90°)按钮，再单击【Generate Path】(生成路径)，完成拟合变形。第一个拟合截面生成的话筒模型如图 5-35 所示。

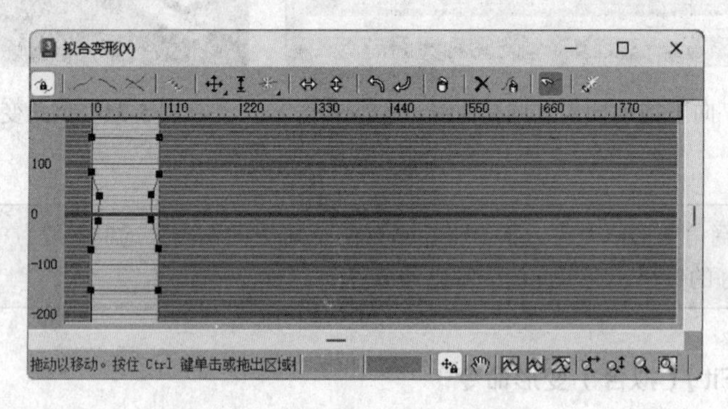


图 5-34　显示第一个拟合截面

❾ 单击【Display Y Axis】(显示 Y 轴)按钮，再单击【Get Shape】(获取图形)按钮，选择前视图中的第二个拟合截面，将第二个拟合截面完整地显示在对话框中。

❿ 单击【Rotate 90CW】(顺时针旋转 90°)按钮，再单击【Generate Path】(生成路径)，完成拟合变形。第二个拟合截面生成的话筒模型如图 5-36 所示。

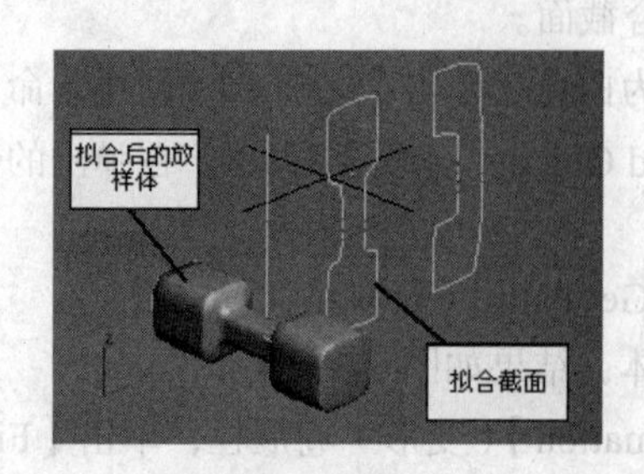


图 5-35　第一个拟合截面生成的话筒模型

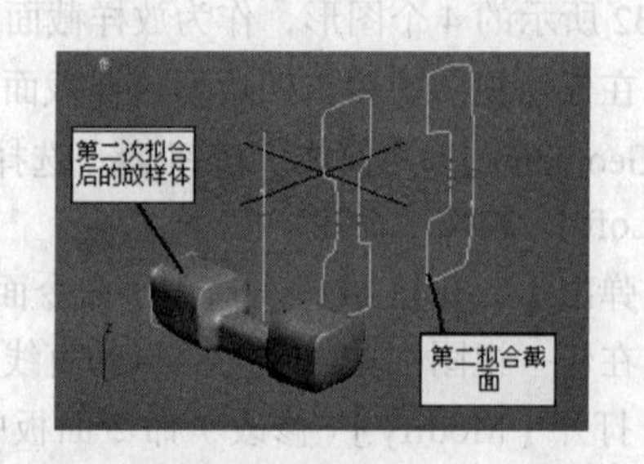


图 5-36　第二个拟合截面生成的话筒模型

## 5.3 布尔运算

当两个对象具有重叠部分时，可以使用【Boolean】(布尔)将它们组合成一个新的对象。【Boolean】(布尔)就是将两个以上的对象进行并集、交集、差集和剪切运算，以产生新的对象。

### 5.3.1 布尔运算的概念

**01** 拾取方式

拾取方式有 4 种，即【Copy】(复制)、【Move】(移动)、【Instance】(实例化)和【Reference】(参考)。

✧【Copy】(复制)：将原始对象的一个复制品作为运算对象 B，进行运算，不破坏原始对象。

✧【Move】(移动)：将原始对象直接作为运算对象 B，进行运算后原始对象消失。

✧【Instance】(实例)：将原始对象的一个关联复制品作为运算对象 B，进行布尔运算后，修改其中的一个对象将影响另外一个对象。

✧【Reference】(参考)：将原始对象的一个关联复制品作为运算对象 B，进行运算后，对原始对象的操作会直接反映在运算对象 B 上，但对运算对象 B 所做的操作不会影响原始对象。

**02**【Operation】(操作)

✧【Union】(并集)：将两个运算对象合并为一个对象。

✧【Intersection】(交集)：将两个运算对象重叠的部分保留下来，其他部分删除。

✧【Subtraction】(差集)：从一个对象中减去两对象相交的部分，从而形成新的对象。不同的相减顺序可以产生不同的结果。

✧【ProCutter】(剪切)：剪切布尔运算是一种特殊的布尔运算，主要目的是分裂或细分体积。

> 说明：【Cut】(剪切)与以上几种运算方式有所不同，这种运算形式是针对实体对象的面来操作的，其运算结果也不同于其他几种布尔运算，所获得的新造型不是实体，而是面片物体。

### 5.3.2 制作运算物体

要进行布尔运算，必须先创建用于布尔运算的物体。参加布尔运算的物体应具有一定的条件。

**01** 最好有多一些的段数

布尔运算功能强大，但它不太稳定。经布尔运算后的对象的点面分布非常混乱，出错的概率很高，这是由于经布尔运算后的对象会新增加很多面，而这些面由若干个点相互连接构成，新增加的点会与相邻的点连接，这种连接具有一定的随机性，随着布尔运算次数的增加，对象结构就会变得越来越混乱。因此，要求参加布尔运算的对象最好有多一些的段数。通过增加对象数量的方法可以减少布尔运算出错的机会。

不同段数的对象布尔运算效果对比如图 5-37 所示。

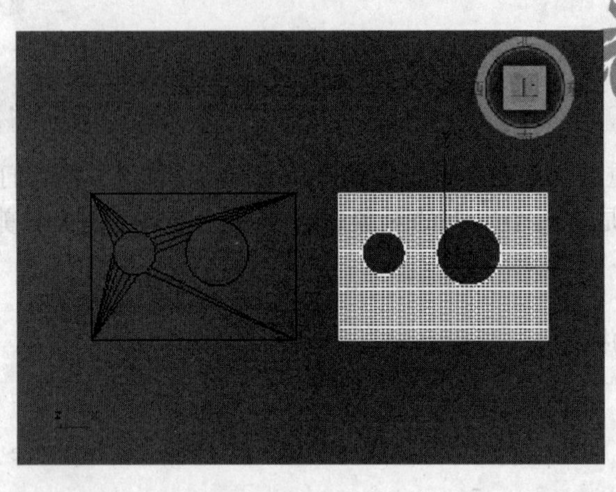

图 5-37　不同段数的对象布尔运算的效果对比

**02** 两个布尔运算的对象应充分相交

所谓的充分相交，是相对于对象边对齐情况而言的，由于两个对象有改变，改变后的计算归属就成了问题，这容易使布尔运算失败，所以最好使两个对象不共面。

### 5.3.3　布尔并集运算

❶ 单击【File】(文件）菜单中的【Reset】(重置）命令，重新设置系统。

❷ 打开【Create】(创建）命令面板，单击【Geometry】(几何体）按钮●，展开【Object Type】(对象类型）卷展栏。在任意视图中创建一个圆柱体和一个长方体。

❸ 利用移动工具，调整两者的位置如图 5-38 所示。

❹ 在任意视图中单击选中长方体，使它显示为白色。

❺ 单击【Create】(创建）命令面板中的【Geometry】(几何体）按钮●，选择 Compound Objects】(复合对象），在弹出的菜单中选择【Boolean】(布尔）命令。

❻ 在【Operand Parameters】(运算对象参数）选项中选择【Union】(并集），然后单击【Add Operands】(添加运算对象）按钮，并选中圆柱体。

❼ 执行布尔并集运算后，圆柱体和长方体合并在了一起，如图 5-39 所示。

图 5-38　调整位置

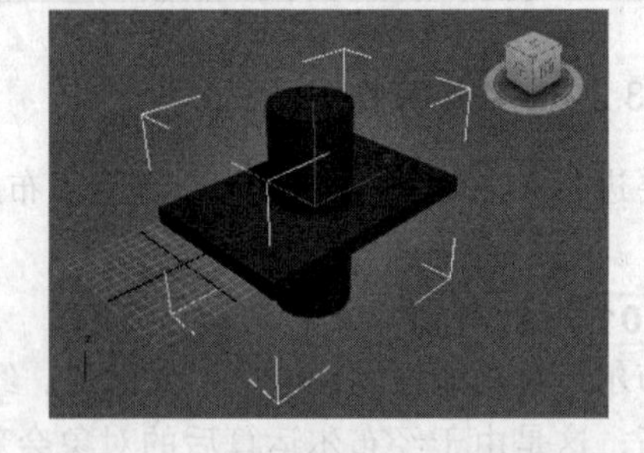

图 5-39　执行布尔并集运算后的物体

### 5.3.4　布尔交集运算

❶ 利用 5.3.3 小节中创建的物体。单击工具面板上的取消操作，还原已进行布尔运算的物

体到初始状态。

❷ 在任意视图中单击选中长方体，使它显示为白色。

❸ 单击【Create】(创建）命令面板中的【Geometry】(几何体）按钮，选择【Compound Objects】(复合对象)，在弹出的菜单中选择【Boolean】(布尔）命令。

❹ 在【Operand Parameters】(运算对象参数）选项中选择【Intersection】(交集)，然后单击【Add Operands】(添加运算对象）按钮，并选中圆柱体。

❺ 执行布尔交集运算后，获得的是圆柱体和长方体相交的部分，也就是一段小圆柱体，如图 5-40 所示。

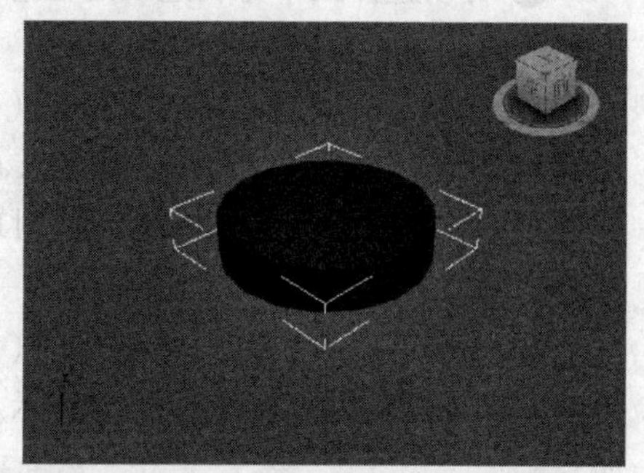

图 5-40　执行布尔交集运算后的物体

### 5.3.5　布尔差集运算

❶ 利用 5.3.4 小节中创建的物体。单击工具面板上的取消操作，还原已进行布尔运算的物体到初始状态。

❷ 在任意视图中单击选中长方体，使它显示为白色。

❸ 单击【Create】(创建）命令面板中的【Geometry】(几何体）按钮，选择【Compound Objects】(复合对象)，在弹出的菜单中选择【Boolean】(布尔）命令。

❹ 在【Operand Parameters】(运算对象参数）选项中选择【Subtraction】(差集)(A−B)(减)，然后单击【Pick Operand】(添加运算对象）按钮，并选中圆柱体。

❺ 执行布尔差集运算后，在长方体中去掉了与圆柱体相交的部分，出现了一个圆洞，在透视图中的效果如图 5-41 所示。

❻ 单击工具面板上的取消操作按钮，退回到第❷步操作，首先选中圆柱体，在【Operand Parameters】(运算对象参数）选项中选择【Subtraction】(差集)(B−A)(减)，然后单击【Add Operands】(添加运算对象）按钮，并选中长方体。

❼ 执行布尔差集运算后，在圆柱体中去掉了与长方体相交的部分，如图 5-42 所示。

图 5-41　执行布尔差集运算（A−B）后的物体

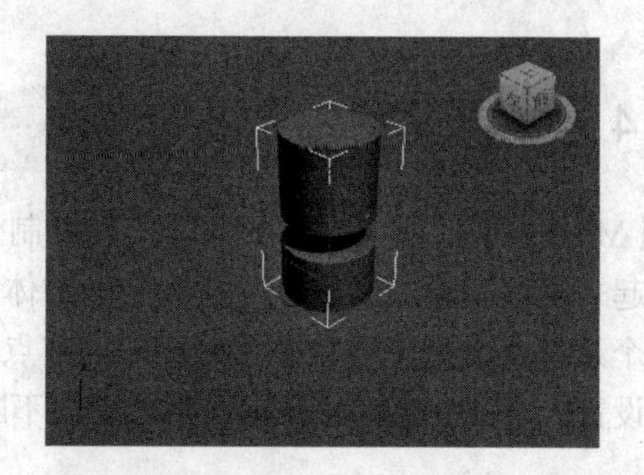

图 5-42　执行布尔差集运算（B−A）后的物体

### 5.3.6　剪切运算

❶ 单击【File】(文件）菜单中的【Reset】(重置）命令，重新设置系统。

❷ 打开【Create】(创建)命令面板，单击【Geometry】(几何体)按钮●，展开【Object Type】(对象类型)卷展栏。在任意视图中创建一个球体和一个圆柱体。

❸ 利用移动工具，调整两者的位置如图 5-43 所示。

❹ 选择球体对象为切割器，然后在【Compound Object】(复合对象)命令面板上单击【ProCutter】(剪切)按钮。

❺ 可以选择三个剪切选项的任意组合，来获得所需要的结果。

❻ 选择【Stock Outside Cutter】(被切割对象在切割器对象之外)选项，然后单击【Pick Operand】(拾取原料对象)按钮，并选中圆柱体。这时球体与圆柱体相交部分被剪切掉，所获得的是圆柱体的一部分面片物体，如图 5-44 所示。

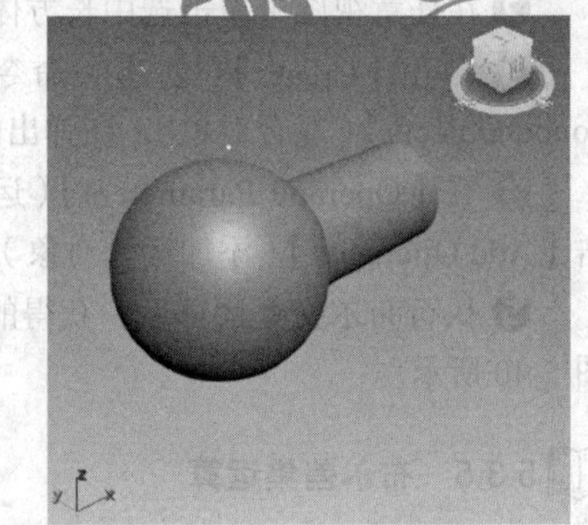

图 5-43　调整位置

❼ 选择【Cutter Outside Stock】(切割器对象在被切割对象之外)选项，运算后获得的是球体的一部分面片物体，如图 5-45 所示。

图 5-44　被切割对象在切割器对象之外

图 5-45　切割器对象在被切割对象之外

## 5.4　变形物体与变形动画

【Morph】(变形)是一种很好的动画制作工具，可以将在形状上有微小变化的一系列物体组合起来生成变形的动画。这一系列的物体需要满足下列要求：所有进行变形的物体必须都是同一个几何体类型，而且必须有相同的节点数、控制节点数或者控制点数。将各个物体的形态分别设置成不同的关键帧，即可形成形态不断变化的动画效果。下面举例介绍。

### 5.4.1　制作变形物体

❶ 打开【Create】(创建)命令面板中的【Geometry】(几何体)子面板，在下拉列表中选择【Extended Primitives】(扩展基本体)，单击【ChamferBox】(倒角长方体)按钮，在【Top】(顶)视图中创建一圆角长方体，并设置长、宽、高的段数分别为 1、5、1，如图 5-46 所示。

❷ 按住 Shift 键，在长方体上按住鼠标左键并拖动，弹出【Clone Options】（复制选项）对话框，在【Object】（对象）中设置选项为【Copy】（复制），再设置【Number of Copies】（副本数）为 2，单击“确定”按钮。

❸ 调整长方体的位置，结果如图 5-47 所示。

❹ 单击选择中间的长方体，打开【Modify】（修改）命令面板，选择【Edit Mesh】（编辑网格）修改器选项。

图 5-46　创建圆角长方体

图 5-47　复制长方体并调整位置

❺ 单击【Selection】（选择）卷展栏中的【Polygon】（多边形）按钮■，再单击工具栏上的【Selection and Move】（选择并移动）按钮，在顶视图中将中间长方体的顶部表面选中，并拖动鼠标，将其拉伸，结果如图 5-48 所示。

❻ 单击选择第三个长方体，打开【Modify】（修改）命令面板，选择【Edit Mesh】（编辑网格）修改器选项。

❼ 参照第❺步操作，将第三个长方体的顶部表面选中，并拖动鼠标，将其拉伸，结果如图 5-49 所示。

图 5-48　拉伸第二个长方体

图 5-49　拉伸第三个长方体

### 5.4.2　制作变形动画

❶ 单击选定中 5.4.1 小节中创建的原始长方体，打开【Create】（创建）命令面板中的【Geometry】(几何体)子面板，在下拉列表中选择【Compound Object】(复合对象)选项，在弹出的面板上单击【Morph】(变形)按钮，弹出如图 5-50 所示的编辑面板。

❷ 单击【Pick Targets】(拾取目标)卷展栏中的【Pick Target】(拾取目标)按钮，拖动时间滑块到第 50 帧，单击选中 5.4.1 小节中第❺步创建的变形长方体，此时所选变形长方体名称显示在列表框中，如图 5-51 所示。选择该变形长方体名称，然后单击【Current Targets】(当前对象)卷展栏中的【Create Morph Key】(创建变形关键点)按钮。

❸ 拖动时间滑块到第 100 帧，单击选中 5.4.1 小节中第❼步创建的变形长方体，此时所选变形长方体名称显示在列表框中，如图 5-51 所示。选择该变形长方体名称，然后单击【Current Targets】(当前对象)卷展栏中的【Create Morph Key】(创建变形关键点)按钮。

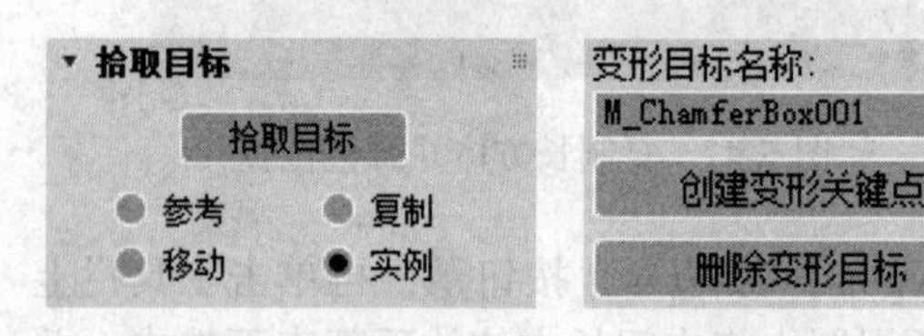


图 5-50 Morph(变形)编辑面板

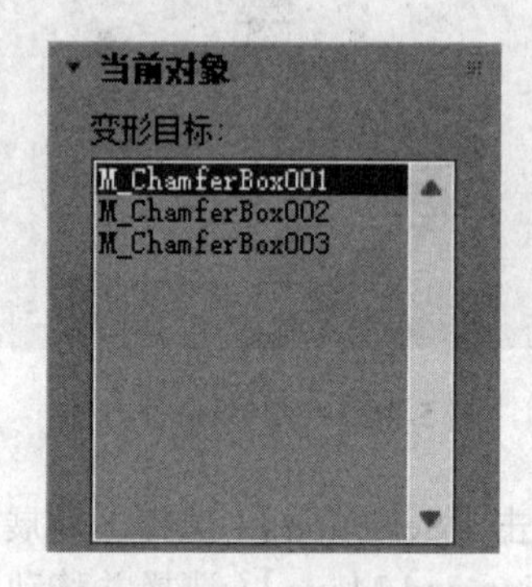


图 5-51 变形对象列表框

❹ 要删除其中某变形长方体只需选中其名称，再单击【Delete Morph Key】(删除变形目标)按钮即可。此处不用删除。

❺ 单击【Play Animation】(播放动画)按钮▶，即可观看长方体变形的动画。

## 5.5 多边形网格建模

多边形网格建模是高效建模的手段之一，利用它可以对模型的网格密度进行较好的控制，如对细节少的地方少细分一些，对细节多的地方多细分一些，使最终模型的网格分布稀疏得当，后期还能对不太合适的网格分布进行纠正。

### 5.5.1 多边形网格子对象的选择

要对多边形网格子对象进行编辑，首要的问题是子对象的选择。多边形网格子对象的选择是在【Selection】(选择)卷展栏中进行的。【Selection】(选择)卷展栏如图 5-52 所示，下面介绍其常用的选项。

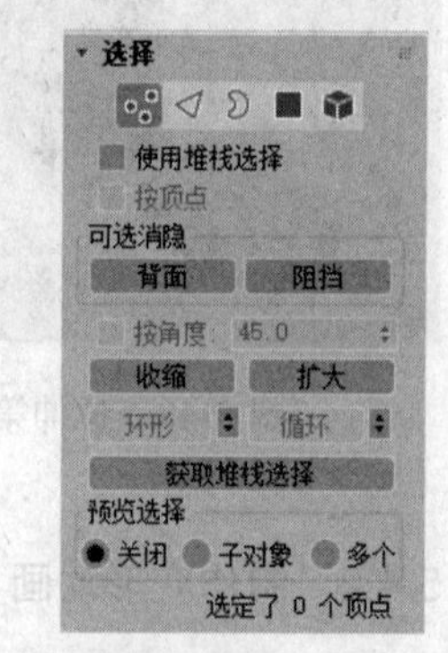


图 5-52 “选择”卷展栏

该卷展栏上面的 5 个按钮分别对应于多边形的 5 种子对象，即【Vertex】(顶点)、【Edge】(边)、【Border】(边界)、【Polygon】(多边形)、【Element】(元素)，被激活的子对象按钮呈蓝色显示，再次单击可以退出当前的子对象编辑层次。

✧【Vertex】(顶点)：顶点是空间上的点，它是对象的最基本层次。当移动或者编辑节点时，它们所在的面也受影响。对象形状的任何改变都会导致重新安排节点。在 3ds max 中有很多编辑方法，但是最基本的是节点编辑。

✧【Edge】(边)：边是一条可见或者不可见的线，它连接两个节点，形成面的边。两个面可以共享一个边。处理边与处理节点的方法类似，在网格编辑中经常使用。

✧【Border】(边界)：边界只由相连的边组成，只有一侧的边上有面，且边界总是构成完整的环形。

✧【Polygon】(多边形)：在可见的线框边界内的面形成了多边形。利用“多边形”按钮进行面编辑是面编辑的便捷方法。

✧【Element】(元素)：元素是网格对象中以组连续的表面。

### 5.5.2　多边形网格顶点子对象的编辑

当用户单击【Selection】(选择)卷展栏中的 (顶点)按钮，进入点子对象层次时，修改面板上将出现【Edit Vertices】(编辑顶点)卷展栏，如图 5-53 所示。下面介绍其常用选项。

✧【Remove】(移除)：用于删除选定顶点，并组合使用这些顶点的多边形，使表面保持完整。如果使用 Delete 键，那么依赖于那些顶点的多边形也会被删除，这样将会在网格中创建一个洞。

✧【Break】(断开)：用于在与选定顶点相连的每个多边形上都创建一个新顶点。这可以使多边形的转角相互分开，使它们不再相连于原来的顶点上。如果顶点是孤立的或者只有一个多边形在使用，则顶点不受影响。

✧【Extrude】(挤出)：用于手动挤出顶点，可以在视口中直接操作。单击“设置”按钮，打开“挤出顶点”对话框，在其中可以设置挤出高度和宽度。

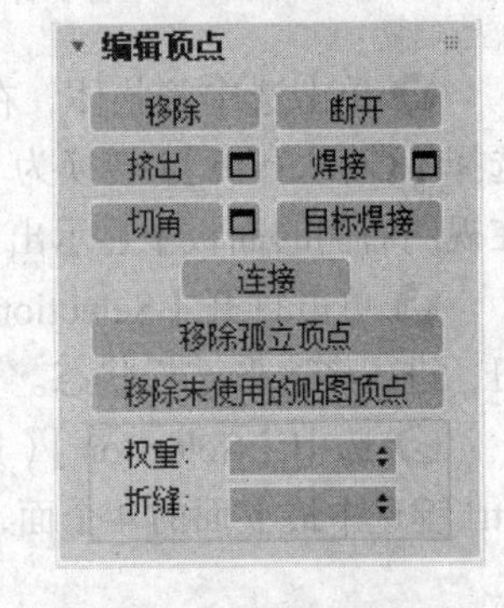


图 5-53　“编辑顶点”卷展栏

✧【Weld】(焊接)：用于对“焊接”对话框中指定的公差范围内连续选中的顶点进行合并。

✧【Target Weld】(目标焊接)：用于选择一个顶点，并将它焊接到目标顶点。

✧【Chamfer】(切角)：单击“切角”右侧的“设置”按钮，打开“切角”对话框，在其中可以设置顶点切角量、顶点切角分段和顶点深度。

✧【Connect】(连接)：用于在选中的顶点之间创建新的边。

其他多边形网格子对象的编辑这里不再赘述，读者可以根据下面的实例进行体会。

## 5.6　椅子的制作

### 5.6.1　挤出椅子靠背

❶ 单击【File】(文件)菜单中的【Reset】(重置)命令，重新设置系统。

❷ 打开【Create】（创建）命令面板，单击【Geometry】（几何体）按钮 ●，在【Object Type】（对象类型）卷展栏里选择【Tube】（管状体）按钮。

❸ 在顶视图中创建一个管状体，设置参数如图 5-54 所示。生成的管状体在透视图中的效果如图 5-55 所示。

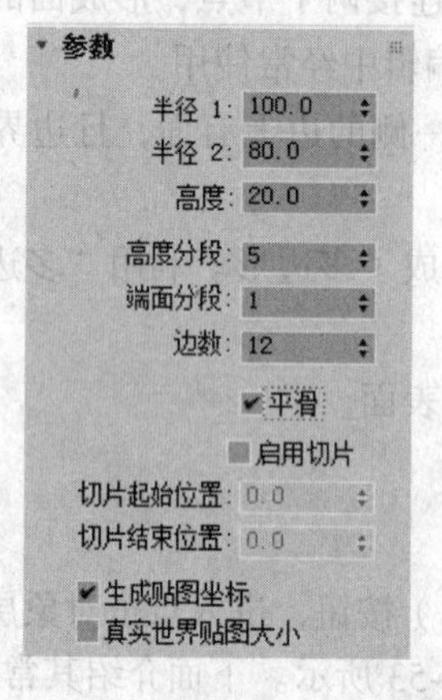


图 5-54　管状体参数设置

图 5-55　生成的管状体

❹ 单击选中管状体，在管状体上面右击，弹出快捷菜单，如图 5-56 所示。在快捷菜单中选择【Convert to】（转换为）→【Convert to Editable Poly】（转换为可编辑多边形）命令，此时在视图右侧的面板中显示出“可编辑多边形”参数面板，如图 5-57 所示。

❺ 单击打开【Selection】（选择）卷展栏，如图 5-58 所示。单击【Polygon】（多边形）按钮，进入多边形选择状态。

❻ 选中【Selection】（选择）卷展栏中的【Backface】（背面）按钮。激活顶视图，按住 Ctrl 键选中最上面的 4 个面，使其呈现红颜色，如图 5-59 所示。

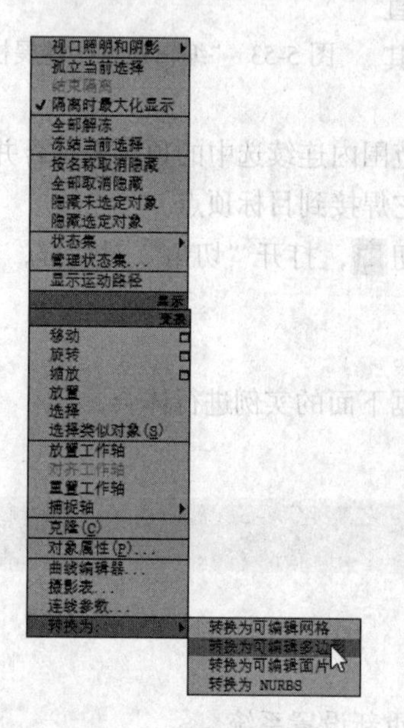


图 5-56　快捷菜单

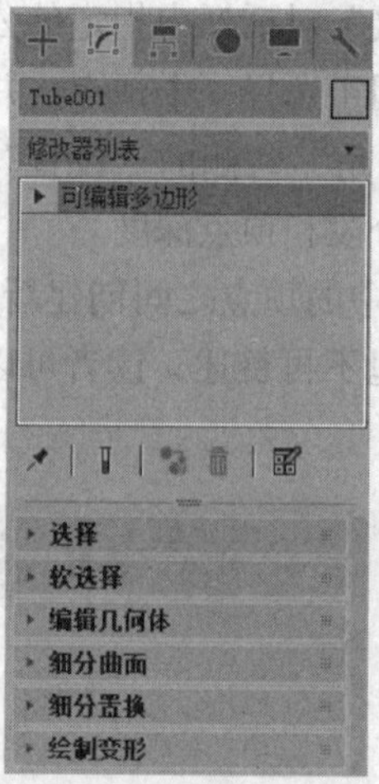

图 5-57　“可编辑多边形”参数面板

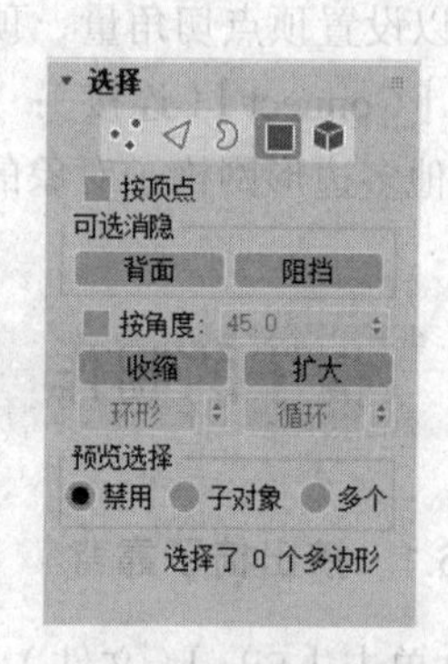


图 5-58　“选择”卷展栏

❼ 在视图右侧的面板中打开【Edit Polygons】（编辑多边形）卷展栏，如图 5-60 所示。单击【Extrude】（挤出）按钮右边的小方框按钮，弹出如图 5-61 所示的对话框。

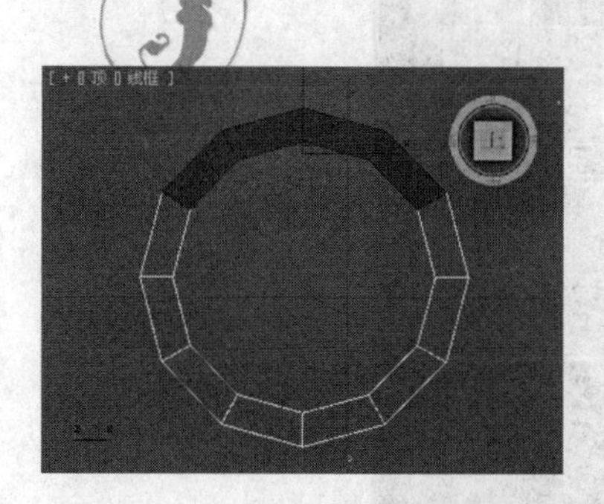

图 5-59　选中最上面的 4 个面

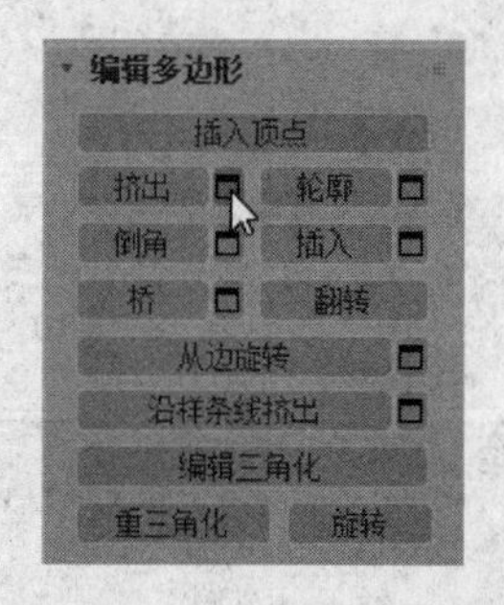


图 5-60　“编辑多边形”卷展栏

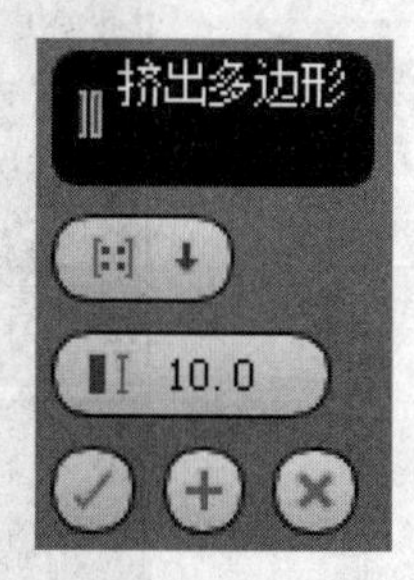


图 5-61　“挤出多边形”对话框

❽ 在文本框中输入 60，单击✓按钮关闭对话框，完成第一次挤出操作。第一次挤出椅子靠背后的四视图如图 5-62 所示。

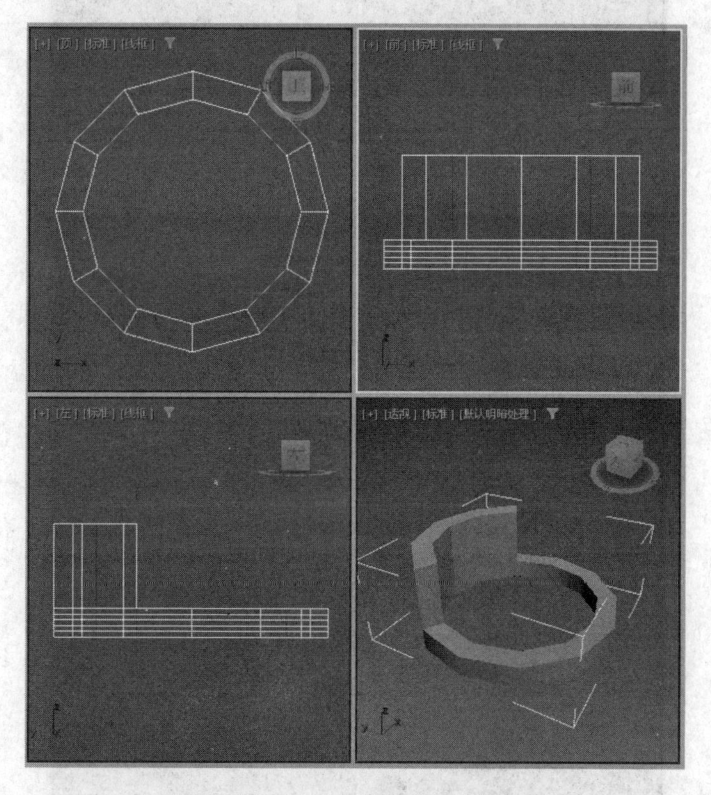

图 5-62　第一次挤出椅子靠背后的四视图

❾ 单击【Extrude】（挤出）按钮右边的小方框按钮，在文本框中输入 60，关闭对话框，完成第二次挤出操作。第二次挤出椅子靠背后的四视图如图 5-63 所示。

❿ 单击【Extrude】（挤出）按钮右边的小方框按钮，在文本框中输入 20，关闭对话框，完成第三次挤压操作。第三次挤出椅子靠背后的四视图如图 5-64 所示。

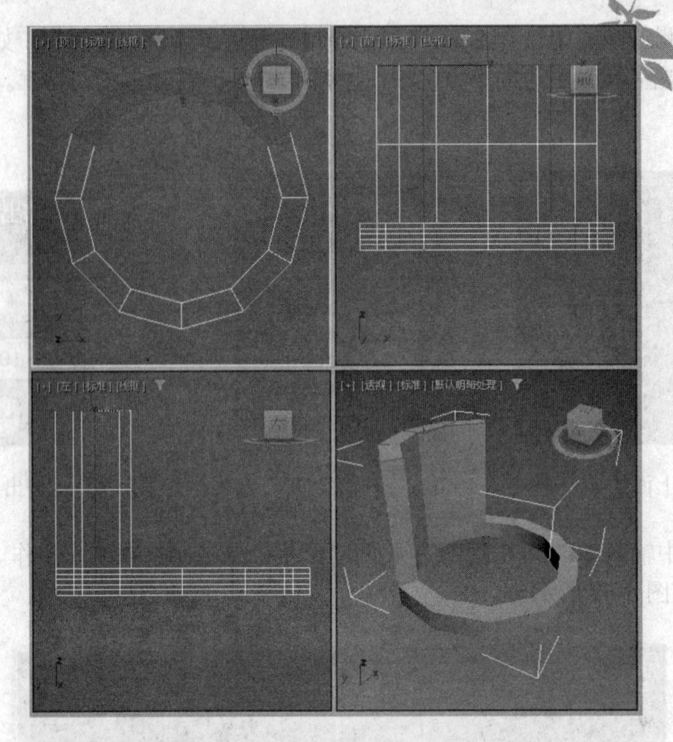

图 5-63　第二次挤出椅子靠背后的四视图

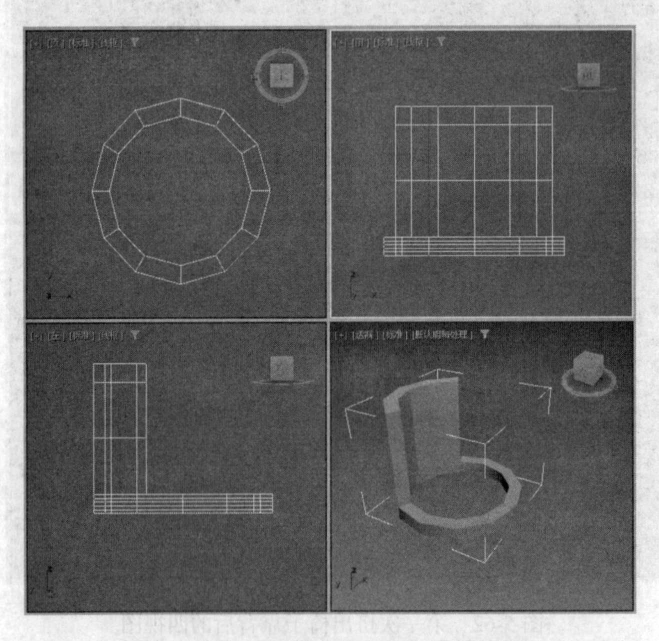

图 5-64　第三次挤出椅子靠背后的四视图

⓫ 取消【Backface】(背面)按钮。用视图调整工具调整透视图，按住 Ctrl 键选中椅子靠背最上一层背后的 4 个面。单击【Extrude】(挤出)按钮右边的小方框按钮，在文本框中输入 15，关闭对话框，完成第四次挤出操作。第四次挤出椅子靠背后的四视图如图 5-65 所示。

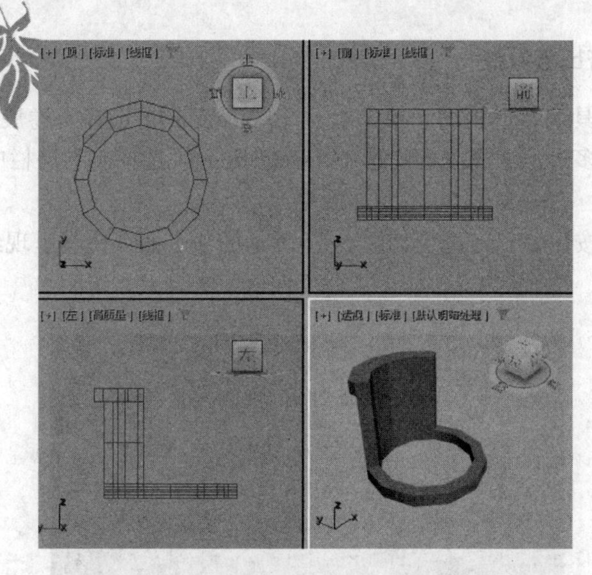

图 5-65　第四次挤出椅子靠背后的四视图

## 5.6.2　调整椅子靠背

❶ 单击打开【Selection】(选择)卷展栏，单击【Vertex】(顶点)按钮，进入点层次编辑。选中【Selection】(选择)卷展栏中的【Backface】(背面)按钮。

❷ 激活透视图，按住 Ctrl 键选中椅子靠背中间的 5 个点，使其呈现红颜色。需要注意的是，选择时注意结合其他视图观察是否多选了其他的点，如果多选了其他的点，可以按住 Alt 键，再选择多选的点，这样就会从选择集中去掉多选择的点。

❸ 单击主工具栏上的移动按钮，将这 5 个点沿 Y 轴移动，使靠背的中间部位略微收缩，结果如图 5-66 所示。

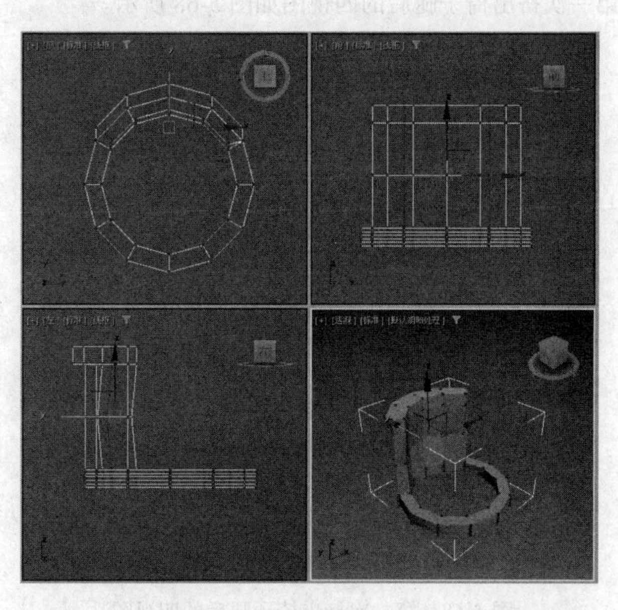

图 5-66　调整椅子靠背

### 5.6.3 椅子腿的挤出与调整

❶ 用视图调整工具调整透视图，单击打开【Selection】（选择）卷展栏，单击【Polygon】（多边形）按钮，进入多边形选择状态。选中【Selection】（选择）卷展栏中的【Backface】（背面）按钮。

❷ 激活透视图，按住 Ctrl 键选中如图 5-67 所示的 4 个面，使其呈现红颜色，作为挤出椅子腿的起始面。

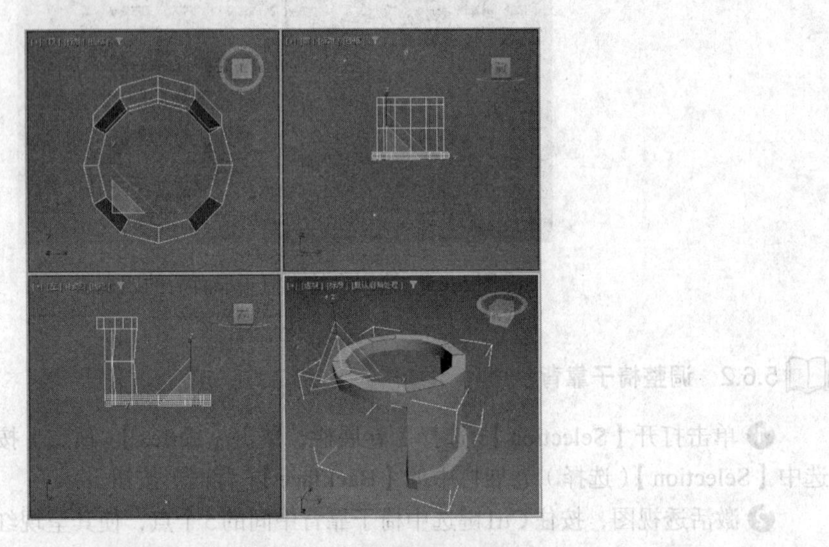

图 5-67 选择挤出椅子腿的起始面

❸ 在视图右侧的面板中打开【Edit Polygons】（编辑多边形）卷展栏。单击【Extrude】（挤出）按钮右边的小方框按钮，在弹出的对话框中的文本框内输入 80，关闭对话框，完成椅子腿的第一次挤出操作。第一次挤出椅子腿后的四视图如图 5-68 所示。

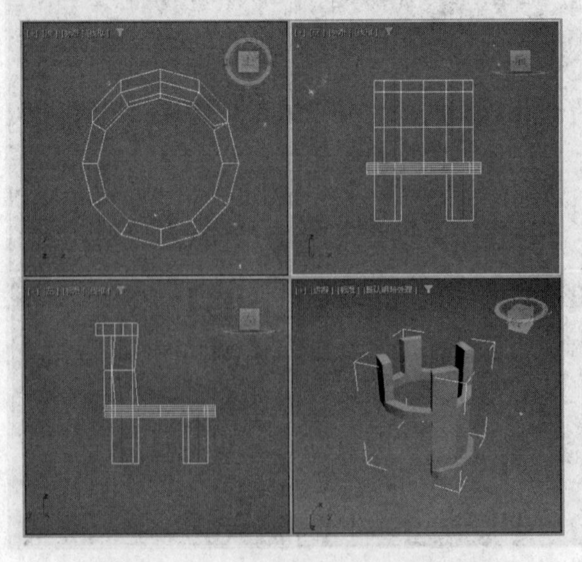

图 5-68 第一次挤出椅子腿后的四视图

❹ 用上述方法生成的椅子腿过直，下面来做适当调整。单击选中刚挤出的四个面当中右下方的面，再单击工具栏上的移动按钮，并在按钮上面右击，弹出“移动变换输入”对话框，如图 5-69 所示。在【Offset：Screen】（偏移：世界）中的 Y 文本框内输入 10。关闭对话框。

❺ 单击工具栏上的等比缩放按钮，并在按钮上右击，弹出“缩放变换输入”对话框，在文本框内输入 80，如图 5-70 所示。关闭对话框。调整椅子腿后的四视图如图 5-71 所示。

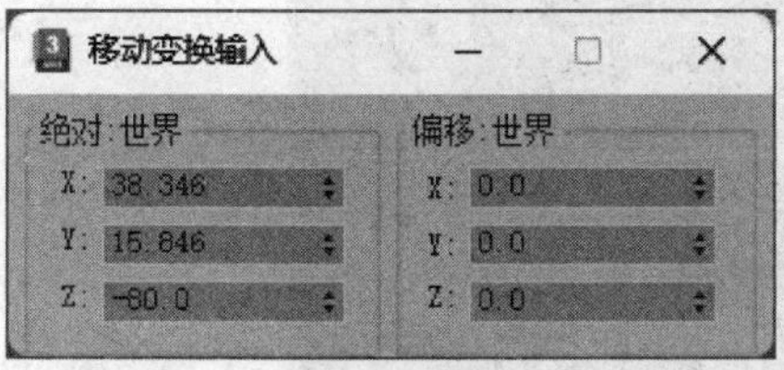

图 5-69　“移动变换输入”对话框

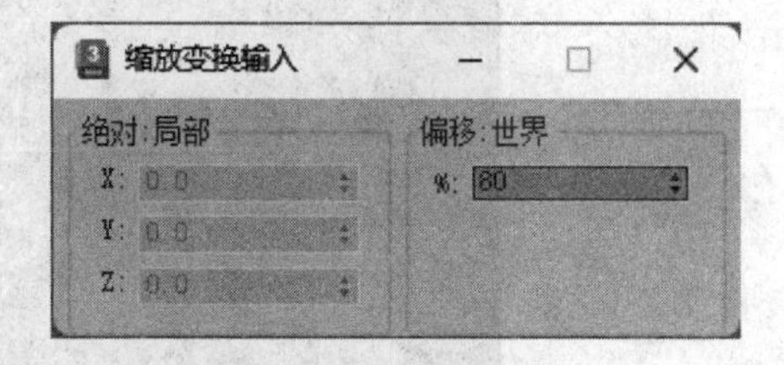


图 5-70　“缩放变换输入”对话框

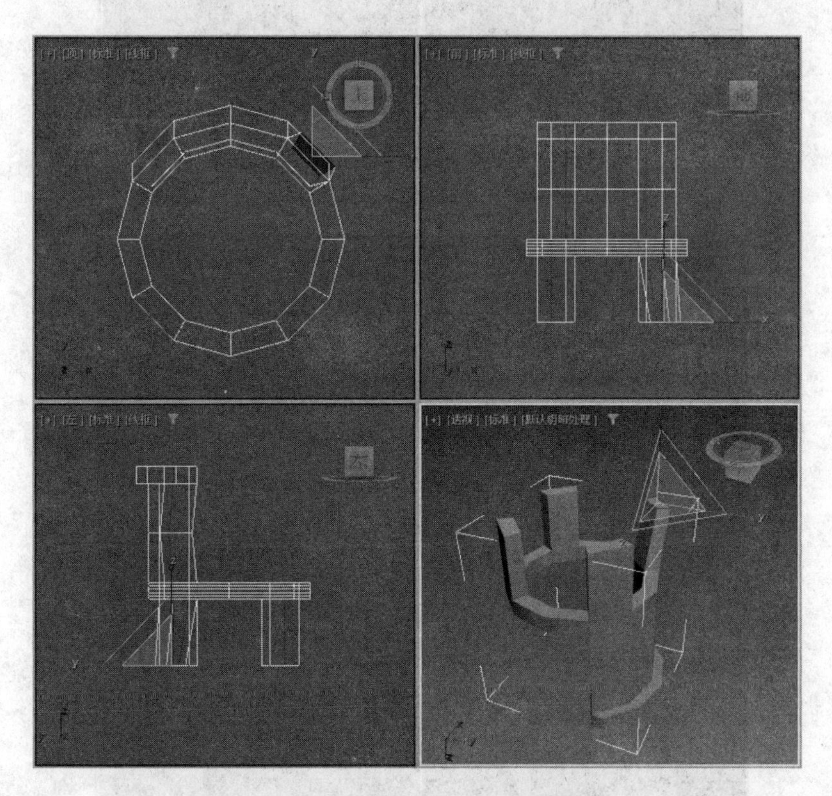

图 5-71　调整椅子腿后的四视图

❻ 用同样的方法，调整另外三个椅子腿，使所有的椅子腿都稍微向外偏，结果如图 5-72 所示。提示：调整时可以结合顶视图确定移动方向。

❼ 激活透视图，按住 Ctrl 键选中椅子腿底部的 4 个面，使其呈现红颜色。单击【Extrude】（挤出）按钮右边的小方框按钮，在弹出的对话框中的文本框内输入 80，关闭对话框，完成椅子腿的最后一次挤出操作。

❽ 退出多边形编辑。用视图调整工具调整透视图，制作完成的椅子造型如图 5-73 所示。

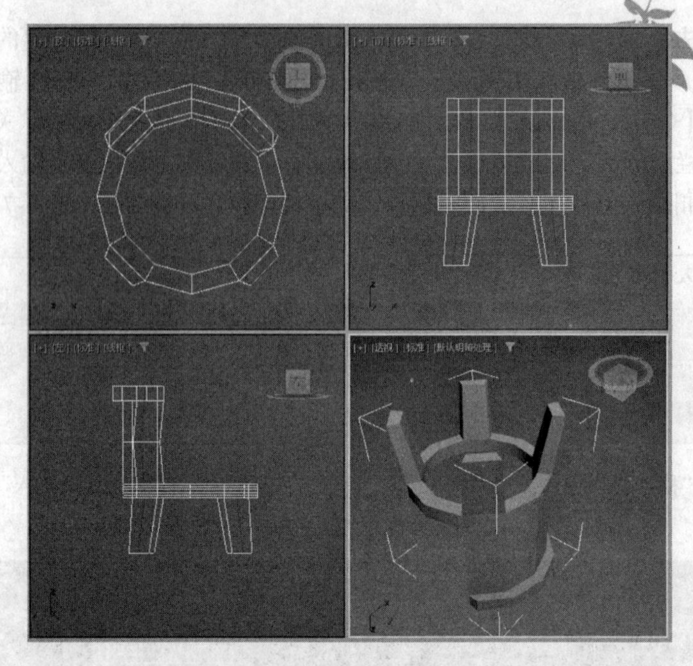

图 5-72　调整全部椅子腿后的四视图

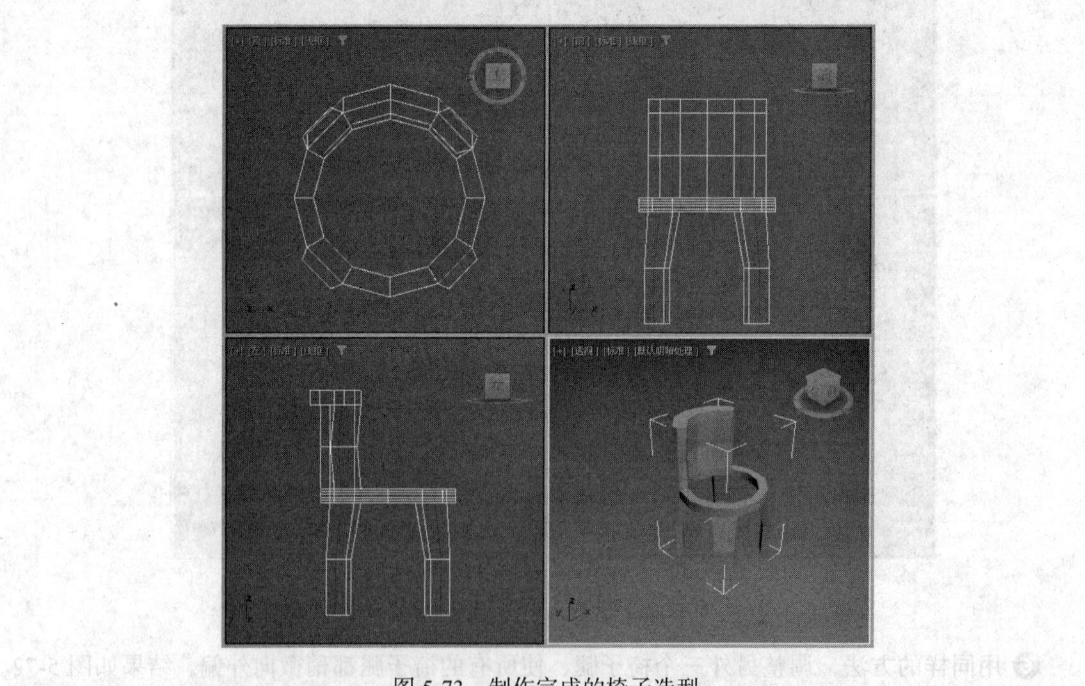

图 5-73　制作完成的椅子造型

## 5.6.4　细化椅子造型

❶ 单击选中 5.6.3 小节中制作的椅子造型，打开修改命令面板。

❷ 在“修改器列表”中选择【Mesh Smooth】（网格平滑）选项，向下拖动参数面板，找到

如图 5-74 所示的“细分量”卷展栏，在【Iterations】(迭代次数)文本框里面输入 2。

❸ 观察透视图，此时的椅子造型已经很逼真了，细化后的椅子造型如图 5-75 所示。

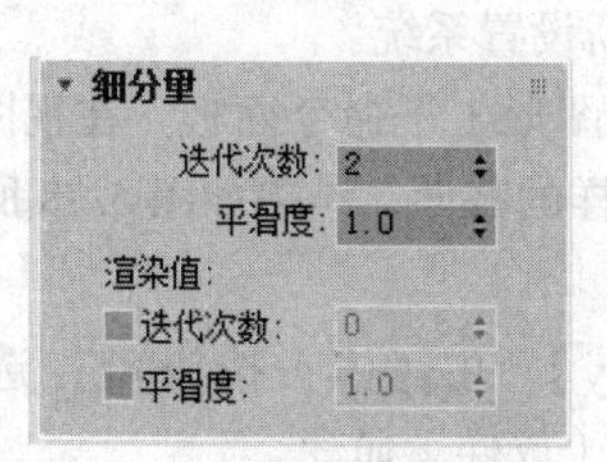


图 5-74 “细分量”卷展栏

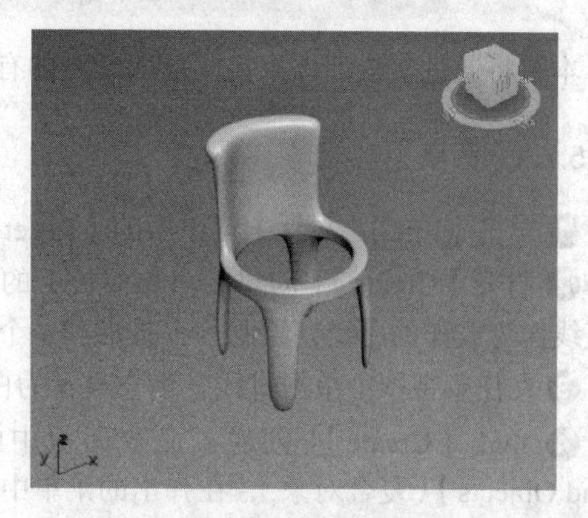

图 5-75 细化后的椅子造型

## 5.6.5 加入椅子坐垫

❶ 激活顶视图，打开【Create】(创建)命令面板，单击【Geometry】(几何体)按钮●，在下拉列表中选择【Extended Primitives】(扩展基本体)。

❷ 单击【Oiltank】(油罐)按钮，以椅子的中心位置为圆心按住鼠标左键并拖动，创建一个桶状体造型作为椅子坐垫。

❸ 选中桶状体，在修改命令面板中做适当调整，然后将桶状体移动到适当位置，加入坐垫的椅子造型如图 5-76 所示。

## 5.6.6 添加材质和贴图

给物体赋予材质和贴图将在第 8 章和第 9 章详细介绍，这里仅给出提示：椅子坐垫采用漫反射贴图通道和凹凸贴图通道，椅子主体采用木质纹理贴图。装饰后的椅子造型如图 5-77 所示。

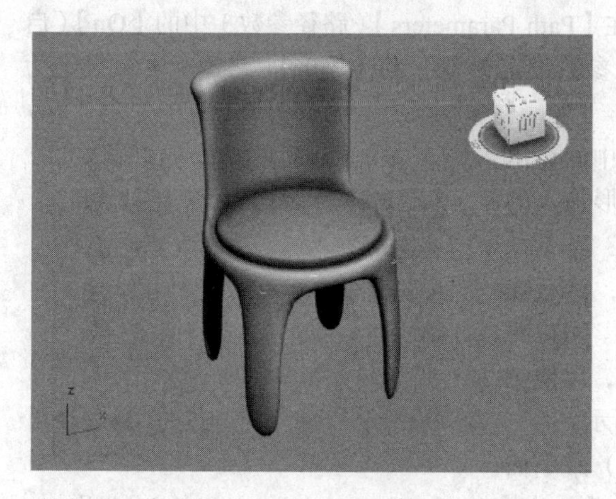

图 5-76 加入坐垫的椅子造型

图 5-77 装饰后的椅子造型

## 5.7 实战训练

本节将通过实战训练来巩固前面学习的有关复合和多边形建模方面的知识。

### 5.7.1 圆桌

❶ 单击【File】(文件)菜单中的【Reset】命令，重新设置系统。

❷ 打开【Create】(创建)命令面板上的【Shapes】(图形)子命令面板。在视图中绘制一条直线作为放样的路径，绘制一个星形和一个圆形作为放样的截面，结果如图 5-78 所示。

❸ 在任意视图中单击直线，使它显示为白色。

❹ 单击【Create】(创建)命令面板中的【Geometry】(几何体)按钮●，选择【Compound Objects】(复合对象)，在弹出的菜单中选择【Loft】(放样)命令。

❺ 弹出【Loft】(放样)造型子命令面板，单击【Get Shape】(获取图形)按钮，并确定【Instance】(实例)为当前选项。

❻ 在任意视图中单击圆形，将圆形的关联复制品移动到路径的起始点上，生成一个放样体，如图 5-79 所示。这个新生成的放样体由直线与圆形的关联复制品组合而成。

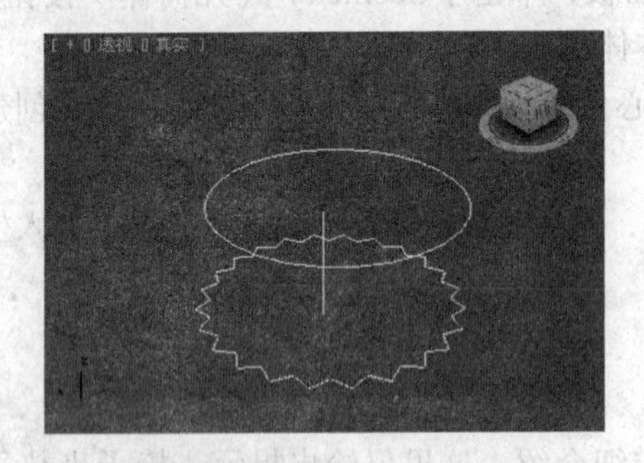

图 5-78 绘制放样的截面与路径

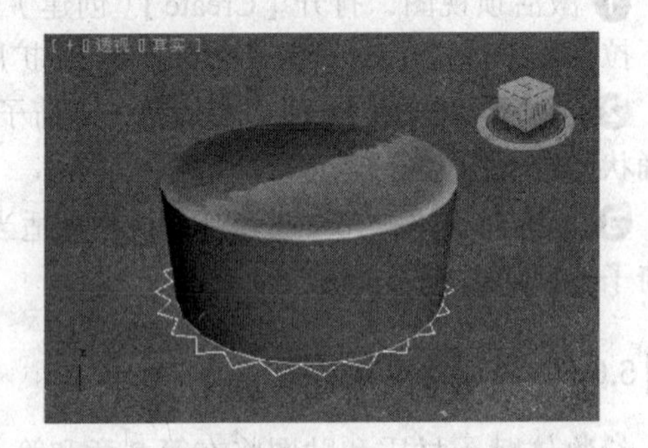

图 5-79 选取圆形截面后生成的放样体

❼ 打开【Modify】(修改)命令面板，显示出放样体的建立参数。

❽ 在任意视图中单击刚生成的放样体。在【Path Parameters】(路径参数)中的【On】(启用)上单击将其打开，并将【Snap】(捕捉)参数设定为 10，将【Path】(路径)参数设定为 50。

❾ 在顶视图、前视图和左视图中，路径中间会出现一个小的“×”符号。该符号表示新的图形加入的位置。

❿ 单击【Get Shape】(获取图形)按钮，然后在任意视图中单击星形，将星形加入到放样体中。可以对【Perspective】(透)视图进行适当的角度调整，以便更好地观察。变截面放样后的放样体如图 5-80 所示。

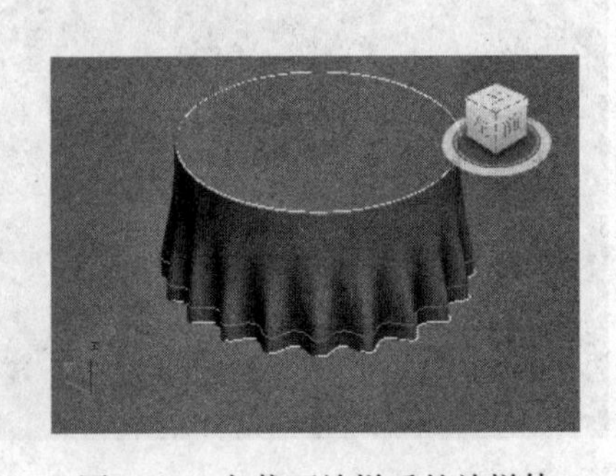

图 5-80 变截面放样后的放样体

⓫ 选中放样体，打开【Modify】(修改)命令面板中的【Deformation】(变形)卷展栏，单击【Scale】

（缩放）按钮，弹出“缩放变形”对话框。

⑫ 单击均衡按钮，使其呈现黄颜色。此时可使曲线沿X轴和Y轴按比例变形。

⑬ 单击插入点按钮，在曲线上插入一个点。

⑭ 选取移动按钮，在刚插入的点上右击，在弹出的快捷菜单中将刚插入的点类型设置为【Bezier- Smooth】（平滑）。

⑮ 利用移动工具，按住鼠标左键拖动插入点，调整曲线，结果如图5-81所示。这时，可以看到透视图中的放样体也发生了缩放变形，如图5-82所示。

⑯ 圆桌已基本完成，但圆桌的棱角处还过于尖锐，下面将通过倒角变形来改善。选中放样体，打开【Deformation】（变形）卷展栏，单击【Bevel】（倒角）按钮，弹出“倒角变形”对话框。

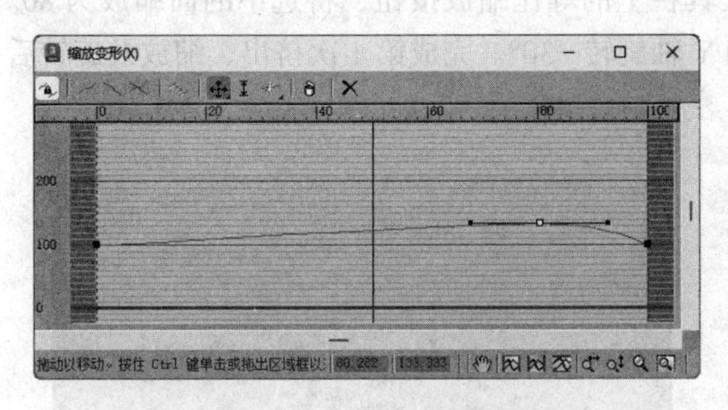


图5-81　拖动插入点调整曲线

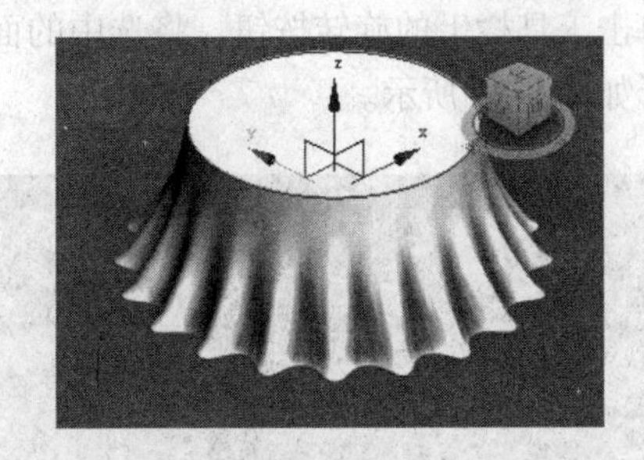

图5-82　缩放变形后的放样体

⑰ 在曲线中插入一个点，并调整曲线如图5-83所示。此时，透视图中的圆桌边缘产生了圆滑的倒角。倒角变形后的圆桌如图5-84所示。

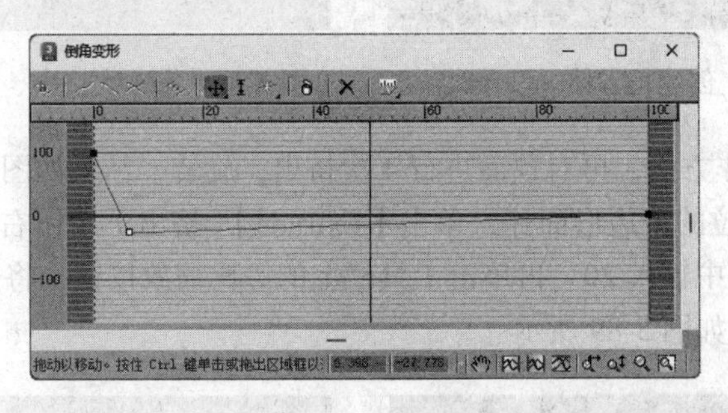


图5-83　调整曲线

⑱ 为圆桌添加贴图和装饰物。图5-85所示为装饰后的圆桌参考效果。

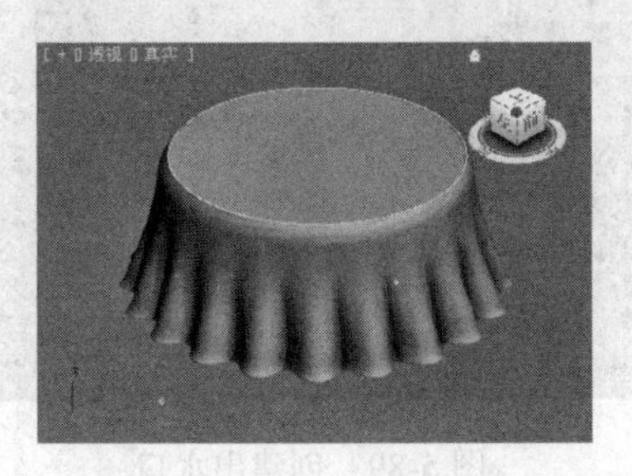

图5-84　倒角变形后的圆桌

图5-85　装饰后的圆桌

### 5.7.2 水龙头

❶ 单击【File】(文件)菜单中的【Reset】(重置)命令，重新设置系统。

❷ 打开【Create】(创建)命令面板，单击【Geometry】(几何体)按钮●，设置长、宽、高分别为100、100、40，并设置高的段数为2，在顶视图中创建一个长方体，结果如图5-86所示。

❸ 单击选中长方体，在长方体上右击，通过弹出的快捷菜单将长方体转换为可编辑多边形。

❹ 单击打开【Selection】(选择)卷展栏，单击【Polygon】(多边形)按钮，进入多边形选择状态。

❺ 单击选中最上面的多边形面片，单击【Extrude】(挤出)按钮右边的小方框按钮，在弹出的对话框内的文本框中输入100。再单击工具栏上的等比缩放按钮，将选中的面缩放为80。然后单击工具栏上的旋转按钮，将选中的面绕Y轴旋转 −30°。完成第1次挤出、缩放及旋转后的图形如图5-87所示。

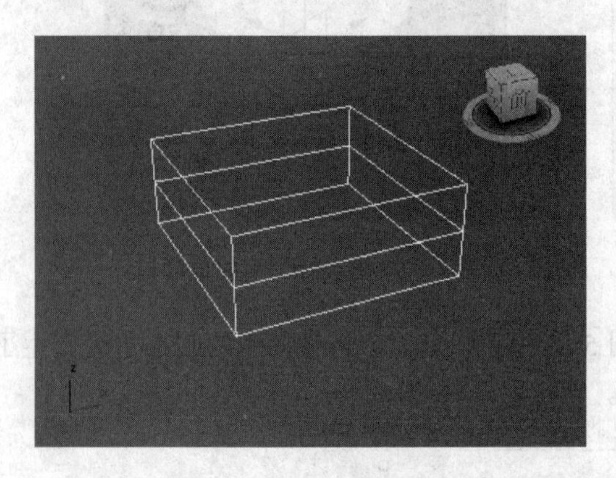

图 5-86　创建长方体

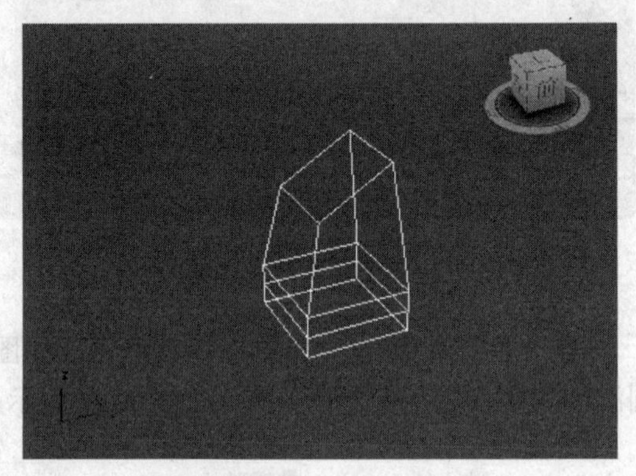

图 5-87　第1次挤出、缩放及旋转后的图形

❻ 按照相同的操作方法，再对顶面进行4次挤出、旋转，结果如图5-88所示。

❼ 选中出水口部位的多边形面片，单击【Extrude】(挤出)按钮右边的小方框按钮，在弹出的对话框内的文本框中输入20。再单击工具栏上的等比缩放按钮，将选中的面缩放为70。完成出水口的创建，结果如图5-89所示。

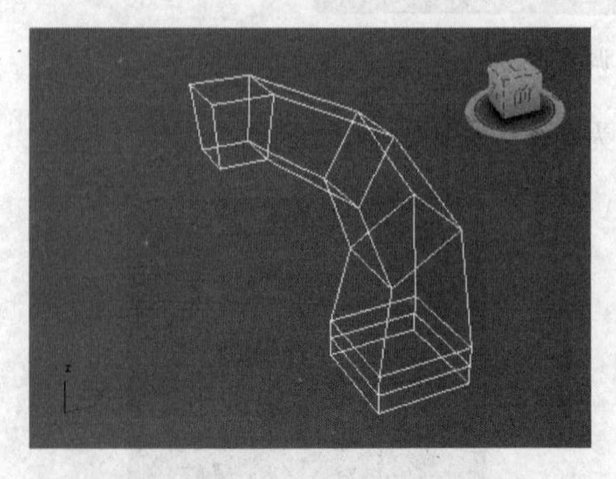

图 5-88　挤出、旋转4次后的图形

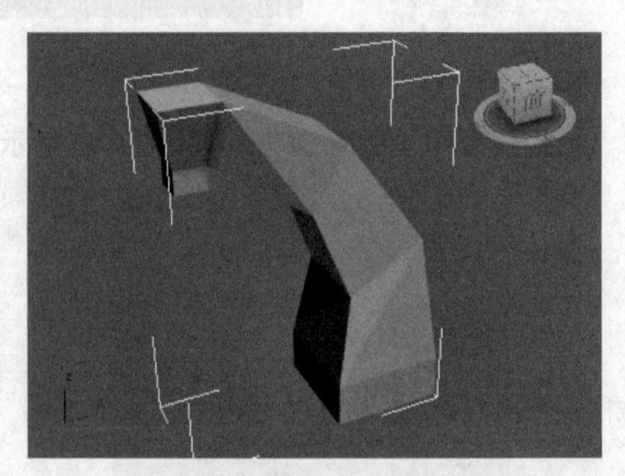

图 5-89　创建出水口

❽ 退出多边形编辑。选中水龙头，打开修改命令面板。在“修改器列表”中选择【Mesh Smooth】（网格平滑）选项，向下拖动参数面板，在【Iterations】（迭代次数）文本框里面输入 2。细化后的水龙头模型如图 5-90 所示。

❾ 打开材质编辑器，给水龙头赋予不锈钢材质，渲染后的结果如图 5-91 所示。

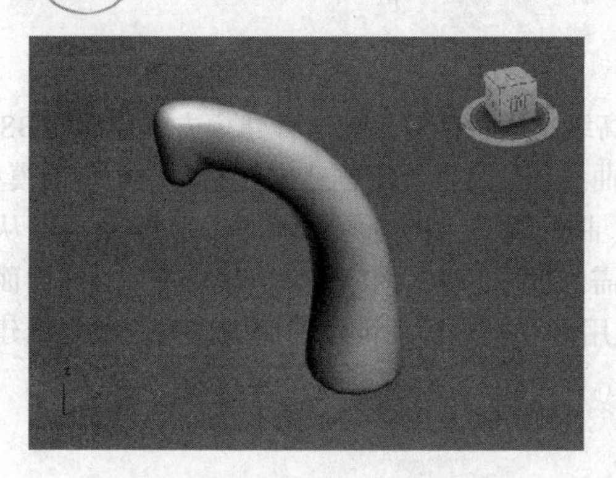

图 5-90　细化后的水龙头模型

图 5-91　赋予材质后的水龙头

## 5.8　课后习题

### 1. 填空题

（1）放样建模的方法有________和________两种。

（2）变形放样对象的命令有________、________、________、________和________。

（3）布尔运算的四种形式为________、________、________和________。

（4）按住________键可以为选择集中增加元素。

（5）可以使用________命令来细化多边形模型。

### 2. 问答题

（1）放样建模的步骤是什么？

（2）如何在放样物体的路径上放置不同的截面？

（3）布尔运算建模的步骤是什么？

（4）布尔运算剪切类型又可以分为两种类型，分别介绍他们的运算结果。

（5）如何将标准几何体转换为可编辑多边形？

### 3. 操作题

（1）放样生成一个物体，并在其中部加入一个不同的截面。

（2）放样生成一个物体，对物体应用变形工具，体验变形工具的作用。

（3）建立几个物体，进行布尔运算，体验不同类型布尔运算的效果。

（4）利用【Morph】（变形）命令创建一段动画。

（5）利用多边形网格建模的方法，创建一个锤子模型。

# 第6章 NURBS建模

## 教学目标

NURBS是一种功能非常强大的建模工具，高级三维软件都支持这种建模方式。NURBS能够比传统的网格建模方式更好地控制物体表面的曲线度，从而能够创建出更逼真、生动的模型。NURBS模型与一般的三维模型一样也是由点、（曲）线、（曲）面三要素构成。本章主要从后两个要素入手，逐步介绍建立NURBS模型所必需的各项知识。NURBS曲线和NURBS曲面在传统的制图领域中是不存在的，它们是专门为使用计算机进行三维建模而建立的。在三维建模的内部空间用曲线和曲面来表现轮廓和外形。

## 教学重点与难点

- NURBS曲线的创建与修改
- NURBS曲面的创建与修改
- NURBS工具箱
- NURBS建模的方法

## 6.1 NURBS曲线的创建与修改

### 6.1.1 点曲线的创建

**01** 直接创建

❶ 单击【File】（文件）菜单中的【Reset】（重置）命令，重新设置系统。

❷ 打开【Create】（创建）命令面板上的【Shapes】（图形）子命令面板，在下拉列表中选择【NURBS Curves】（NURBS曲线）选项，打开NURBS曲线创建命令面板，如图6-1所示。

❸ 单击【Point Curve】（点曲线）按钮，可以看到右侧的命令面板也随之发生了变化。

❹ 激活顶视图，单击确定第一个点，然后拖动鼠标，可以看见从第一个点引出一条连接到鼠标指针上的线，而且第一个点以绿色方块显示。

❺ 单击确定第二个点，依此类推，最后右击结束曲线的创建。创建的点曲线如图6-2所示。

❻ 在建立NURBS曲线的过程中，可以按退格键来删除上一次建立的点。

❼ 如果结束点和起始点重合，系统将弹出一个对话框，询问是否闭合曲线，如图6-3所示。单击【是】按钮则闭合点曲线并结束创建，如图6-4所示。单击【否】按钮则继续创建曲线，这时曲线是打开的。

**02** 键盘创建

❶ 单击【File】（文件）菜单中的【Reset】（重置）命令，重新设置系统。

❷ 打开【Create】（创建）命令面板上的【Shapes】（图形）子命令面板，在下拉列表中选择【NURBS Curves】（NURBS曲线）选项，打开NURBS曲线创建命令面板。

图 6-1　NURBS 曲线创建命令面板

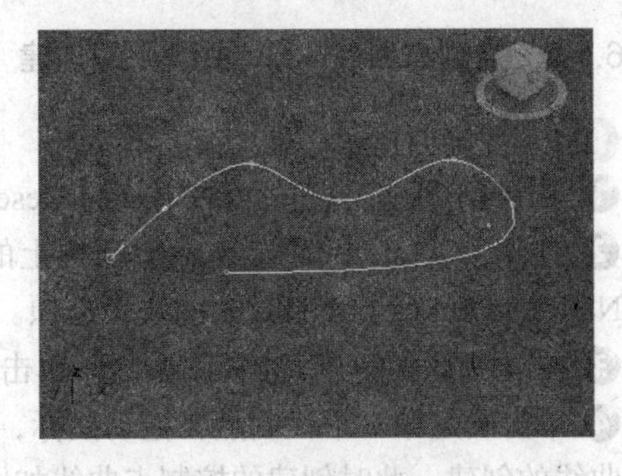

图 6-2　创建的点曲线

❸ 单击【Point Curve】(点曲线)按钮，打开参数面板上的【Keyboard Entry】(键盘输入)卷展栏，如图 6-5 所示。

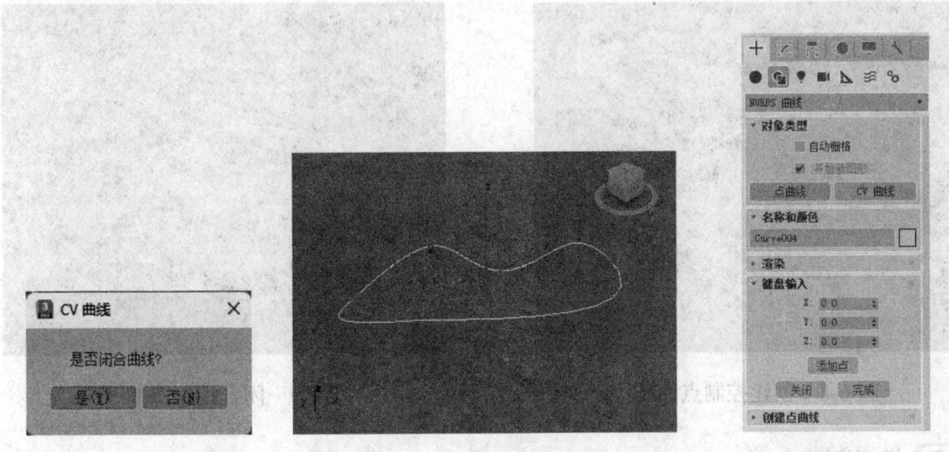


图 6-3　询问对话框　　图 6-4　闭合点曲线　　图 6-5　“键盘输入”卷展栏

❹ 在 X、Y、Z 文本框中分别输入 1、1、0，单击【Add Point】(添加点)按钮，在空间坐标(1，1，0)处创建第一个点。

❺ 在 X、Y、Z 文本框中分别输入 100、80、0，单击【Add Point】(添加点)按钮，在空间坐标(100，80，0)处创建第二个点。

❻ 在 X、Y、Z 文本框中分别输入 100、−60、0，单击【Add Point】(添加点)按钮，在空间坐标(100，−60，0)处创建第三个点。此时创建了三个点的曲线形状如图 6-6 所示。

❼ 单击【Close】(关闭)按钮，即可将曲线闭合并完成创建工作，结果如图 6-7 所示。

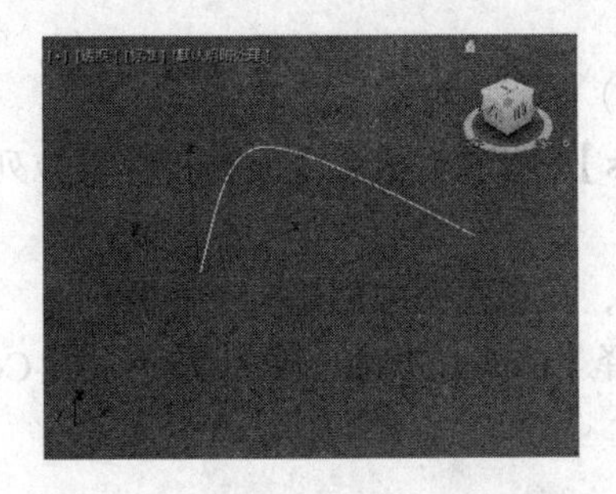

图 6-6　创建了三个点的曲线形状

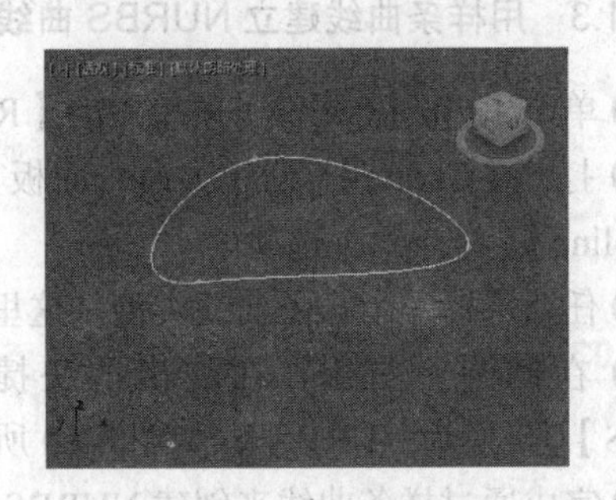

图 6-7　闭合曲线

### 6.1.2 控制点曲线（CV 曲线）的创建

**01** 直接创建

❶ 单击【File】（文件）菜单中的【Reset】（重置）命令，重新设置系统。

❷ 打开【Create】（创建）命令面板上的【Shapes】（图形）子命令面板，在下拉列表中选择【NURBS Curves】（NURBS 曲线）选项。

❸ 在顶视图上右击，将视图激活。单击【CV Curve】（CV 曲线）按钮。

❹ 单击确定第一个控制点，拖动鼠标，再次单击确定第二个控制点，依次类推，最后右击结束曲线的创建。此时创建的控制点曲线如图 6-8 所示。

❺ 如果想闭合控制点曲线，只需将结束点移动到起始点位置，在弹出的对话框中单击【是】按钮即可，结果如图 6-9 所示。

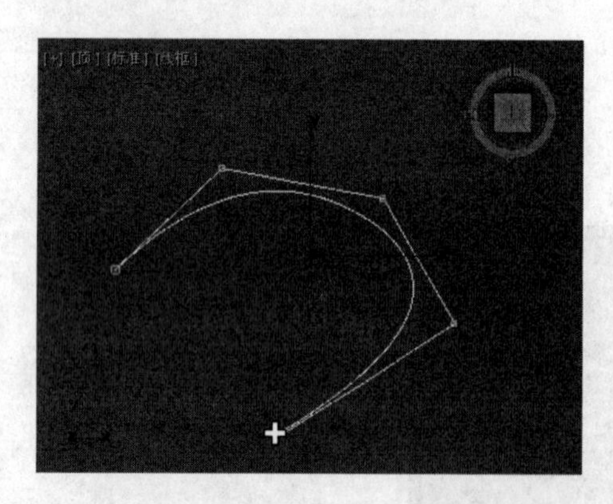

图 6-8 创建控制点曲线

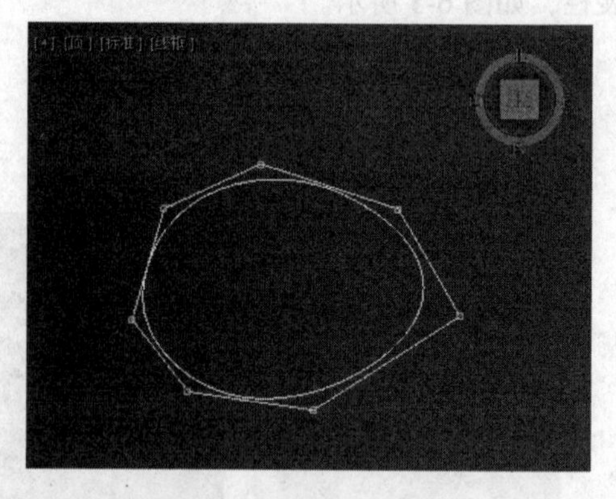

图 6-9 闭合控制点曲线

**02** 键盘创建

❶ 单击【File】（文件）菜单中的【Reset】（重置）命令，重新设置系统。

❷ 打开【Create】（创建）命令面板上的【Shapes】（图形）子命令面板，在下拉列表中选择【NURBS Curves】（NURBS 曲线）选项，打开曲线创建命令面板。

❸ 单击【CV Curve】（CV 曲线）按钮，打开参数面板上的【Keyboard Entry】（键盘输入）卷展栏。

和点曲线相比，控制点曲线的卷展栏里面多了【Weight】（权重）。其他参数和点曲线键盘创建命令面板一样，这里不再详述。

### 6.1.3 用样条曲线建立 NURBS 曲线

❶ 单击【File】（文件）菜单中的【Reset】（重置）命令，重新设置系统。

❷ 打开【Create】（创建）命令面板上的【Shapes】（图形）子命令面板，在下拉列表中选择【Spline】（样条线）选项。

❸ 任意选择一个样条曲线类型。这里选择椭圆形，在顶视图中创建一个椭圆。

❹ 在椭圆上右击，在弹出的快捷菜单中选择【Covert To】（转换为）→【Covert To NURBS】（转换为 NURBS），如图 6-10 所示。

❺ 完成通过样条曲线来创建 NURBS 曲线。

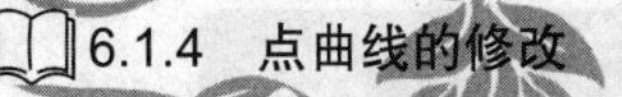

### 6.1.4　点曲线的修改

❶ 单击【File】(文件) 菜单中的【Reset】(重置) 命令，重新设置系统。

❷ 在顶视图中创建一条【Point Curve】(点曲线)，如图 6-11 所示。

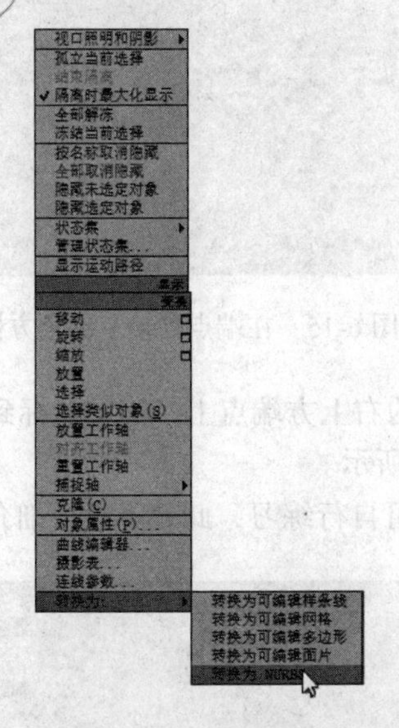


图 6-10　快捷菜单

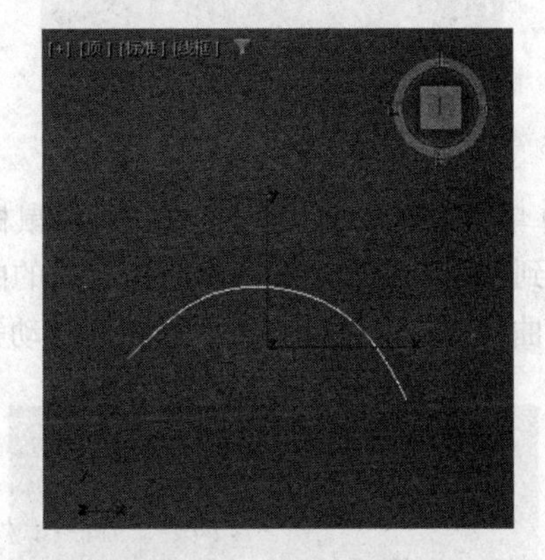

图 6-11　创建点曲线

❸ 打开【Modify】(修改) 面板，单击“修改器列表”中【NURBS Curve】(NURBS 曲线) 左侧的▼按钮，打开 NURBS 曲线修改列表，如图 6-12 所示。

❹ 单击【Point】(点) 子选项，打开如图 6-13 所示的点曲线修改面板，在其中可对曲线进行编辑。

❺ 单击【Refine】(优化) 按钮，将鼠标移动到曲线中间单击，在曲线上插入一个点，结果如图 6-14 所示。

❻ 单击【Extend】(延伸) 按钮，将鼠标移动到曲线上，此时曲线变成蓝色，且在曲线的一个端点处显示蓝色方框，如图 6-15 所示。

❼ 单击并按住鼠标拖动到一点，可以看到从带蓝色方框的端点处延伸出一条线，这条线的另一个端点正是鼠标拖动到的点，如图 6-16 所示。

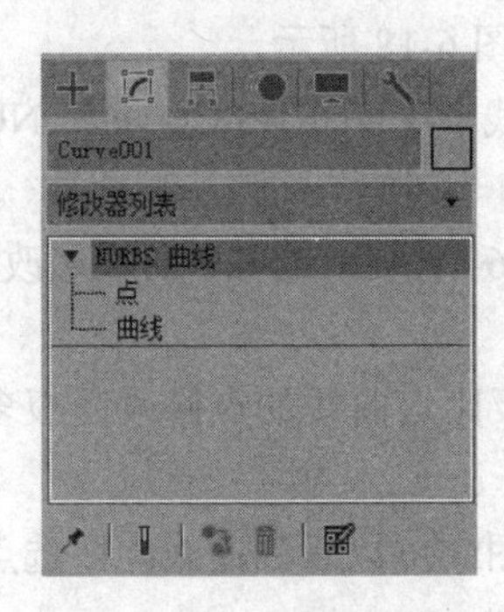


图 6-12　NURBS 曲线修改列表

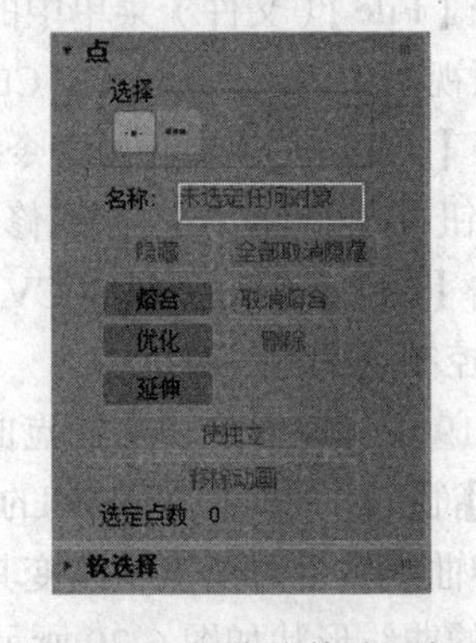


图 6-13　点曲线修改面板

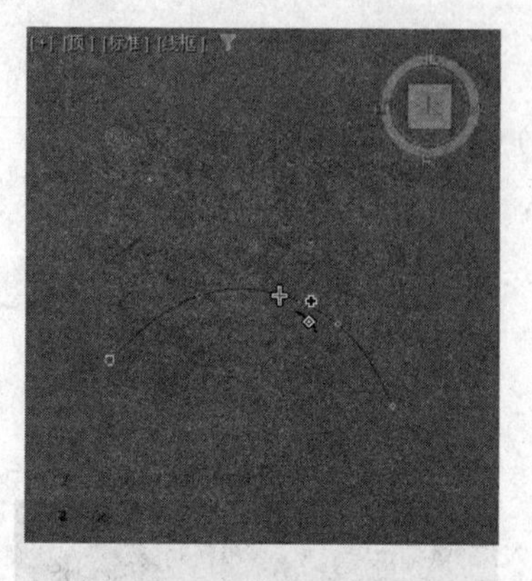

图 6-14　在曲线上插入点

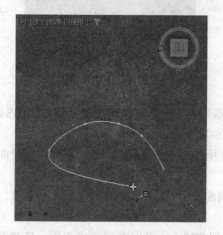

图 6-15　在端点处显示蓝色方框

❽ 单击【Fuse】（熔合）按钮，将鼠标移动到曲线的右上方端点上，拖动鼠标到邻近点上，可以看到两个点熔合成了一个，熔合后的曲线如图 6-17 所示。

点曲线的修改还有隐藏、删除和移动等操作，读者可自行练习，此处不再详细介绍。

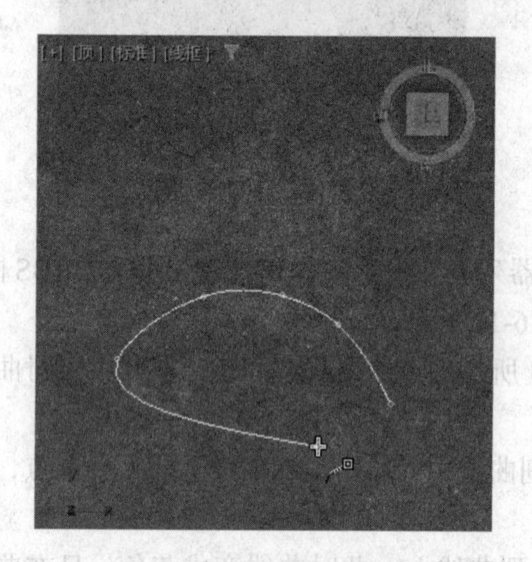

图 6-16　延伸曲线

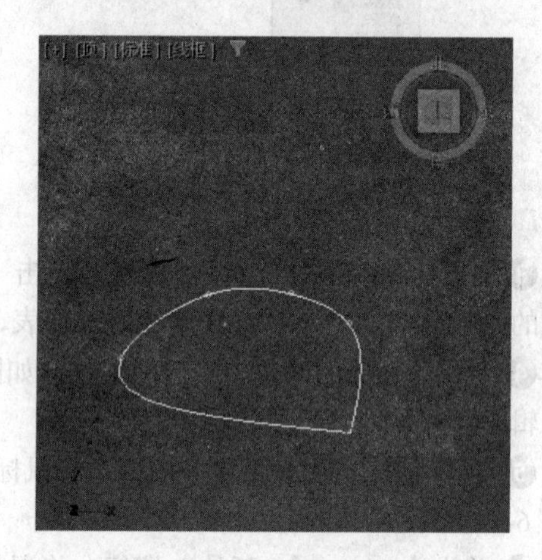

图 6-17　熔合后的曲线

### 6.1.5　控制点曲线的修改

❶ 单击【File】（文件）菜单中的【Reset】（重置）命令，重新设置系统。

❷ 在顶视图中创建一条【CV Curve】（CV 曲线），如图 6-18 所示。

❸ 打开【Modify】（修改）命令面板，单击修改器堆栈中【NURBS Curve】（NURBS 曲线）左侧的▼按钮，打开 NURBS 曲线修改列表。

❹ 单击【Curve CV】（曲线 CV）子选项，打开如图 6-19 所示的 CV 曲线修改面板，在其中可对曲线控制点进行编辑。

从图 6-19 中可以看出，控制点曲线的控制点修改面板比点曲线的点修改面板多出来两项，即【Weight】（权重）和【Display Lattice】（显示晶格）。

❺ 选中曲线右上方的点，改变其权重为 10，在顶视图中可以看到曲线向所选点靠近了些。改变权重后的曲线形状如图 6-20 所示。

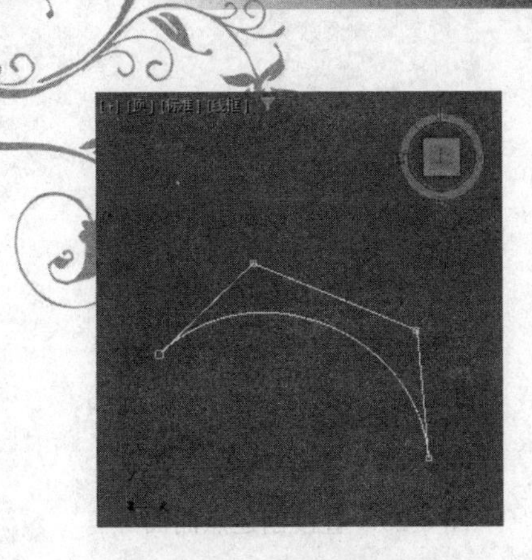

图 6-18　创建 CV 曲线

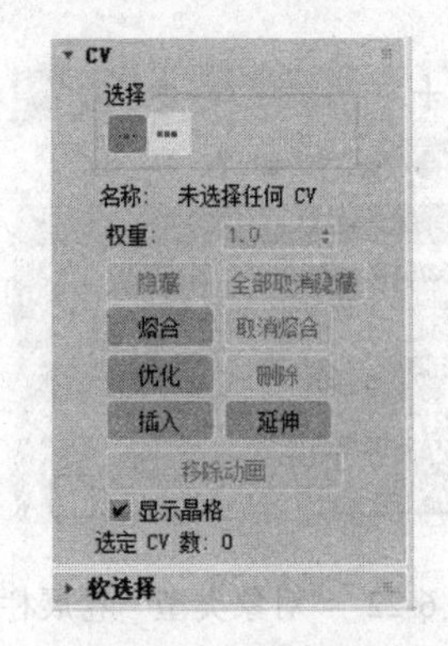


图 6-19　CV 曲线修改面板

❻ 取消勾选【Display Lattice】（显示晶格），在顶视图中可以看到控制点间的线框已消失。取消显示晶格后的曲线形状如图 6-21 所示。

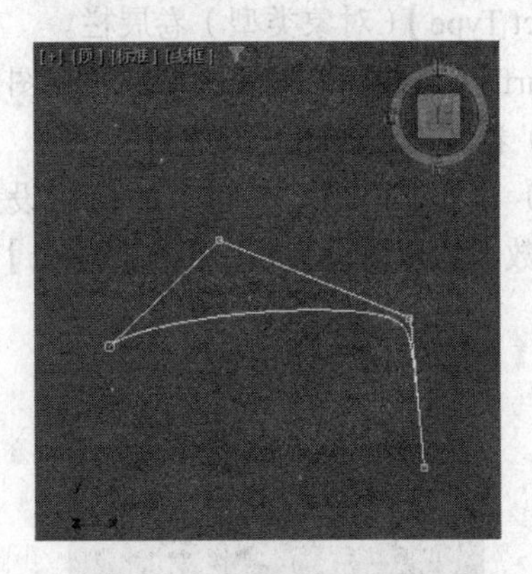

图 6-20　改变权重后的曲线形状

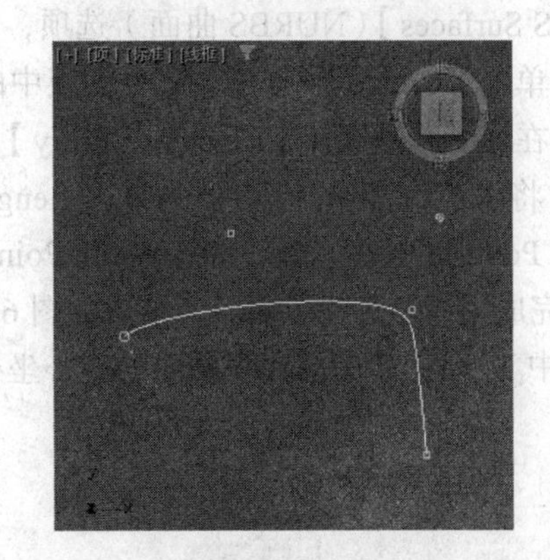

图 6-21　取消显示晶格后的曲线形状

控制点曲线的其他控制点修改命令和点曲线的点修改命令基本相同，读者可自行练习。

## 6.2　NURBS 曲面的创建与修改

### 6.2.1　点曲面的创建

**01** 直接创建

❶ 单击【File】（文件）菜单中的【Reset】（重置）命令，重新设置系统。

❷ 打开【Create】（创建）命令面板，在【Geometry】（几何体）子面板的下拉列表中选择【NURBS Surfaces】（NURBS 曲面）选项，展开【Object Type】（对象类型）卷展栏，如图 6-22 所示。

❸ 单击【Create】（创建）命令面板中的【Point Surf】（点曲面）按钮，激活顶视图。

❹ 在视图中单击并拖动，即可直接创建一个点曲面，上面均匀分布着 4×4 个点，如图 6-23 所示。在视图右侧展开的【Creation Parameters】（创建参数）卷展栏中显示出了创建的曲面参数。

图 6-22 “对象类型”卷展栏

图 6-23 直接创建点曲面

**02** 键盘创建

❶ 单击【File】(文件)菜单中的【Reset】(重置)命令，重新设置系统。

❷ 打开【Create】(创建)命令面板，在【Geometry】(几何体)子面板的下拉列表中选择【NURBS Surfaces】(NURBS 曲面)选项，展开【Object Type】(对象类型)卷展栏。

❸ 单击【Create】(创建)命令面板中的【Point Surf】(点曲面)按钮，激活顶视图。

❹ 在视图右侧展开【Keyboard Entry】(键盘输入)卷展栏，如图 6-24 所示。

❺ 将 X、Y、Z 的值均设为 0，【Length】(长度)和【Width】(宽度)的值均设为 100，【Length Point】(长度点数)和【Width Point】(宽度点数)的值均设为 6。单击【Creat】(创建)按钮，完成用键盘创建点曲面，结果如图 6-25 所示。

其中 X、Y、Z 的值代表曲面的中心坐标。

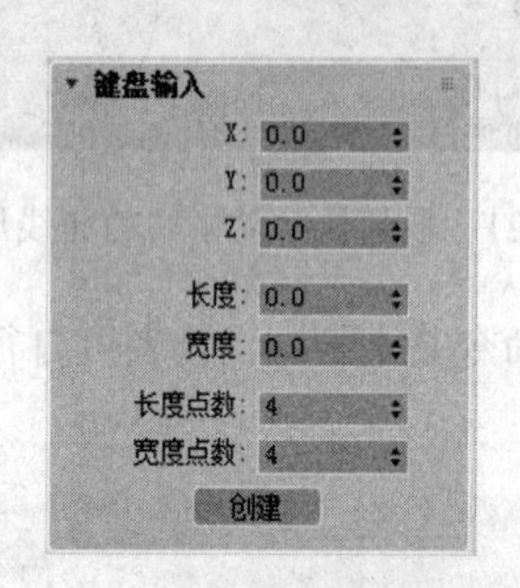


图 6-24 “键盘输入”卷展栏

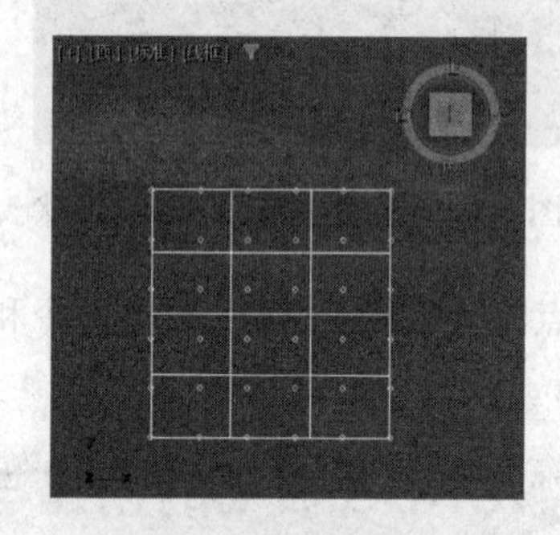

图 6-25 用键盘创建点曲面

## 6.2.2 CV 曲面的创建

**01** 直接创建

❶ 单击【File】(文件)菜单中的【Reset】(重置)命令，重新设置系统。

❷ 打开【Create】(创建)命令面板，在【Geometry】(几何体)子面板的下拉列表中选择【NURBS Surfaces】(NURBS 曲面)选项，展开【Object Type】(对象类型)卷展栏。

❸ 单击【Create】(创建)命令面板中的【CV Surf】(控制点曲面)按钮，激活顶视图。

❹ 在视图中单击并拖动，即可直接创建一个 CV 曲面，上面均匀分布着 4×4 个控制点，如图 6-26 所示。在视图右侧展开的【Creation Parameters】(创建参数)卷展栏中显示出了创建的曲面参数。

**02** 键盘创建

用键盘创建 CV 曲面的方法和用键盘创建点曲面的方法相同，读者可自己完成，此处不再赘述，仅给出用键盘按照 6.2.1 节中的参数创建的 CV 曲面，如图 6-27 所示。

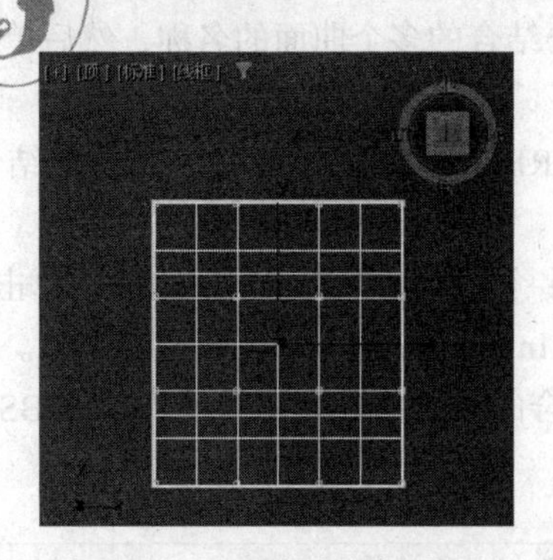

图 6-26　直接创建 CV 曲面

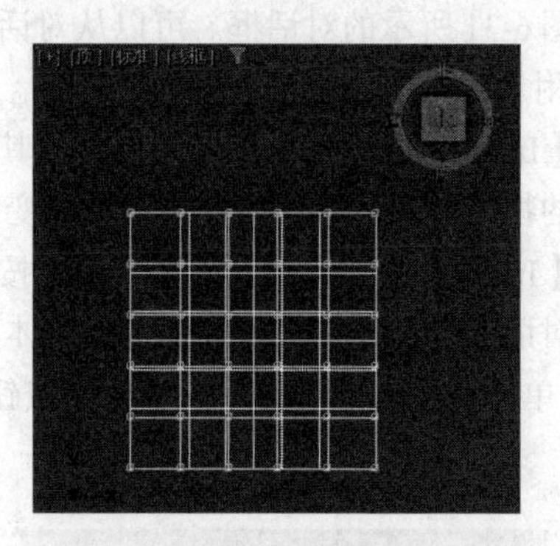

图 6-27　用键盘创建的 CV 曲面

### 6.2.3　NURBS 曲面的修改

NURBS 曲面的修改分为 NURBS 曲面级别修改、表面级别修改和点级别修改。

**01** NURBS 曲面级别修改

❶ 单击【File】(文件) 菜单中的【Reset】(重置) 命令，重新设置系统。

❷ 打开【Create】(创建) 命令面板，在【Geometry】(几何体) 子面板的下拉列表中选择【NURBS Surfaces】(NURBS 曲面) 选项，展开【Object Type】(对象类型) 卷展栏。在顶视图中建立两个点曲面。

❸ 选中一个点曲面，打开【Modify】(修改) 命令面板，单击修改器堆栈中的【NURBS Surface】(NURBS 曲面)，如图 6-28 所示，使其变成黑色，即可进入 NURBS 曲面级别修改。

❹ 在右侧的参数面板中可以看到物体修改卷展栏。这里着重介绍【General】(常规) 卷展栏，如图 6-29 所示。

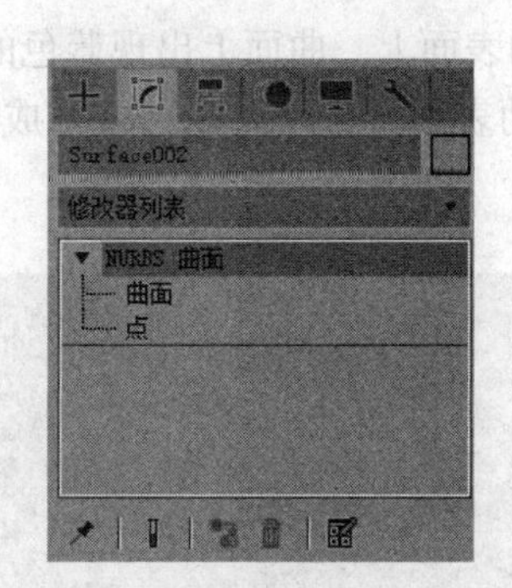


图 6-28　NURBS 曲面修改器列表

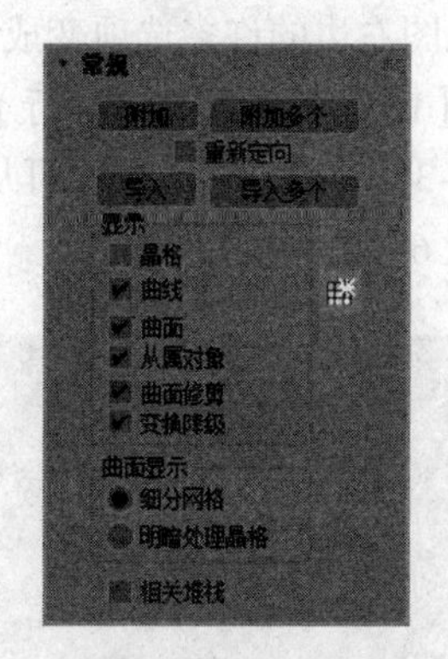


图 6-29　“常规”卷展栏

❺ 很多时候，需要将几个相互独立的曲面结合在一起，以便进行其他操作，这时就要用到【Attach】(附加) 命令。保持一个曲面处于选中状态，单击【Attach】(附加) 按钮，然后将鼠

标移动到需要连接的曲面上，在鼠标变成如图 6-30 所示的形状时单击。此时可以看到，两个曲面均以高亮度显示，表明结合成功。

❻【Attach Multiple】(附加多个)按钮与【Attach】(附加)按钮类似，不同的是单击后会弹出如图 6-31 所示的对话框。可以从对话框中选择需要结合的多个曲面的名称，然后单击【Attach】(附加)按钮完成结合。

❼【Import】(导入)按钮用于引入其他物体到 NURBS 物体里，操作方法与曲面结合相同，但引入的物体将保留自己的创建参数和变动修改。

❽【Import Multiple】(导入多个)按钮用于引入多个物体到 NURBS 物体里。单击时会弹出一个对话框，可以在其中选择多个物体，然后单击【Import】(导入)按钮完成引入。

❾ 单击【Reorient】(重新定向)按钮，可将所结合的或引入的物体移动到 NURBS 物体的中心。

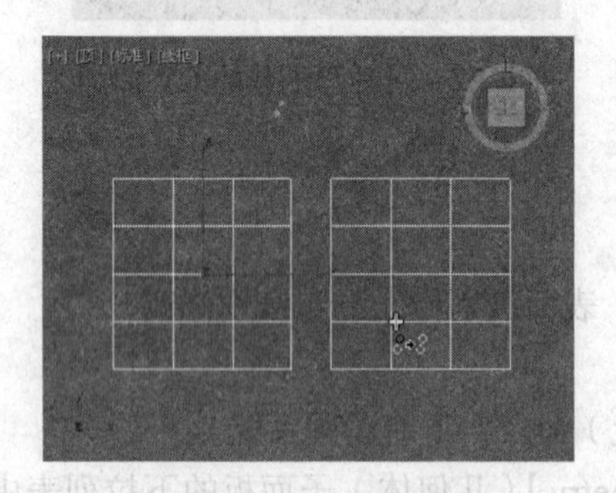

图 6-30　附加时鼠标形状

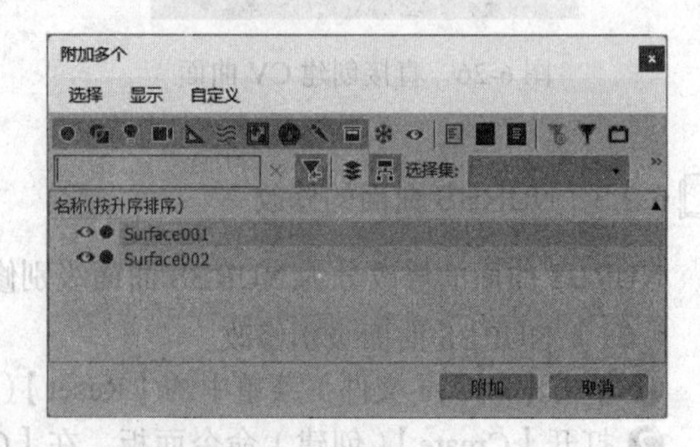


图 6-31　“附加多个”对话框

其他选项用于 NURBS 模型和曲面的显示控制，这里不再详细讲解。

**02** 表面级别修改

❶ 选中一个曲面，打开【Modify】(修改)命令面板，单击修改器堆栈中的【Surface】(曲面)，使其变成黄色，即可进入表面级别编辑。此时，参数面板变成表面编辑面板。

❷ 经过上面的操作，已经将两个独立的表面结合在了一起。单击选中一个表面，使其变成红色，此时视图右边的许多选项变成可用状态。下面举例讲解几个命令。

❸ 单击【Break Row】(断开行)按钮，将鼠标移动到表面上，曲面上出现蓝色的横线，断开行前如图 6-32 所示。单击，即可从蓝色线处断开。移动表面，可以看到已经分成了两部分，断开行后如图 6-33 所示。

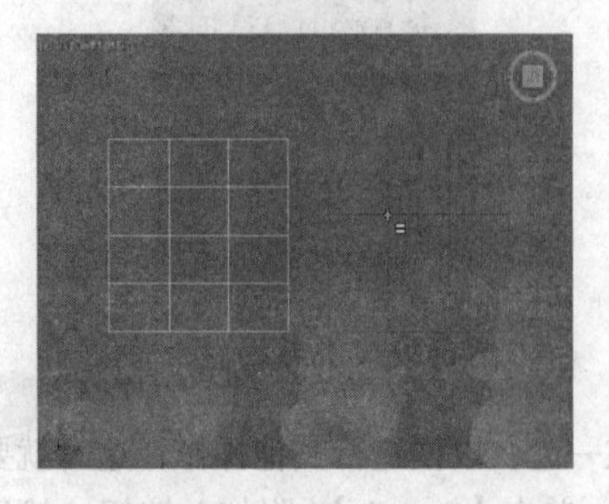

图 6-32　断开行前

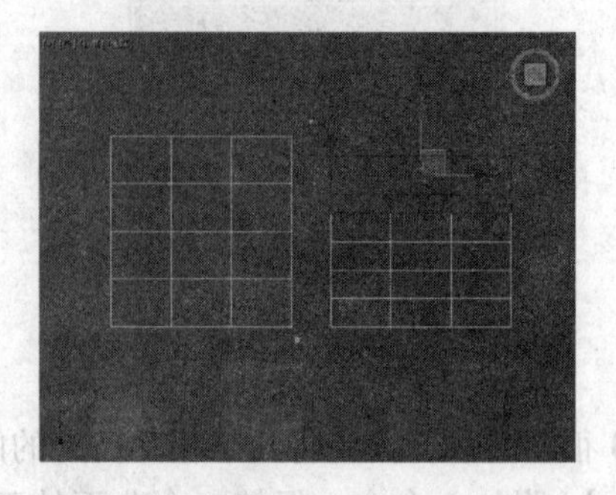

图 6-33　断开行后

❹ 单击【Join】（连接）按钮，将鼠标放在右边表面的一个边上，当边变成蓝色时，拖动鼠标到左边表面的边上，此时弹出如图 6-34 所示的对话框，单击“确定”按钮，即可将两个面连接在一起，结果如图 6-35 所示。

表面级别修改还有其他许多命令，读者可自行练习，这里不再详述。

**03** 点级别修改

选中一个曲面，进入【Modify】（修改）命令面板，单击修改器堆栈中的【Point】（点），使其变成黄色，即可进入点级别编辑。此时，参数面板变成点编辑面板。这些命令都比较简单，这里不做介绍。

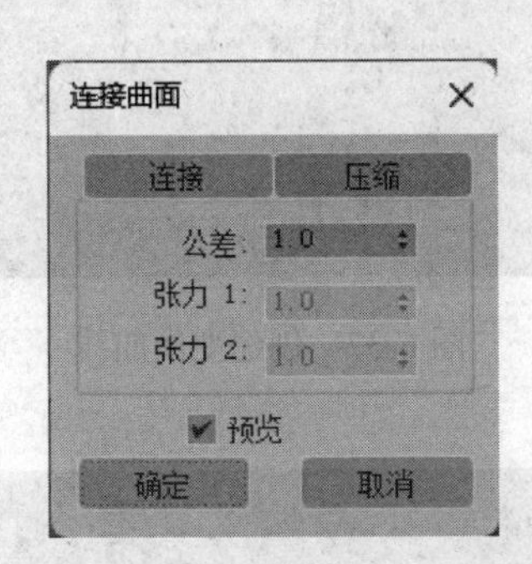


图 6-34　“连接曲面”对话框

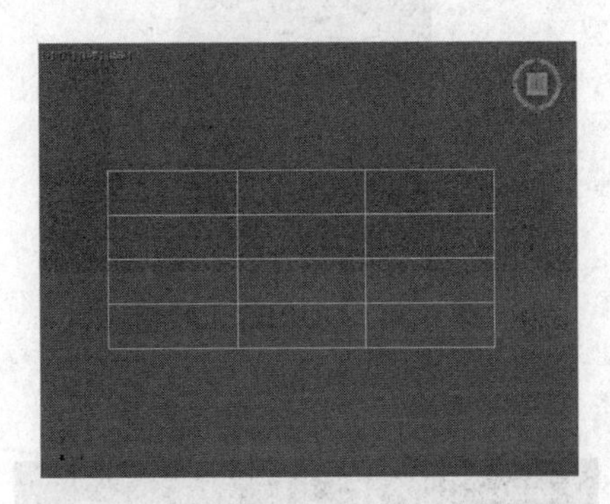

图 6-35　连接两个面

## 6.3 NURBS 工具箱

在建模的过程中，经常需要建立一些次物体，此时可以使用 NURBS 工具箱来完成。NURBS 工具箱如图 6-36 所示，它主要分为三部分，分别为建立点次物体、曲线次物体以及曲面次物体。建立点次物体比较简单，这里不做介绍，重点介绍建立曲线次物体和曲面次物体的方法。

### 6.3.1　建立曲线次物体

曲线次物体种类很多，这里介绍其中的一部分。

**01**【Create Transform Curve】（创建变换曲线）

❶ 单击【File】（文件）菜单中的【Reset】（重置）命令，重新设置系统。

❷ 激活顶视图，打开【Create】（创建）命令面板，创建一条点曲线。

❸ 选中点曲线，打开【Modify】（修改）命令面板，调出 NURBS 工具箱。

❹ 单击【Create Transform Curve】（创建变换曲线）按钮，将鼠标移动到创建的曲线上，使之变成蓝色，按住鼠标并拖动，即可创建出一条变换曲线，如图 6-37 所示。

**02**【Create Blend Curve】（创建混合曲线）

这里以上面创建的变换曲线为例，介绍创建混合曲线的方法。

❶ 选中第一条点曲线，单击【Create Blend Curve】（创建混合曲线）按钮。

❷ 将鼠标移动到第一条点曲线上，使之变成蓝色，同时点曲线末端出现一个蓝色方框，混

合曲线前如图 6-38 所示。

❸ 按住鼠标左键并拖动到要连接的另一条曲线末端，释放鼠标，完成连接操作，混合曲线后如图 6-39 所示。

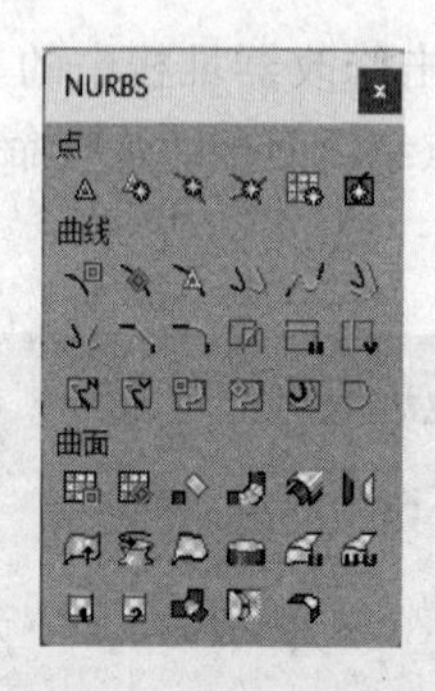

图 6-36　NURBS 工具箱

图 6-37　创建变换曲线

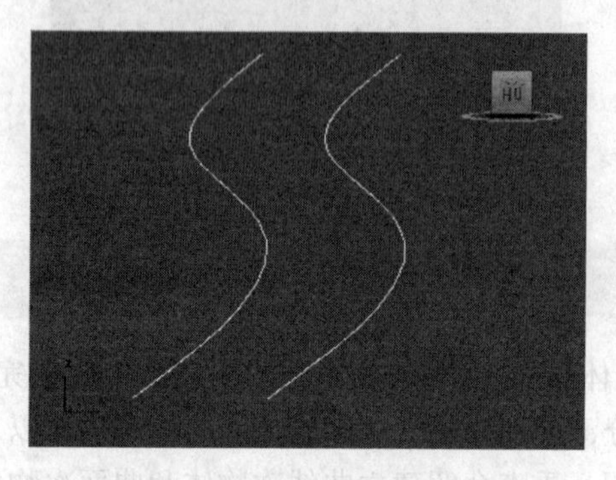

图 6-38　混合曲线前

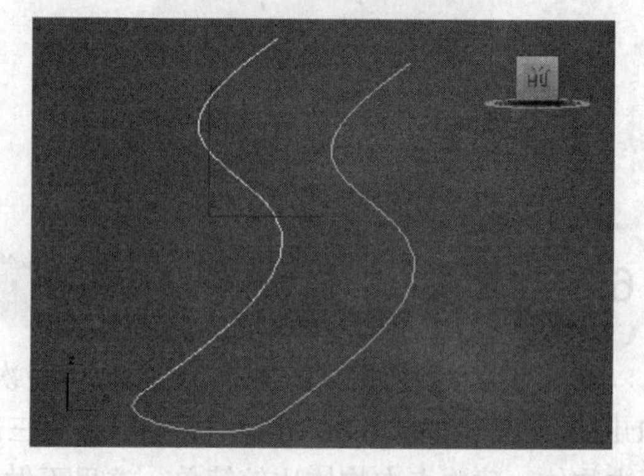

图 6-39　混合曲线后

**03**【Create Offset Curve】(创建偏移曲线)

这里以上面创建的混合曲线为例，介绍创建偏移曲线的方法。

❶ 选中最左边的曲线，单击【Create Offset Curve】(创建偏移曲线)按钮。

❷ 将鼠标移动到最左边的曲线上，使之变成蓝色，按住鼠标左键并拖动到想要偏移曲线的地方，完成偏移曲线的创建，结果如图 6-40 所示。可以看出，偏移曲线的曲率发生了变化。

**04**【Create Mirror Curve】(创建镜像曲线)

❶ 单击【File】(文件)菜单中的【Reset】(重置)命令，重新设置系统。

❷ 激活顶视图，打开【Create】(创建)命令面板，创建一条点曲线。

❸ 选中点曲线，打开【Modify】(修改)命令面板，调出 NURBS 工具箱。

❹ 单击【Create Mirror Curve】(创建镜像曲线)按钮，将鼠标移动到创建的曲线上，使之变成蓝色，按住鼠标并拖动到需要镜像曲线的位置，释放鼠标，即可创建出一条镜像曲线，结果如图 6-41 所示。

**05**【Create Chamfer Curve】(创建倒角曲线)

这里以上面创建的镜像曲线为例，介绍创建倒角曲线的方法。

❶ 单击【Create Chamfer Curve】(创建倒角曲线）按钮。

❷ 将鼠标移动到最左边的曲线上方，使之变成蓝色，同时最上面的端点被蓝色框包围，如图 6-42 所示。

❸ 按住鼠标左键并拖动到另一条曲线的端部，可以看到另一条曲线也变成蓝色，同时端点也被蓝色框包围，释放鼠标，完成倒角曲线的创建，结果如图 6-43 所示。

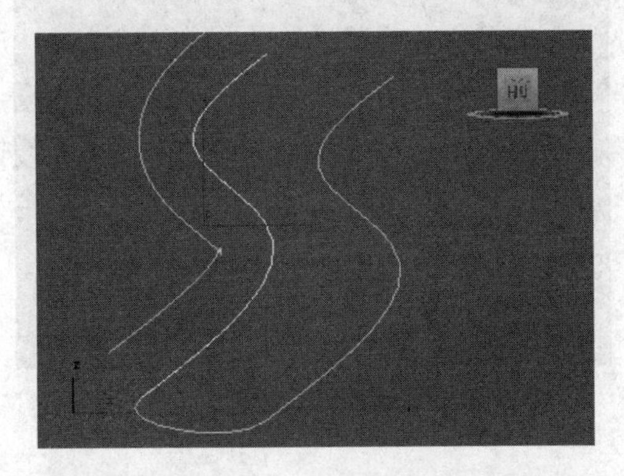

图 6-40　创建偏移曲线

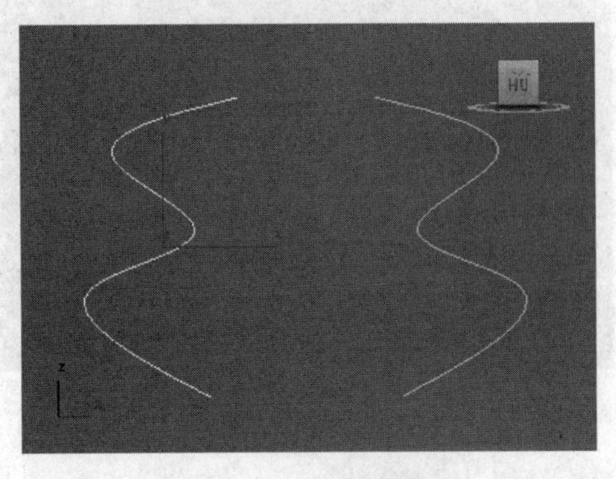

图 6-41　创建镜像曲线

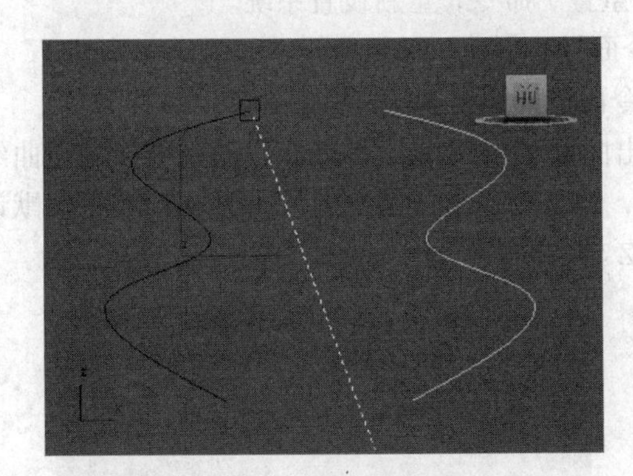

图 6-42　曲线变成蓝色

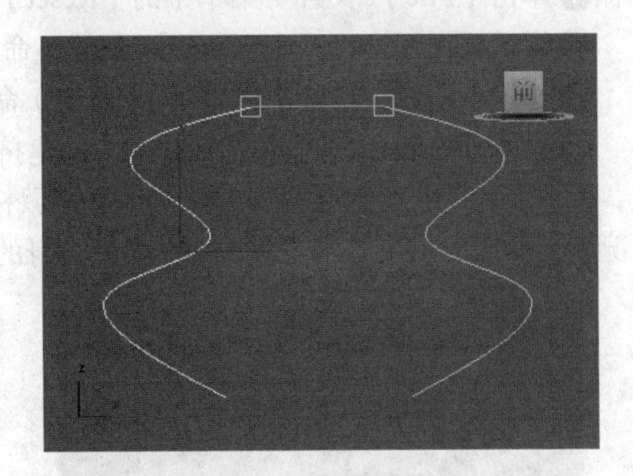

图 6-43　创建倒角曲线

### 6.3.2　建立曲面次物体

**01**【Create Transform Surface】(创建变换曲面）

❶ 单击【File】(文件）菜单中的【Reset】(重置）命令，重新设置系统。

❷ 激活顶视图，打开【Create】(创建）命令面板，创建一个点曲面。

❸ 选中点曲面，打开【Modify】(修改）命令面板，调出 NURBS 工具箱。

❹ 单击【Create Transform Surface】(创建变换曲面）按钮，将鼠标移动到创建的曲面上，使之变成蓝色，按住鼠标左键并拖动到需要变换的位置，释放鼠标，即可创建出变换曲面，如图 6-44 所示。

**02**【Create Blend Surface】(创建混合曲面）

这里以上面创建的变换曲面为例，介绍创建混合曲面的方法。

❶ 选中第一个点曲面，单击【Create Blend Surface】(创建混合曲面)按钮。

❷ 将鼠标移动到第一个点曲面的一条边上，使之变成蓝色。

❸ 按住鼠标左键并拖动到要混合的另一个曲面的一条边上，释放鼠标，完成混合曲面的创建，结果如图 6-45 所示。

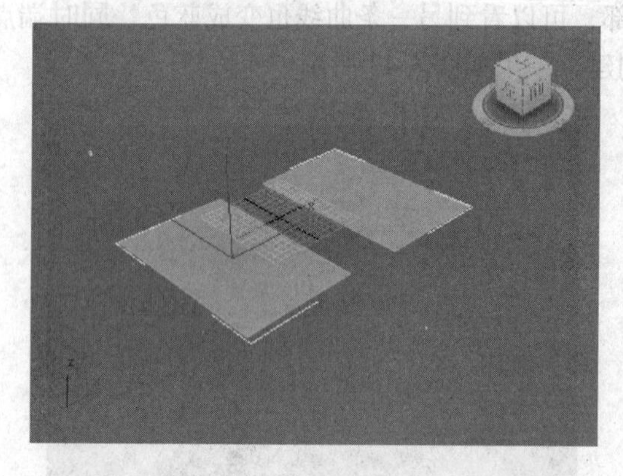

图 6-44　创建变换曲面

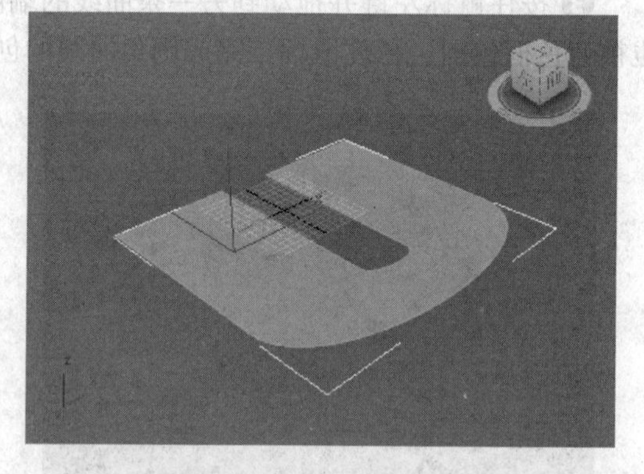

图 6-45　创建混合曲面

**03**【Create Extrude Surface】(创建挤出曲面)

❶ 单击【File】(文件)菜单中的【Reset】(重置)命令，重新设置系统。

❷ 激活顶视图，打开【Create】(创建)命令面板，创建一条点曲线，如图 6-46 所示。

❸ 选中点曲线，打开【Modify】(修改)命令面板，调出 NURBS 工具箱。

❹ 单击【Create Extrude Surface】(创建挤出曲面)按钮，将鼠标移动到创建的点曲线上，使之变成蓝色，按住鼠标并拖动，释放鼠标，即可创建出挤出曲面，如图 6-47 所示。默认情况下，曲面的挤出是沿着 NURBS 模型自身的 Z 轴方向进行的。

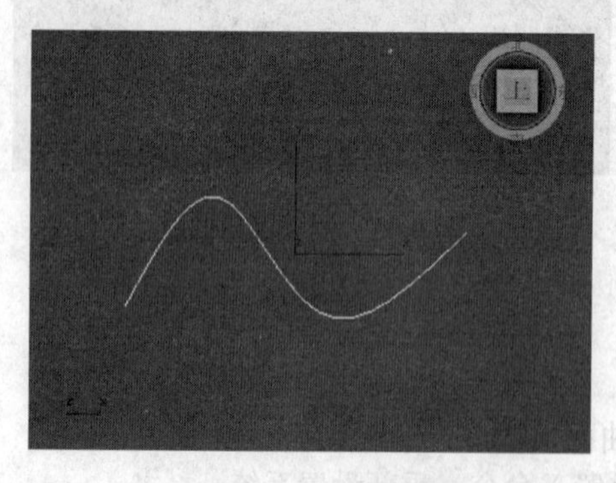

图 6-46　创建点曲线

图 6-47　创建挤出曲面

**04**【Create Lathe Surface】(创建车削曲面)

❶ 单击【File】(文件)菜单中的【Reset】(重置)命令，重新设置系统。

❷ 激活顶视图，打开【Create】(创建)命令面板，创建一条点曲线，如图 6-48 所示。

❸ 选中点曲线，打开【Modify】(修改)命令面板，调出 NURBS 工具箱。

❹ 单击【Create Lathe Surface】(创建车削曲面)按钮，将鼠标移动到创建的点曲线上，使之变成蓝色，单击，即可创建出车削曲面，如图 6-49 所示。默认情况下，车削曲面是沿着

NURBS 模型自身的 Y 轴进行旋转的。

图 6-48　创建点曲线

图 6-49　创建车削曲面

## 6.4 NURBS 建模的方法

1）可以直接创建 NURBS 模型，方法是先使用创建命令面板里的命令直接在视图中创建出 NURBS 曲线或者 NURBS 曲面，然后利用修改工具、修改命令对其进行编辑修改来建立 NURBS 模型。

2）可以先创建出标准几何体，接着在几何体上右击，在弹出的快捷菜单中选择【Covert to → Covert to NURBS】（转换为→转换为 NURBS）命令，完成标准几何体向 NURBS 对象的转换，然后利用 NURBS 修改工具对其进行编辑修改来创建 NURBS 模型。

3）可以先创建一条 NURBS 曲线（或是样条曲线转换的 NURBS 曲线），然后利用【Lathe】（车削）或【Extrude】（挤出）命令来创建 NURBS 模型。

下面以采用第三种方法制作苹果的造型为例来说明如何快速建立 NURBS 模型。

❶ 单击【File】（文件）菜单中的【Reset】（重置）命令，重新设置系统。

❷ 打开【Create】（创建）命令面板上的【Shapes】（图形）子命令面板，在下拉列表中选择【NURBS Curves】（NURBS 曲线）选项。

❸ 单击【Point Curve】（点曲线）按钮，激活前视图，并绘制如图 6-50 所示的点曲线作为苹果半截面。

❹ 选中点曲线，打开【Modify】（修改）命令面板，在修改器堆栈中选择点级别修改，显示出苹果半截面的全部节点，如图 6-51 所示。

❺ 利用移动工具，调整各节点的位置，调整后的苹果半截面如图 6-52 所示。

❻ 退出点级别修改，在“修改器列表”中选择【Lathe】（车削）命令，对曲线进行旋转修改，结果如图 6-53 所示。

❼ 在右侧参数面板的对齐方式中选择【Min】（最小），并设置【Segments】（分段）为 32。此时透视图中的苹果造型如图 6-54 所示。

❽ 在顶视图中的苹果中心拉出一个圆柱体作为苹果梗，并移动到适当位置。前视图中添加苹果梗后的苹果造型如图 6-55 所示。

❾ 选中作为苹果梗的圆柱体，打开【Modify】（修改）命令面板，在“修改器列表”中选

择【Bend】（弯曲）命令，适当调整参数，对苹果梗进行弯曲修改，结果如图 6-56 所示。

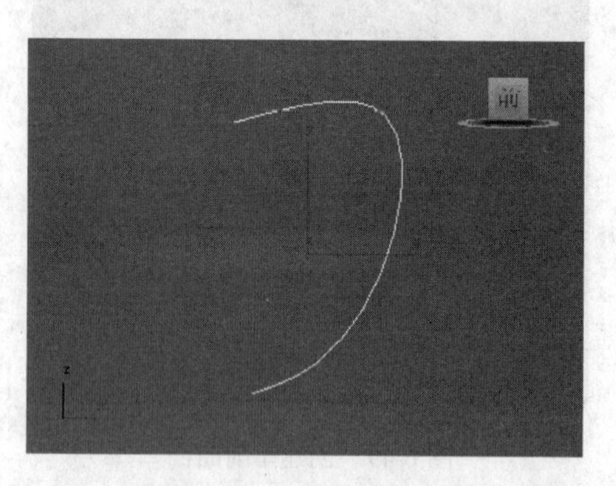

图 6-50　绘制苹果半截面

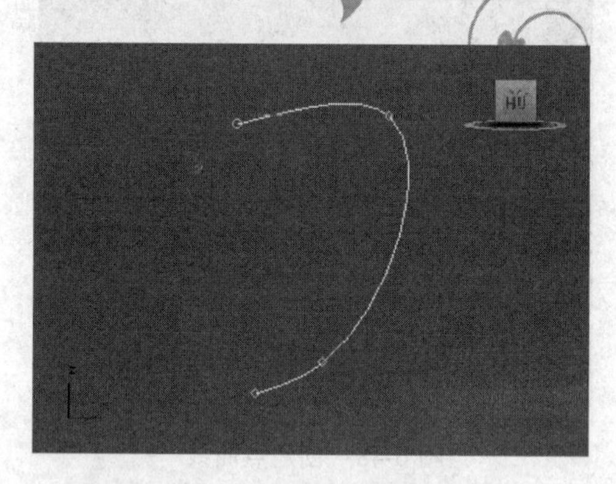

图 6-51　显示全部节点

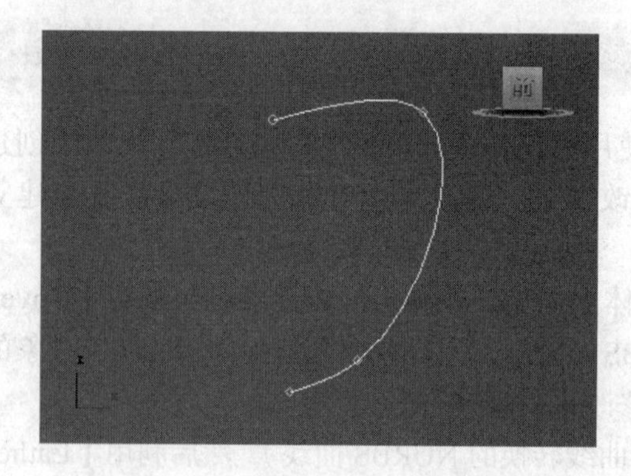

图 6-52　调整后的苹果半截面

图 6-53　旋转修改曲线

❿ 至此，苹果造型创建完毕，有兴趣的读者还可给苹果造型赋予材质和贴图，使其更加真实。这里给出一张创建完成的苹果造型参考图，如图 6-57 所示。

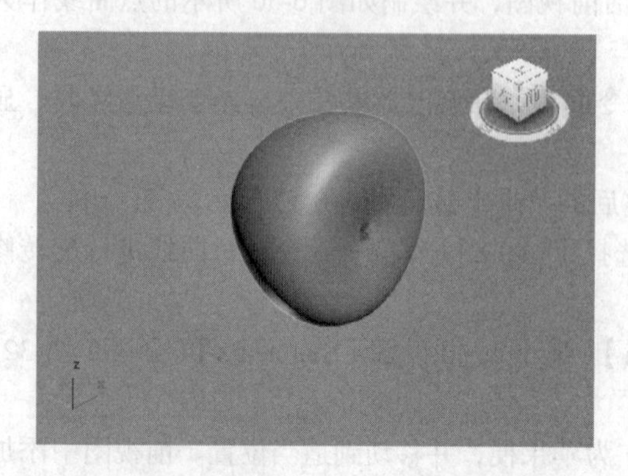

图 6-54　调整对齐方式后的苹果造型

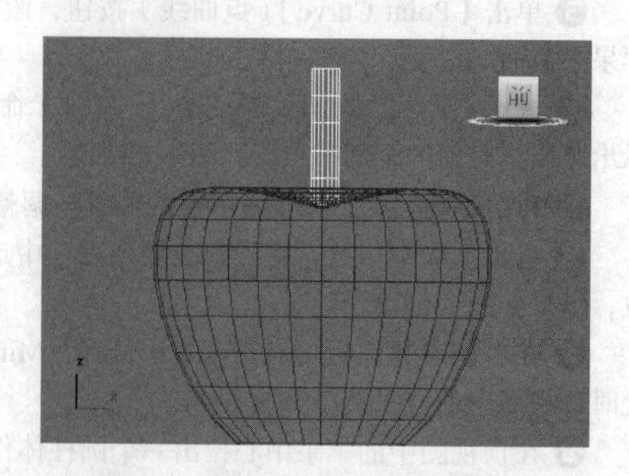

图 6-55　添加苹果梗后的苹果造型

图 6-56　弯曲修改后的苹果梗

图 6-57　创建完成的苹果造型

## 6.5　实战训练——易拉罐

本实例将通过综合应用 NURBS 建模知识创建易拉罐，来巩固对 NURBS 建模方法和技巧的掌握。

❶ 单击【File】(文件)菜单中的【Reset】(重置)命令，重新设置系统。

❷ 打开【Create】(创建)命令面板上的【Shapes】(图形)子命令面板，在下拉列表中选择【NURBS Curves】(NURBS 曲线)选项。

❸ 单击【Point Curve】(点曲线)按钮，激活前视图，并绘制如图 6-58 所示的作为易拉罐半截面的点曲线。

❹ 选中点曲线，打开【Modify】(修改)命令面板，在修改器堆栈中选择点级别修改，显示出易拉罐半截面的全部节点，如图 6-59 所示。

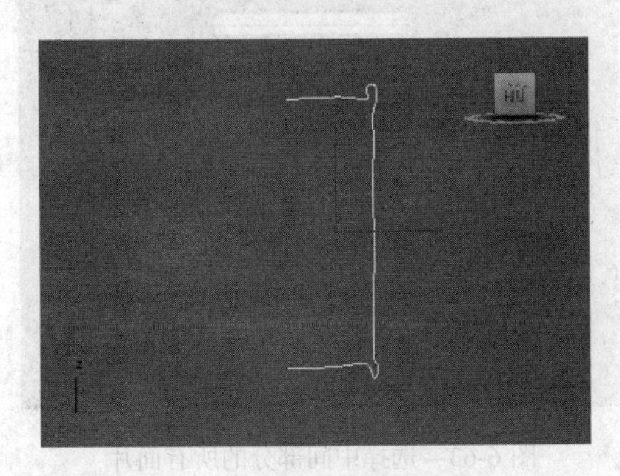


图 6-58　绘制易拉罐半截面

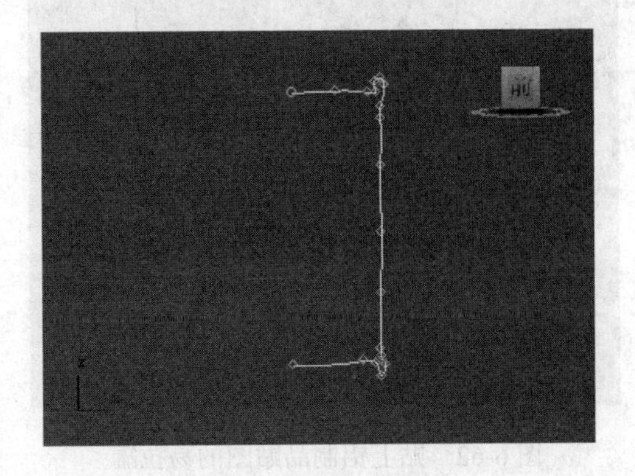


图 6-59　显示全部节点

❺ 利用移动工具，调整各节点的位置，结果如图 6-60 所示。

❻ 退出点级别修改，在"修改器列表"中选择【Lathe】(车削)命令，对曲线进行旋转修改，结果如图 6-61 所示。

❼ 选中刚生成的图形，单击工具栏中的按钮，打开材质编辑器。

❽ 选中一个样本球，在【Map】(贴图)卷展栏中选择【Reflection】(反射)选项，并单击

它旁边的【None】(无贴图)按钮，在弹出的材质 / 贴图浏览器中双击选择【Bitmap】(位图)贴图，从弹出的对话框中选择一张铝制品的图片(电子资料包中的贴图 /CHROMIC.jpg 文件)，设置【Amount】(数量)值为 60。

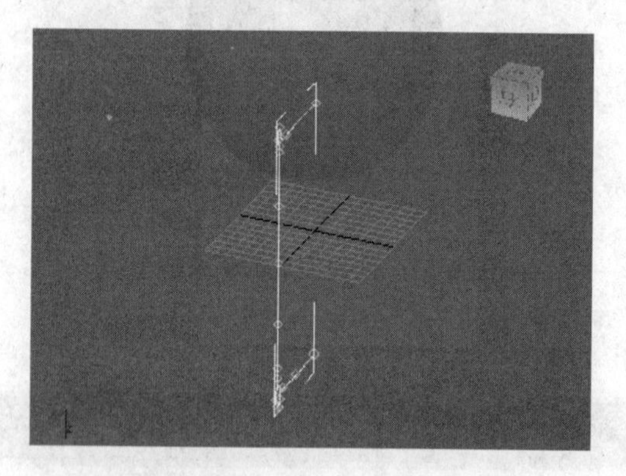

图 6-60　调整节点后的易拉罐半截面

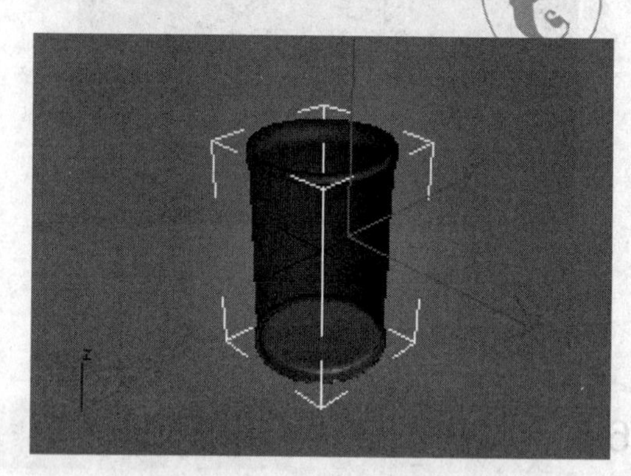

图 6-61　旋转修改曲线

❾ 复制【Reflection】(反射)贴图到【Refraction】(折射)贴图通道，并将【Amount】(数量)值设置为 30。

❿ 单击工具栏中的【Assign Material to Selection】(将材质指定给选定物体)按钮，然后单击【Show Map in Viewport】(视口中显示明暗处理材质)按钮。此时透视图贴上铝制品贴图的易拉罐如图 6-62 所示。

⓫ 选中易拉罐，打开修改命令面板，选择【Edit Mesh】(编辑网格)选项，进入面片层次修改。选择中间部分的所有面片，如图 6-63 所示。

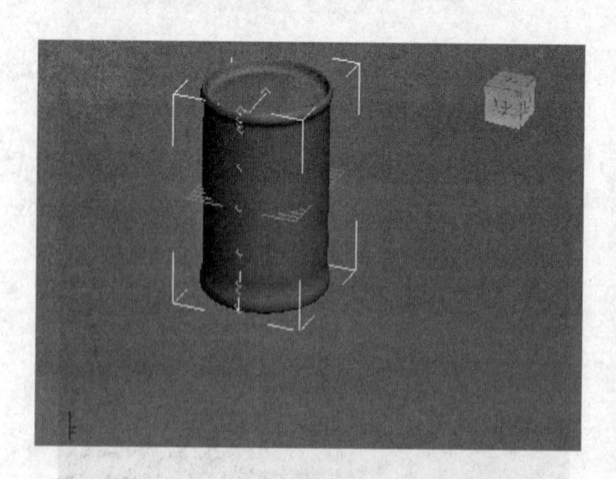

图 6-62　贴上铝制品贴图的易拉罐

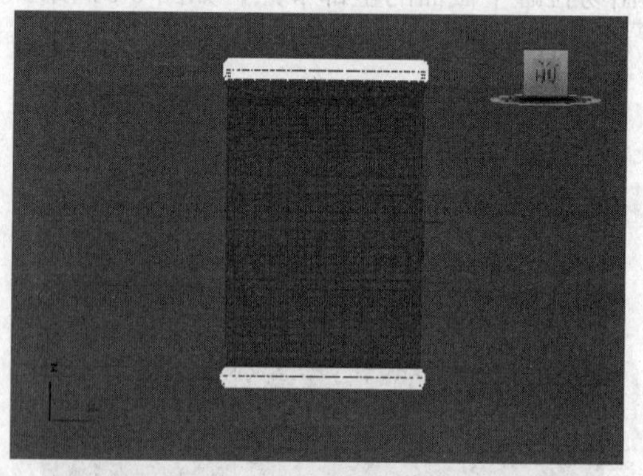

图 6-63　选择中间部分的所有面片

⓬ 在材质编辑器中给这部分面片赋予一张易拉罐贴图(电子资料包中的贴图 /BAIWEI3.jpg 文件)。

⓭ 选中易拉罐，打开修改命令面板。为易拉罐添加【UVW maping】(UVW 贴图)修正贴图坐标。

⓮ 快速渲染透视图，效果如图 6-64 所示。

⓯ 还可以为易拉罐添加桌面作为装饰，此处给出参考效果图，如图 6-65 所示。

图 6-64　渲染后的易拉罐效果图

图 6-65　添加装饰后的易拉罐效果图

## 6.6 课后习题

1. 填空题

（1）NURBS 曲线分为两种类型，即________和________。

（2）NURBS 曲面分为两种类型，即________和________。

2. 问答题

（1）点曲线与控制点曲线有什么不同？

（2）如何用样条曲线来建立 NURBS 曲线？

（3）如何进入次级对象修改？

（4）点曲面与控制点曲面有什么不同？

（5）如何打开 NURBS 工具箱？

（6）NURBS 建模的方法有哪三种？

3. 操作题

（1）分别绘制一条点曲线和控制点曲线，体会两者的区别。

（2）分别创建点曲面和控制点曲面，比较两者的不同。

（3）将多个不同的 NURBS 曲线添加到同一个曲线集当中，练习【Attach】（添加）命令的用法。

（4）绘制一个控制点曲面，对其进行编辑修改，制作出山丘模型。

# 第7章　物体的修改

## 教学目标

建模的过程是先建立模型的雏形，再用编辑器进行修改编辑，使之最终符合要求。可见，模型的修改编辑是很重要的。编辑器是修改造型的主要工具，3ds Max 2024 提供了多种编辑器且功能各异。本章将介绍一些常用编辑器的用法，掌握这些编辑器的使用可创建出完美的造型和动画。

## 教学重点与难点

- 修改器堆栈的使用
- 常用编辑器的使用
- 利用简单编辑器建立复杂模型

## 7.1　初识修改器面板

一些简单的模型和场景在建模阶段即可完成，但大多数情况下还需要经过进一步地修改编辑才能完成。

修改器面板如图 7-1 所示。可以看出，【Modify】(修改)命令面板分为 4 个基本区域，分别是：

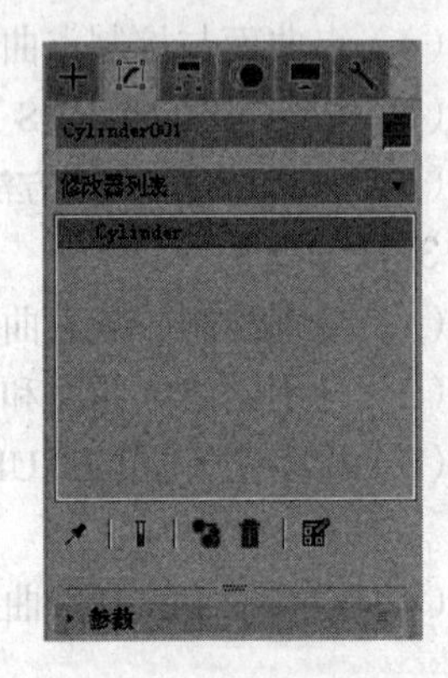


图 7-1　修改器面板

✧ 名称与颜色编辑区：位于【Modify】(修改)命令面板的顶部，可以动态地显示被选物体的名称和颜色，并且可以随时进行编辑。物体名称在文本框中直接修改即可，颜色修改需单击文本框右边的颜色按钮，在弹出的【Object Color】(物体颜色)对话框中设定所需的颜色。

✧【Modifier List】(修改器列表)：位于名称与颜色编辑区的下方，其中列举了各种修改器。这些修改器只有在当前被选对象有效时才可使用。单击右侧的小三角，即可看到全部修改器。

✧【Modifier Stack】(修改器堆栈)：此区域可储存和管理修改器。当用户对某一对象进行修改时，所用过的各种修改器便显示在该区域内，可方便用户重复操作。

✧【Parameters】(参数)区：位于【Modify】(修改)命令面板的最底部。该区域显示当前修改器堆栈中被选对象的参数。

其中，名称和颜色编辑区比较简单，和【Create】(创建)命令面板上的名称和颜色编辑区完全相同，参数区根据物体的种类和所选择的修改器不同而有所不同。下面重点介绍修改器堆栈和修改器列表。

## 7.2 修改器堆栈的使用

【Modifier Stack】(修改器堆栈)用于存储物体创建及修改编辑过程中的参数与信息。3ds Max 中创建的每一个物体都有自己的堆栈。通过堆栈，可以了解物体的创建及编辑过程，并可以动态地改变物体的每一个创建及编辑参数，达到修改物体及产生动画的效果。

修改器堆栈可以把每一步的操作记录保存起来。它具有堆栈的特点，就是先进后出。它以堆栈的结构把每一步的操作保存起来，提供一个操作名称的列表，最先进行的操作被放在堆栈的底部，而最后一步操作放在堆栈的顶端。

### 7.2.1 应用编辑修改器

只有对物体应用了修改器进行修改后，修改器堆栈里面才有相关的修改器历史操作。如果没对物体应用修改器，修改器堆栈里面仅有所选物体的名称。下面举例介绍。

❶ 单击【File】(文件)菜单中的【Reset】(重置)命令，重新设置系统。

❷ 打开【Create】(创建)命令面板，单击【Geometry】(几何体)按钮●，展开【Object Type】(对象类型)卷展栏，在透视图中创建一个长方体。

❸ 选中长方体，打开【Modify】(修改)命令面板，观察此时修改器堆栈的内容，应用修改器前如图 7-2 所示。

❹ 单击【Modifier List】(修改器列表)旁边的小三角，在弹出来的列表里任意选择一个修改器，这里选择【Noise】(噪波)，对物体进行修改。

❺ 观察修改器堆栈中的内容，发现应用修改器后，除了物体的名称以外，刚才选择的修改器也出现在了修改器堆栈里，如图 7-3 所示。

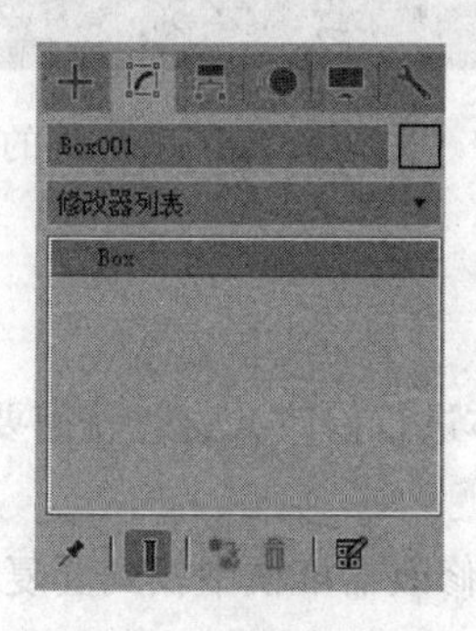


图 7-2 应用修改器前

图 7-3 应用修改器后

### 7.2.2 开关编辑修改器

在修改器堆栈中，每一个修改器前面均有一个图标，它的作用是打开或者关闭修改器。如果要查看该修改器对物体的影响效果，可以使用该图标。下面继续使用上面的例子介绍。

❶ 选中长方体，打开【Modify】(修改)命令面板，使修改器堆栈中的修改器图标按钮处于开启状态，如图 7-4 所示。

❷ 观察透视图，应用【Noise】(噪波)修改器后的长方体形状如图 7-5 所示。要说明的是，

读者所做的效果图跟这里不一样没关系，这里的目的不是为了做效果图，而是用来做对比。

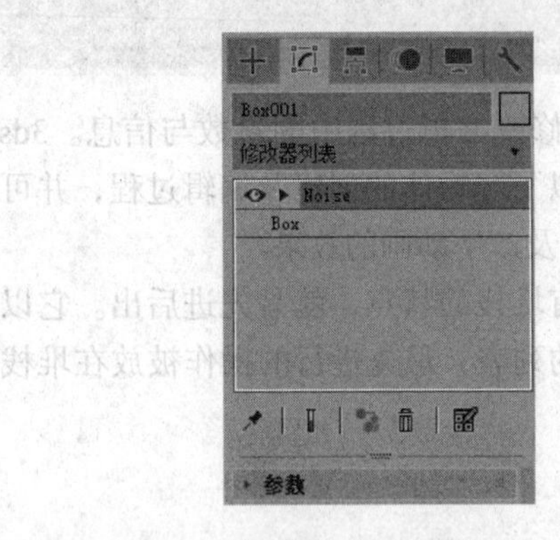


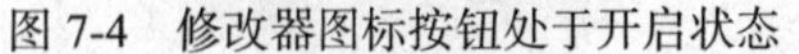

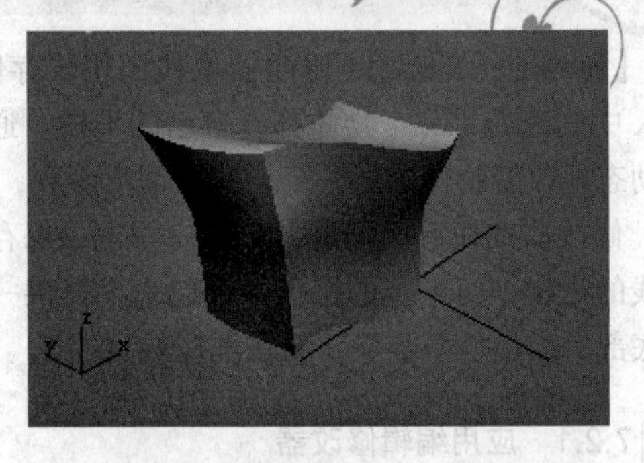

图 7-4　修改器图标按钮处于开启状态　　　　图 7-5　应用修改器后的长方体形状

❸ 打开【Modify】(修改)命令面板，使修改器堆栈中的修改器图标按钮处于关闭状态，如图 7-6 所示。关闭修改器后长方体的形状如图 7-7 所示。

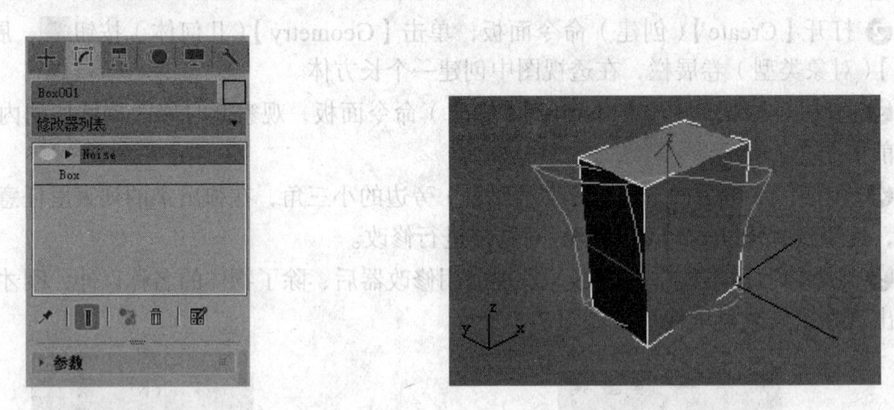


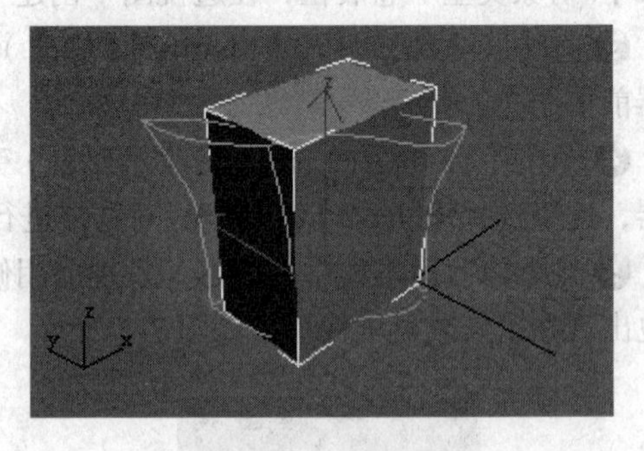

图 7-6　修改器图标按钮处于关闭状态　　　　图 7-7　关闭修改器后长方体的形状

### 7.2.3　复制和粘贴修改器

在建模的过程中，有时候需要使用同样的修改器对物体进行修改，这时就需要用到修改器的复制和粘贴功能。下面继续使用上面的例子介绍。

❶ 选中长方体，打开【Modify】(修改)命令面板，在修改器堆栈中找到要复制的修改器，这里选择【Noise】(噪波)修改器，如图 7-8 所示。

❷ 在其上面右击，弹出快捷菜单，如图 7-9 所示。在菜单中选择【Copy】(复制)命令，即可全部复制使用该修改器对物体修改的相关参数。注意：这里不能用 Ctrl+C 来复制，因为这样会使透视图切换到摄像机视图。

❸ 在修改器堆栈中指定需要插入的位置，再次右击，在弹出的快捷菜单中选择【Paste】(粘贴)命令，即可将修改器粘贴到相应的位置，如图 7-10 所示。注意：这里不能用 Ctrl+V 来粘贴，因为这样只会复制一个同样的物体而不是复制修改器。

❹ 观察透视图，发现长方体形状发生了变化，如图 7-11 所示。这是因为在原来噪波修改器的基础上又多了一个噪波修改器。

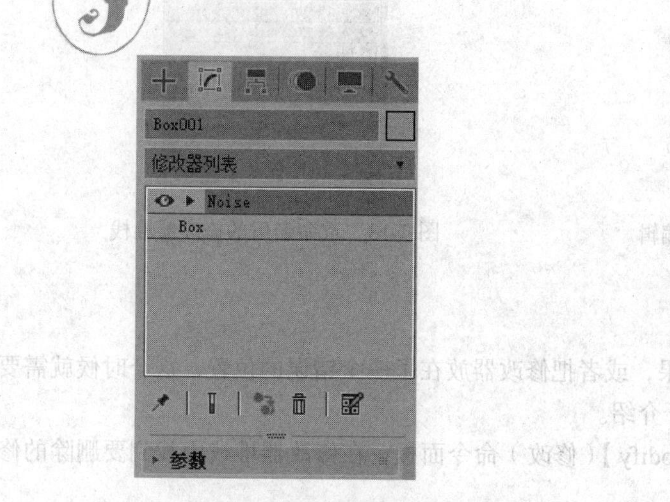


图 7-8　选择【Noise】(噪波)修改器

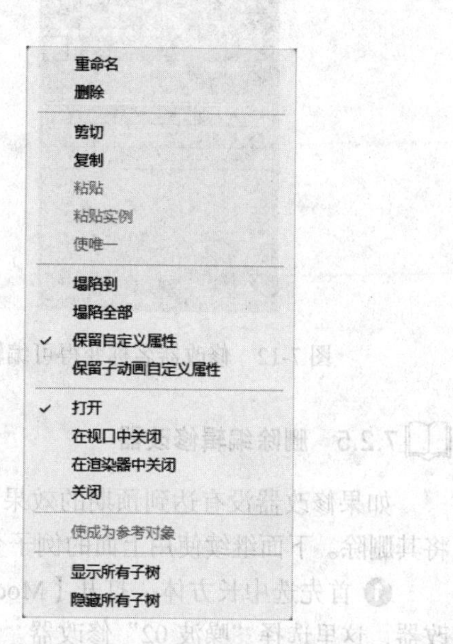


图 7-9　快捷菜单

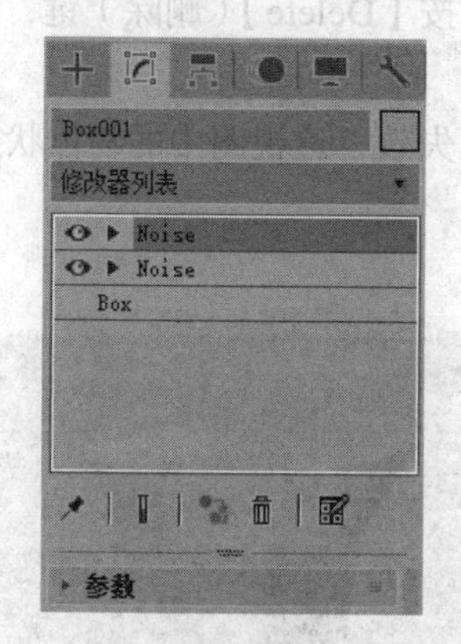


图 7-10　粘贴修改器后的修改器堆栈

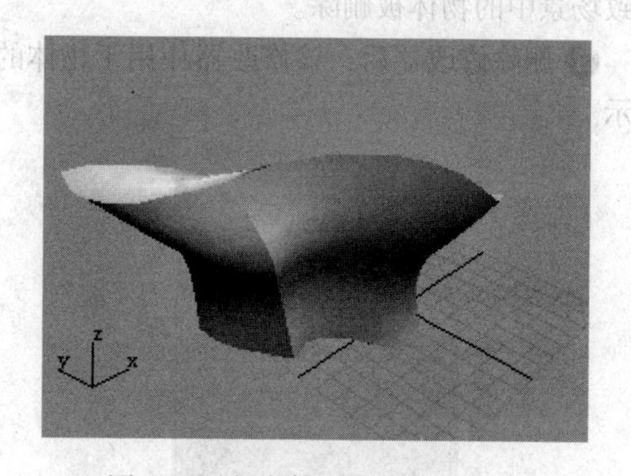

图 7-11　长方体形状发生了变化

### 7.2.4　重命名编辑修改器

一般来讲，系统默认的修改器的名称就是修改器本身的名称。读者可以根据自己的需要来命名修改器，如在复制粘贴修改器后，修改器堆栈中两个修改器的名称一样，不方便了解修改的过程，这时就可以重命名修改器。下面继续使用上面的例子介绍。

❶ 选中长方体，打开【Modify】(修改)命令面板，在修改器堆栈中找到要重命名的修改器，这里选择第一个【Noise】(噪波)修改器，然后在其上面右击。

❷ 弹出快捷菜单，在菜单中选择【Rename】(重命名)命令，此时修改器堆栈中的修改器名称变得可编辑，如图 7-12 所示。输入“噪波 01”。

❸ 用同样方法，修改第二个修改器名称为“噪波 02”。重命名后的修改器堆栈如图 7-13 所示。

图 7-12　修改器名称变得可编辑

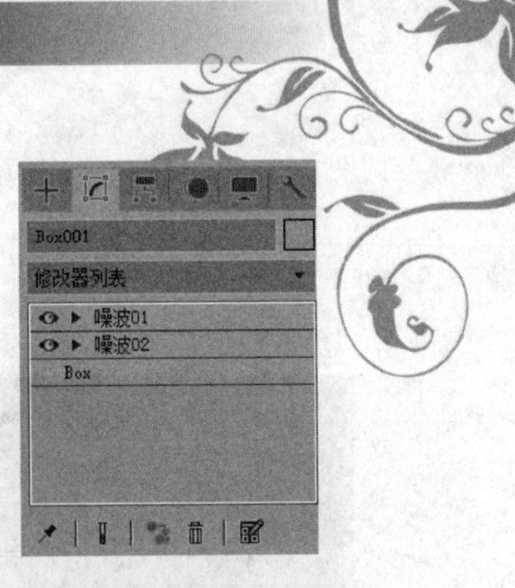


图 7-13　重命名后的修改器堆栈

### 7.2.5　删除编辑修改器

如果修改器没有达到预期的效果，或者把修改器放在了一个错误的位置，这个时候就需要将其删除。下面继续使用上面的例子介绍。

❶ 首先选中长方体，打开【Modify】(修改)命令面板，在修改器堆栈中找到要删除的修改器，这里选择“噪波 02”修改器。

❷ 在“噪波 02”修改器上面单击，使其变成灰色选中状态，单击下边的🗑按钮，即可将选择的修改器删除，结果如图 7-14 所示。注意：删除时不能按【Delete】(删除)键，因为这样会导致场景中的物体被删除。

❸ 删除修改器后，该修改器作用于物体的修改也随之失效，透视图中的物体状态如图 7-15 所示。

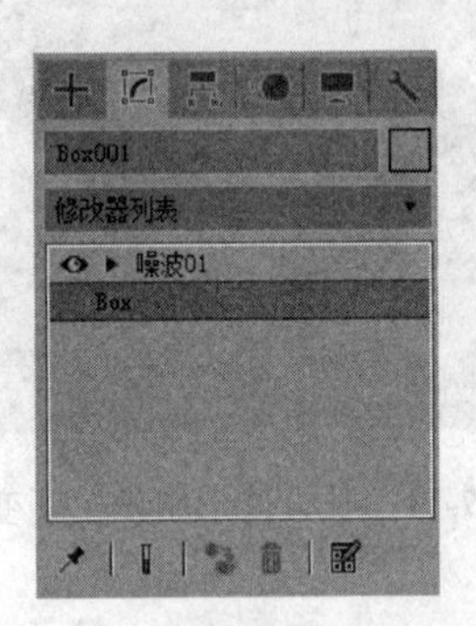


图 7-14　删除后的修改器堆栈

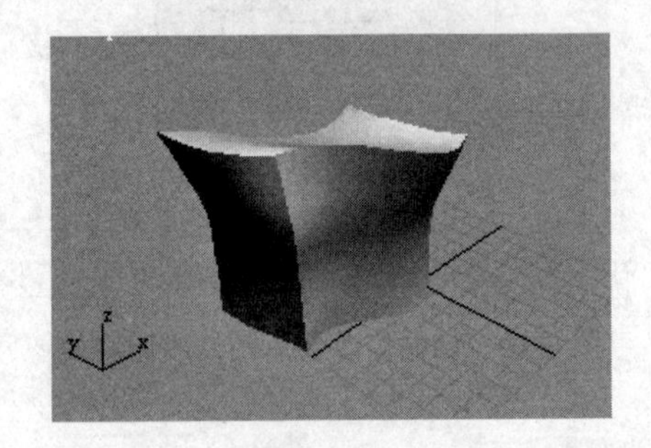

图 7-15　删除修改器后的物体状态

### 7.2.6　修改器的范围框

对物体的修改功能实际上是作用于物体范围框，它用橘黄色框表示，代表物体的结构，可以对它进行移动、旋转等变换，从而影响物体的形状。下面继续使用上面的例子介绍。

❶ 选中长方体，打开【Modify】(修改)命令面板，在修改器堆栈中找到要修改的修改器。这里选择“噪波 01”修改器。

❷ 在“噪波 01”修改器前面的三角形符号上面单击，展开“噪波 01”修改器，结果如图 7-16 所示。

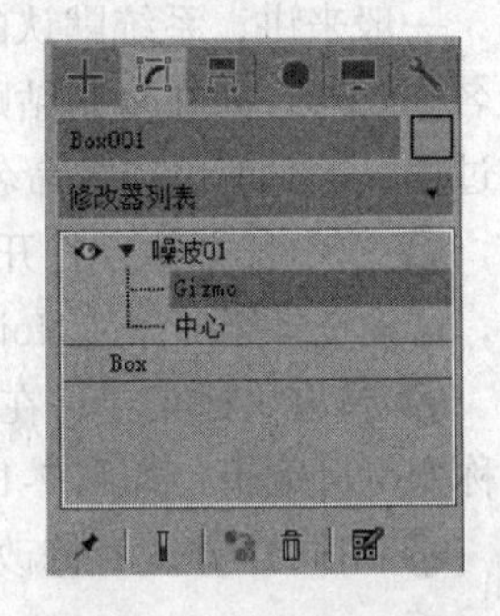


图 7-16　展开修改器

❸ 在【Gizmo】(范围框)上面单击，使其变成灰色选中状态。

❹ 选取工具栏上的移动工具，在透视图中移动橘黄色框，同时长方体的形状发生变化，如图 7-17 所示。

❺ 同样，可以通过变换【Center】(中心)来改变物体的形状，结果如图 7-18 所示。

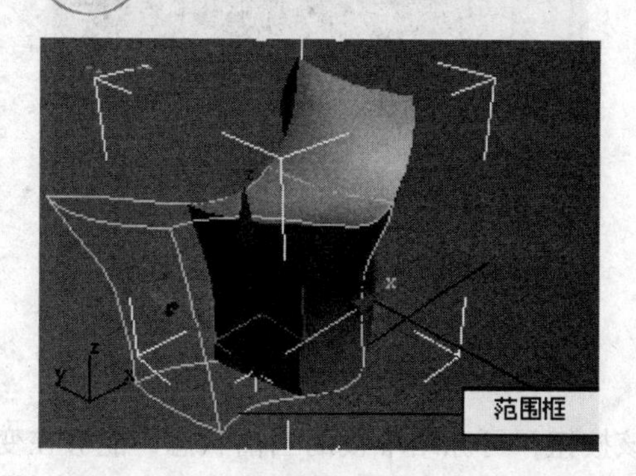


图 7-17 长方体的形状发生变化

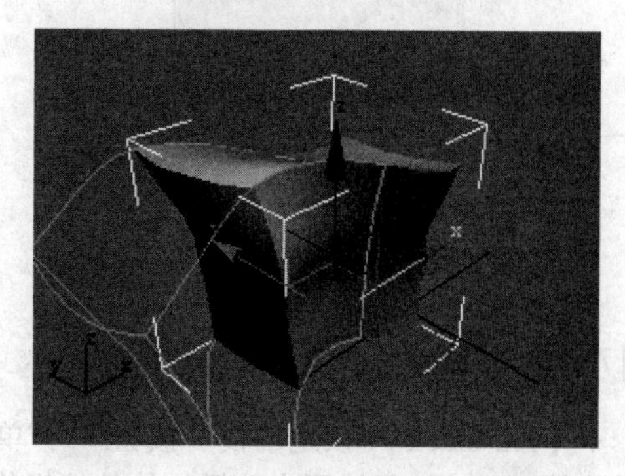

图 7-18 通过变换中心改变长方体形状

### 7.2.7 塌陷堆栈操作

编辑修改器堆栈不仅记录了物体从创建到修改的每一步操作，而且保留了 3ds Max 场景文件中的所有编辑操作，因而编辑修改器对内存的消耗非常大。塌陷堆栈是减少物体耗费内存的好办法。塌陷堆栈操作保留每个编辑修改器对物体作用的效果，将对象缩减成高级的几何体。但塌陷后的编辑修改器的作用效果被冻结成为显式的，不能再进行编辑。下面继续使用上面的例子介绍。

❶ 首先选中长方体，打开【Modify】(修改)命令面板，在修改器堆栈中找到要塌陷的修改器。这里选择“噪波 01”修改器。

❷ 在“噪波 01”修改器上面右击，在弹出的快捷菜单里选择【Collapse To】(塌陷到)命令，弹出如图 7-19 所示的对话框，提示是否塌陷。

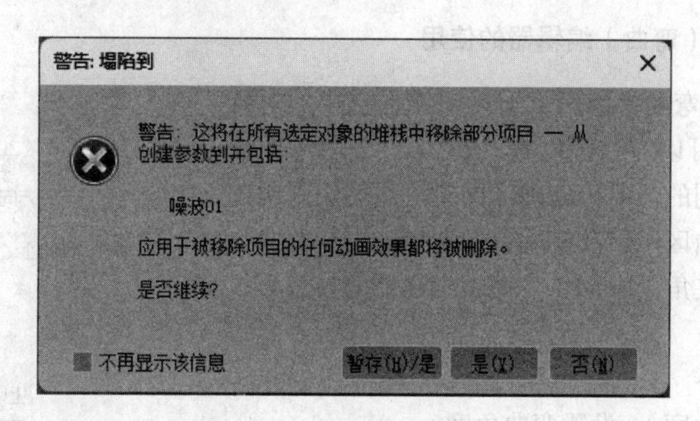


图 7-19 警告对话框

❸ 单击【Yes】(是)按钮，完成塌陷操作。观察修改器堆栈和透视图中物体的变化，可以看到修改器堆栈中的修改器名称变成了【Editable Mesh】(可编辑网格)，如图 7-20 所示。此时透视图中的橘黄色框消失，只有一个白色的框，塌陷后的物体状态如图 7-21 所示。

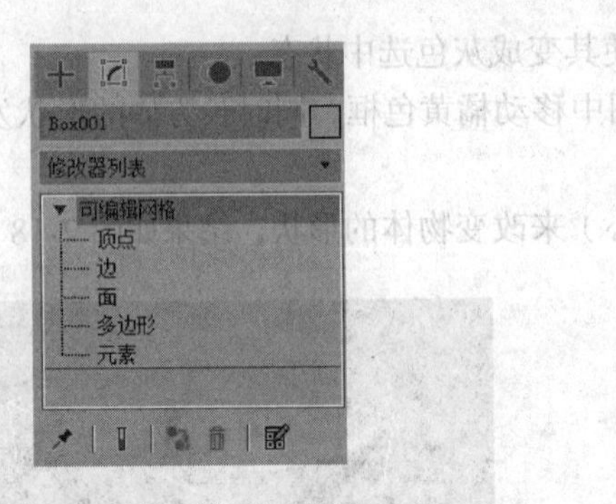


图 7-20　塌陷后的修改器名称

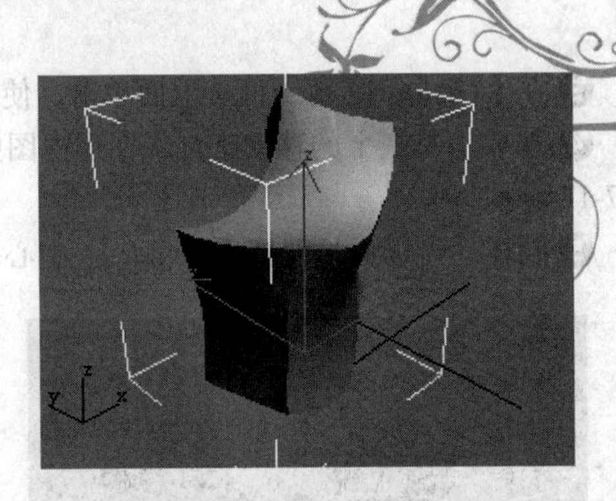

图 7-21　塌陷后的物体状态

### 7.2.8　修改器堆栈的其他按钮简介

✧【Pin Stack】(锁定堆栈)按钮：单击该按钮，可冻结堆栈的当前状态，能够在变换场景物体时，继续保持原来选择物体的编辑修改器的激活状态。由于修改命令面板总是反映当前选择物体的状态，因而【Pin Stack】(锁定堆栈)就成为一种特殊情况。这种特殊情况对于协调编辑修改器的最后结果和其他对象的位置和方向非常有帮助。

✧【Show end result on/off toggle】(显示最终结果开 / 关切换)按钮：用于确定是否显示堆栈中的其他编辑修改器的作用结果。该功能可以直接看到某一项编辑修改器产生的效果，避免其他的编辑修改器产生效果的干扰。通常在观察一项编辑修改器产生效果时，关闭该按钮；在观察所有的编辑修改器产生的总体效果时，打开该按钮。

✧【Make unique】(使唯一)按钮：单击该按钮，可使物体关联编辑修改器独立，去除与共享同一编辑修改器的其他物体的关联。

## 7.3　常用编辑器的使用

### 7.3.1　【Bend】(弯曲)编辑器的使用

使用【Bend】(弯曲)编辑器可以对当前选中的对象进行弯曲化处理，可以对物体以 X、Y、Z 三个轴中的任意一个方向进行规则的弯曲化处理，同时可以使用限制选项来限制物体的弯曲区域以及使用方向选项来限制弯曲方向与水平面之间的夹角。Bend(弯曲)编辑器的参数面板如图 7-22 所示。

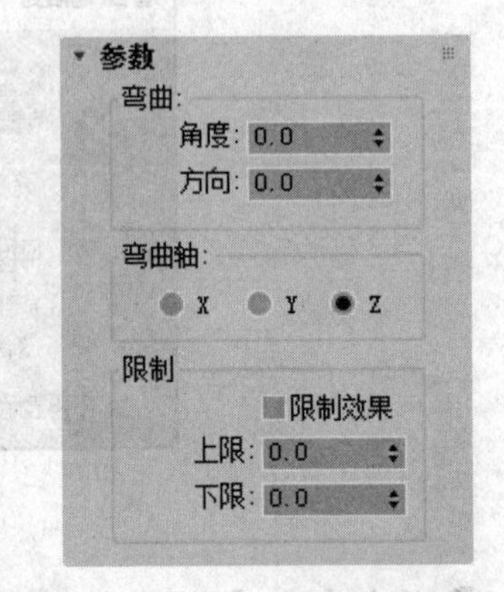


图 7-22　弯曲编辑器参数面板

01 参数简介

✧【Angle】(角度)：设置弯曲角度。

✧【Direction】(方向)：设置弯曲的方向。

✧【Bend Axis】(弯曲轴)：设置弯曲的基准轴。可以以 X、Y、Z 任一轴为基准进行弯曲变形。

✧【Upper Limit】(上限)：设置弯曲变形的上限，在此限度以上的区域将不受弯曲变形的影响。

✧【Lower Limit】(下限)：设置弯曲变形的下限，在此限度以下的区域将不受弯曲变形的影响。

**02 实例应用**

❶ 单击【File】(文件) 菜单中的【Reset】(重置) 命令，重新设置系统。

❷ 打开【Create】(创建) 命令面板，单击【Geometry】(几何体) 按钮●，展开【Object Type】(对象类型) 卷展栏，在透视图中创建一个圆柱体，如图 7-23 所示。

❸ 选中圆柱体，打开【Modify】(修改) 命令面板，在【Modifier List】(修改器列表) 中按 B 键快速选择【Bend】(弯曲) 编辑器。此时圆柱参数面板跳转至弯曲参数面板。为了对比效果，再复制三个独立的圆柱体。

❹ 在参数面板中分别设置第一 ~ 四个圆柱体的弯曲角度【Angle】值为 30、90、180、360。不同弯曲角度的效果如图 7-24 所示。

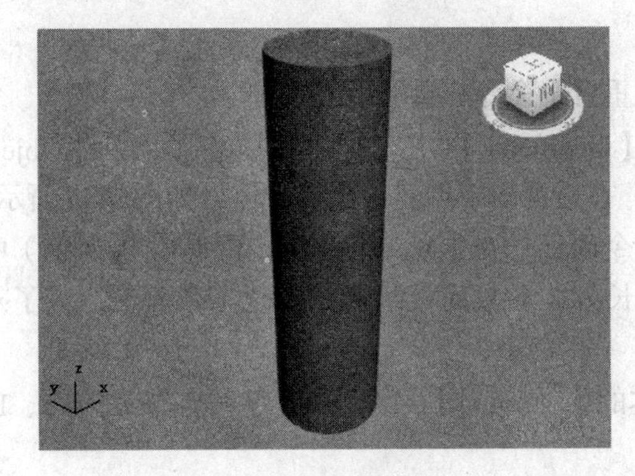

图 7-23　创建圆柱体

图 7-24　不同弯曲角度的效果

❺ 取消上步操作，在参数面板中设置四个圆柱体的【Angle】(角度) 值均为 50，再分别设置第一 ~ 四个圆柱体的【Direction】(方向) 值为 0、90、180、270。不同弯曲方向的效果如图 7-25 所示。

❻ 取消上步操作，在参数面板中设置四个圆柱体的【Angle】(角度) 值均为 50，并勾选【Limit Effect】(限制效果) 复选框，再分别设置第一 ~ 四个圆柱体的【Upper Limit】(上限) 值为 0、30、60、90。观察透视图，不同弯曲上限的效果如图 7-26 所示。

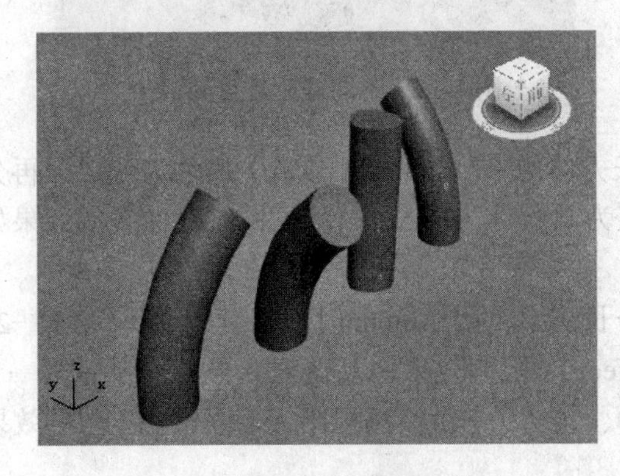

图 7-25　不同弯曲方向的效果

图 7-26　不同弯曲上限的效果

### 7.3.2 【Taper】(锥化)编辑器的使用

使用【Taper】(锥化)编辑器可通过放缩物体的两端而产生锥形轮廓，可以限制物体局部锥化的效果。【Taper】(锥化)编辑器的参数面板如图 7-27 所示。

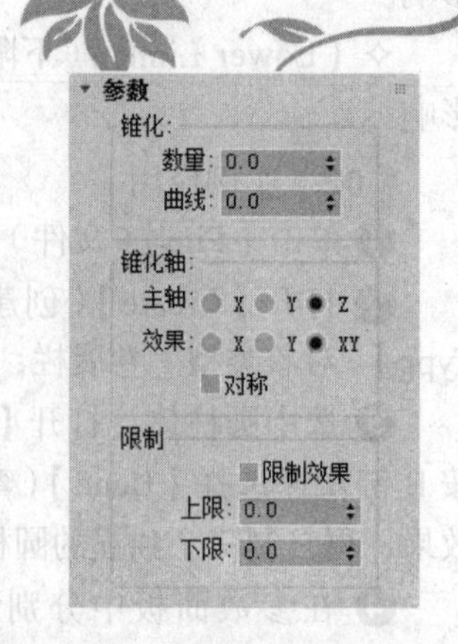


图 7-27　锥化编辑器参数面板

**01** 参数简介

✧【Amount】(数量)：设置锥化倾斜程度。

✧【Curve】(曲线)：设置锥化的弯曲程度。

✧【Taper Axis】(锥化轴)：设置基本的依据轴向。

✧【Upper Limit】(上限)：设置弯曲变形的上限，在此限度以上的区域将不受弯曲变形的影响。

✧【Lower Limit】(下限)：设置弯曲变形的下限，在此限度以下的区域将不受弯曲变形的影响。

**02** 实例应用

❶ 单击【File】(文件)菜单中的【Reset】(重置)命令，重新设置系统。

❷ 打开【Create】(创建)命令面板，单击【Geometry】(几何体)按钮●，展开【Object Type】(对象类型)卷展栏，设置高的段数为 10，在透视图中创建一个长方体，如图 7-28 所示。

❸ 选中长方体，打开【Modify】(修改)命令面板，在【Modifier List】(修改器列表)中按 T 键快速选择【Taper】(锥化)编辑器。此时长方体参数面板跳转至锥化参数面板。为了对比效果，再复制三个独立的长方体。

❹ 在参数面板中分别设置第一 ~ 四个长方体的【Amount】(数量)值为 −0.5、−1、0.5、1。不同锥化数量的效果如图 7-29 所示。

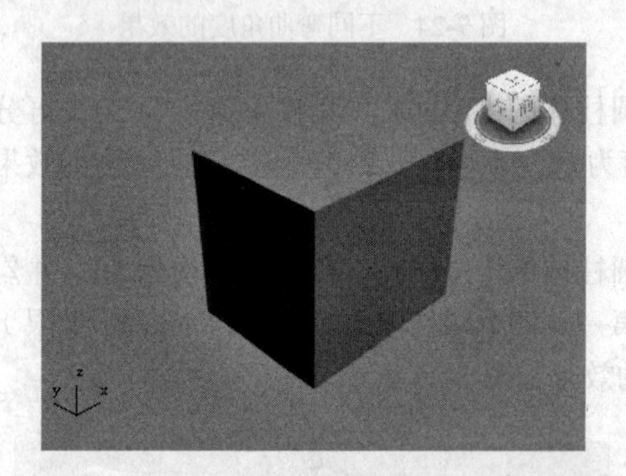

图 7-28　创建长方体

图 7-29　不同锥化数量的效果

❺ 取消上步操作，在参数面板中设置四个长方体的【Amount】(数量)值均为 −0.5，再分别设置第一 ~ 四个长方体的【Curve】(曲线)值为 0.5、1、−0.5、−1。不同锥化曲线的效果如图 7-30 所示。

❻ 取消上步操作，在参数面板中将四个长方体的【Amount】(数量)值均设为 −2，【Curve】(曲线)值均设为 0，并勾选【Limit Effect】(限制效果)复选框，再分别设置第一 ~ 四个长方体的【Upper Limit】(上限)值为 0、10、20、30。观察透视图，不同锥化上限的效果如图 7-31 所示。

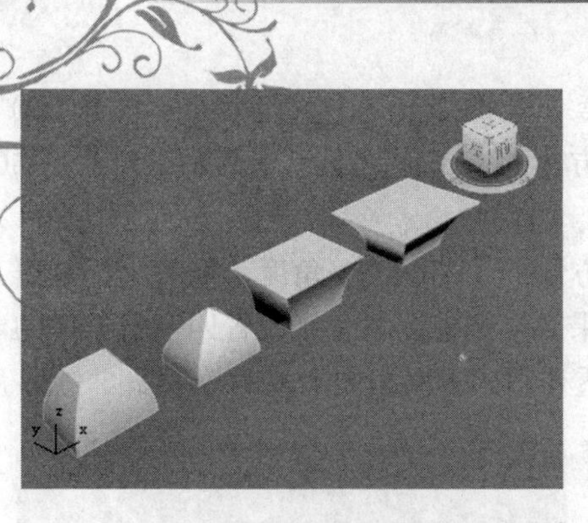

图 7-30 不同锥化曲线的效果

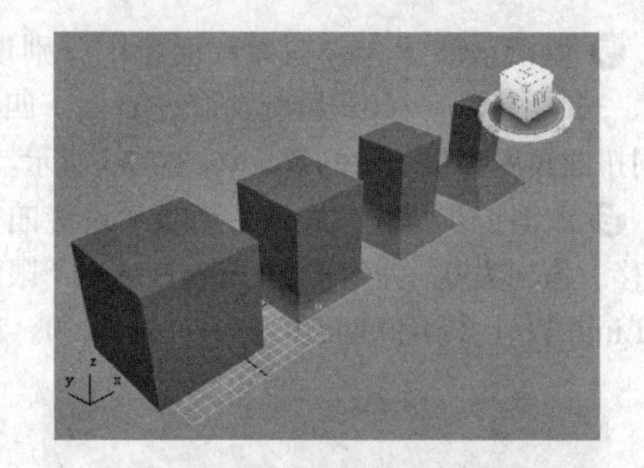

图 7-31 不同锥化上限的效果

### 7.3.3 【Twist】(扭曲)编辑器的使用

【Twist】(扭曲)编辑器的参数面板如图 7-32 所示。

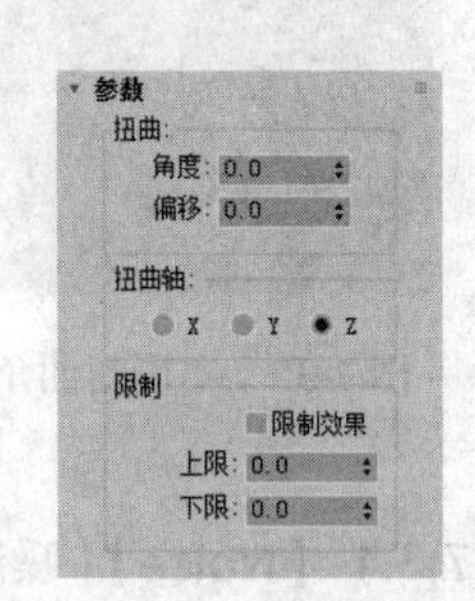


图 7-32 扭曲编辑器参数面板

**01** 参数简介

✧【Angle】(角度):设置扭曲的角度。

✧【Bias】(偏移):该数值表示扭曲沿物体扭曲轴的分布情况。该值越大,扭曲越集中在扭曲轴的上部;该值越小,扭曲越集中在扭曲轴的下部。

✧【Twist Axis】(扭曲轴):设置基本的依据轴向。

✧【Upper Limit】(上限):设置扭曲变形的上限值。

✧【Lower Limit】(下限):设置扭曲变形的下限值。

**02** 实例应用

❶ 单击【File】(文件)菜单中的【Reset】(重置)命令,重新设置系统。

❷ 打开【Create】(创建)命令面板,单击【Geometry】(几何体)按钮●,展开【Object Type】(对象类型)卷展栏,设置高的段数为 10,在透视图中创建一个条形长方体,如图 7-33 所示。

❸ 选中长方体,打开【Modify】(修改)命令面板,在【Modifier List】(修改器列表)中按 T 键快速选择【Twist】(扭曲)编辑器。此时长方体参数面板跳转至扭曲参数面板。为了对比效果,再复制三个独立的长方体。

❹ 在参数面板中分别设置第一 ~ 四个长方体的【Angle】(角度)值为 90、180、270、360。不同扭曲角度的效果如图 7-34 所示。

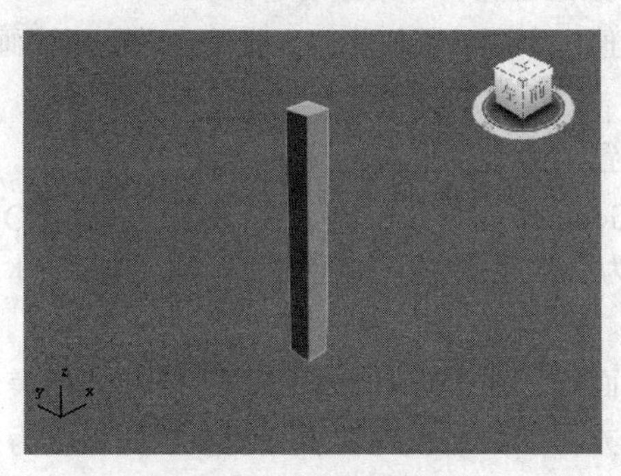

图 7-33 创建条形长方体

图 7-34 不同扭曲角度的效果

❺ 取消上步操作，在参数面板中分别设置第一 ~ 四个长方体的【Angle】(角度)值为 360、360、360、−360，再分别设置第一 ~ 四个长方体的【Bias】(偏移)值为 0、50、−50、0。不同扭曲角度和偏移量的效果如图 7-35 所示。

❻ 取消上步操作，在参数面板中设置四个长方体的【Angle】(角度)值均为 360、【Bias】(偏移)值均为 0，并勾选【Limit Effect】(限制效果)复选框，再分别设置四个长方体的【Upper Limit】(上限)值为 50、100、150、200。观察透视图，不同扭曲上限的效果如图 7-36 所示。

图 7-35 不同扭曲角度和偏移量的效果

图 7-36 不同扭曲上限的效果

## 7.3.4 【Noise】(噪波)编辑器的使用

【Noise】(噪波)编辑器的功能是给几何造型体加上一些随机的变化，使之生成有随机外观的形体。例如，可以给一平整的面片进行【Noise】(噪波)变形，使其具有不规则的起伏形态，再利用它来制作出立体的模型。【Noise】(噪波)编辑器的参数面板如图 7-37 所示。

**01** 参数简介

✧【Seed】(种子)：表示随机数生成器的模式，其值必须为整数。

✧【Scale】(比例)：参数表示噪波的总体比例，数值越大则噪波越粗。设置其值为 100。

✧【Roughness】(粗糙度)：表示不规则形状的尺寸或者曲线的总体表面粗糙度。其值介于 0 ~ 1 之间。

✧【Iterations】(迭代次数)：确定生成噪波所需要的不规则函数计算次数。数值越高，生成的不规则图形噪波越精确，但所需时间越长。

✧【X、Y、Z】：分别表示形体沿这 3 个轴方向产生的噪波的强度大小。

✧【Frequency】(频率)：噪波变动的频率值。数值越大，对象颤动越快。

✧【Phase】(相位)：影响噪波动画控制的相位值。不同的数值将产生噪波参数的不同画面。

**02** 实例应用

❶ 单击【File】(文件)菜单中的【Reset】(重置)命令，重新设置系统。

❷ 打开【Create】(创建)命令面板，单击【Geometry】(几何体)按钮 ，展开【Object Type】(对象类型)卷展栏，设置长和宽的段数均为 20，在透视图中创建一个板状长方体，如图 7-38 所示。

❸ 选中长方体，打开【Modify】(修改)命令面板，在【Modifier List】(修改器列表)中按 N 键快速选择【Noise】(噪波)编辑器。此时长方体参数面板跳转至噪波参数面板。为了对比效果，再复制三个独立的长方体。

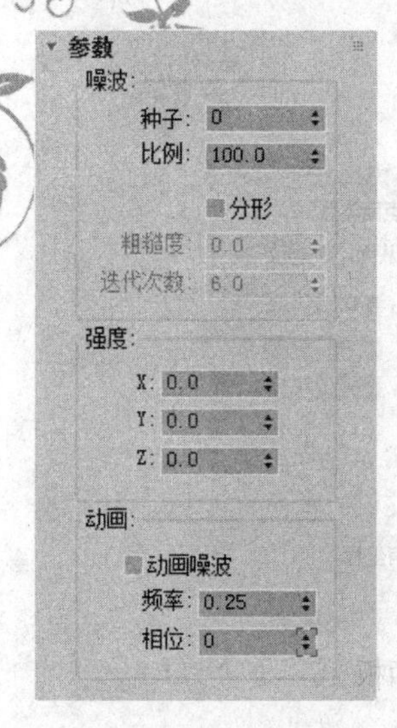

图 7-37 噪波编辑器参数面板　　图 7-38 创建板状长方体

❹ 在参数面板中分别设置第一 ~ 四个长方体的【Strength】(强度)中的 Z 值为 100、200、300、400。不同噪波强度的效果如图 7-39 所示。

❺ 取消上步操作，在参数面板中设置四个长方体的【Strength】(强度)中的 Z 值均设为 200，再设置第一 ~ 四个长方体的【Scale】(比例)值分别为 40、60、80、100。观察透视图，不同噪波比例的效果如图 7-40 所示。

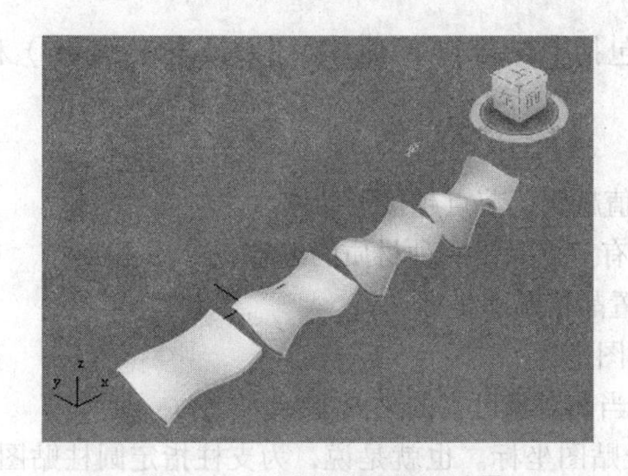

图 7-39 不同噪波强度的效果　　图 7-40 不同噪波比例的效果

### 7.3.5 【Lattice】(晶格)编辑器的使用

使用【Lattice】(晶格)编辑器能将所选中的对象处理成晶格。这种功能对于网架结构的建模非常有用。【Lattice】(晶格)编辑器的参数面板如图 7-41 所示。

**01** 参数简介

- 【Geometry】(几何体)：设置晶格的组成。
  - ✧【Apply to Entine Object】(应用于整个对象)：晶格仅由支柱构成，支柱的连接处无节点。
  - ✧【Joints Only from Vertices】(仅来自顶点的节点)：晶格仅由节点构成，没有支柱。
  - ✧【Both】(二者)：晶格不仅包括支柱，也包括节点。

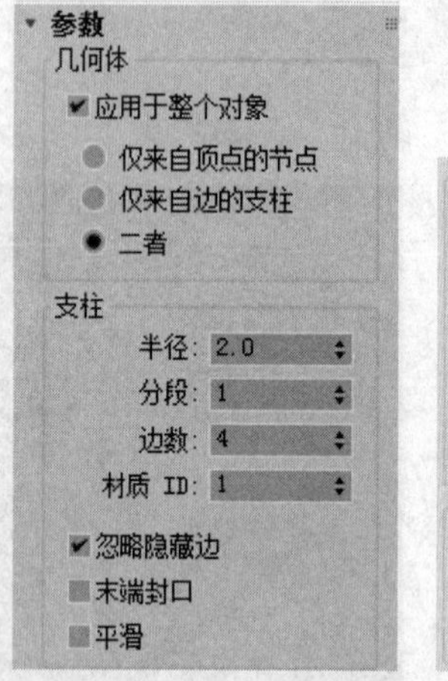

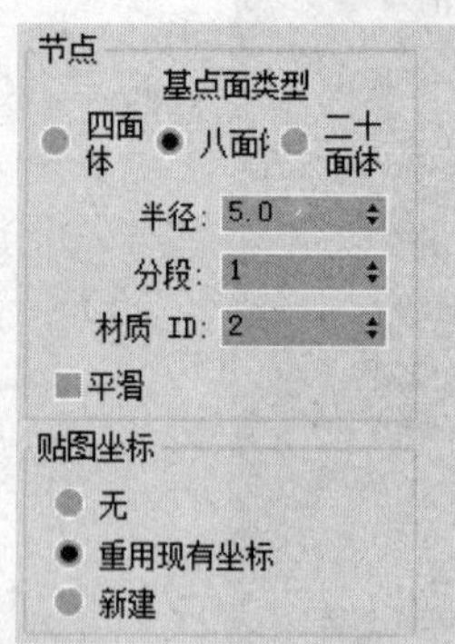


图 7-41　晶格编辑器参数面板

✹【Struts】(支柱)：其中的选项可对支柱的大小及段数进行调解。

✧【Radius】(半径)：调节支柱的半径大小。

✧【Segments】(分段)：调节支柱长度方向的段数。一般设置为 1。

✧【Sides】(边数)：调节支柱截面的边数。边数越多，支柱越近似于圆柱体。

✧【Material ID】(材质 ID)：给该晶格中所有支柱赋予一种材质的编号，以便以后可以给支柱和点分别赋予不同材质。

✹【Joints】(节点)：控制节点的相关参数。

✹【Geodesic Base Type】(基点面类型)：包括【Tetra】(四面体)、【Octa】(八面体)和【Icosa】(二十面体)。

✧【Radius】(半径)：调节节点的半径大小。

✧【Segments】(分段)：调节节点的段数。值越大，节点越接近球体。

✧【Material ID】(材质 ID)：给该晶格中所有节点赋予一种材质的编号。

✹【Mapping Coordinates】(贴图坐标)：设置晶格贴图坐标。

✧【None】(无)：不对所产生的晶格指定贴图坐标。

✧【Reuse Existing】(重用现有坐标)：使用当前对象已有的贴图坐标。

✧【New】(新建)：自动为支柱和节点赋予贴图坐标。也就是说，为支柱指定圆柱贴图，为节点指定球体贴图。

02 实例应用

❶ 单击【File】(文件)菜单中的【Reset】命令，重新设置系统。

❷ 打开【Create】(创建)命令面板，单击【Geometry】(几何体)按钮●，展开【Object Type】(对象类型)卷展栏，设置长、宽、高的段数均为 2，在透视图中创建一个长方体，如图 7-42 所示。

❸ 选中长方体，打开【Modify】(修改)命令面板，在【Modifier List】(修改器列表)中按 L 键快速选择【Lattice】(晶格)编辑器。此时长方体参数面板跳转至晶格参数面板。为了对比效果，再复制两个独立的长方体。

❹ 单击选中第一个长方体，选择【Struts Only from Vertices】(仅来自边的支柱)复选框；

单击选中第二个长方体，选择【Joints Only from Edges】(仅来自顶点的节点）复选框；单击选中第三个长方体，选择【Both】(二者）复选框。选择不同选项时的效果如图 7-43 所示。从图中已大致可以看出三者的对比情况。但是对于建模来说，这样的效果还不完美，还需要对其进行修改。

❺ 单击选中第一个长方体，将节点类型选为【Icosa】(二十面体)，使其变得像球形。

❻ 单击选中第二个长方体，将支柱边数【Sides】设置为 5，使其变得像圆柱体。

❼ 单击选中第三个长方体，将节点类型选为【Icosa】(二十面体)，并将节点段数【Segments】(分段）设置为 3，适当增大半径，同时将支柱边数【Sides】(边数）设置为 5。

❽ 修改后的晶格如图 7-44 所示。

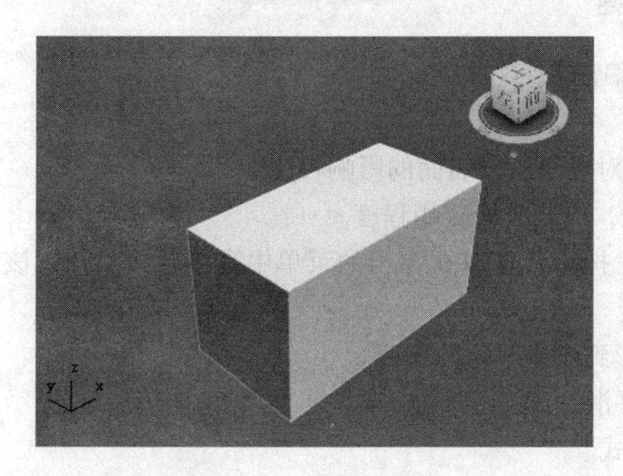

图 7-42　创建长方体

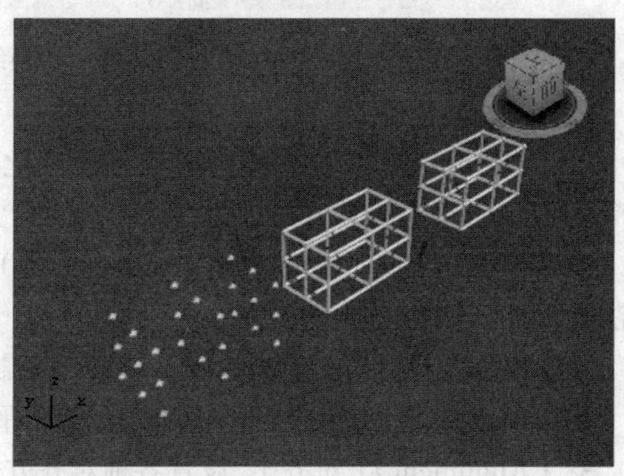

图 7-43　选择不同选项时的效果

❾ 也可以通过晶格命令建立其他形状的晶格，如球形。这里仅给出半球形晶格效果图，如图 7-45 所示。读者可多做尝试。

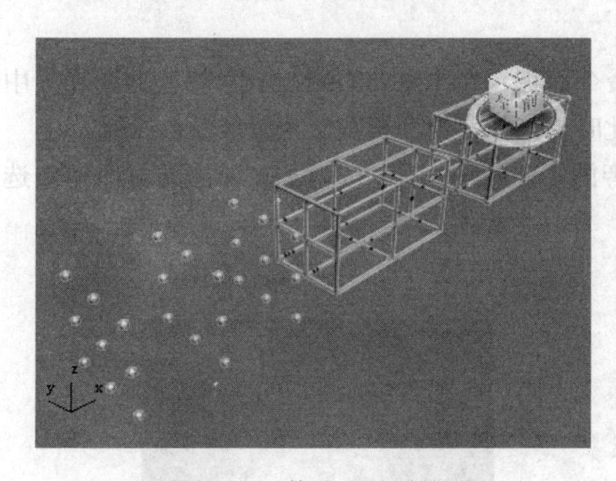

图 7-44　修改后的晶格

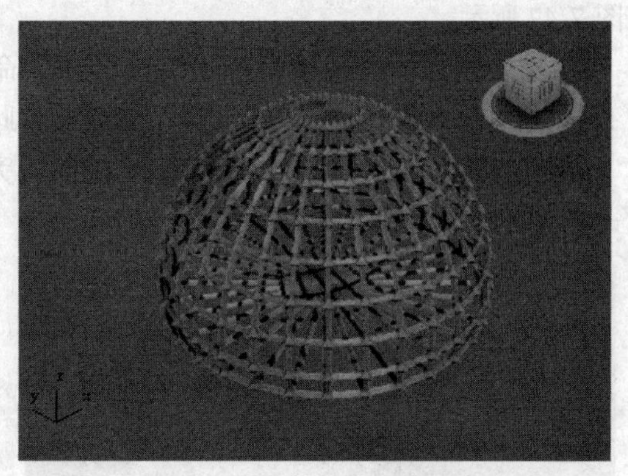

图 7-45　半球形晶格

### 7.3.6 【Displace】(置换）编辑器的使用

【Displace】(置换）修改器的功能是利用图像的灰度变化来改变对象表面的结构。Displace（置换）编辑器的参数面板如图 7-46 所示。

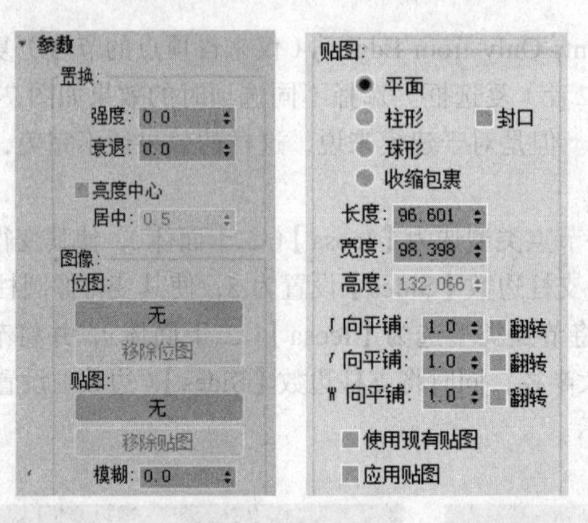


图 7-46　置换编辑器参数面板

**01** 参数简介

✧【Strength】(强度)：控制图像明度变化对场景对象表面的影响程度。

✧【Decay】(衰退)：在强度变化的基础上，控制表面陡峭程度。

✧【Bitmap】(位图)：单击【None】(无)按钮，可以在弹出的菜单中直接寻找贴图。该方法较【Map】(贴图)选项直接。

✧【Map】(贴图)：定义贴图，使如何投影到场景对象的表面。

✧【Blur】(模糊)：使凹凸锐化边缘趋于平滑过渡。

✧【Alignment】(对齐)：设置各种对齐方式。

**02** 实例应用

❶ 单击【File】(文件)菜单中的【Reset】(重置)命令，重新设置系统。

❷ 打开【Create】(创建)命令面板，单击【Geometry】(几何体)按钮●，展开【Object Type】(对象类型)卷展栏，设置长和宽的段数均设为 20，在透视图中创建一个板状长方体，如图 7-47 所示。

❸ 选中长方体，打开【Modify】(修改)命令面板，在【Modifier List】(修改器列表)中按 D 键快速选择【Displace】(置换)修改器。此时长方体参数面板跳转至置换参数面板。

❹ 在参数面板中单击【Bitmap】(位图)旁的【None】(无)按钮，在弹出的对话框中选择一张黑白图片，如图 7-48 所示。

图 7-47　创建板状长方体

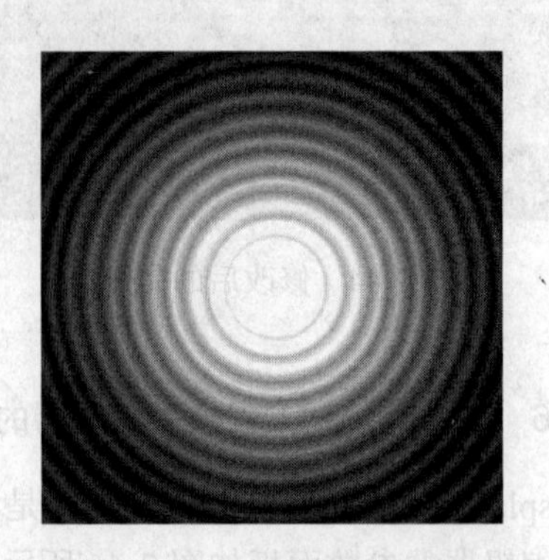

图 7-48　选择的黑白图片

❺ 调节【Strength】(强度)值为 100。观察透视图，可以看到长方体的形状发生了变化，贴图中心比较亮的地方凸了起来，如图 7-49 所示。亮度越大，凸起越高。

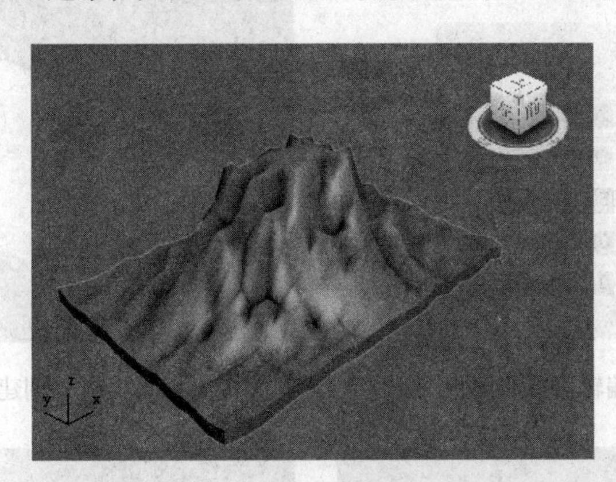

图 7-49 施加贴图位移后的对象

❻ 调节【Decay】(衰退)值为 10，观察透视图，发现产生的凸起平缓了许多。

### 7.3.7 【Ripple】(涟漪)编辑器的使用

【Ripple】(涟漪)编辑器的功能是生成同心圆状的波浪，自中心一直延伸到无限远的地方。使用该编辑器可以在几何体上产生起伏效果，用来模拟池塘或者大海上的涟漪效果。【Ripple】(涟漪)编辑器的参数面板如图 7-50 所示。

01 参数简介

✧【Amplitude 1】(振幅 1)：用来定义涟漪中心的高度。在创建波浪时，这个值通常设置成与【Amplitude 2】(振幅 2)一样的数值，但是在建立特殊波浪时可以改变它。

✧【Amplitude 2】(振幅 2)：用来定义波的宽度两边边界的高度。

✧【Wave Length】(波长)：用来定义波的周期长度，控制波峰之间的距离。

✧【Phase】(相位)：用来设置波所处于的相位。

✧【Decay】(衰退)：用来设置波的幅度随着距离而衰减的量。

02 实例应用

❶ 单击【File】(文件)菜单中的【Reset】(重置)命令，重新设置系统。

❷ 打开【Create】(创建)命令面板，单击【Geometry】(几何体)按钮●，展开【Object Type】(对象类型)卷展栏，设置长和宽的段数均设为 20，在透视图中创建一个板状长方体，如图 7-51 所示。

❸ 选中长方体，打开【Modify】(修改)命令面板，在【Modifier List】(修改器列表)中按 R 键快速选择【Ripple】(涟漪)修改器。此时长方体参数面板跳转至涟漪参数面板。

❹ 在参数面板中将【Amplitude 1】(振幅 1)和【Amplitude 2】(振幅 2)值均设为 20，并将【Wave Length】(波长)值设为 50。可以看到，生成涟漪后透视图中长方体形状的变化如图 7-52 所示。

❺ 调节【Decay】(衰退)值为 0.01。观察透视图，发现产生的涟漪平缓了许多，设置衰减后的效果如图 7-53 所示。

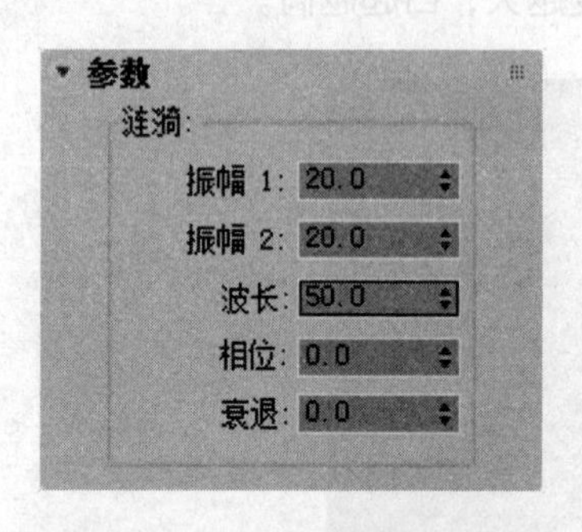


图 7-50 涟漪编辑器参数面板

图 7-51 创建板状长方体

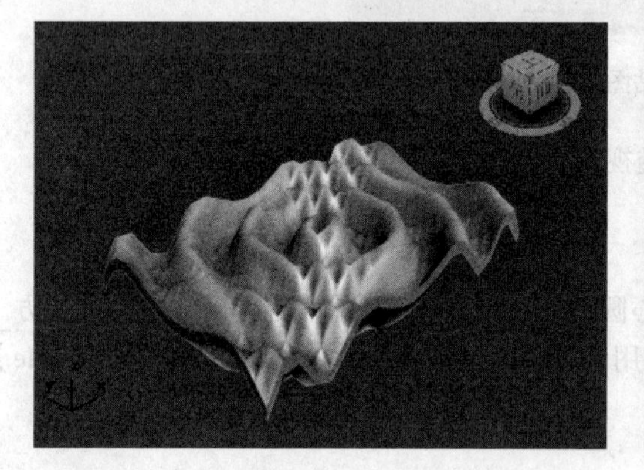

图 7-52 生成涟漪后长方体形状的变化

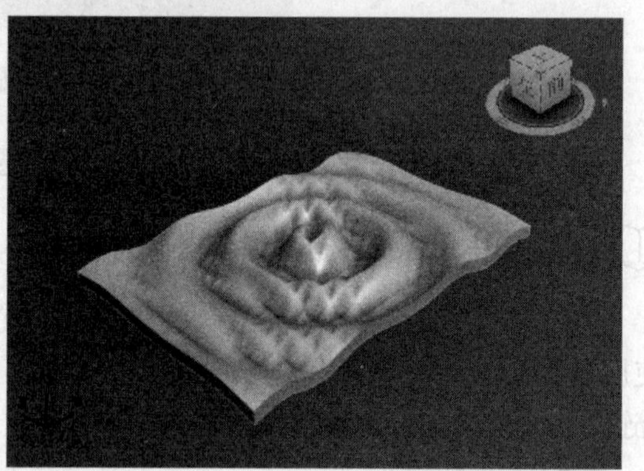

图 7-53 设置衰减后的效果

### 7.3.8 【Mesh Smooth】(网格平滑)编辑器的使用

【Mesh Smooth】(网格平滑)编辑器的功能是使网格平滑。它通过在拐角处沿着边加入面片的方法来平滑网格。同时，它可以在尖角处产生褶皱，用来模拟皮沙发等造型的效果。【Mesh Smooth】(网格平滑)编辑器的参数面板如图 7-54 所示。

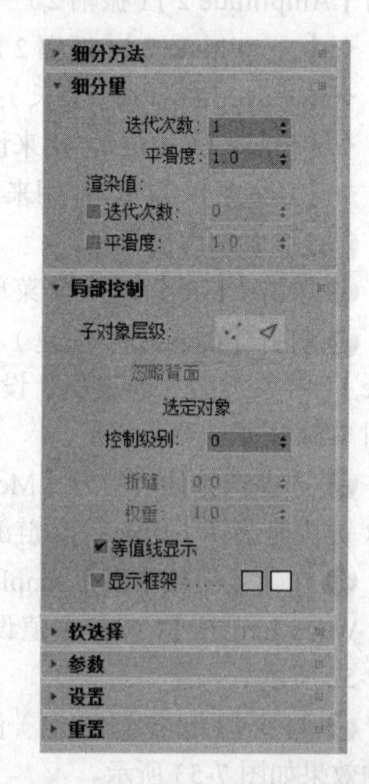


图 7-54 网格平滑编辑器参数面板

**01** 参数简介

✧【Iterations】(迭代次数)：设置场景对象表面平滑次数。次数加 1，则对象表面的复杂度会增大 4 倍左右。

✧【Subobject Level】(子对象层级)：确定平滑对象表面是针对什么样的面片拓扑结构。其下有顶点和边两种。顶点代表以三角形顶点为平滑基础，这样会产生更多的细节和面片；边代表以多边形面片为平滑基础，这样产生的平滑较少，而且面片很少。

**02** 实例应用

❶ 单击【File】(文件)菜单中的【Reset】(重置)命

令，重新设置系统。

❷ 打开【Create】（创建）命令面板，单击【Geometry】（几何体）按钮，在下拉列表中选择“扩展基本体”选项，展开【Object Type】（对象类型）卷展栏，在透视图中创建一个倒角长方体，如图 7-55 所示。

❸ 选中长方体，打开【Modify】（修改）命令面板，在【Modifier List】（修改器列表）中按 M 键快速选择【Mesh Smooth】（网格平滑）修改器。此时长方体参数面板跳转至网格平滑参数面板。

❹ 在参数面板中将【Iterations】（迭代次数）设为 3，并将【Subobject Level】（子对象层级）类型设置为三角形。应用网格平滑后透视图中的倒角长方体如图 7-56 所示。可以看出，倒角长方体表面平滑了很多。

读者也可调试其他参数，了解其功能。

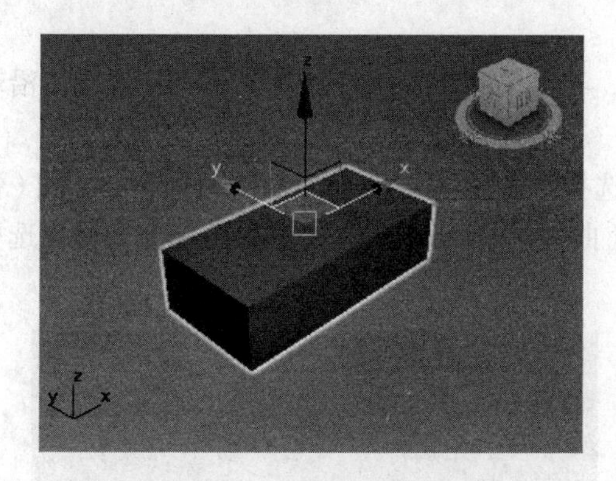

图 7-55 创建倒角长方体

图 7-56 应用网格平滑后的倒角长方体

### 7.3.9 【Edit Mesh】（编辑网格）编辑器的使用

【Edit Mesh】（编辑网格）编辑器功能十分强大，在建模过程中会经常用到。编辑网格编辑器的应用分为节点层次、边层次和片层次。这里以点层次编辑为例，介绍编辑网格编辑器的使用方法。

❶ 单击【File】（文件）菜单中的【Reset】（重置）命令，重新设置系统。

❷ 打开【Create】（创建）命令面板，单击【Geometry】（几何体）按钮，展开【Object Type】（对象类型）卷展栏，在透视图中创建一个球体，如图 7-57 所示。

❸ 选中球体，打开【Modify】（修改）命令面板，在【Modifier List】（修改器列表）中按 M 键快速选择【Edit Mesh】（编辑网格）修改器。此时球体参数面板跳转至【Edit Mesh】（编辑网格）参数面板。

❹ 在【Selection】（选择）卷展栏中选择【Vertex】（顶点）按钮，此时的球体上显示出所有节点（蓝色），处于点编辑状态下的球体如图 7-58 所示。

❺ 用鼠标框选球体中间部分点，可以看到框选的部分节点呈红色显示，表示被选中，如图 7-59 所示。

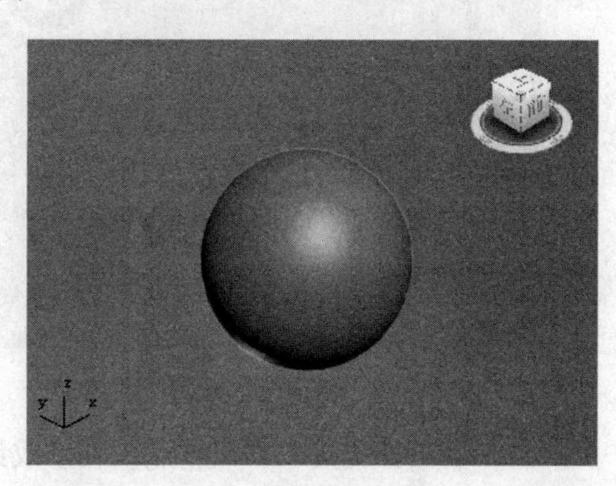

图 7-57 创建球体

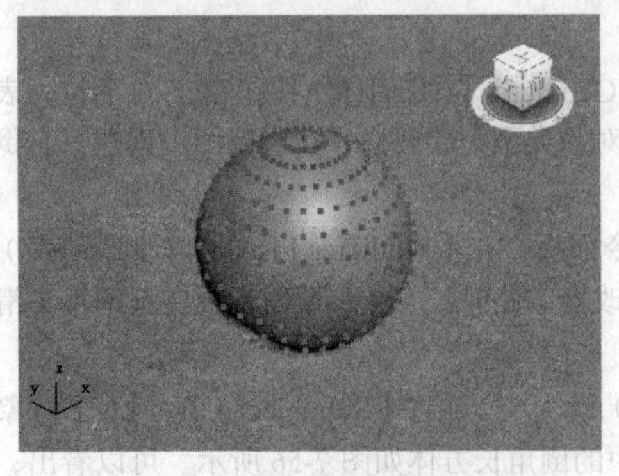

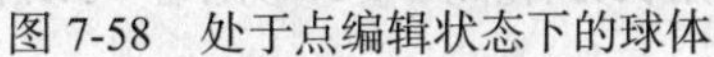

图 7-58 处于点编辑状态下的球体

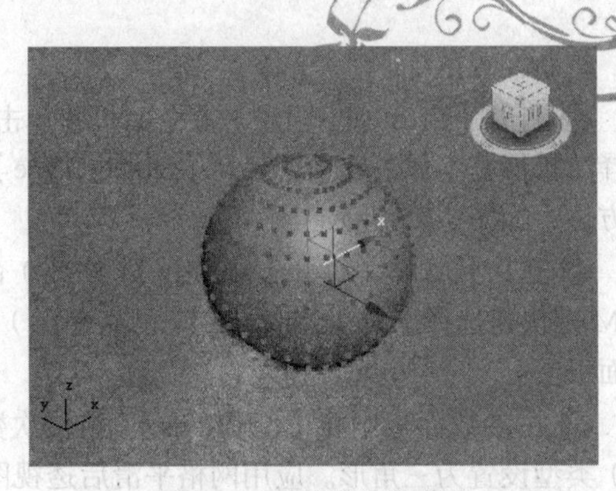

图 7-59 选中中间部分点

❻ 在主工具栏上选择等比缩放工具，在透视图中将选中的点沿着 XY 平面进行缩放变形，结果如图 7-60 所示。

❼ 用鼠标框选最上面四层的点（见图 7-61），在主工具栏上选择移动工具，在透视图沿着 Z 轴向下移动选中的点，效果如图 7-62 所示。

❽ 还可以对所选中的点施加修改器，这里选择最下面五层的点，对其施加【Taper】（锥化）修改，并将【Amount】（数量）和【Curve】（曲线）值均设为 −1。观察透视图，锥化选中的点后的效果如图 7-63 所示。

图 7-60 缩放选中的点后的效果

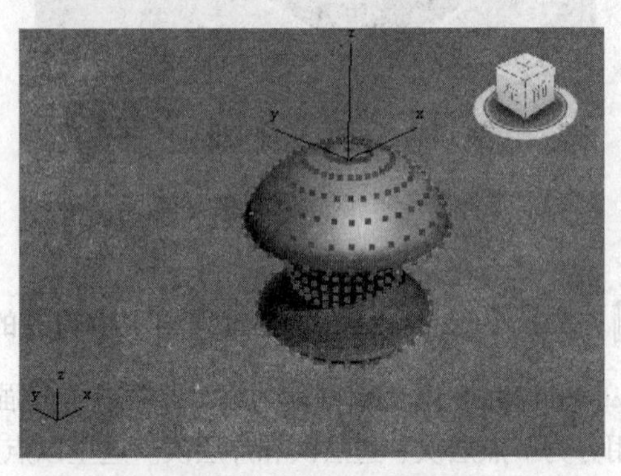

图 7-61 选中上面四层的点

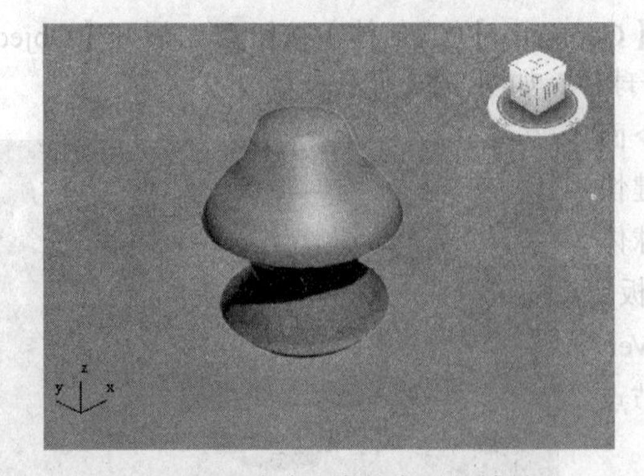

图 7-62 移动选中的点后的效果

图 7-63 锥化选中的点后的效果

从上面的操作可以看出，点级别修改灵活多用，功能强大，读者应多练习，了解点级别编辑各种变换的效果。

## 7.4 实战训练——山峰旭日

本章介绍了许多修改器命令，这些修改器的功能非常强大。本节将通过山峰旭日建模实例介绍如何用简单的修改器创建复杂的场景。

❶ 单击【File】(文件) 菜单中的【Reset】(重置) 命令，重新设置系统。

❷ 打开【Create】(创建) 命令面板，设置长、宽、高分别为 300、300、30，设置长和宽的段数均为 50，在透视图中创建一个长方体，结果如图 7-64 所示。

❸ 选中长方体，打开【Modify】(修改) 命令面板，在【Modifier List】(修改器列表) 中选择【Noise】(噪波) 编辑器。

❹ 设置【Seed】(种子) 值为 10、【Scale】(比例) 值为 40、Z 方向的【Strength】(强度) 值为 200。调整透视图，施加噪波后的山峰如图 7-65 所示。

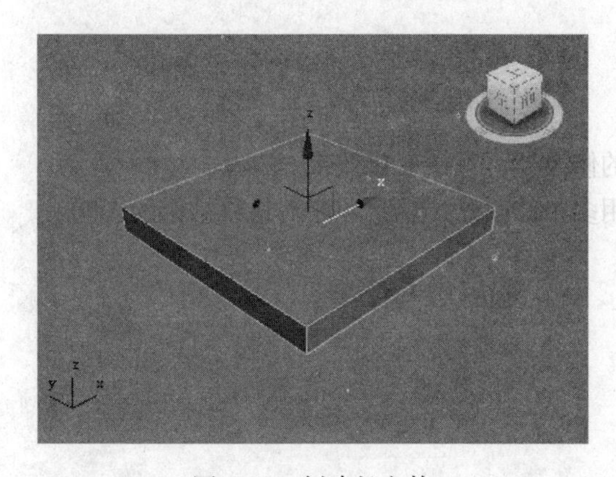

图 7-64　创建长方体

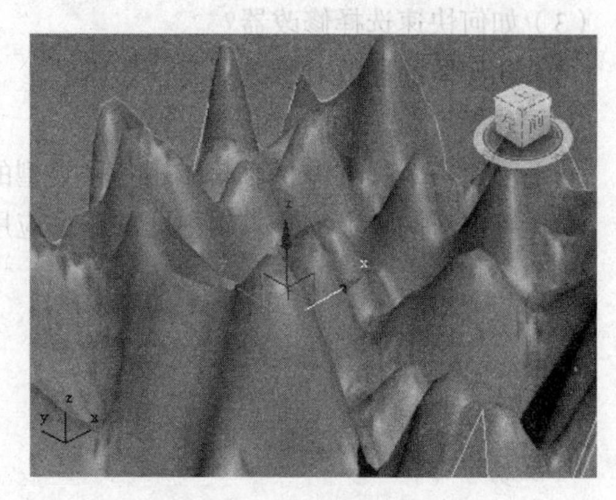

图 7-65　施加噪波后的山峰

❺ 选中刚生成的山峰，打开材质编辑器，给山峰贴上一张山草的图片 (电子资料包中的贴图 / 山草 .jpg 文件)，结果如图 7-66 所示。

❻ 单击主菜单栏上的【Rendering】(渲染) →【Evironment】(环境)，给山峰贴上一张夕阳的背景贴图 (电子资料包中的贴图 /scen148.jpg 文件)。渲染透视图，结果如图 7-67 所示。

图 7-66　贴图后的山峰

图 7-67　渲染后的透视图

## 7.5 课后习题

1. 填空题

（1）3ds Max 中对物体进行编辑修改的方式主要有四种：________、________、________和________。

（2）修改器堆栈的工具按钮有：________、________、________、________。

（3）网格编辑中的子物体选择包括________、________、________、________和________。

（4）进入子物体编辑修改的两种途径是________和________。

2. 问答题

（1）修改器堆栈中各工具按钮的具体作用是什么？

（2）修改器堆栈的作用是什么？

（3）如何快速选择修改器？

（4）几何体的段数对修改器有何影响？

3. 操作题

（1）创建一个长方体，对其应用各种类型的修改器，观察变化效果。

（2）练习对同一个物体采用不同的顺序应用多个修改器，观察顺序对最终结果的影响。

# 第 8 章　材质的使用

## 教学目标

【材质】(Material) 是物体的表面经过渲染之后所表现出来的特征，它包含物体的颜色、质感、光线、透明度和图案等特性。本章将介绍 3ds Max 2024 中的重点——材质编辑。材质编辑是通过材质编辑器来完成的。通过学习本章内容，可掌握如何在材质编辑器中给场景中的物体设定材质，如何获得材质，以及如何编辑材质。

## 教学重点与难点

- 材质编辑器的界面
- 标准材质的使用
- 复合材质的使用

## 8.1　材质编辑器简介

所谓材质，就是指定物体的表面或数个面的特性，它可使这些表面在着色时以特定的方式出现，如【Color】(颜色)、【Shininess】(光亮程度)、【Self-Illumination】(自发光度) 及【Opacity】(不透明度) 等。基础材质是指赋予对象光的特性而没有贴图的材质，它上色快，占用内存少。在模型创建完成以后，为了表现出物体各种不同的性质，需要给物体的表面或里面赋予不同的特性，即给物体加上材质。此操作可使网格对象在着色时以真实的质感出现，表现出如石头、木板、布等的性质特征，如图 8-1 所示为加上材质前、后的效果对比。

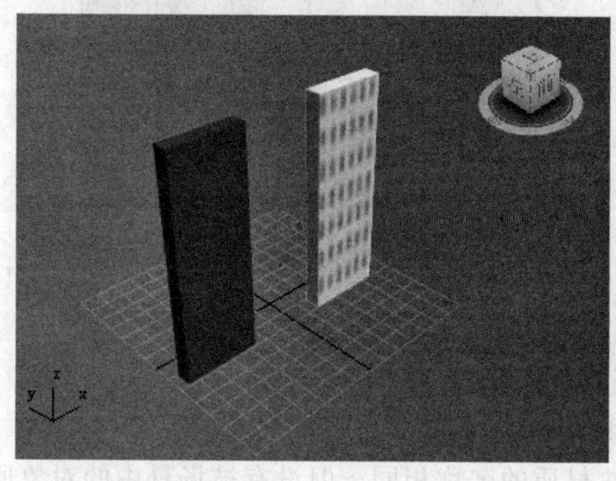

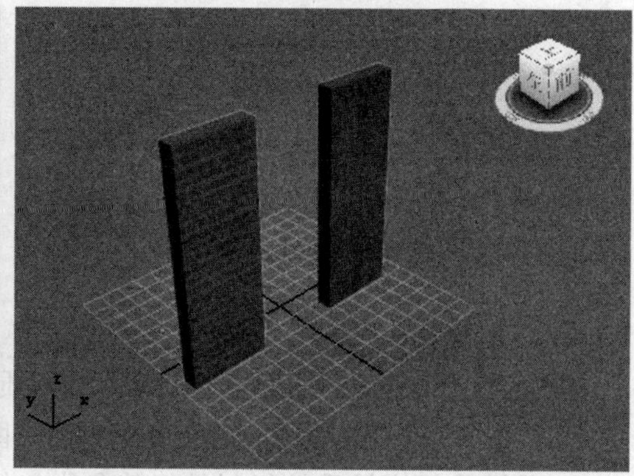

图 8-1　加上材质前、后的效果对比

### 8.1.1　使用材质编辑器

【Material Editor】(材质编辑器) 在 3ds Max 中是非常重要的。可以利用它来建立、编辑材质和贴图，使视图中的对象更真实可信。需要注意的是，材质编辑器必须指定到场景中的物体上才起作用。单击主工具栏中的【Material Editor】（材质编辑器）按钮，弹出“材质编辑器”对话框，如图 8-2 所示。

“材质编辑器”对话框分为两部分：上半部为样本球显示区域，内有 6 个样本球，旁边有垂直工具栏和水平工具栏、名称栏、当前材质的各种控制按钮；下半部为各种卷展栏，默认情况下 Blinn 基本参数卷展栏为打开状态。“材质编辑器”对话框下半部的内容随材质的不同而自动改变。

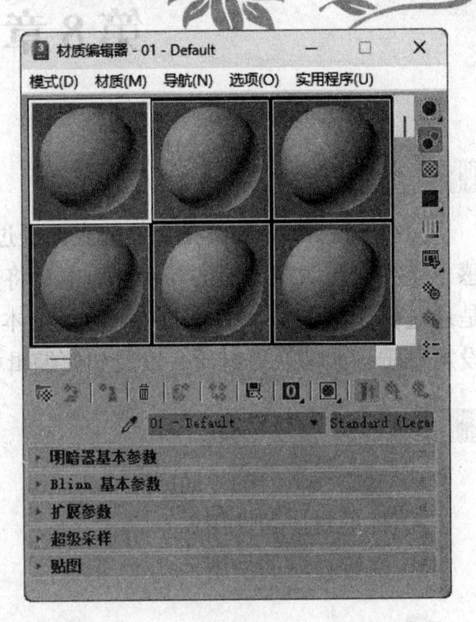


图 8-2 “材质编辑器”对话框

## 8.1.2 使用样本球

**01** 样本球的显示

系统默认的样本球显示区域是 3×2 的模式，即横向有三个材质样本球，纵向有两个材质样本球，如图 8-2 所示。如果想利用更多的材质球，可以向右或向下拖动滑块来显示其他的样本球。改变样本球显示个数的方法是，在样本球显示区域右击，弹出如图 8-3 所示的快捷菜单，如选取 6×4 的显示模式，结果如图 8-4 所示。

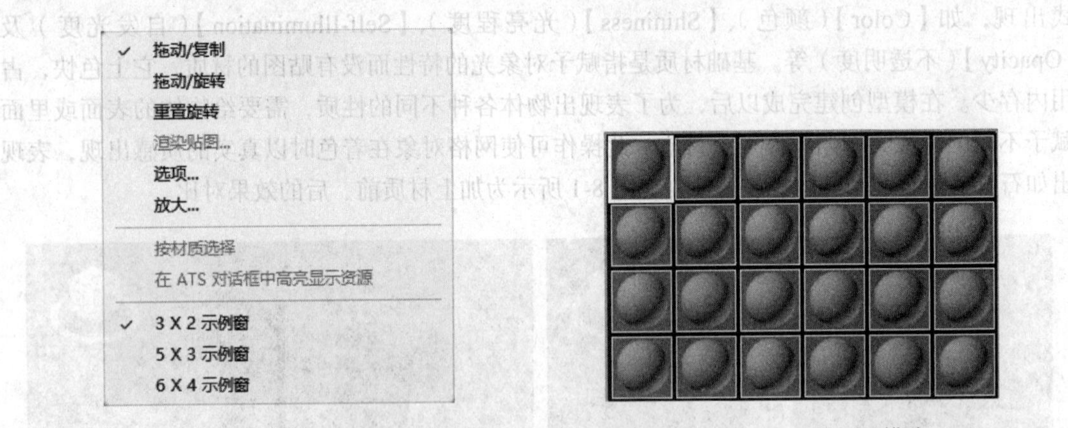


图 8-3 快捷菜单

图 8-4 6×4 的显示模式

**02** 材质的类型

材质的类型有三种，分别是热材质、暖材质和冷材质。

✧ 热材质是场景中对象正在使用的材质。图 8-4 中的第一个材质即为热材质。

✧ 暖材质是热材质的复制品，其名称与热材质的名称相同，但没有被场景中的对象所使用。

✧ 冷材质与场景中的对象毫无关系。

在场景中，对象与热材质的联系非常紧密。当用户改变热材质的任何参数时，场景中的相应材质也立刻发生改变，而改变暖材质和冷材质参数，场景中的对象不会发生改变。

### 8.1.3 使用材质编辑器工具选项

材质编辑器的工具选项包括水平工具栏、垂直工具栏、名称栏、材质类型栏和一个吸取物体材质的吸管，如图 8-5 所示。

> 说明：材质编辑器的工具选项提供了显示材质的样本球以及一些控制显示属性、层次切换等常用工具，对它们的操作绝大多数对材质没有影响。

● 垂直工具栏：在样本球显示区域的右侧，主要是用来控制材质显示的属性。图 8-6 所示为使用了某些工具后的样本球显示区域。

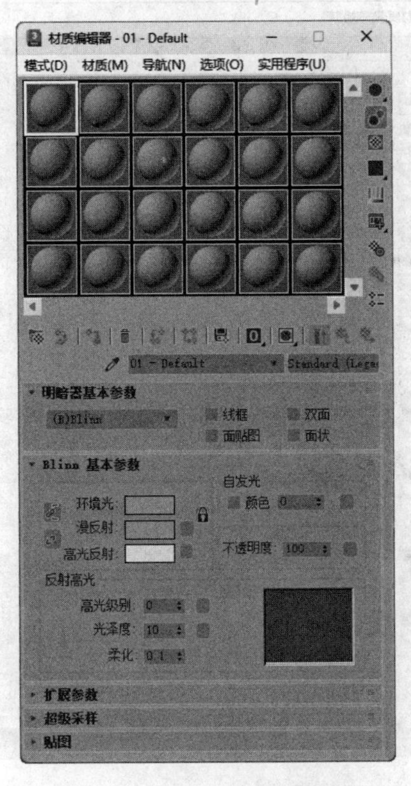


图 8-5 材质编辑器工具选项

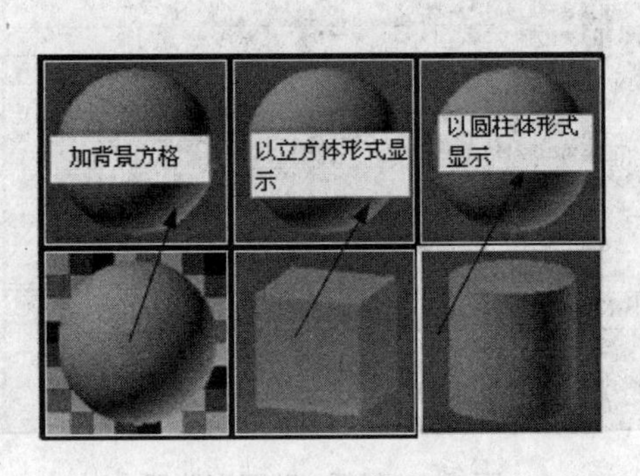


图 8-6 使用工具后的样本球显示区域

✧【Sample Type】(采样类型)：单击该图标会弹出样本球显示方式选择框，有三种显示方式。

✧【Backlight】(背光)：控制样本球是否打开背光灯。

✧【Background】(背景)：控制是否在样本球显示区域中增加一个彩色方格背景。通常制作透明、折射与反射材质时开启方格背景。

✧【Options】(选项)：单击此按钮将弹出材质编辑器选项，可逐一选择样本球显示区域的功能选项。

● 水平工具栏：在样本球显示区域的下方，是常用工具，非常重要。

✧【Get Material】(获取材质)：单击该按钮将弹出材质 / 贴图浏览器，允许调出材质和贴图进行编辑修改，如图 8-7 所示。

✧【Assign Material to Selection】（将材质指定给选定对象）：将材质赋予当前场景中所选择的对象。该按钮是编辑材质时最常用的按钮。

✧【Make Material Copy】（生成材质副本）：单击该按钮将备份当前的材质。

✧【Put to Library】（放入库）：单击该按钮，将弹出“放置到库”对话框，在“名称”文本框中输入名称后，即可把当前材质存储到材质库中。

✧【Pick Material From Object】（从对象拾取材质）：用来获取场景中对象材质的工具。

✧【Standard】（标准）材质类型按钮 Standard (Legac：单击该按钮将会弹出材质类型选择框，如图 8-8 所示。

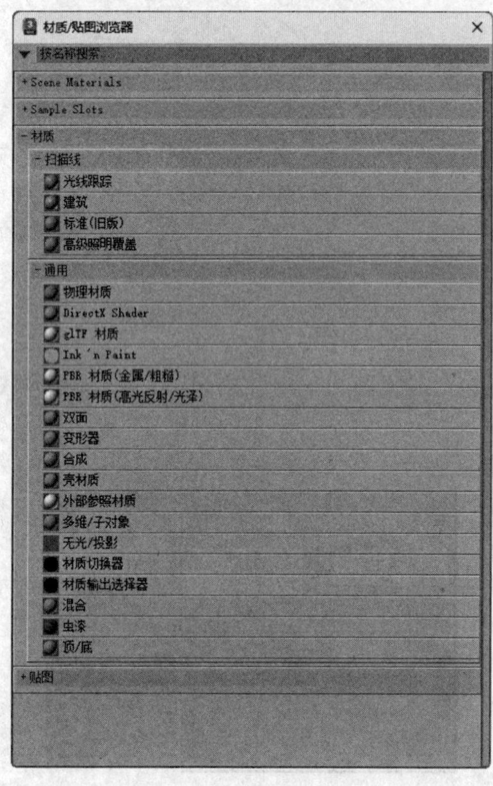

图 8-7　材质 / 贴图浏览器

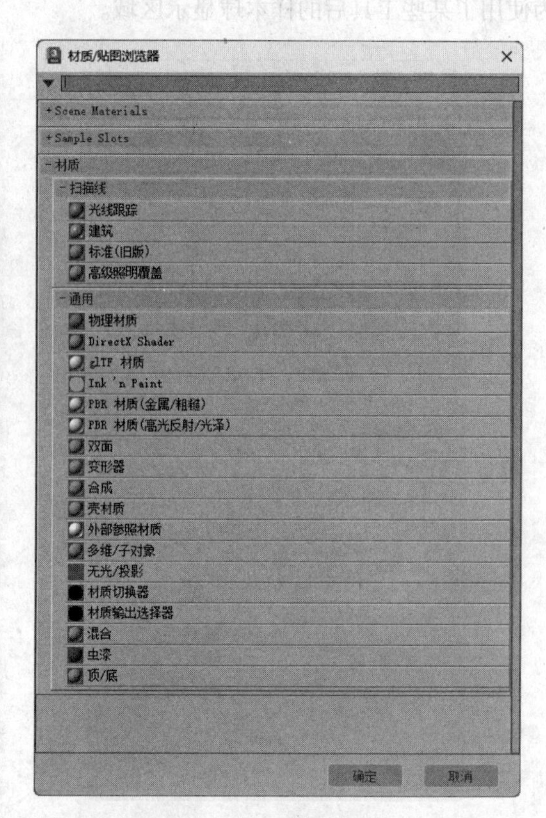


图 8-8　材质类型选择框

## 8.1.4　应用材质与重命名材质

本小节将举例介绍如何给场景中的对象赋予材质，以及如何命名所创建的材质。

❶ 单击【File】（文件）菜单中的【Reset】（重置）命令，重新设置系统。

❷ 打开【Create】（创建）命令面板，单击【Geometry】（几何体）按钮，展开【Object Type】（对象类型）卷展栏，在透视图中创建一个茶壶，如图 8-9 所示。

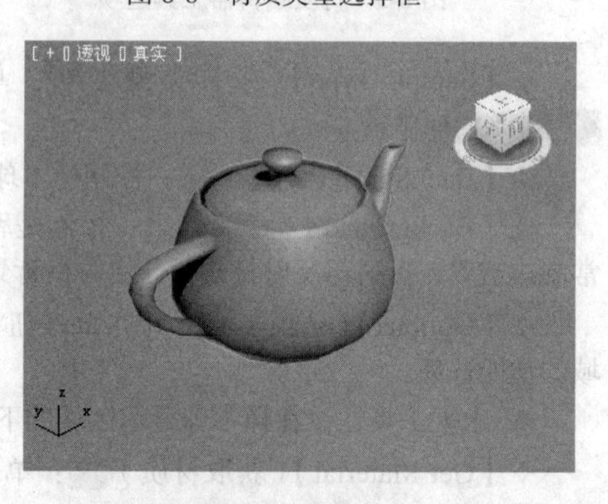


图 8-9　创建茶壶

❸ 选中茶壶，单击工具栏中的按钮，打开“材质编辑器”对话框。

❹ 激活第一个样本球，打开【Basic Parameter】（基本参数）卷展栏。

❺ 单击“材质编辑器”对话框的“Blinn 基本参数”卷展栏中【Diffuse】（漫反射）后面的按钮，在弹出的调色控制面板中选择一种蓝色后退出面板。此时样本球变成了蓝色。

❻ 在“材质编辑器”对话框的“Blinn 基本参数”卷展栏中的【Specular Level】（高光级别）和【Glossiness】（光泽度）文本框中分别输入 200、60。赋予材质的样本球如图 8-10 所示。

❼ 单击水平工具栏中的【Assign Material to Selection】（将材质指定给选定对象）按钮，然后单击【Show Map in Viewport】（视口中显示明暗处理材质）按钮。

❽ 观察透视图，赋予材质后的茶壶如图 8-11 所示。

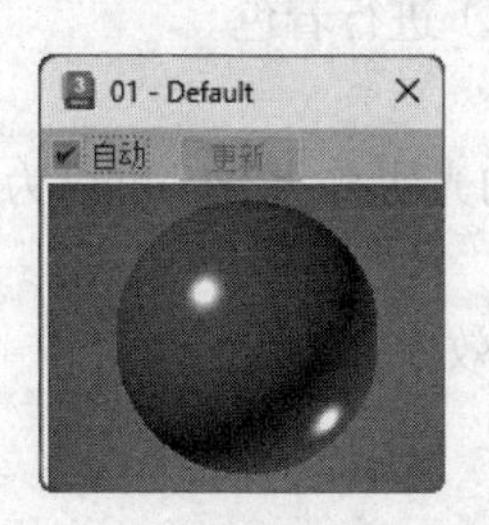


图 8-10　赋予材质的样本球

图 8-11　赋予材质后的茶壶

❾ 设置好的材质默认的名称可以从名称栏中看出，本例中是 01 - Default 。如果想改变名称，只需改变文本框中的文字即可。

## 8.2 标准材质的使用

“材质编辑器”对话框的下半部分为各种参数卷展栏，包括【Shader Basic Parameters】（明暗器基本参数）、【Blinn Basic Parameters】（Blinn 基本参数）、【Extended Parameters】（扩展参数）、【Super Sampling】（超级采样）、【Maps】（贴图）、【mental rayConnection】（mental ray 连接）。

> 注意：参数卷展栏和着色基本参数区参数是动态参数区，它的界面不仅随材质类型的改变而改变，也随贴图层次的变化而改变。

“材质编辑器”对话框的默认界面为【Standard】（标准材质）界面。标准材质是默认的贴图类型，也是最基本、最重要的一种。下面介绍标准材质界面中的几个卷展栏。

### 8.2.1 【Shader Basic Parameters】（明暗器基本参数）卷展栏

图 8-12 所示为 3ds Max 2024 材质编辑器的明暗器基本参数卷展栏。其中一共提供了 8 种明暗器模式。打开左侧的下拉列表，可以在 8 种明暗器模式中任选一种，如图 8-13 所示。

图 8-12　明暗器基本参数卷展栏

图 8-13　8 种明暗器模式

8 种明暗器模式如下：

✧【Anisotropic】(各向异性)：适合对场景中被省略的对象进行着色。

✧【Blinn】：默认的着色方式。与【Phong】相似，适合为大多数普通的对象进行渲染。

✧【Metal】(金属)：专门用于金属材质的着色方式，可体现金属所需的强烈高光。

✧【Multi-Layer】(多层)：用于为表面特征复杂的对象进行着色。

✧【Oren-Nayar-Blinn】：用于为表面粗糙的对象（如织物等）进行着色。

✧【Phong】：以光滑的方式进行着色，效果柔软细腻。

✧【Strauss】：与其他着色方式相比，【Strauss】具有简单的光影分界线，可以为金属或非金属对象进行渲染。

✧【Translucent Shader】(半透明明暗器)：赋予材质半透明效果。

图 8-14 所示为 4 种常用着色方式的对比。

图 8-14　4 种常用着色方式的对比

图 8-15 所示为 4 种显示模式的对比。4 种场景对象材质的显示模式如下：

✧【Wire】(线框)：线架结构显示模式。

✧【2 Sided】(双面)：双面材质显示。

✧【Face Map】(面贴图)：将材质赋予对象所有的面。

✧【Faceted】(面状)：将材质以面的形式赋予对象。

图 8-15　4 种显示模式的对比

### 8.2.2 【Blinn Basic Parameters】(Blinn 基本参数)卷展栏

【Blinn Basic Parameters】(Blinn 基本参数)卷展栏包括颜色通道和强度通道两部分，如图 8-16 所示。其中，颜色通道包括【Ambient】(环境光)、【Diffuse】(漫反射)和【Specular】

（高光反射），强度通道包括【Self-Illumination】（自发光）、【Opacity】（不透明度）和【Specular Highlights】（反射高光）。

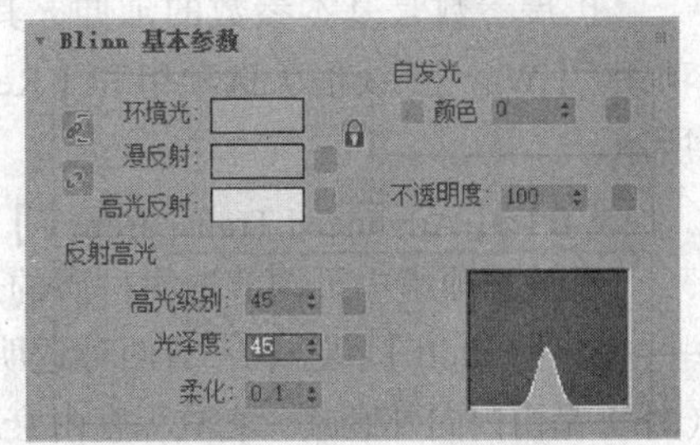


图 8-16 Blinn 基本参数卷展栏

**01** 颜色通道简介

✧【Ambient】（环境光）：材质阴影部分反射的颜色。在样本球中是指绕着圆球右下角的颜色。

✧【Diffuse】（漫反射）：反射直射光的颜色。在样本球中是指球的左上方及中心附近的主要颜色。

✧【Specular】（高光反射）：物体高光部分直接反射到人眼的颜色。在样本球中反映为球左上方白色聚光部分的颜色。

**02** 强度通道简介

✧【Self-Illumination】（自发光）：用来制作灯管、星光等荧光材质。可以指定颜色，也能指定贴图，方法是单击“颜色”框旁边的按钮。不同自发光值的效果对比如图 8-17 所示。

✧【Opacity】（不透明度）：用来控制灯管等材质的透明程度。当不透明度值为 100 时为不透明荧光材质，不透明度值为 0 时则完全透明。不同不透明度值的效果对比如图 8-18 所示。

图 8-17 不同自发光值效果对比

图 8-18 不同不透明度值效果对比

✧【Specular Highlights】（反射高光）：包括【Specular Level】（高光级别）、【Glossiness】（光泽度）和【Soften】（柔化）三个参数及右侧的曲线显示框。改变参数值可调节材质的质感。不同高光级别值和不同光泽度值的效果对比如图 8-19 和图 8-20 所示。

图 8-19 不同高光级别值效果对比

图 8-20 不同光泽度值效果对比

> 说明：高光级别、光泽度与柔化三个参数共同控制物体的质感。曲线是对这三个参数的描述，通过它可以更好地把控对高光的调整。

## 8.2.3 【Extended Parameters】(扩展参数)卷展栏

扩展参数是基本参数的延伸，其卷展栏中包括【Advanced Transparency】(高级透明)选项组、【Wire】(线框)选项组和【Reflection Dimming】(反射暗淡)选项组三部分，如图 8-21 所示。

**01**【Advanced Transparency】(高级透明)

在该选项组中可调节透明材质的透明度。

✧【Falloff】(衰减)：有两种透明材质的不同衰减效果，【In】(内)是由外向内衰减，【Out】(外)是由内向外衰减。衰减程度由衰减参数控制。图 8-22 所示为不同衰减效果的对比。

✧【Type】(类型)：有三种透明过滤方式，即【Filter】(过滤)、【Subtractive】(相减)、【Additive】(相加)。在三种透明过滤方式中，【Filter】(过滤)是常用的方式，该方式可用于制作玻璃等特殊材质的效果。图 8-23 所示为不同类型的效果对比。

✧【Index of Refraction】(折射率)：用来控制折射贴图和光线的折射率。

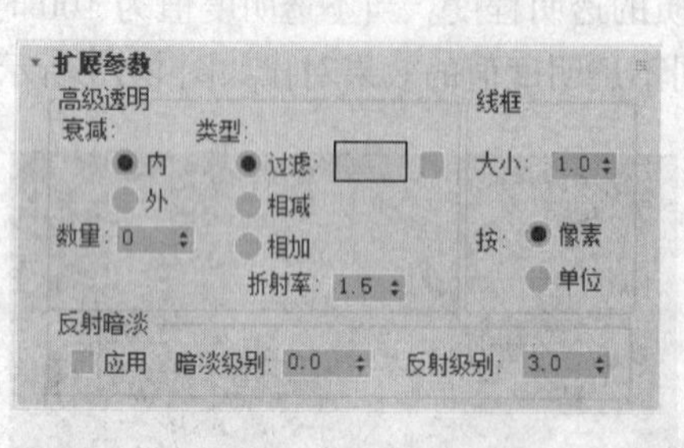


图 8-21 “扩展参数”卷展栏

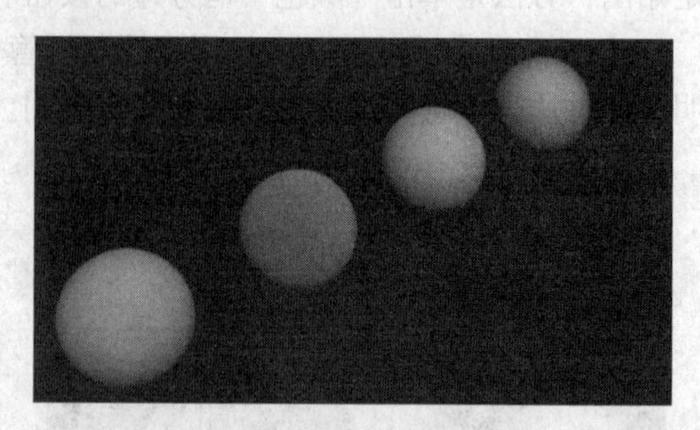

图 8-22 不同衰减效果的对比

图 8-23 不同类型的效果对比

**02**【Wire】(线框)

线框必须与基本参数中的线框选项结合使用，结合使用后可以做出不同的线框效果。

✧【Size】(大小)：用来设置线框的大小。

✧【In】(按)：用来选择像素或单位。

**03**【Reflection Dimming】(反射暗淡)

反射暗淡主要用于使用反射贴图材质的对象。当物体使用反射贴图以后，全方位的反射计算将导致其失去真实感。此时，勾选【Apply】(应用)勾选框，反射暗淡即可起作用。

## 8.2.4 【Super Sampling】(超级采样)卷展栏

图 8-24 所示为“超级采样”卷展栏。针对使用很强【Bump】(凹凸)贴图的对象，超级采

样功能可以明显改善场景对象渲染的质量，并对材质表面进行抗锯齿计算，使反射的高光特别光滑，同时渲染时间也大大增加。超级采样卷展栏内的下拉列表中提供了超级采样的 4 种不同类型。

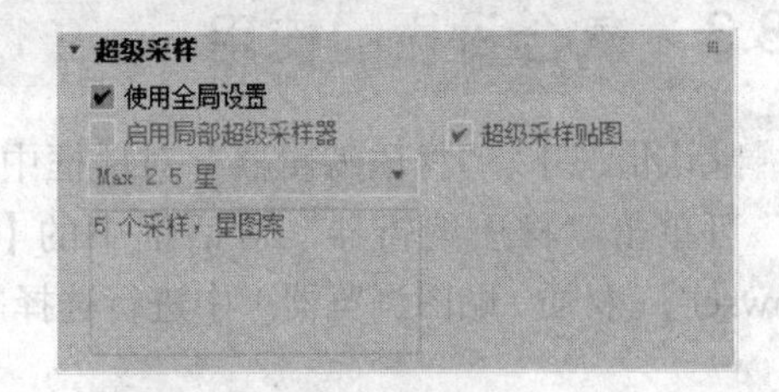


图 8-24 “超级采样”卷展栏

## 8.2.5 【Maps】（贴图）卷展栏

贴图是材质制作的关键环节，3ds Max 2024 在标准材质的“贴图”卷展栏中提供了 12 种贴图方式，如图 8-25 所示。每一种方式都有其独特之处，能否塑造真实材质在很大程度上取决于贴图方式与形形色色的贴图类型结合运用的效果。

| 贴图 | 数量 | 贴图类型 |
| --- | --- | --- |
| 环境光颜色 | 100 | 无贴图 |
| 漫反射颜色 | 100 | 无贴图 |
| 高光颜色 | 100 | 无贴图 |
| 高光级别 | 100 | 无贴图 |
| 光泽度 | 100 | 无贴图 |
| 自发光 | 100 | 无贴图 |
| 不透明度 | 100 | 无贴图 |
| 过滤颜色 | 100 | 无贴图 |
| 凹凸 | 30 | 无贴图 |
| 反射 | 100 | 无贴图 |
| 折射 | 100 | 无贴图 |
| 置换 | 100 | 无贴图 |

图 8-25 “贴图”卷展栏

✧【Ambient Color】（环境光颜色）：默认状态下呈灰色显示，通常不单独使用，将材质的环境光颜色锁定为其漫反射颜色后，在更改一种颜色时会自动更改另一种颜色。

✧【Diffuse Color】（漫反射颜色）：使用该方式后，物体的固有色将被置换为所选择的贴图，应用漫反射原理，将贴图平铺在对象上，用以表现材质的纹理效果。该方式是最常用的一种贴图方式。

✧【Specular Color】（高光颜色）：高光色贴图与固有色贴图基本相近，不过贴图只展现在高光区。

✧【Specular Level】（高光级别）：与高光色贴图相同，但强弱效果取决于参数中的高光强度。

✧【Glossiness】（光泽度）：贴图出现在物体的高光处，控制对象高光处贴图的光泽度。

✧【Self-Illumination】（自发光）：当自发光贴图赋予对象表面后，贴图中的浅色部分产生发光效果，其余部分不变。

✧【Opacity】（不透明度）：依据贴图的明暗度在物体表面产生透明效果。贴图颜色深的地方透明，颜色越浅的地方越不透明。

✧【Filter Color】（过滤颜色）：过滤色贴图会影响透明贴图，材质的颜色取决于贴图的颜色。

✧【Bump】（凹凸）：非常重要的贴图方式，贴图中颜色浅的部分产生凸起效果，颜色深的部分产生凹陷效果。该方式是塑造真实材质效果的重要手段。

✧【Reflection】（反射）：反射贴图是一种非常重要的贴图方式，用以表现金属的强烈反光质感。

✧【Refraction】（折射）：用于制作水、玻璃等材质的折射效果。可通过参数控制面板中的【Refract Map/Ray Trace IOR】（折射贴图 / 光线跟踪折射率）调节其折射率。

✧【Displacement】（置换）：3ds Max 2.5 以后新增的置换贴图。

## 8.3 复合材质的使用

默认情况下，“材质编辑器”对话框中的 6 个样本球均为标准材质。如果要改变材质的类型，可单击“材质编辑器”对话框中的【Standard】(标准)按钮，在弹出的【Material/Map Browser】(材质 / 贴图浏览器)中进行选择。

### 8.3.1 复合材质的概念及类型

由若干材质通过一定方法组合而成的材质统称为复合材质，复合材质包含两个或两个以上的子材质，子材质可以是标准材质也可以是复合材质。复合材质类型包括:【Blend】(混合材质)、【Composite】(合成)、【Double Sided】(双面)、【Matte/Shadow】(无光 / 投影)、【Morpher】(变形器)、【Muti/Sub-Object】(多维 / 子对象)、【Raytrace】(光线跟踪)、【Shellac】(虫漆)、【Standard】(标准)、【Top/Bottom】(顶 / 底)、【Advanced Lighting Override】(高级照明覆盖)、【InK'n Paint】(动画材质)、【Shell Material】(壳材质)、【DirectX Shader】(DirectX 着色器)、【Xref Material】(外部参照材质)。下面介绍几个重要的复合材质的参数，并举例介绍其应用。

### 8.3.2 创建【Blend】(混合材质)

【Blend】(混合材质)就是把两个标准材质或其他子材质混合在一起生成的材质。新材质可产生特殊的融合效果。混合材质可以有无数层，即一个混合材质可以作为另一个混合材质的子材质。另外，还可以将混合材质的制作过程记录为动画，做成动画材质。“混合基本参数”卷展栏如图 8-26 所示。

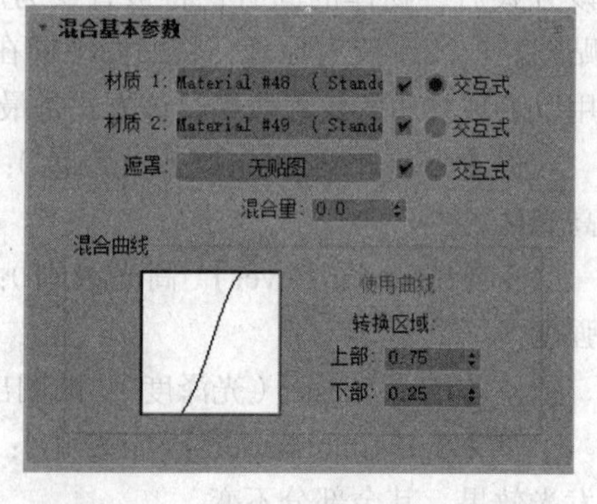


图 8-26 “混合基本参数”卷展栏

**01** 参数简介

✧【Material 1】(材质 1): 单击其按钮，将弹出第一种材质的材质编辑器，在其中可设定该材质的贴图和参数等。

✧【Material 2】(材质 2): 单击其按钮，会弹出第二种材质的材质编辑器，在其中可调整第二种材质的各种参数。

✧【Mask】(遮罩): 单击其按钮，将弹出材质 / 贴图浏览器，在其中可选择一张贴图作为遮罩，对上面两种材质进行混合调整。

✧【Interactive】(交互式): 在“材质 1”和“材质 2”中选择一种材质展现在物体表面。主要是在以实体着色方式进行交互渲染时运用。

✧【Mix Amount】(混合量): 当数值为 0 时只显示第一种材质，数值为 100 时只显示第二种材质。当【Mask】(遮罩)选项被激活时,【Mix Amount】(混合量)为灰色不可操作状态。

✧【Mixing Curve】(混合曲线): 以曲线方式来调整两个材质混合的程度。下方的曲线可随时显示调整的状况。

✧【Use Curve】(使用曲线): 以曲线方式设置材质混合的开关。

✧【Transition Zone】(转换区域):通过更改【Upper】(上部)和【Lower】(下部)的数值可控制混合曲线。

**02** 实例讲解

❶ 单击【File】(文件)菜单中的【Reset】(重置)命令,重新设置系统。

❷ 打开【Create】(创建)命令面板,单击【Geometry】(几何体)按钮●,展开【Object Type】(对象类型)卷展栏,在视图中创建一个茶壶,并打开“材质编辑器”对话框。

❸ 激活第一个样本球。单击【Standard】(标准)后的类型按钮,在弹出的对话框中双击【Blend】(混合)选项。

❹ 在弹出的对话框中选择【Discard old Material】(丢弃旧材质)选项,如图 8-27 所示。单击确定按钮,将“材质编辑器”对话框的下半部分转换成混合材质的选项,为混合材质起名为“混合材质”。

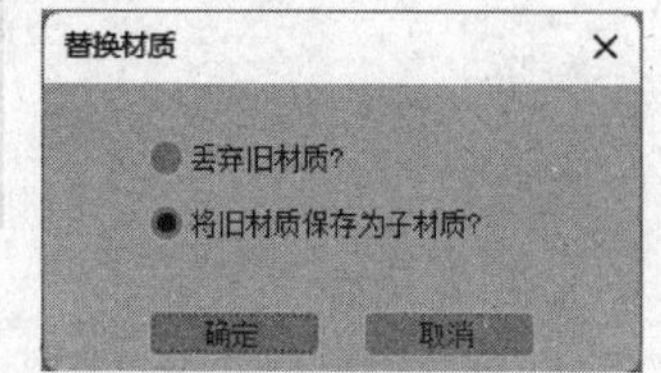


图 8-27 “替换材质”对话框

❺ 单击【Material 1】(材质 1)中显示材质名称的按钮,将“材质编辑器”对话框的下半部分切换为标准材质的属性选项。

❻ 在【Shader Basic Parameters】(明暗器基本参数)卷展栏中选择【Metal】(金属)着色方式,然后调整【Metal Basic Parameters】(金属基本参数)卷展栏中的【Ambient】(环境光)、【Diffuse】(漫反射)和【Self-Illumination】(自发光)的参数值。

❼ 直到将第一个子材质调整为金属材质,如图 8-28 所示。

❽ 如果想恢复混合材质状态,可以单击【Go to Parent】(转到父对象)按钮,也可以单击名称下拉列表中的“混合材质”。如果想继续编辑第二个子材质,可直接单击【Go Forward to Sibling】(转到下一个同级项)按钮,将材质编辑器的参数转换成第二个子材质的参数。

❾ 在【Shader Basic Parameters】(明暗器基本参数)卷展栏中选择【Phong】着色方式,然后调整【Phong Basic Parameters】(Phong 基本参数)卷展栏中的【Ambient】(环境光)、【Diffuse】(漫反射)和【Self-Illumination】(自发光)的参数值(参数值可任意设置)。

❿ 将第二个子材质调整为玻璃材质,如图 8-29 所示。

⓫ 需要注意的是,在调整第二个子材质时需取消【Blend Basic Parameters】(混合基本参数)中的第一个子材质后面复选框的勾选,并且将【Amount】(环境光)值设为 100。

⓬ 单击【Go to Parent】(转到父对象)按钮,回到混合材质状态,同时勾选两个子材质后面的复选框,并将【Amount】(环境光)值设为 50。此时,混合后的材质如图 8-30 所示。

图 8-28 金属材质

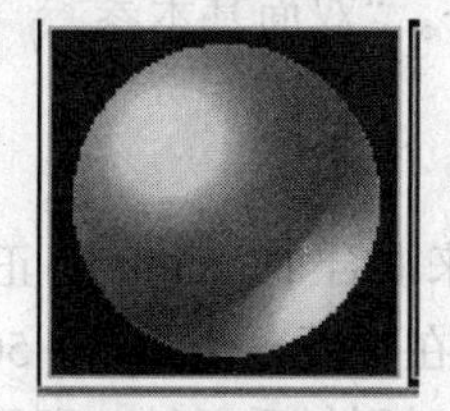

图 8-29 玻璃材质

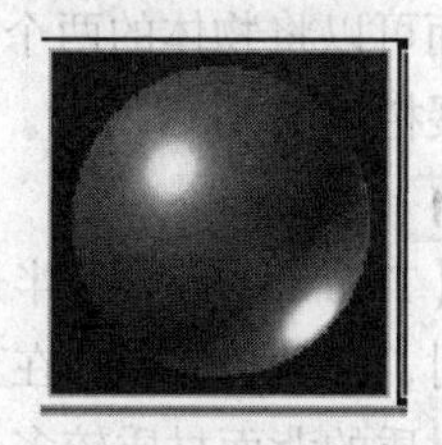

图 8-30 混合后材质

⓭ 单击【Assign Material to Selection】(将材质指定给选定对象)按钮,把混合材质赋给茶壶,再单击【Render Production】(渲染产品)按钮,对茶壶进行快速渲染,效果如图 8-31 所示。

⓮ 为了观察混合材质效果，分别将【Amount】(环境光)值设为 30、70，再次渲染，效果如图 8-32 所示。

图 8-31　环境光值为 50 时的效果图

a）环境光值为 30 时的效果图

b）环境光值为 70 时的效果图

图 8-32　不同环境光值的混合效果

### 8.3.3　创建【Double-Sided】(双面)材质

【Double-Sided】(双面)材质功能很强大，可以将对象的双面分别用不同的材质来着色。这种材质通常用来为表面较薄的场景物体的两个表面指定不同的材质，从而可以将物体的两个表面区分开。"双面基本参数"卷展栏如图 8-33 所示。

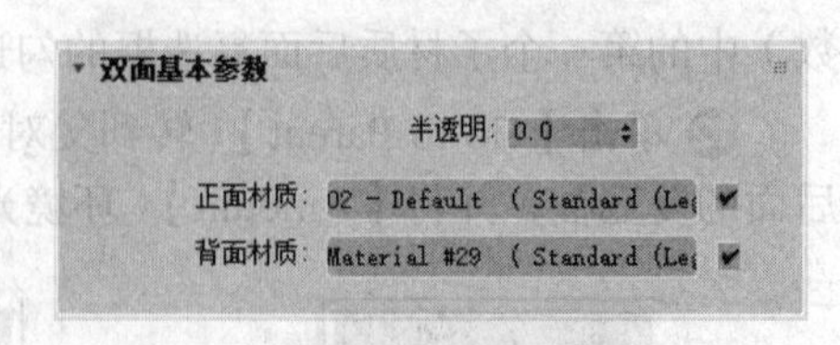


图 8-33　"双面基本参数"卷展栏

**01** 参数简介

✧【Translucency】(半透明)：用来混合【Facing】(正面)和【Back】(背面)材质。当其值为 0 时，两种材质一种在正面，一种在背面；值为 0 ~ 50 时两种材质混合；值为 50 ~ 100 时则混合材质的背面材质较多；值为 100 时则材质反转，即原来的背面材质变为正面材质。

✧【Facing Material】(正面材质)：设定正面所用的材质。

✧【Back Material】(背面材质)：设定背面所用的材质。

**02** 实例讲解

❶ 单击【File】(文件)菜单中的【Reset】(重置)命令，重新设置系统。

❷ 打开【Create】(创建)命令面板上的【Shapes】(图形)子命令面板。在视图中绘制一条直线作为放样的路径，绘制一个圆形作为放样截面，结果如图 8-34 所示。

❸ 在任意视图中单击直线，使它显示为白色。单击【Create】(创建)命令面板中的【Geometry】(几何体)按钮●，选择【Compound Objects】(复合对象)，在弹出的菜单中选择【Loft】(放样)选项。

❹ 打开【Loft】(放样)造型子命令面板，单击【Get Shape】(获取图形)按钮，并确定【Instance】(实例)为当前选项。

❺ 单击圆形，可以看到圆形的关联复制品被移动到路径的起始点上，生成一个放样体。打开【Modify】(修改)命令面板，对放样体进行缩放变形和倒角变形。

❻ 在【Skin Parameters】(蒙皮参数)卷展栏中取消【Cap Start】(封口始端)复选框的勾选，生成如图 8-35 所示的茶杯。

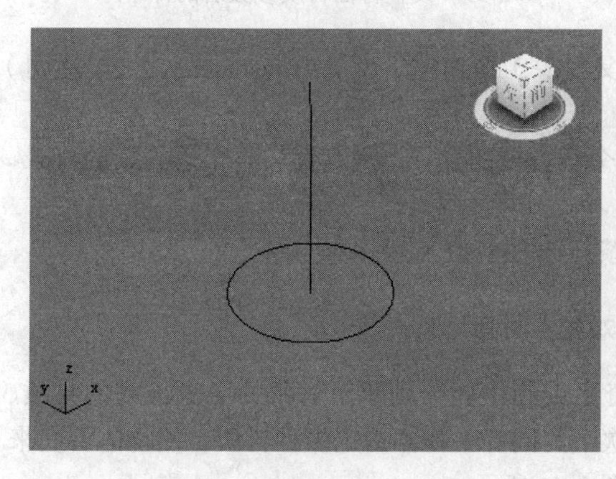

图 8-34 绘制放样路径与截面

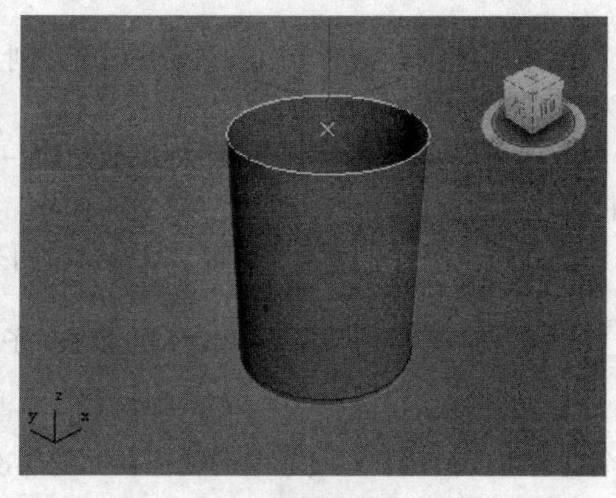

图 8-35 生成茶杯

❼ 打开“材质编辑器”对话框，勾选【2-Side】(双面)复选框，并将之赋予对象。单击“材质编辑器”对话框中的【Standard】(标准)按钮，在弹出的材质浏览器中选择【Double Sided】(双面)，将基本参数卷展栏切换为双面材质参数栏。

❽ 单击卷展栏中的【Facing Material】(正面材质)按钮。这时卷展栏变为外表面参数的卷展栏。单击【Diffuse】(漫反射)旁的颜色按钮，弹出颜色调整框。将表面材质的颜色设为 R：242；G：192；B：86。

❾ 调整其他参数如图 8-36 所示，此时的样本球如图 8-37 所示。

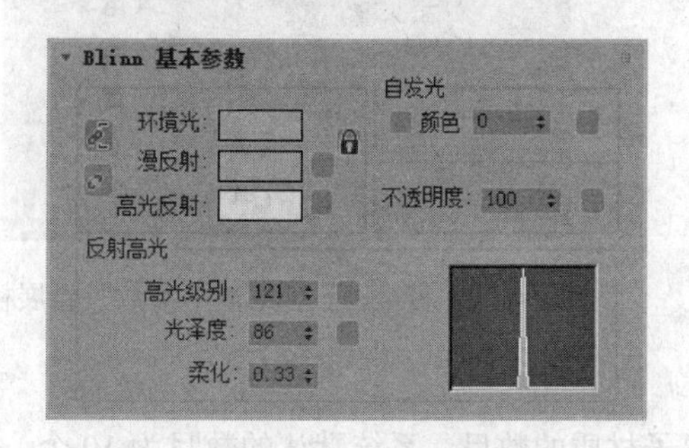


图 8-36 外表面材质调整框

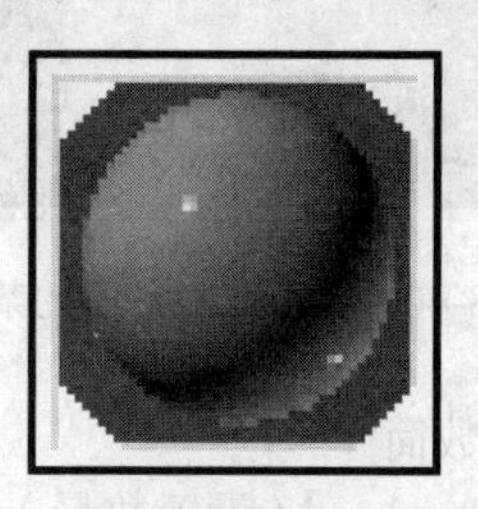

图 8-37 设置外表面材质后的样本球

❿ 单击工具栏上的【Go to Parent】(转到父对象)按钮，将【Translucency】(半透明)设为 100，单击【Back Material】(背面材质)，打开背面材质编辑框。

⓫ 设置背面材质参数如图 8-38 所示，此时的样本球如图 8-39 所示。

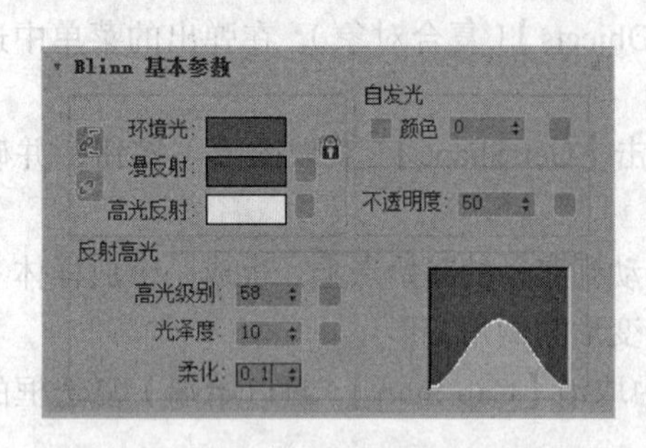


图 8-38 设置背面材质参数

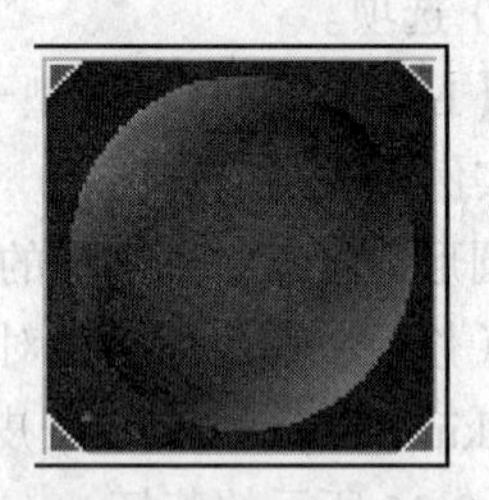

图 8-39 设置背面材质参数后的样本球

⓬ 单击工具栏上的【Go to Parent】(转到父对象)按钮，将【Translucency】(半透明)设为 0，并将材质赋予茶杯。

⓭ 为了看得清楚一些，在茶杯后面创建一个长方体的盒子，使其铺满整个透视图的背景，并将颜色设为蓝绿色。

⓮ 在透视图中渲染场景，赋予双面材质的茶杯如图 8-40 所示。

### 8.3.4 创建【Multi/Sub-object】(多维 / 子对象)材质

【Multi/Sub-object】(多维 / 子对象)的神奇之处在于能分别赋予对象的子级不同的材质。这个功能可以使用户对场景中的物体在面的层次上为同一个物体指定多种材质，使物体看起来丰富多彩。“多维 / 子对象基本参数”卷展栏如图 8-41 所示。

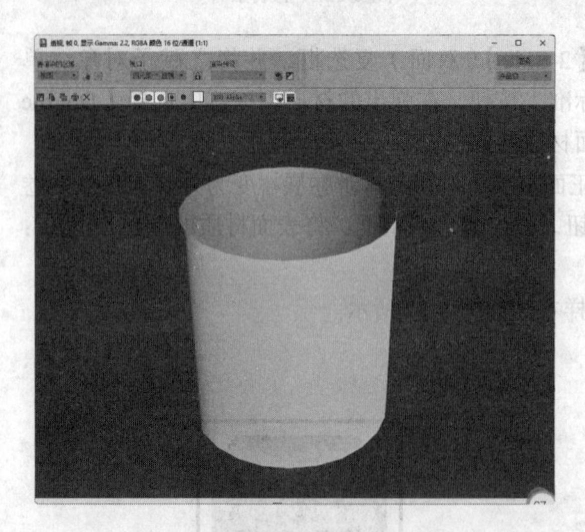

图 8-40 赋予双面材质的茶杯

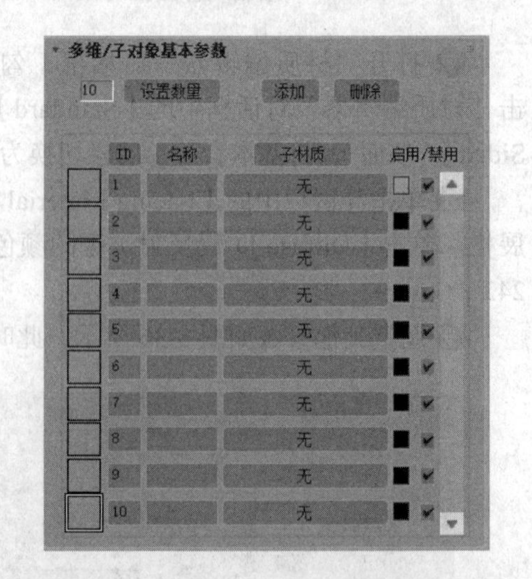


图 8-41 “多维 / 子对象基本参数”卷展栏

**01** 参数简介

✧【Set Number】(设置数量)：用来设置对象子材质的数目。系统默认的数目为 10 个。

✧【Number of Materials】(材质数量)：用来显示上面设置的子材质数目。

✧ 子材质数目设定后，单击下方参数卷展栏中间的按钮可打开子材质的编辑层，对子材质进行编辑。单击按钮右边的颜色框，能够改变子材质的颜色，而最右边的小框控制是否使当前子材质发生作用。

> 注意：要给每个面设置材质，必须先给每个面指定单独的 ID 号。一般使用【Edit Mesh】（编辑网格）编辑器来指定。

**02** 实例讲解

❶ 打开【Create】（创建）命令面板，在下拉菜单里选择【Standard Primitives】（标准基本体），然后单击【Cylinder】（圆柱）按钮，设置高的段数为 5，在视图上创建一个圆柱模型。

❷ 打开【Modify】（修改）命令面板，在下拉菜单里选择【Edit Mesh】（编辑网格）选项，然后在下面的参数面板中的【Selection】（选择）选项里选择【Polygon】（多边形）选项。

❸ 采用框选方式，选中圆柱最上面一圈的所有面，如图 8-42 所示。在下面参数面板中的【Material】（材质）参数区里设定 ID 号为 1。用同样的方式，依次把下面 4 圈的面的 ID 号分别设为 2、3、4、5。

❹ 打开“材质编辑器”对话框，选中一个样本球，然后单击下面的【Standard】（标准）按钮，在打开的对话框里选择【Multi/Sub-Object】（多维 / 子对象）选项，然后单击“确定”按钮。

❺ 返回“材质编辑器”对话框，在【Multi/Sub-Object Basic Parameters】（多维 / 子对象基本参数）中单击【Set Number】（设置数量）选项，在弹出的对话框里把材质个数设为 5 个。

❻ 单击第一个子材质按钮，打开第一个子材质编辑框，这里仅设定其颜色为绿色。

❼ 单击【Go to Parent】（转到父对象）按钮，再单击第二个材质按钮，打开第二个子材质编辑框，这里仅设定其颜色为黄色。

❽ 采取同样的方式，分别设置其他子材质颜色为蓝、黑、白。

❾ 把样本球的材质赋予视图中的圆柱，透视图中的效果如图 8-43 所示。

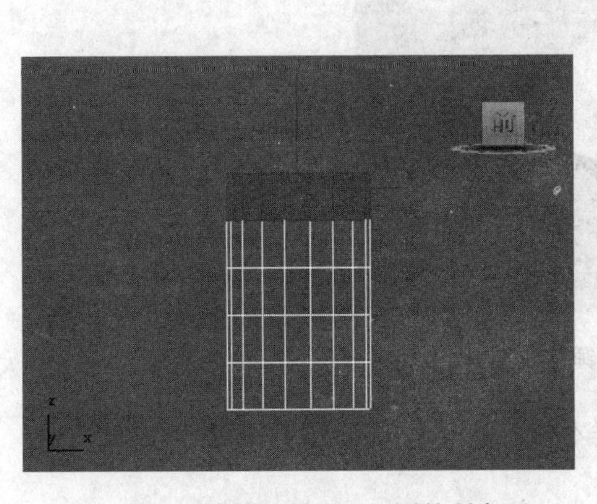

图 8-42　选中圆柱最上面一圈的所有面

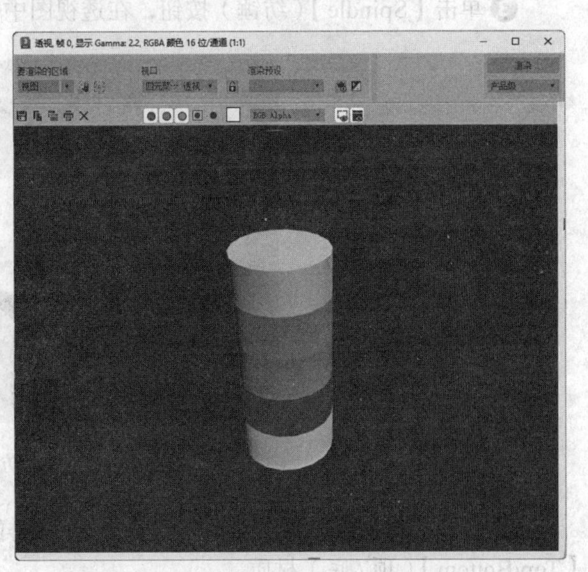

图 8-43　赋予多重材质的圆柱

### 8.3.5 创建【Top/Bottom】(顶/底)材质

【Top/Bottom】(顶/底)可将对象顶部和底部分别赋予不同材质。图 8-44 所示为“顶/底基本参数”卷展栏。

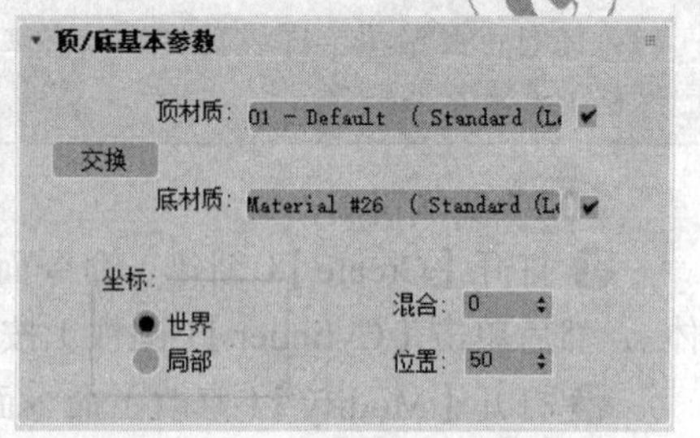


图 8-44 “顶/底基本参数”卷展栏

**01** 参数简介

✧【Top Material】(顶材质):单击其右侧的按钮将直接打开标准材质卷展栏,可以对顶材质进行设置。

✧【Bottom Material】(底材质):单击其右侧的按钮将直接打开标准材质卷展栏,可以对底材质进行设置。

✧【Swap】(交换):单击此按钮可以把两种材质进行相互转换,即将顶材质转换为底材质,将底材质转换为顶材质。

✧【Coordinates】(坐标):用来选择坐标轴。当设定为【World】(世界坐标轴)后,对象发生变化(如旋转)时,物体的材质将保持不变。当设定为【Local】(局部坐标轴)后,对象发生旋转变化时将带动物体的材质一起旋转。

✧【Blend】(混合):控制上下材质的融合程度。数值为 0 时,不进行融合;数值为 100 时将完全融合。

✧【Position】(位置):控制上下材质的显示状态。数值为 0 时,显示第一种材质;数值为 100 时,显示第二种材质。

**02** 实例讲解

❶ 单击【File】(文件)菜单中的【Reset】(重置)命令,重新设置系统。

❷ 打开【Create】(创建)命令面板,单击【Geometry】(几何体)按钮,在下拉列表中选择【Extended Primitives】(扩展基本体)。

❸ 单击【Spindle】(纺锤)按钮,在透视图中创建一个纺锤体模型,如图 8-45 所示。

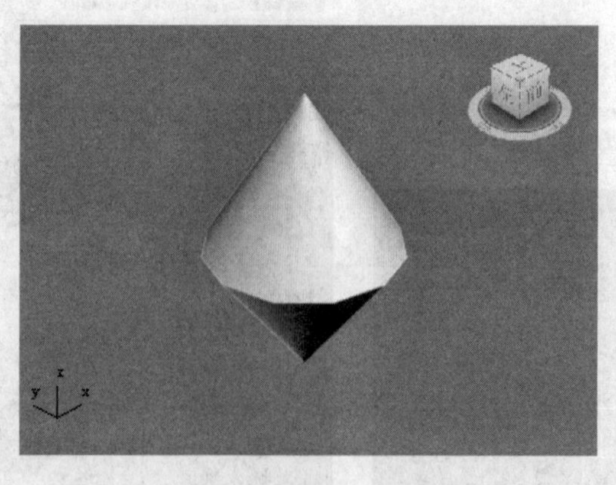

图 8-45 创建纺锤体模型

❹ 打开“材质编辑器”对话框,选择第一个样本球,单击【Standard】(标准)按钮,选择【Top/Bottom】(顶/底)材质。

❺“材质编辑器”对话框中的参数区转换为顶/底复合材质参数区,单击【Top Material】

（顶材质）进行顶材质编辑，将材质的【Diffuse】（漫反射）颜色设为黄金的颜色（R：242，G：192，B：86），并适当调整高光量。

❻ 单击“材质编辑器”对话框中的按钮进行底材质编辑，将材质的【Diffuse】（漫反射）颜色设为金属银的颜色（R：233，G：233，B：216），并适当调整高光量。

❼ 单击“材质编辑器”对话框中的按钮进行父材质编辑，设置【Blend】（混合）值分别为 0 和 50，此时的样本球如图 8-46 所示。

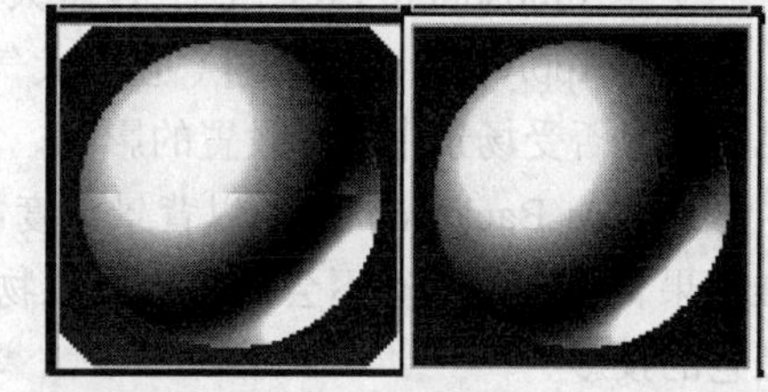

图 8-46　混合值为 0 和 50 时的样本球

❽ 单击“材质编辑器”对话框中的按钮，将材质赋予对象，效果如图 8-47 所示。

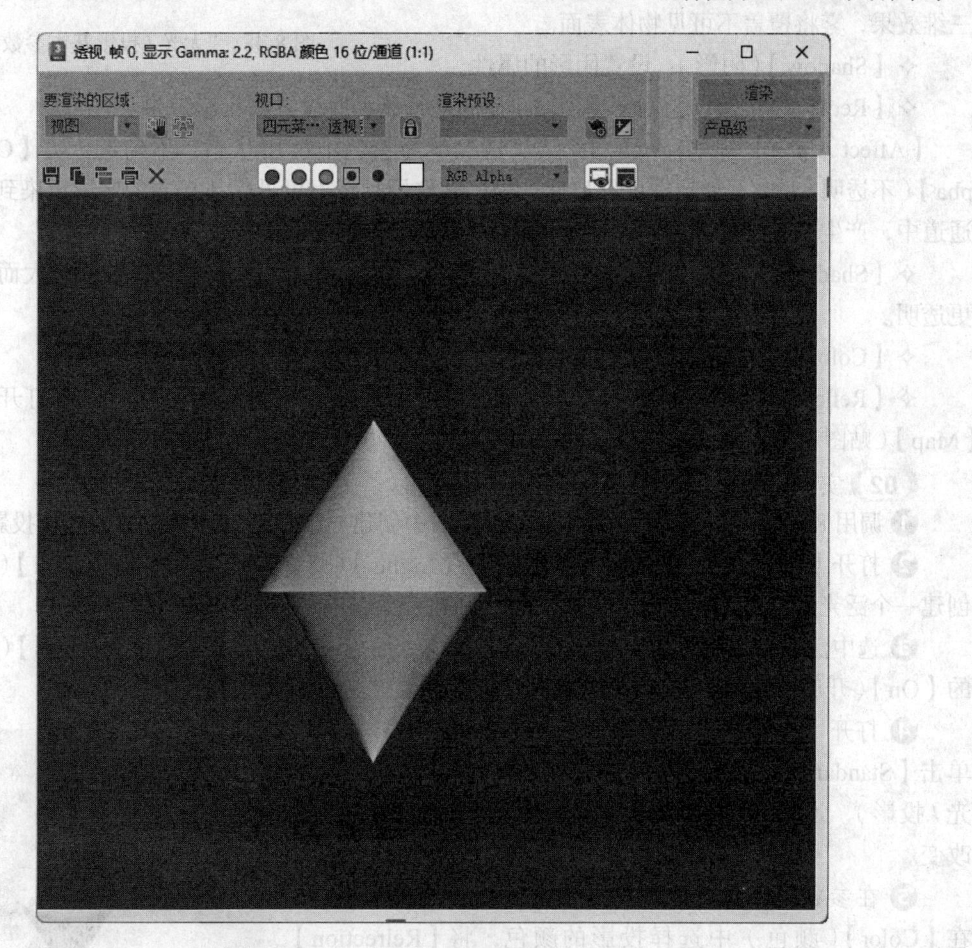


图 8-47　采用顶 / 底材质的效果

### 8.3.6　创建【Matte/Shadow】（无光 / 投影）材质

【Matte/Shadow】（无光 / 投影）材质可以使三维模型在渲染时变得不可见，使场景的背景显示出来，但赋予无光 / 阴影材质的物体可以接受阴影。打开无光 / 投影材质的方法与上述材质类型相同。“无光 / 投影基本参数”卷展栏如图 8-48 所示。

**01** 参数简介

✧【Matte】(无光)：控制是否将不可见的物体渲染到不透明的【Alpha】通道中。

✧【Atmosphere】(大气)：设置大气环境。

✧【Apply Atmosphere】(应用大气)：控制不可见物体是否受场景中大气设置的影响。

✧【At Background】(以背景深度)：生成的是二维效果，场景中的雾不会影响不可见物体，但可以渲染它的投影。

✧【At ObjectDepth】(以对象深度)：生成的是三维效果，雾将覆盖不可见物体表面。

无光/投影基本参数
无光
不透明 Alpha
大气
应用大气
以背景深度
以对象深度
阴影
接收阴影
影响 Alpha
阴影亮度：0.0
颜色：
反射
数量：50.0
附加反射
贴图：
无贴图

图 8-48 “无光 / 投影基本参数”卷展栏

✧【Shadow】(阴影)：设置阴影的属性。

✧【Receive Shadow】(接收阴影)：控制是否显示所设置的投影效果。

【Affect Alpha】(影响 Alpha)：默认情况下为灰色不可用状态，不勾选上方【Opaque Alpha】(不透明 Alpha) 复选框可开启此选项，其作用是将不可见物体接收的阴影渲染到【Alpha】通道中，产生一种半透明的阴影通道图像。

✧【Shadow Brightness】(阴影亮度)：调整阴影的亮度。阴影亮度随数值增大而变得更亮更透明。

✧【Color】(颜色)：设置阴影的颜色。可通过单击旁边的颜色框选择颜色。

✧【Reflection】(反射)：控制是否设置反射贴图。系统默认为关闭，需要打开时，单击【Map】(贴图) 旁的空白按钮指定所需贴图即可。

**02** 实例讲解

❶ 调用 8.3.5 小节中创建的物体，再在视图中创建一个足够大的长方体，用作投影的平面。

❷ 打开【Create】(创建) 命令面板，在【Lights】(灯光) 选项中单击【Omni】(泛光灯)，创建一个泛光灯。

❸ 选中泛光灯，打开【Modify】(修改) 命令面板，在参数区勾选【Shadows】(阴影) 中的【On】(开启) 选项。

❹ 打开“材质编辑器”对话框，选中第一个样本球，单击【Standard】(标准) 按钮，选中【Matte/Shadow】(无光 / 投影)。此时，“材质编辑器”对话框中的参数区随之改变。

❺ 在参数区中勾选【Recevie Shadows】(接收阴影)，在【Color】(颜色) 中选择投影的颜色，将【Relrection】(反射) 的“数量”设为 100，在【Map】(贴图) 中选择【Gradient】(渐进)。选中创建的长方体，赋予它阴影材质。

❻ 渲染后的效果如图 8-49 所示。

图 8-49 投影材质渲染后的效果

### 8.3.7 创建【Composite Material】(合成材质) 材质

【Composite Material】(合成材质) 卷展栏类似于“多维 / 子对象”材质卷展栏，而其功能与“混合材质”类似。单击“材质编辑器”对话框中的材质类型按钮，在弹出的材质 / 贴图浏览器中选择【Composite Material】(合成材质)，单击“确定”按钮退出。此时“合成基本参数”卷展栏如图 8-50 所示。

✧【Base Material】(基础材质)：单击该按钮，可为合成材质指定一个基础材质。该材质可以是标准材质，也可以是复合材质。

✧【Mat.1 ~ Mat.9】(材质 1 ~ 材质 9)：合成材质最多可合成 9 种子材质。单击某个子材质旁的按钮，将弹出材质 / 贴图浏览器，在其中可为子材质选择材质类型。

选择完毕后，“材质编辑器”对话框中的参数卷展栏将从合成材质基本参数卷展栏自动变为所选子材质的参数卷展栏，编辑完成后可单击水平工具行中的按钮返回。

如果没有为子材质指定【Alpha】通道，则必须降低上层材质的输出值（每个材质最右边的数值就是材质的输出值）才能达到合成的目的，否则只显示最上面一层的材质。

图 8-50 “合成基本参数”卷展栏

### 8.3.8 创建【Shellac】(虫漆)材质

【Shellac】(虫漆)的功能是将两种材质进行混合，并且通过虫漆颜色对两者的混合效果做出调整。“虫漆基本参数”卷展栏如图 8-51 所示。

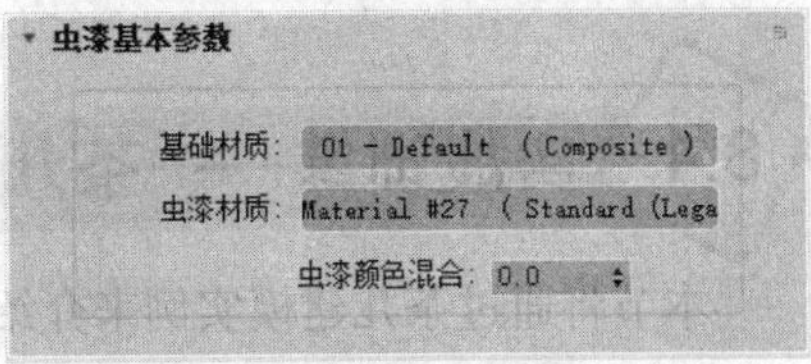

✧【Base Material】(基础材质)：单击旁边的按钮可打开标准材质编辑栏。

✧【Shellac Material】(虫漆材质)：单击旁边的按钮可打开虫漆材质编辑栏。

✧【Shellac Color Blend】(虫漆颜色混合)：通过百分比控制上述两种材质的混合度。

图 8-51 “虫漆基本参数”卷展栏

### 8.3.9 创建【Raytrace】(光线跟踪)材质

【Raytrace】(光线跟踪)功能非常强大，其基本参数卷展栏中的命令也比较多，它的特点是不仅包含了标准材质的所有特点，而且能真实反映光线的反射和折射。光线追踪材质尽管效果很好，但需要较长的渲染时间。“光线跟踪基本参数”卷展栏如图 8-52 所示。

✧【Shading】(明暗处理)：光线追踪材质提供了 4 种渲染方式。

✧【2-Sided】(双面)：勾选该复选框，光线追踪计算将在内外表面上进行渲染。

✧【Face Map】(面贴图)：控制是否将材质赋予对

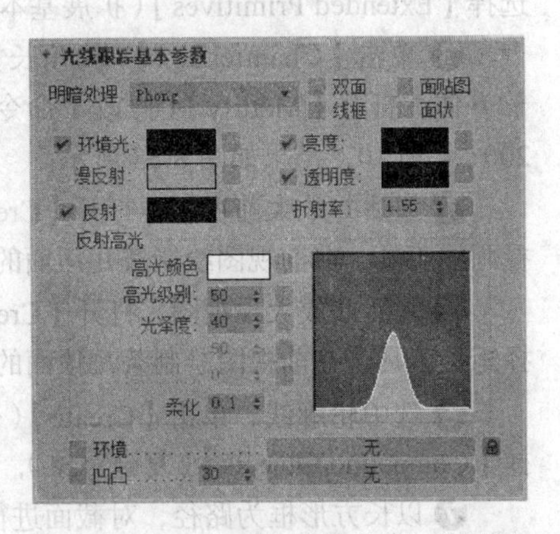


图 8-52 “光线跟踪基本参数”卷展栏

象的所有表面。

✧【Wire】(线框)：控制是否将对象设为线架结构。

✧【Ambient】(环境光)：与标准材质不同，此处的阴影色将决定光线追踪材质吸收环境光的多少。

✧【Diffuse】(漫反射)：用来设置物体固有色的颜色。当反射为100%时固有色将不起作用。

✧【Reflect】(反射)：用来设置物体高光反射的颜色。

✧【Luminosity】(亮度)：依据自身颜色来确定发光的颜色。与标准材质中的自发光相似。

✧【Transparency】(透明度)：光线追踪材质通过颜色过滤表现出的颜色。黑色为完全不透明，白色为完全透明。

✧【Index Of Refraction】(折射率)：用来设置材质折射率的强度。准确设置该数值能真实反映物体对光线折射的不同折射率。数值为1时，表示空气的折射率；数值为1.5时，表示玻璃的折射率；数值小于1时，对象沿着它的边界进行折射。

✧【Specular Highlight】(反射高光)：控制对象反射区反射的颜色。【Specular Color】(高光颜色)决定高光反射灯光的颜色；【Specular Level】(高光级别)决定反射光区域的范围；【Glossiness】(光泽度)决定反光的强度，数值在0～1000之间；【Soften】(柔化)可对反光区进行柔化处理。

✧【Environment】(环境)贴图：不开启此项设置时，将使用场景中的环境贴图。当场景中没有设置环境贴图时，此项设置将为场景中的物体指定一个虚拟的环境贴图。

✧【Bump】(凹凸)贴图：打开对象的凹凸贴图。

## 8.4 实战训练——茶几

本节将通过茶几建模实例来介绍如何灵活运用材质命令创建逼真的三维模型。

### 8.4.1 茶几模型的制作

❶ 单击【Files】(文件)菜单中的【Reset】(重置)命令，重置系统。

❷ 打开【Create】(创建)命令面板，单击【Geometry】(几何体)按钮●，在下拉列表中选择【Extended Primitives】(扩展基本体)。

❸ 单击【ChamferBox】(倒角长方体)按钮，创建一个倒角长方体作为茶几顶面。选中长方体，打开【Modify】(修改)命令面板，在参数栏中将长、宽、高、倒角分别设置为80、200、4和10，结果如图8-53所示。

❹ 激活并放大前视图，打开【Create】(创建)命令面板，单击【Shape】(图形)按钮，选择画线工具，在前视图绘制茶几顶面的包边框截面并进行编辑，结果如图8-54所示。

❺ 激活并放大顶视图，打开【Create】(创建)命令面板，单击【Shape】(图形)按钮，选择矩形工具，在前视图绘制茶几顶面的包边框轮廓并进行编辑，结果如图8-55所示。

❻ 选中轮廓线，单击【Create】(创建)命令面板中的【Geometry】(几何体)按钮●，选择【Compound Objects】(复合对象)，在弹出的菜单中选择【Loft】(放样)命令。

❼ 以长方形框为路径，对截面进行放样，生成茶几顶面包边框并对其修改，结果如图8-56所示。

图 8-53 创建茶几顶面

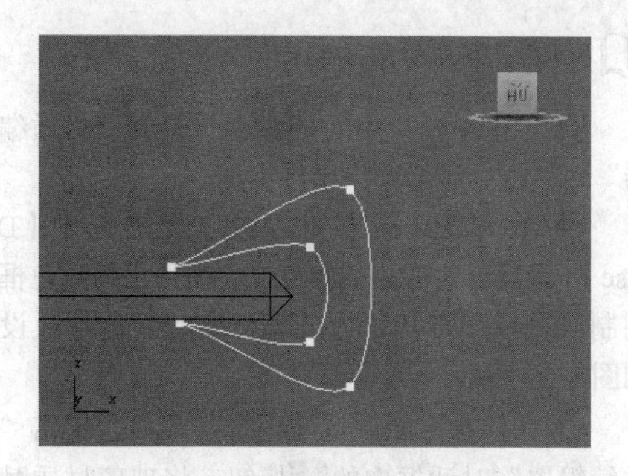

图 8-54 绘制茶几顶面包边框截面

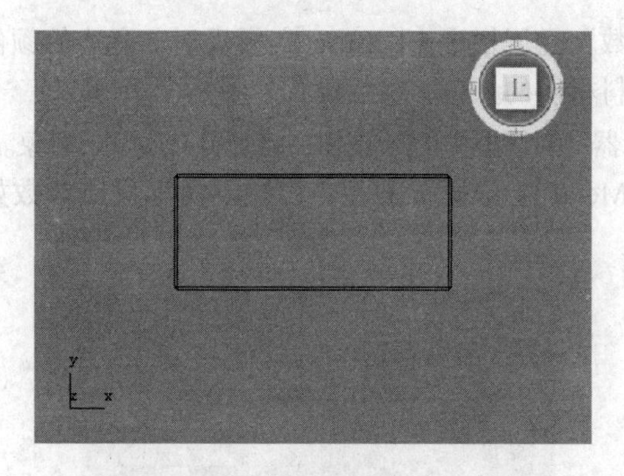

图 8-55 绘制茶几顶面包边框轮廓

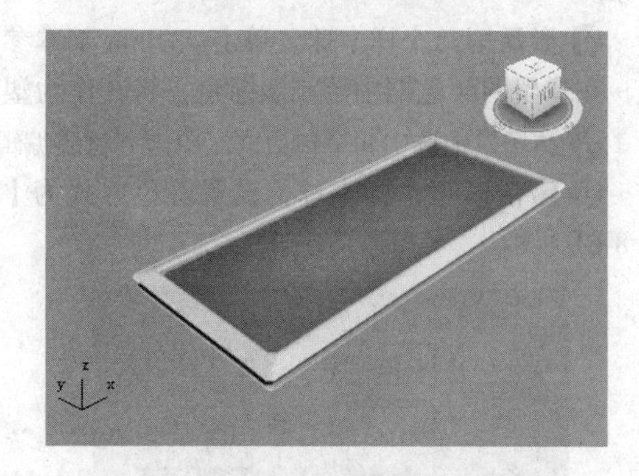

图 8-56 放样生成茶几顶面包边框

❽ 打开【Create】(创建)命令面板，单击【Geometry】(几何体)按钮，在下拉列表中选择【Extended Primitives】(扩展基本体)。

❾ 激活顶视图，单击【Oiltank】(油罐)按钮，在适当位置创建一个带凸面的柱体并复制三个，然后分别移动到茶几表面的 4 个角，完成茶几腿的创建，结果如图 8-57 所示。

❿ 选中茶几顶面与边框，复制一个底表面，完成茶几模型的创建，结果如图 8-58 所示。

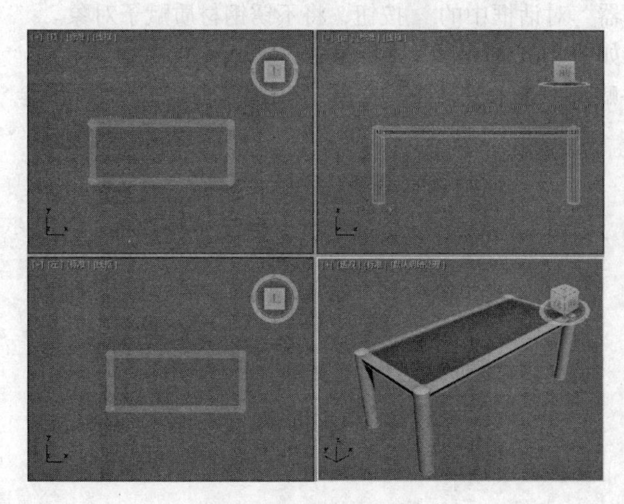

图 8-57 创建茶几腿

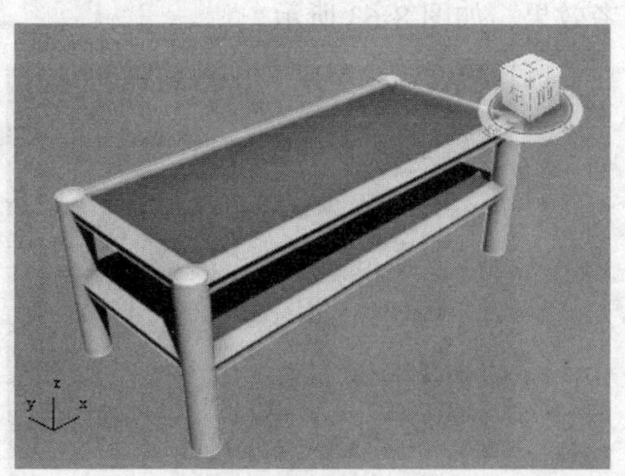

图 8-58 创建完成的茶几模型

## 8.4.2　茶几材质的制作

❶ 单击工具栏中的按钮，打开“材质编辑器”对话框，激活第一个样本球。

❷ 单击“Blinn 基本参数”卷展栏中【Diffuse】(漫反射)旁边的颜色块，在弹出的颜色框中调制淡蓝色，将其作为玻璃材质的颜色参数设置如图 8-59 所示。

❸ 在任意视图中选中两个茶几面，单击“材质编辑器”对话框中的按钮，将玻璃材质赋予对象。

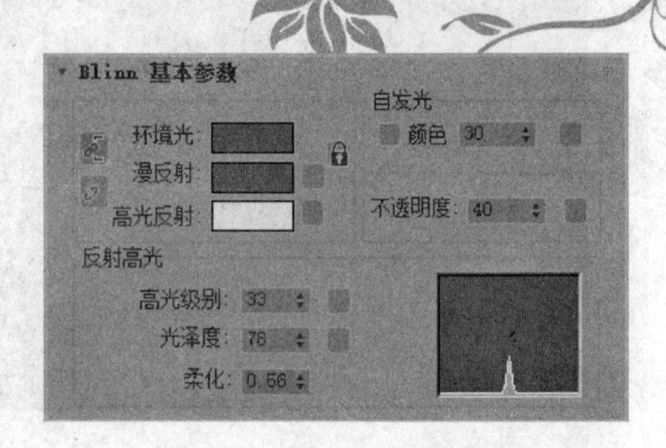


图 8-59　玻璃材质参数设置

❹ 激活第二个样本球。单击“Blinn 基本参数”卷展栏中【Diffuse】(漫反射)旁边的颜色块，在弹出的颜色框中调制淡绿色，将其作为塑料材质的颜色，参数设置如图 8-60 所示。

❺ 在场景中选中两个包边框，单击“材质编辑器”对话框中的按钮，将塑料材质赋予对象。

❻ 激活第三个样本球，设置着色方式为【Metal】(金属)类型，设置不锈钢材质参数如图 8-61 所示。

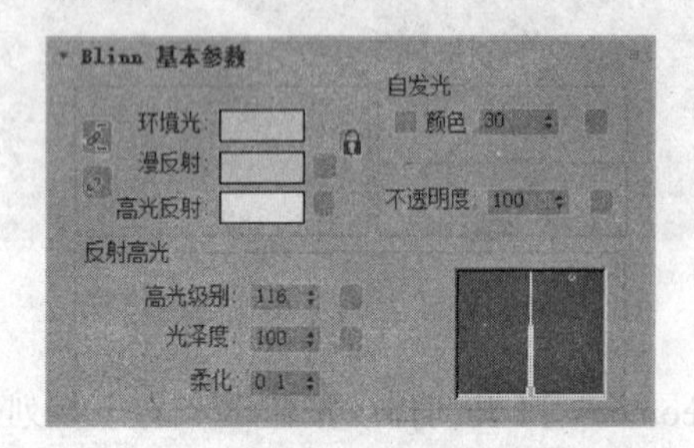


图 8-60　塑料材质参数设置

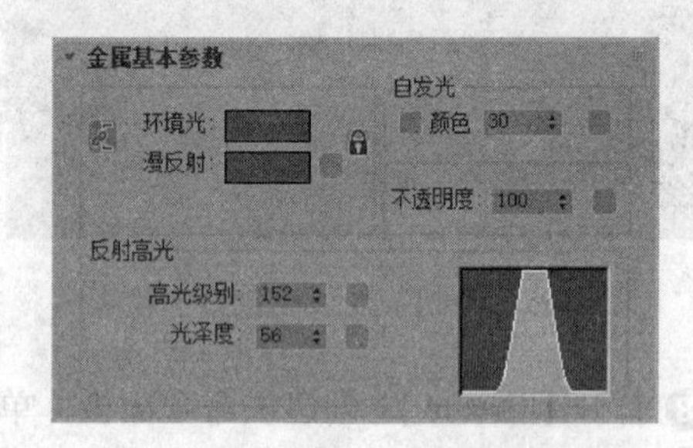


图 8-61　不锈钢材质参数设置

❼ 展开【Maps】(贴图)卷展栏，单击【Reflection】(反射)贴图上的【None】(无贴图)按钮，添加电子资料包中的贴图 /CHROMIC.jpg 文件。

❽ 选中 4 个茶几腿，单击“材质编辑器”对话框中的按钮，将不锈钢材质赋予对象。

❾ 对透视图进行渲染，渲染后的茶几如图 8-62 所示。

❿ 还可以创建一个平面作为地面，并赋予一张木纹贴图。这里仅给出添加地面后茶几的参考效果，如图 8-63 所示。

图 8-62　渲染后的茶几

图 8-63　添加地面后的茶几

## 8.5 课后习题

1. 填空题

（1）系统默认的样本球显示区域是________显示模式。

（2）材质的类型有三种，分别是________、________、________。

（3）【Shader Basic Parameters】（明暗器基本参数）卷展栏中提供了________种着色方式。

（4）________统称为复合材质。

2. 问答题

（1）怎样重命名材质？

（2）怎样将材质赋予场景中的物体？

（3）4 种场景对象材质的显示模式是什么？

（4）复合材质有哪些类型？

3. 操作题

（1）创建一个长方体，调制玻璃材质并赋予长方体。

（2）创建一个球体，练习混合材质的调制并赋予球体。

（3）创建一个茶壶，练习多重子材质的调制并赋予茶壶。

# 第9章 贴图的使用

## 教学目标

贴图是3ds Max除了材质之外又一个增强物体质感和真实感的强大技术功能，即使是质量很差的模型，如果能很好地进行贴图处理，它的外观也会得到很大改善。本章将全面介绍贴图类型、贴图通道以及贴图方式。其中，贴图通道的使用是本章的重点。正确运用贴图通道是贴图成功的关键。

## 教学重点与难点

- 熟悉各种贴图类型
- 掌握贴图通道的含义
- 采用正确的贴图方式

## 9.1 贴图类型

### 9.1.1 二维贴图

✧【Bitmap】(位图)：最常用的一种贴图类型，支持多种格式，包括bmp、gpj、jpg、tif、tga等图像以及avi、flc、fli、cel等动画文件。位图应用范围广而且非常方便，将需要的图像进行扫描或在绘图软件中制作，存为图像格式后就可以通过【Bitmap】(位图)引入3ds Max作为贴图使用。

✧【Checker】(棋盘格)：赋予对象两色方格交错的棋盘格图案。

✧【Gradient】(渐变)：设置任意三种颜色或贴图进行渐变处理，包括直线渐变和放射渐变两种类型。

01【Checker】(棋盘格)贴图举例

❶ 单击【File】(文件)菜单中的【Reset】(重复)命令，重新设置系统。

❷ 打开【Create】(创建)命令面板，单击【Geometry】(几何体)按钮，展开【Object Type】(对象类型)卷展栏，在透视图中创建一个板状长方体，作为贴图的对象，如图9-1所示。

❸ 选中长方体，单击工具栏中的按钮，打开“材质编辑器”对话框。

❹ 在【Map】(贴图)卷展栏中选择【Diffuse Color】(漫反射颜色)选项，并单击它旁边的【No Map】(无贴图)按钮，在弹出的材质/贴图浏览器中选择【Checker】(棋盘格)贴图，打开【Checker Parameters】(棋盘格参数)卷展栏，如图9-2所示。

❺ 系统默认的形态是黑白相间的格子，这从样本球的变化可以看出。可以单击颜色块，在弹出的颜色框里改变两种格子的颜色，制作各种各样的格子贴图。这里将这两种格子颜色分别设为白色和黑色。

图 9-1 创建板状长方体

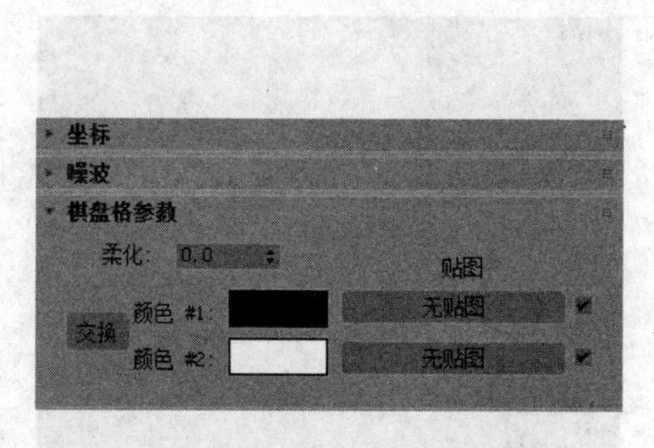


图 9-2 “棋盘格参数”卷展栏

❻ 展开【Coordinates】(坐标)卷展栏，将【Tiling】(瓷砖)中的 U、V 值均设为 4。

❼ 单击“材质编辑器”对话框中的【Assign Material to Selection】(将材质指定给选定对象)按钮，然后单击【Show Map in Viewport】(视口中显示明暗处理材质)按钮，完成给长方体贴图，透视图中的效果如图 9-3 所示。可以看出，长方体已经被贴上了格子贴图。

❽ 格子贴图不但可以采用颜色块，而且还可以用两张图片来填充。单击工具栏中的按钮，打开“材质编辑器”对话框，展开【Checker Parameters】(棋盘格参数)卷展栏，单击“颜色”右侧的【No Map】(无贴图)按钮，打开材质/贴图浏览器，从中选择“位图”选项，在弹出的对话框中选择一张图片，此时“位图参数”卷展栏如图 9-4 所示。

图 9-3 应用格子贴图后的长方体

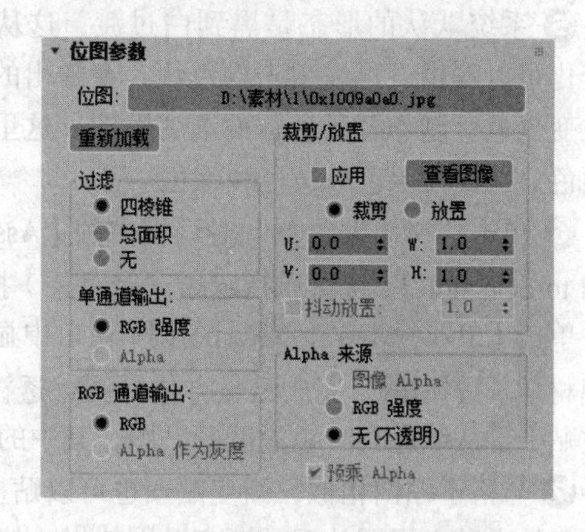


图 9-4 “位图参数”卷展栏

❾ 单击“材质编辑器”对话框中的【Go to Parent】(转到父对象)按钮，返回“棋盘格参数”卷展栏，单击另一个颜色块旁边的【No Map】(无贴图)按钮，用同样的方法选择另一个格子的贴图。

❿ 单击“材质编辑器”对话框中的【Assign Material to Selection】(将材质指定给选定对象)按钮，渲染透视图，效果如图 9-5 所示。可以看出，长方体已经被贴上了由两张图片组成的格子贴图。

**02**【Gradient】(渐变)贴图举例

❶ 单击【File】(文件)菜单中的【Reset】(重置)命令，重新设置系统。

❷ 打开【Create】(创建)命令面板，单击【Geometry】(几何体)按钮，展开【Object

Type】(对象类型)卷展栏，在透视图中创建一个长方体，作为贴图的对象，如图 9-6 所示。

图 9-5　贴上了图片组成的格子贴图

图 9-6　创建长方体

❸ 选中长方体，单击工具栏中的按钮，打开“材质编辑器”对话框。

❹ 在【Map】(贴图)卷展栏中选择【Diffuse Color】(漫反射颜色)选项，并单击它旁边的【No Map】(无贴图)长按钮，在弹出的材质 / 贴图浏览器中选择【Gradient】(渐变)贴图，打开【Gradient Parameters】(渐变参数)卷展栏，如图 9-7 所示。

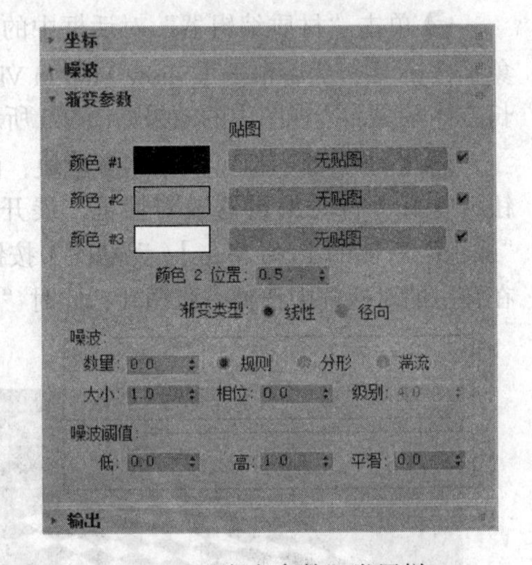


图 9-7　“渐变参数”卷展栏

❺ 系统默认的形态是黑到白过渡，这从样本球的变化可以看出。可以单击颜色块，在弹出的颜色框里改变颜色，制作各种各样的渐变贴图。这里将这三种颜色分别设为绿色、黄色和红色。

❻ 单击“材质编辑器”对话框中的【Assign Material to Selection】(将材质指定给选定对象)按钮，然后单击【Show Map in Viewport】(视口中显示明暗处理材质)按钮，完成给长方体贴图，透视图中的效果如图 9-8 所示。可以看出，长方体已经被贴上了从绿色到红色过渡的贴图，其中的黄色为过渡色。

❼ 与格子贴图相似，渐变贴图也可以贴上图片，其方法基本与格子贴图一样，这里不再赘述，仅给出贴上了图片后的渐变贴图效果，如图 9-9 所示。

图 9-8　应用渐变贴图后的长方体

图 9-9　贴上了图片后的渐变贴图

### 9.1.2 三维贴图

✧【Noise】(噪波):用来将两种贴图进行随机混合,生成类似无序棉花状效果。噪波是非常好用的一种贴图类型,常用来模拟坑洼的地表。

✧【Advanced Wood】(高级木材):用来模仿三维的木纹纹理。

✧【Cellular】(细胞):随机产生细胞、鹅卵石状的贴图效果。经常结合【Bump】(凹凸)贴图方式使用。

✧【Dent】(凹痕):常用于【Bump】(凹凸)贴图,表现一种风化腐蚀的效果。

✧【Falloff】(衰减):产生由明到暗的衰弱效果。

✧【Mable】(大理石):用来模仿大理石的纹理。

✧【Particle Age】(粒子年龄)和【Particle Mblur】(粒子运动模糊):这两个贴图类型需要与粒子结合使用,其中"粒子年龄"可以设置三种不同的颜色或将贴图指定到粒子束上,"粒子运动模糊"可以根据粒子运动的速度来进行模糊处理。

✧【Perlin Marble】(Perlin 大理石):制作如珍珠岩状的大理石效果贴图。

✧【Smoke】(烟雾):用来模仿无序的絮状、烟雾状图案。

✧【Speckle】(斑点):用来模仿两色杂斑纹理。

✧【Splat】(泼溅):用来模仿油彩飞溅的效果。

✧【Stucco】(灰泥):用来配合【Bump】(凹凸)贴图方式,模仿类似泥灰剥落的一种无序斑点效果。

**01**【Noise】(噪波)贴图举例

❶ 单击【File】(文件)菜单中的【Reset】(重置)命令,重新设置系统。

❷ 打开【Create】(创建)命令面板,单击【Geometry】(几何体)按钮,展开【Object Type】(对象类型)卷展栏,在透视图中创建一个茶壶,作为贴图的对象,如图 9-10 所示。

❸ 选中茶壶,单击工具栏中的按钮,打开"材质编辑器"对话框。

❹ 在【Map】(贴图)卷展栏中选择【Diffuse Color】(漫反射颜色)选项,并单击它旁边的【No Map】(无贴图)长按钮,在弹出的材质 / 贴图浏览器中选择【Noise】(噪波)贴图,打开【Noise Parameters】(噪波参数)卷展栏,如图 9-11 所示。

图 9-10 创建茶壶

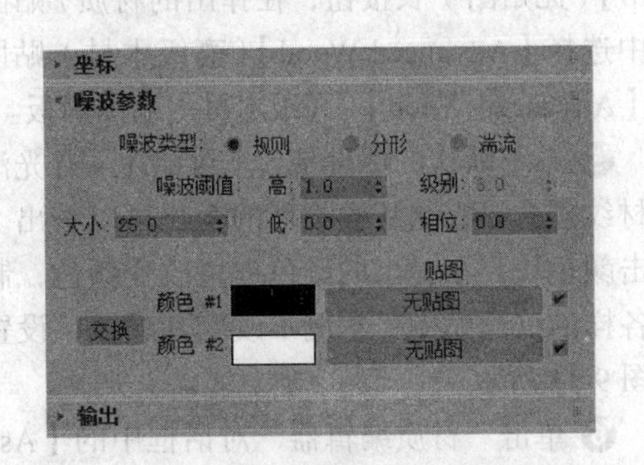


图 9-11 "噪波参数"卷展栏

❺ 系统默认的形态是黑白颜色的噪波扰动效果,这从样本球的变化可以看出。可以单击颜

色块，在弹出的颜色框里改变颜色，制作各种各样的噪波贴图。这里将这两种颜色分别设为绿色和蓝色。

❻ 单击“材质编辑器”对话框中的【Assign Material to Selection】(将材质指定给选定对象)按钮，然后单击【Show Map in Viewport】(视口中显示明暗处理材质)按钮，完成给茶壶贴图，透视图中的效果如图 9-12 所示。可以看出，茶壶已经被贴上了蓝、绿扰动的噪波贴图。

❼ 同样，噪波贴图也可以贴上两张不规则扰动的图片，贴图方法基本与前面的例子类似，这里不再赘述，仅给出贴上了图片后的噪波贴图效果，如图 9-13 所示。

图 9-12　应用噪波贴图后的茶壶

图 9-13　贴上了图片后的噪波贴图

**02**【Advanced Wood】(高级木材)贴图举例

❶ 单击【File】(文件)菜单中的【Reset】(重置)命令，重新设置系统。

❷ 打开【Create】(创建)命令面板，单击【Geometry】(几何体)按钮，展开【Object Type】(对象类型)卷展栏，在透视图中创建一个圆柱体，作为贴图的对象，如图 9-14 所示。

❸ 选中圆柱体，单击工具栏中的按钮，打开“材质编辑器”对话框。

❹ 在【Map】(贴图)卷展栏中选择【Diffuse Color】(漫反射颜色)选项，并单击它旁边的【No Map】(无贴图)长按钮，在弹出的材质/贴图浏览器中选择【Advanced Wood】(高级木材)贴图，打开【Advanced Wood】(高级木材)贴图面板。

❺ 系统默认的预设是“三维蜡木 - 有光泽”的木材纹理效果，这从样本球的变化可以看出。可以单击颜色块，在弹出的颜色框里改变颜色，制作各种各样的纹理贴图。本例不改变其颜色，设置参数如图 9-15 所示。

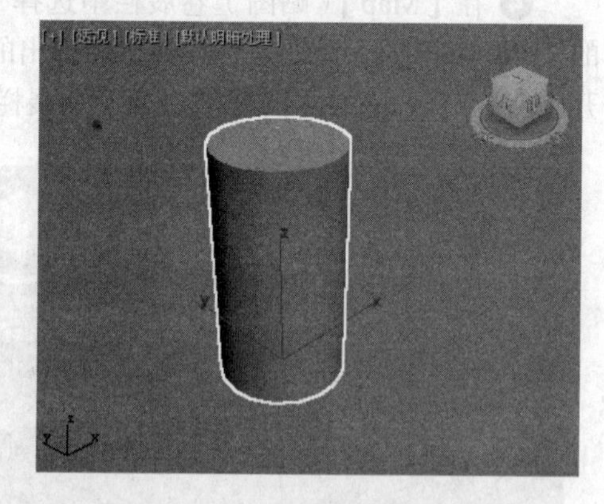

图 9-14　创建圆柱体

❻ 单击“材质编辑器”对话框中的【Assign Material to Selection】(将材质指定给选定对象)按钮，将材质赋予圆柱体，并进行渲染，效果如图 9-16 所示。可以看出，圆柱体已经被贴上了木材纹理的贴图。

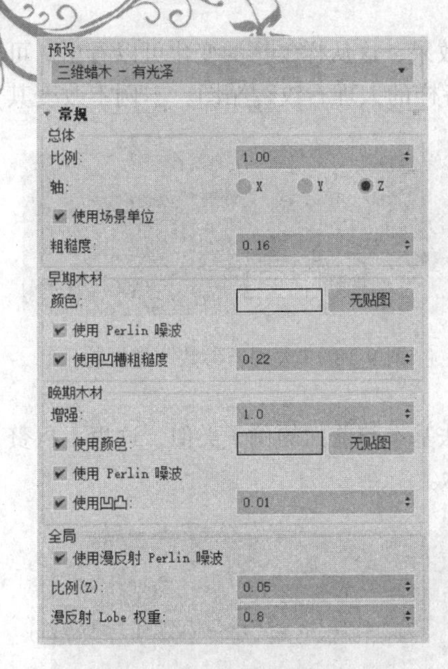


图 9-15 设置参数

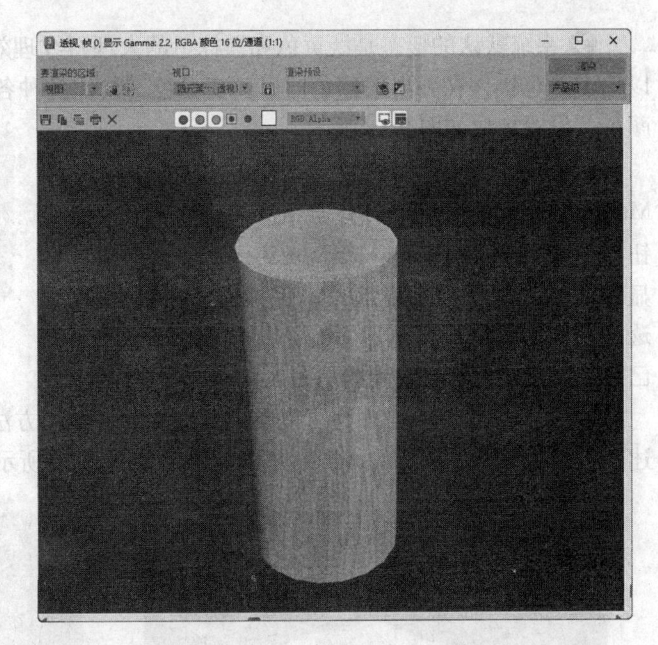


图 9-16 应用高级木材贴图的圆柱体

**03**【Marble】(大理石)贴图举例

❶ 单击【File】(文件)菜单中的【Reset】(重置)命令，重新设置系统。

❷ 打开【Create】(创建)命令面板，单击【Geometry】(几何体)按钮，展开【Object Type】(对象类型)卷展栏，在透视图中创建一个板状长方体，作为贴图的对象，如图 9-17 所示。

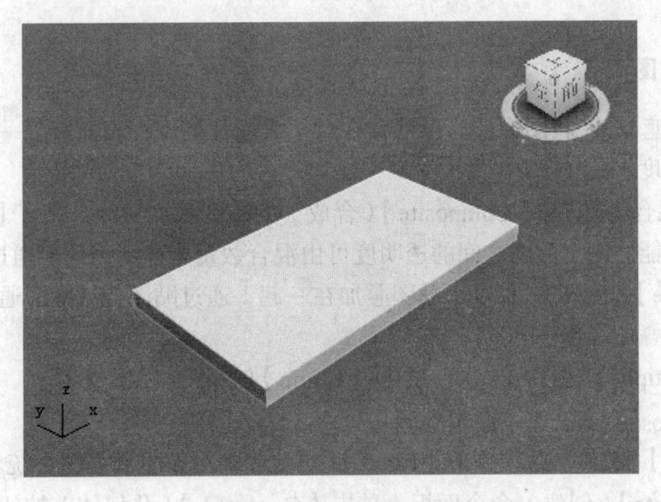


图 9-17 创建板状长方体

❸ 选中长方体，单击工具栏中的按钮，打开“材质编辑器”对话框。

❹ 在【Map】(贴图)卷展栏中选择【Diffuse Color】(漫反射颜色)选项，并单击它旁边的【No Map】(无贴图)按钮，在弹出的材质/贴图浏览器中选择【Marble】(大理石)贴图，打开【Marble Parameters】(大理石参数)卷展栏。

❺ 系统默认的形态是淡黄色和黑棕色的大理石纹理效果，这从样本球的变化可以看出。可以单击颜色块，在弹出的颜色框里改变颜色，制作各种各样的大理石纹理贴图。本例不改变其颜色，设置参数如图 9-18 所示。

❻ 单击“材质编辑器”对话框中的【Assign Material to Selection】(将材质指定给选定对象)按钮，然后单击【Show Map in Viewport】(视口中显示明暗处理材质)按钮，完成给长方体贴图，透视图中的效果如图 9-19 所示。可以看出，长方体已经被贴上了大理石纹理的贴图。

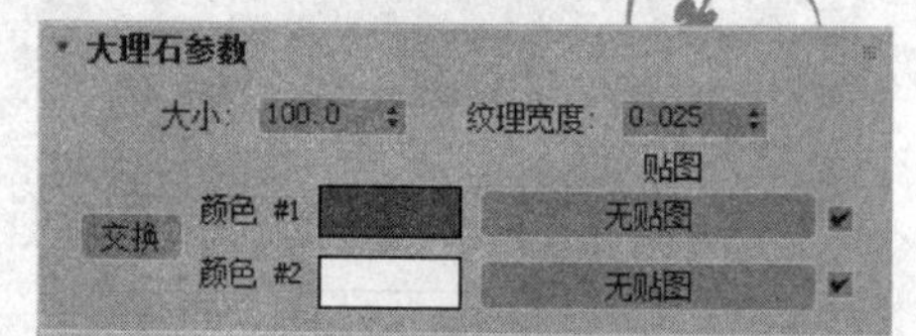


图 9-18 “大理石参数”卷展栏

❼ 同样，大理石贴图也可以贴上两张图片，贴图方法基本与前面的例子类似，这里不再赘述，仅给出贴上了图片的大理石贴图效果，如图 9-20 所示。

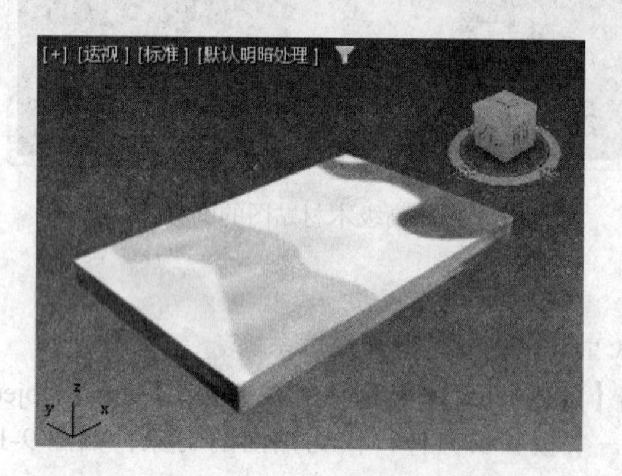


图 9-19 应用大理石贴图后的长方体

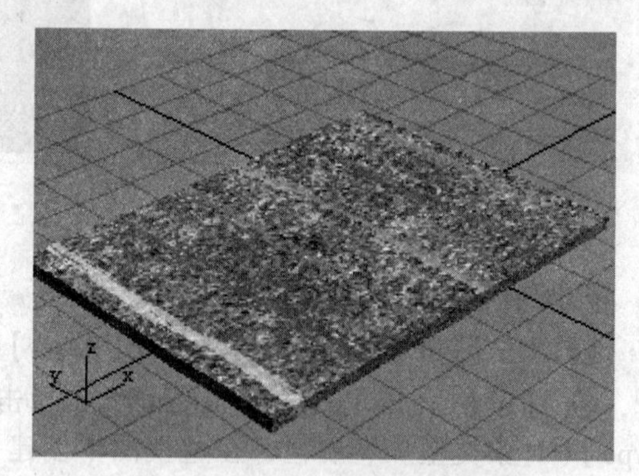

图 9-20 贴上了图片的大理石贴图

## 9.1.3 合成贴图

✧【Mask】(遮罩)：将图像作为罩框蒙在对象表面，好像在表面盖上一层图案的薄膜，以黑白度来决定透明度。

✧【Mix】(混合)：既有【Composite】(合成)的贴图叠加功能，又有【Mask】(遮罩)为贴图指定罩框的功能。两个贴图之间的透明度可由混合数量来确定，还能通过控制曲线来控制。

✧【Composite】(合成)：将多个贴图叠加在一起，通过贴图的 Alpha 通道或输出值来确定透明度，最后产生叠加效果。

✧【RGB Multiply】(RGB 倍增)：配合【Bump】(凹凸)贴图使用。

**01**【Composite】(合成)贴图举例

❶ 单击【File】(文件)菜单中的【Reset】(重置)命令，重新设置系统。

❷ 打开【Create】(创建)命令面板，单击【Geometry】(几何体)按钮，展开【Object Type】(对象类型)卷展栏，在前视图中创建一个板状长方体，作为贴图的对象。

❸ 选中长方体，单击工具栏中的按钮，打开“材质编辑器”对话框。

❹ 在【Map】(贴图)卷展栏中选择【Diffuse Color】(漫反射颜色)选项，并单击它旁边的【No Map】(无贴图)按钮，在弹出的材质/贴图浏览器中选择【Composite】(合成)贴图，打开“合成层”卷展栏。

❺ 设置参数如图 9-21 所示。单击左侧或右侧的【None】(无)按钮,返回材质/贴图浏览器,在列表中双击【Bitmap】(位图)贴图,弹出对话框,提示选择一个位图文件。这里选择一张飞机飞翔的图片,如图 9-22 所示。

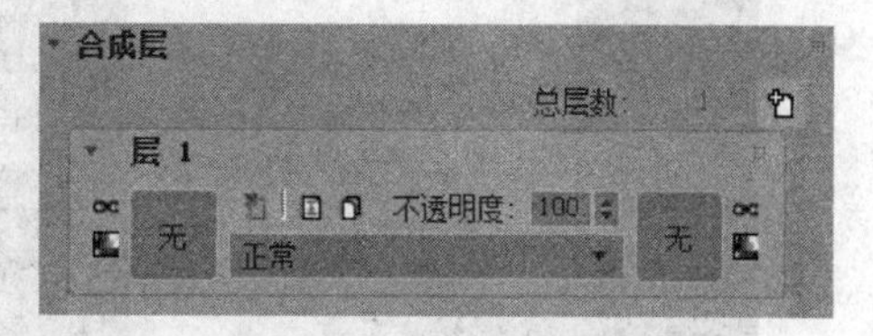


图 9-21 "合成层"卷展栏

❻ 单击"材质编辑器"对话框中的【Go to Parent】(转到父对象)按钮,返回"合成层"卷展栏,单击另一个颜色块旁边的【None】(无)按钮,用同样的方法选择另一个贴图。这里选择一张夕阳的图片,如图 9-23 所示。

图 9-22 飞机图片

图 9-23 夕阳图片

❼ 在【Composite Parameters】(合成层)卷展栏内两个颜色块旁边的按钮上显示出两个贴图文件的名称。

❽ 单击"材质编辑器"对话框中的和按钮,可以看见在【Top】(顶)视图中只有【Map2】(贴图 2)的贴图。若要生成两个贴图合成的效果,需要进行调整。

❾ 单击右侧颜色块旁边的按钮,然后在打开的【Bitmap Parameters】(位图参数)卷展栏的【Alpha Source】(Alpha 来源)中选择【RGB】。此时可以看到两个贴图合成到一起,结果如图 9-24 所示。

❿ 打开【Bitmap Parameters】(位图参数)卷展栏最下面的【Output】(输出)卷展栏,对图像输出进行适当的设置,可以使效果更好,具体操作在此不做详述,请读者自行改动其中的参数,体会各个参数的功能。

**02**【Mask】(遮罩)贴图举例

❶ 单击【File】(文件)菜单中的【Reset】(重置)命令,重新设置系统。

❷ 打开【Create】(创建)命令面板,单击【Geometry】(几何体)按钮,展开【Object Type】(对象类型)卷展栏,在前视图中创建一个板状长方体,作为贴图的对象。

❸ 选中长方体,单击工具栏中的按钮,打开"材质编辑器"对话框。

❹ 在【Map】(贴图)卷展栏中选择【Diffuse Color】(漫反射颜色)选项,并单击它旁边的【No Map】(无贴图)按钮,在弹出的材质/贴图浏览器中选择【Mask】(遮罩)贴图,打开【Mask Parameters】(遮罩参数)卷展栏,如图 9-25 所示。

图 9-24　合成两个贴图

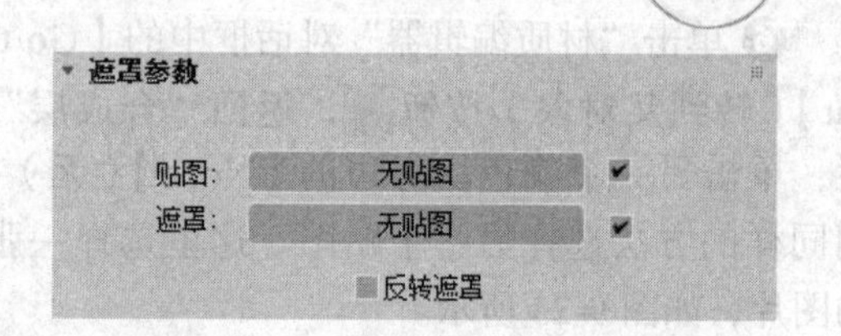


图 9-25　“遮罩参数”卷展栏

❺ 单击【Map】(贴图)右侧的条形按钮，返回材质 / 贴图浏览器，在列表中双击【Bitmap】(位图)贴图，弹出对话框，提示选择一个位图文件。这里选择一张砖墙的图片，如图 9-26 所示。

❻ 单击“材质编辑器”对话框中的【Go to Parent】(转到父对象)按钮，返回“遮罩参数”卷展栏，单击【Mask】(遮罩)旁边的【No Map】(无贴图)按钮，用同样的方法选择遮罩贴图。这里选择一张布料的图片，如图 9-27 所示。

❼ 在【Mask Parameters】(遮罩参数)卷展栏内的【Map】(贴图)和【Mask】(遮罩)右侧的按钮上显示出两个贴图文件的名称。

❽ 单击“材质编辑器”对话框中的和按钮，渲染透视图，效果如图 9-28 所示。

图 9-26　砖墙图片

图 9-27　布料图片

图 9-28　渲染后的遮罩贴图

## 9.1.4　其他贴图

✧【Raytrace】(光线跟踪)：一种非常重要的贴图方式，与反射贴图方式或折射贴图方式结合的使用效果良好，但会大幅度增加渲染时间。光线跟踪材质包含标准材质所没有的特性，如半透明性和荧光性。

✧【Reflection/Refraction】(反射 / 折射)：专用于反射贴图方式或折射贴图方式。效果不如【Raytrace】(光线跟踪)贴图，但渲染速度快。通常反射 / 折射贴图渲染的图像效果也不错。

✧【Thin Wall Refraction】(薄壁折射)：配合【Refraction】(折射)贴图方式使用，模仿透镜变形的折射效果，能制作透镜、玻璃和放大镜等。

## 9.2 贴图通道

### 9.2.1 【Diffuse Color】(漫反射颜色)贴图通道

【Diffuse Color】(漫反射颜色)贴图是最常见的一种贴图通道方式，它可将一个图片直接贴到材质上。当此贴图激活时，贴图的结果将完全取代基本漫反射的颜色。默认情况下，将同时影响【Ambient】(阴影区)贴图。下面举例介绍。

❶ 单击【File】(文件)菜单中的【Reset】(重置)命令，重新设置系统。

❷ 打开【Create】(创建)命令面板，单击【Geometry】(几何体)按钮，展开【Object Type】(对象类型)卷展栏，在透视图中创建一个球体，并创建一个长方体，结果如图 9-29 所示。

❸ 选中球体，单击工具栏中的按钮，打开“材质编辑器”对话框。

❹ 在【Map】(贴图)卷展栏中选择【Diffuse Color】(漫反射颜色)选项，并单击它旁边的【No Map】(无贴图)按钮，在弹出的材质/贴图浏览器中为球体任意选择一张图片，作为漫反射区的贴图。

❺ 单击“材质编辑器”对话框中的【Assign Material to Selection】(将材质指定给选定对象)按钮，然后单击【Show Map in Viewport】(视口中显示明暗处理材质)按钮。

❻ 用同样的方法，给长方体赋予一张草地的图片。

❼ 关闭“材质编辑器”对话框。在“创建”命令面板中单击【Light】(灯光)，然后单击【Target Spot】(目标聚光灯)按钮，创建一个目标聚光灯，再添加一盏泛光灯，调整它们到适当位置，用以给球体和长方体照明。

❽ 渲染透视图，漫反射颜色贴图的效果如图 9-30 所示。

图 9-29 创建球体和长方体

图 9-30 漫反射颜色贴图的效果

### 9.2.2 【Specular Color】(高光颜色)贴图通道

【Specular Color】(高光颜色)贴图可以用来控制在材质的高光区域里能看到的图像，它根据贴图确定高光经过表面时的变化或细致的反射。【Amount】(数量)值决定了它与高光颜色成分的混合比例。通常高光颜色贴图被用来表现光源上及其附近的图像照在物体上反射出来的效果。高光颜色贴图的效果有时和【Glossiness】(光泽度)贴图及【Specular Level】(高光级别)贴图类似，但它们的工作方式不同，高光颜色贴图不改变高光的明亮度，只改变高光的颜色。下面举例介绍。

❶ 单击【File】(文件)菜单中的【Reset】(重置)命令，重新设置系统。

❷ 打开【Create】(创建)命令面板，单击【Geometry】(几何体)按钮，展开【Object Type】(对象类型)卷展栏，在透视图中创建一个长方体，作为贴图的对象，结果如图9-31所示。

❸ 选中长方体，单击工具栏中的按钮，打开“材质编辑器”对话框。

❹ 在【Map】(贴图)卷展栏中选择【Specular Color】(高光颜色)选项，并单击它旁边的【No Map】(无贴图)按钮，在弹出的材质/贴图浏览器中为长方体选择一张门的图片，作为高光区的贴图。

❺ 单击“材质编辑器”对话框中的【Go to Parent】(转到父对象)按钮，从样本球窗口中可以看到，这时的高光变化并不理想。

❻ 将【Map】(贴图)卷展栏中的【Specular Color】(高光颜色)向上拖拽复制到【Diffuse Color】(漫反射颜色)旁的【No Map】(无贴图)选项上。在弹出的对话框中选择【Instance】(实例)选项。

❼ 同样，将【Specular Color】(高光颜色)向下拖拽复制到【Reflection】(反射)旁的【No Map】(无贴图)选项上。在弹出的对话框中选择【Instance】(实例)选项。

❽ 单击“材质编辑器”对话框中的【Assign Material to Selection】(将材质指定给选定对象)按钮，然后单击【Show Map in Viewport】(视口中显示明暗处理材质)按钮。

❾ 此时可以看出样本球有了明显的高光效果。渲染透视图，高光颜色贴图的效果如图9-32所示。

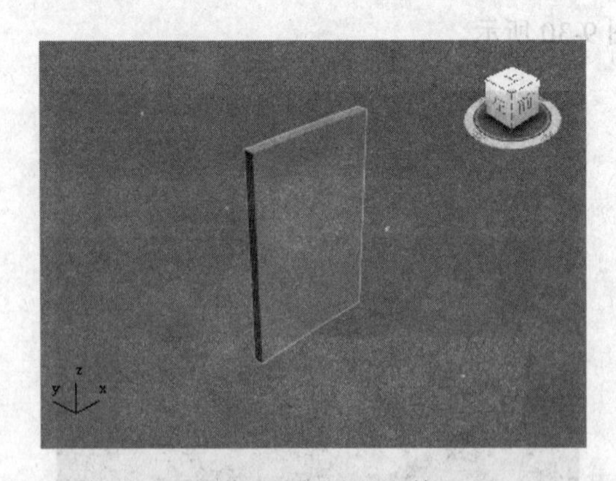

图9-31　创建长方体

图9-32　高光颜色贴图的效果

### 9.2.3 【Specular Level】(高光级别)贴图通道

在材质编辑时，【Glossiness】(光泽度)值用来调整高光区的大小，【Specular Level】(高光级别)值用来调整光亮强度。在贴图设置上，从表面上看【Glossiness】(光泽度)贴图和【Specular Level】(高光级别)贴图的差别很小，所以在实际应用中，使用哪一个要看当时的需要。

❶ 单击【File】（文件）菜单中的【Reset】（重置）命令，重新设置系统。

❷ 打开【Create】（创建）命令面板，单击【Geometry】（几何体）按钮，展开【Object Type】（对象类型）卷展栏，在透视图中创建一个茶壶，作为贴图的对象，结果如图 9-33 所示。

❸ 选中茶壶，单击工具栏中的按钮，打开“材质编辑器”对话框。

❹ 在【Map】（贴图）卷展栏中选择【Specular Level】（高光级别）选项，并单击它旁边的【No Map】（无贴图）按钮，在弹出的材质 / 贴图浏览器中为茶壶选择一张花的图片，作为高光级别的贴图。

❺ 单击“材质编辑器”对话框中的【Go to Parent】（转到父对象）按钮。

❻ 单击“材质编辑器”对话框中的【Assign Material to Selection】（将材质指定给选定对象）按钮。渲染透视图，可以看到【Specular Level】（高光级别）贴图中白色处有很强的反光，黑色处没有反光，如图 9-34 所示。

图 9-33 创建茶壶

图 9-34 高光级别贴图的效果

❼ 还可通过在【Diffuse Color】（漫反射颜色）上贴同样的图，为物体罩上一层【Diffuse】（漫反射）的颜色。将高光级别贴图复制到漫反射贴图上，再次渲染透视图，两者结合的效果如图 9-35 所示。

图 9-35 漫反射贴图与高光级别贴图结合的效果

### 9.2.4 【Glossiness】（光泽度）贴图通道

材质的【Glossiness】（光泽度）主要体现在物体的高光区域上。下面以 9.2.3 小节中的茶壶为贴图对象，讲解光泽度贴图的应用。

❶ 选中茶壶，单击工具栏中的按钮，打开“材质编辑器”对话框。

❷ 在【Map】(贴图)卷展栏中选择【Glossiness】(光泽度)选项，并单击它旁边的【No Map】(无贴图)按钮，在弹出的材质/贴图浏览器中为茶壶选择一张花的图片，作为光泽度贴图。

❸ 单击“材质编辑器”对话框中的【Go to Parent】(转到父对象)按钮。

❹ 单击“材质编辑器”对话框中的【Assign Material to Selection】(将材质指定给选定对象)按钮。渲染透视图，可以看到光泽度贴图的效果图中，只有淡淡的贴图影子，如图 9-36 所示。

图 9-36 光泽度贴图效果

❺ 在【Blinn Basic Parameters】(Blinn 基本参数)卷展栏的【Specular Highlights】(反射高光)中，将【Specular Level】(高光级别)值设为 200，将【Glossiness】(光泽度)值设为 0，将【Soften】(柔化)值设为 0.5。

❻ 渲染透视图，可以看出贴图中各处的光泽度发生了变化，黑色处有很强的反光，白色处没有反光，黑、白色之间的颜色光泽度介于两者之间，如图 9-37 所示。

❼ 还可通过在【Diffuse Color】(漫反射颜色)上贴同样的图为物体罩上一层【Diffuse】(漫反射)的颜色。将光泽度贴图复制到漫反射贴图上，再次渲染透视图，两者结合的效果如图 9-38 所示。

图 9-37 修改参数后的光泽度贴图效果

图 9-38 漫反射贴图与光泽度贴图结合的效果

### 9.2.5 【Self-Illumination】(自发光)贴图通道

【Self-Illumination】(自发光)贴图可影响对象自发光效果的强度，它根据图像文件的灰度值确定自发光的强度。下面仍以茶壶为贴图对象，讲解自发光贴图的应用。

❶ 选中茶壶，单击工具栏中的按钮，打开“材质编辑器”对话框。

❷ 在【Map】(贴图)卷展栏中选择【Self-Illumination】(自发光)选项，并单击它旁边的【No Map】(无贴图)按钮，在弹出的材质/贴图浏览器中为茶壶选择一张金属网格的图片，作为自发光贴图。

❸ 单击"材质编辑器"对话框中的【Go to Parent】（转到父对象）按钮。

❹ 单击"材质编辑器"对话框中的【Assign Material to Selection】（将材质指定给选定对象）按钮。渲染透视图，自发光贴图的效果如图 9-39 所示。可以看出，白色部分产生自发光效果，而黑色部分不产生任何效果。

❺ 将自发光贴图复制到漫反射贴图上，再次渲染透视图，可以更明显地看到自发光贴图的效果，如图 9-40 所示。

图 9-39 自发光贴图效果

图 9-40 漫反射贴图与自发光贴图结合的效果

### 9.2.6 【Opacity】（不透明度）贴图通道

【Opacity】（不透明度）贴图可根据图像中颜色的强度值来确定物体表面的不透明度。下面仍以茶壶为贴图对象，讲解不透明度贴图的应用。

> 说明：图像中的黑色表示完全透明，白色表示完全不透明，介于两者之间的颜色为半透明。

❶ 选中茶壶，单击工具栏中的按钮，打开"材质编辑器"对话框。

❷ 在【Map】（贴图）卷展栏中选择【Opacity】（不透明度）选项，并单击它旁边的【No Map】（无贴图）按钮，在弹出的材质 / 贴图浏览器中为茶壶选择与 9.2.5 小节示例中相同的金属网格图片，作为不透明度贴图的图片。

❸ 单击"材质编辑器"对话框中的【Go to Parent】（转到父对象）按钮。

❹ 单击"材质编辑器"对话框中的【Assign Material to Selection】（将材质指定给选定对象）按钮。渲染透视图，不透明度贴图的效果如图 9-41 所示。可以发现，白色部分完全不透明，而黑色部分完全透明。

❺ 将不透明度贴图复制到漫反射贴图上，再次渲染透视图，可以更明显地看到不透明度贴图的效果，如图 9-42 所示。

图 9-41 不透明度贴图效果

图 9-42 漫反射贴图与不透明度贴图结合的效果

❻ 回到“材质编辑器”对话框的最上面，在【Shader Basic Parameters】（明暗器基本参数）卷展栏中勾选【2-Sided】（双面）复选框，渲染透视图，可以通过茶壶的透明部分观察茶壶的另一面，如图 9-43 所示。

图 9-43　双面材质贴图效果

### 9.2.7 【Bump】（凹凸）贴图通道

【Bump】（凹凸）贴图和【Opacity】（不透明）贴图、【Glossiness】（光泽度）贴图、【Specular Level】（高光级别）贴图一样，都是通过改变图像文件的明亮程度来改变贴图的效果。在【Bump】（凹凸）贴图中，图像文件的明亮程度会影响物体表面的光滑平整程度，白色的部分会凸起，而黑色的部分则会凹进，使物体表面呈现浮雕效果。【Bump】（凹凸）贴图并不影响几何体，升起的边缘只是一种模拟高光和阴影特征的渲染效果。要真正变形物体的表面，可以通过【Displacement】（偏移）贴图来实现。下面仍以茶壶为贴图对象，讲解凹凸贴图的应用。

❶ 选中茶壶，单击工具栏中的按钮，打开“材质编辑器”对话框。

❷ 在【Map】（贴图）卷展栏中选择【Bump】（凹凸）选项，并单击它旁边的【No Map】（无贴图）按钮，在弹出的材质 / 贴图浏览器中为茶壶选择与 9.2.5 小节示例中相同的金属网格图片，作为凹凸贴图的图片。

❸ 单击“材质编辑器”对话框中的【Go to Parent】（转到父对象）按钮。

❹ 单击“材质编辑器”对话框中的【Assign Material to Selection】（将材质指定给选定对象）按钮。渲染透视图，凹凸贴图的效果如图 9-44 所示。可以发现，白色部分凸了出来，而黑色部分凹了进去。

❺ 将【Bump】（凹凸）贴图的【Amount】（数量）值由默认的 30 改为 200。【Bump】（凹凸）贴图的【Amount】（数量）值不是用百分比形式定义的，它有一个取值范围：0 ~ 999。数量值不同，凹凸的程度也不同。渲染透视图，修改参数后凹凸贴图的效果如图 9-45 所示。

图 9-44　凹凸贴图效果

图 9-45　修改参数后的凹凸贴图效果

❻ 将凹凸贴图复制到漫反射贴图上，再次渲染透视图，可以更明显地看出凹凸贴图的效果，如图 9-46 所示。

图 9-46 漫反射贴图与凹凸贴图结合的效果

### 9.2.8 【Reflection】（反射）贴图通道

基本反射贴图虽然也是将图像贴在物体上，但它是周围环境的一种作用，因此它们不使用或不要求贴图坐标，而是固定于世界坐标上，这样贴图并不会随着物体移动，而是随着场景的改变而改变。下面仍以茶壶为贴图对象，介绍反射贴图的应用。

❶ 选中茶壶，单击工具栏中的按钮，打开“材质编辑器”对话框。

❷ 在【Map】（贴图）卷展栏中选择【Reflection】（反射）选项，并单击它旁边的【No Map】（无贴图）按钮，在弹出的材质 / 贴图浏览器中双击选择【Reflect/Refract】（反射 / 折射）选项，打开【Reflect/Refract Parameters】（反射 / 折射参数）卷展栏，如图 9-47 所示。

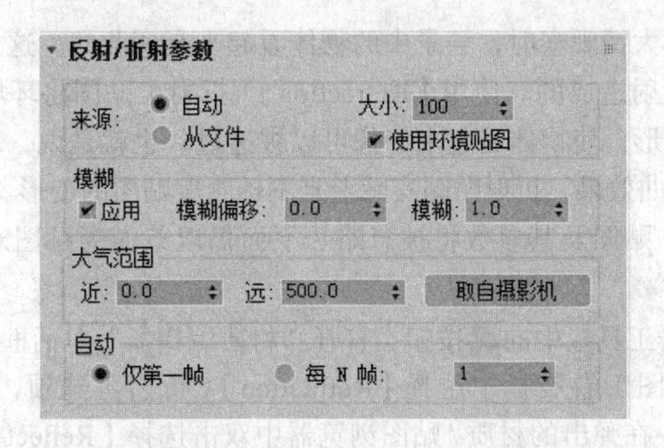


图 9-47 “反射 / 折射参数”卷展栏

❸ 从该卷展栏上可以看出，默认情况下系统的设置是自动反射周围环境的图像。在“材质编辑器”对话框中单击【Go to Parent】（转到父对象）按钮，再单击【Assign Material to Selection】（将材质指定给选定对象）按钮。

❹ 关闭“材质编辑器”对话框，单击菜单栏上的【Rendering】（渲染），在下拉菜单中选择【Environment】（环境），打开如图 9-48 所示的对话框，在【Common Parameters】（公用参数）卷展栏中单击下面的长按钮，指定一幅背景图，然后关闭对话框。

❺ 渲染透视图，反射贴图的效果，如图 9-49 所示。

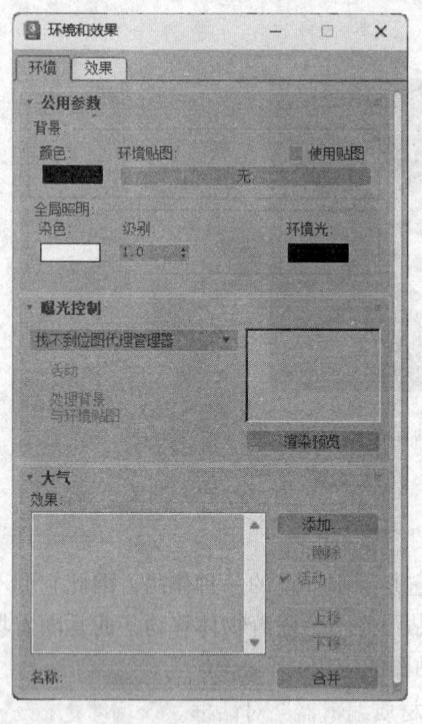


图 9-48 “环境和效果”对话框

图 9-49 反射贴图效果

## 9.2.9 【Refraction】(折射)贴图通道

当透过玻璃瓶或放大镜观察时，场景中的物体看起来是弯曲的。这个现象是由于光线通过透明物体表面时产生折射造成的。使用【Refraction】(折射)贴图将环境图形贴到物体表面上时会产生一定的弯曲变形，使物体看起来好像可以被透过。也就是说，用折射可以模拟通过透明的厚物体时光线的弯曲效果。折射贴图实际上是不透明度贴图的变形。当折射贴图被激活时，【Opacity】(不透明度)贴图及其参数将被忽略。下面仍以茶壶为贴图对象，讲解折射贴图的应用。

❶ 选中茶壶，单击工具栏中的按钮，打开“材质编辑器”对话框。

❷ 在【Map】(贴图)卷展栏中选择【Refraction】(折射)选项，并单击它旁边的【No Map】(无贴图)按钮，在弹出的材质/贴图浏览器中双击选择【Reflect/Refract】(反射/折射)选项，打开【Reflect/Refract Parameters】(反射/折射参数)卷展栏。

❸ 默认情况下系统的设置是自动折射周围环境的图像。在“材质编辑器”对话框中单击【Go to Parent】(转到父对象)按钮，再单击【Assign Material to Selection】(将材质指定给选定对象)按钮。

❹ 关闭“材质编辑器”对话框，单击菜单栏上的【Rendering】(渲染)，在下拉菜单中选择【Environment】(环境)，在打开的对话框中的【Common Parameters】(公用参数)卷展栏中单击下面的长按钮，指定与 9.2.8 小节的示例中相同的背景图，然后关闭对话框。

❺ 渲染透视图，折射贴图的效果，如图 9-50 所示。

图 9-50　折射贴图效果

## 9.3【UVW map】(UVW 贴图) 修改器功能简介

### 9.3.1　初识【UVW map】(UVW 贴图) 修改器

❶ 单击【File】(文件) 菜单中的【Reset】(重置) 命令，重新设置系统。

❷ 打开【Create】(创建) 命令面板，单击【Geometry】(几何体) 按钮，展开【Object Type】(对象类型) 卷展栏，在透视图中创建一个长方体，作为贴图的对象，如图 9-51 所示。

❸ 选中长方体，单击工具栏中的按钮，打开“材质编辑器”对话框。

❹ 在“材质编辑器”对话框中选中一个样本球，在【Map】(贴图) 卷展栏中选择【Diffuse color】(漫反射颜色) 选项，并单击它旁边的【No Map】(无贴图) 按钮，在弹出的材质 / 贴图浏览器中双击选择【Bitmap】(位图) 贴图，从弹出的对话框中选择一张砖墙图片。

❺ 单击“材质编辑器”对话框中的【Assign Material to Selection】(将材质指定给选定对象) 按钮，然后单击【Show Map in Viewport】(视口中显示明暗处理材质) 按钮。此时透视图中贴上砖墙图片的长方体如图 9-52 所示。

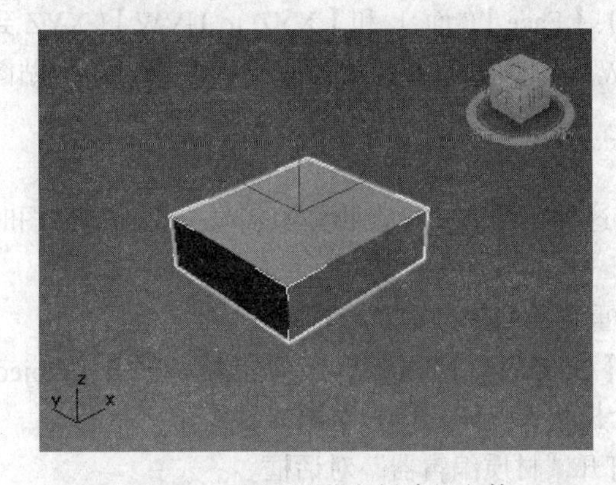

图 9-51　在透视图中创建长方体

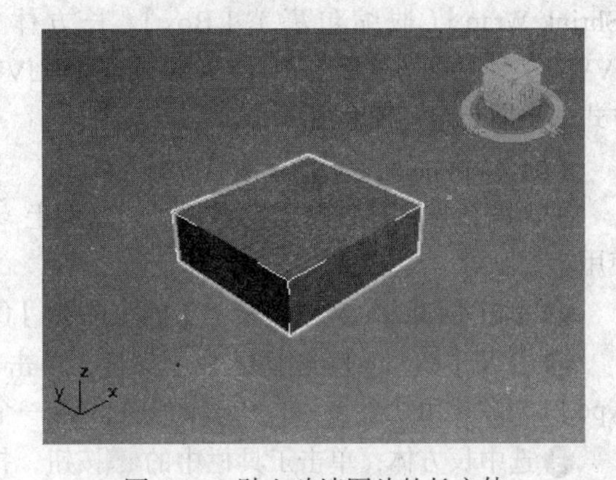

图 9-52　贴上砖墙图片的长方体

❻ 观察透视图，可以看出砖块的大小不太合适，需要做适当的调整。打开【Modify】(修改) 命令面板，在下拉列表中选择“UVW 贴图”选项，打开“UVW 贴图”面板，如图 9-53 所示。

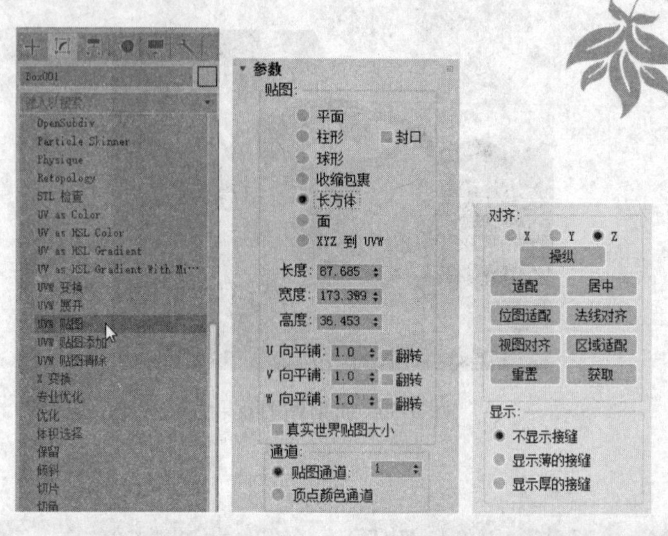


图 9-53 “UVW 贴图”面板

❼ 在【Map】(贴图)中选择【Box】(长方体)贴图方式，再单击【Fit】(适配)按钮。微调【U Tile】(U 向平铺)和【V Tile】(V 向平铺)的值，同时从透视图中观察调整的效果，直到满意为止。此时透视图中修改参数后的效果如图 9-54 所示。

以上是对一个场景对象进行材质赋予并调整贴图坐标的全过程。下面详细讲述【UVW map】(UVW 贴图)修改器的功能。

图 9-54 修改参数后的效果

## 9.3.2 贴图方式

3ds Max 2024 主要提供了【Planar】(平面)、【Cylindrical】(柱形)、【Spherical】(球形)、【Shrink Wrap】(收缩包裹)、【Box】(长方体)、【Face】(面)和【XYZ to UVW】(XYZ 到 UVW)7 种贴图方式。打开【UVW Map】(UVW 贴图)调整器，就可以选择适合对象的贴图方式。下面介绍几种贴图方式。

**01**【Planar】(平面)方式

平面贴图方式是将贴图投射在一个平面上。这种贴图方式可在物体只需要一个面有贴图时使用。

❶ 单击【File】(文件)菜单中的【Reset】(重置)命令，重新设置系统。

❷ 打开【Create】(创建)命令面板，单击【Geometry】(几何体)按钮，展开【Object Type】(对象类型)卷展栏，在透视图中创建一个板状长方体，作为贴图的对象。

❸ 选中长方体，单击工具栏中的按钮，打开“材质编辑器”对话框。

❹ 在“材质编辑器”对话框中选中一个样本球，在【Map】(贴图)卷展栏中选择【Diffuse color】(漫反射颜色)选项，并单击它旁边的【No Map】(无贴图)按钮，在弹出的材质/贴图浏览器中双击选择【Bitmap】(位图)贴图，从弹出的对话框中任意选择一张图片。

❺ 单击“材质编辑器”对话框中的【Assign Material to Selection】（将材质指定给选定对象）按钮。

❻ 打开【Modify】（修改）命令面板，在下拉列表中选择“UVW 贴图”选项，打开“UVW 贴图”面板。在【Map】（贴图）中选择【Planar】（平面）贴图方式，再单击【Fit】（适配）按钮。

❼ 透视图中平面贴图的效果如图 9-55 所示。可以看出，长方体的顶部出现了贴图图片，其他侧面，被贴上了条纹。

此方式为平面贴图方式。

图 9-55　平面贴图效果

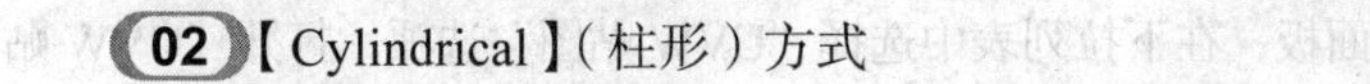

**02**【Cylindrical】（柱形）方式

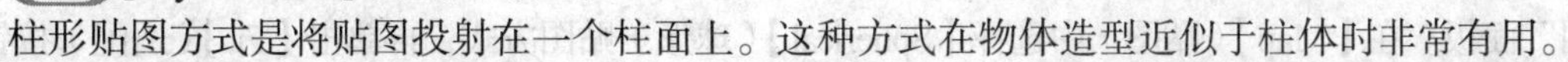

柱形贴图方式是将贴图投射在一个柱面上。这种方式在物体造型近似于柱体时非常有用。

❶ 单击【File】（文件）菜单中的【Reset】（重置）命令，重新设置系统。

❷ 打开【Create】（创建）命令面板，单击【Geometry】（几何体）按钮，展开【Object Type】（对象类型）卷展栏，在透视图中创建一个圆柱体，作为贴图的对象。

❸ 选中圆柱体，单击工具栏中的按钮，打开“材质编辑器”对话框。

❹ 在“材质编辑器”对话框中选中一个样本球，在【Map】（贴图）卷展栏中选择【Diffuse color】（漫反射颜色）选项，并单击它旁边的【No Map】（无贴图）按钮，在弹出的材质 / 贴图浏览器中双击选择【Bitmap】（位图）贴图，从弹出的对话框中任意选择一张图片。

❺ 单击“材质编辑器”对话框中的【Assign Material to Selection】（将材质指定给选定对象）按钮，然后单击【Show Map in Viewport】（视口中显示明暗处理材质）按钮。透视图中未采用柱形贴图的效果如图 9-56 所示。

❻ 打开【Modify】（修改）命令面板，在下拉列表中选择“UVW 贴图”选项，打开“UVW 贴图”面板。在【Map】（贴图）中选择【Cylindrical】（柱形）贴图方式，再单击【Fit】（适配）按钮。

❼ 透视图中采用柱形贴图的效果如图 9-57 所示。可以看出，贴图是环绕在圆柱的侧面。

此方式为圆柱映射方式。

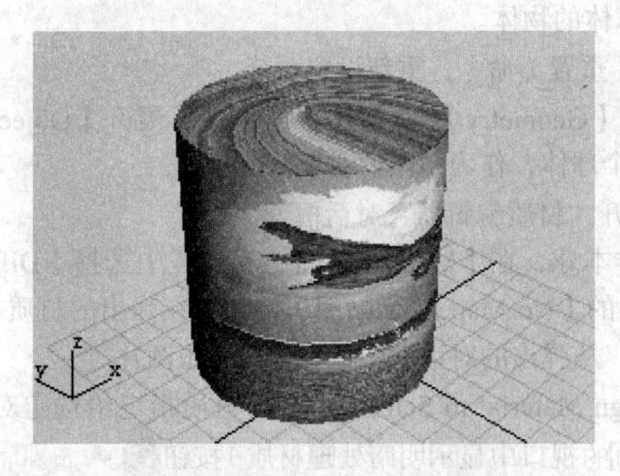

图 9-56　未采用柱形贴图效果

图 9-57　采用柱形贴图效果

**03**【Spherical】(球形)方式

这种方式适用于造型类似于球体的物体。

❶ 单击【3DS】菜单中的【Reset】(重置)命令，重新设置系统。

❷ 打开【Create】(创建)命令面板，单击【Geometry】(几何体)按钮，展开【Object Type】(对象类型)卷展栏，在透视图中创建一个球体，作为贴图的对象。

❸ 选中球体，单击工具栏中的按钮，打开“材质编辑器”对话框。

❹ 在“材质编辑器”对话框中选中一个样本球，在【Map】(贴图)卷展栏中选择【Diffuse Color】(漫反射颜色)选项，并单击它旁边的【No Map】(无贴图)按钮，在弹出的材质/贴图浏览器中选择【Bitmap】(位图)贴图，从弹出的对话框中任意选择一张图片。

❺ 单击“材质编辑器”对话框中的【Assign Material to Selection】(将材质指定给选定对象)按钮，然后单击【Show Map in Viewport】(视口中显示明暗处理材质)按钮。

❻ 打开【Modify】(修改)命令面板，在下拉列表中选择“UVW 贴图”选项，打开“UVW 贴图”面板。在【Map】(贴图)中选择【Spherical】(球形)贴图方式，再单击【Fit】(适配)按钮。

❼ 透视图中球形贴图正面的效果如图 9-58 所示，球形贴图背面的效果如图 9-59 所示。可以看出，贴图是以球形方式环绕在物体表面，产生接缝。

此方式为球面映射方式。

图 9-58 球形贴图正面效果

图 9-59 球形贴图背面效果

**04**【Shrink Wrap】(收缩包裹)方式

收缩包裹贴图方式也是适用于造型类似于球体的物体。

❶ 单击【File】(文件)菜单中的【Reset】(重置)命令，重新设置系统。

❷ 打开【Create】(创建)命令面板，单击【Geometry】(几何体)按钮，展开【Object Type】(对象类型)卷展栏，在透视图中创建一个球体，作为贴图的对象。

❸ 选中球体，单击工具栏中的按钮，打开“材质编辑器”对话框。

❹ 在“材质编辑器”对话框中选中一个样本球，在【Map】(贴图)卷展栏中选择【Diffuse Color】(漫反射颜色)选项，并单击它旁边的【No Map】(无贴图)按钮，在弹出的材质/贴图浏览器中双击选择【Bitmap】(位图)贴图，从弹出的对话框中任意选择一张图片。

❺ 单击“材质编辑器”对话框中的【Assign Material to Selection】(将材质指定给选定对象)按钮，然后单击【Show Map in Viewport】(视口中显示明暗处理材质)按钮。

❻ 打开【Modify】(修改)命令面板，在下拉列表中选择“UVW 贴图”选项，打开

"UVW 贴图"面板。在【Map】(贴图)中选择【Shrink Wrap】(收缩包裹)贴图方式，再单击【Fit】(适配)按钮。

❼ 透视图中收缩包裹贴图正面的效果如图 9-60 所示，收缩包裹贴图背面的效果如图 9-61 所示。可以看出，贴图收缩了贴图的四角，使贴图的所有边聚集在球的一点，不出现接缝。

此方式为收缩包裹映射方式。

图 9-60 收缩包裹贴图正面效果

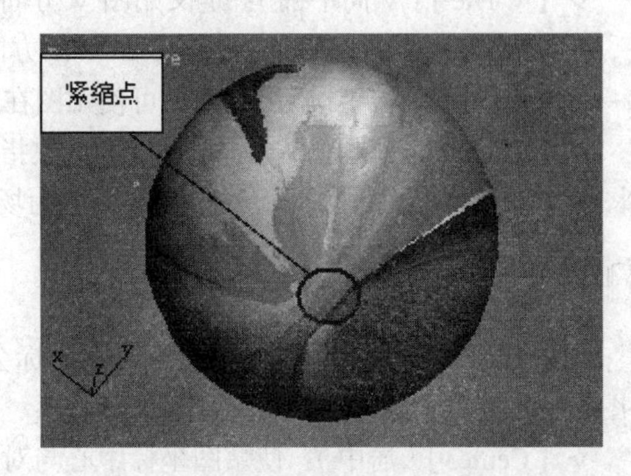


图 9-61 收缩包裹贴图背面效果

**05**【Box】(长方体)方式

长方体贴图方式可给场景对象 6 个表面同时赋予贴图，就好像用一个盒子将对象包裹起来。9.3.1 节中的例子就是长方体贴图，这里不再赘述。

**06**【Face】(面)方式

面贴图方式不是以投影的方式来赋予场景对象贴图，而是根据场景中对象的面数来分布贴图。

❶ 单击【File】(文件)菜单中的【Reset】(重置)命令，重新设置系统。

❷ 在透视图中创建一个长、宽、高段数均为 2 的长方体，作为贴图的对象。

❸ 选中长方体，单击工具栏中的按钮，打开"材质编辑器"编辑器。

❹ 在"材质编辑器"对话框中选中一个样本球，在【Map】(贴图)卷展栏中选择【Diffuse Color】(漫反射颜色)选项，并单击它旁边的【No Map】(无贴图)按钮，在弹出的材质/贴图浏览器中双击选择【Bitmap】(位图)贴图，从弹出对话框中任意选择一张图片。

❺ 单击"材质编辑器"对话框中的【Assign Material to Selection】(将材质指定给选定对象)按钮，然后单击【Show Map in Viewport】(视口中显示明暗处理材质)按钮。

❻ 打开【Modify】(修改)命令面板，在下拉列表中选择"UVW 贴图"选项，打开"UVW 贴图"面板。在【Map】(贴图)中选择【Face】(面)贴图方式，单击【Fit】(适配)按钮。

❼ 透视图中面贴图方式的效果如图 9-62 所示。可以看出，长方体的每个表面上有 4 个贴图，这是因为每个表面上有 4 个面。

此方式为面贴图方式。

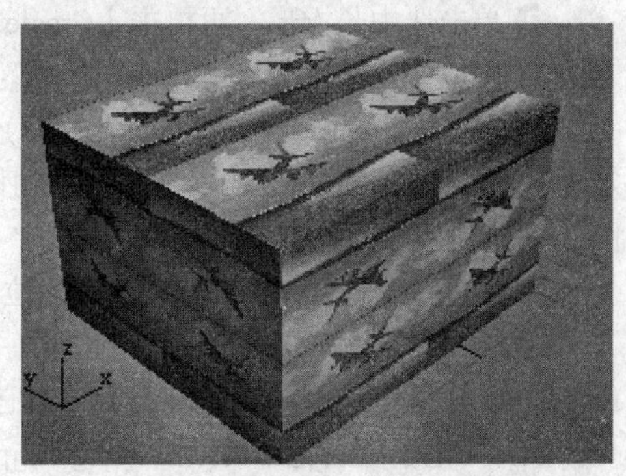

图 9-62 面贴图方式效果

### 9.3.3 相关参数调整

✧【Length】(长度)、【Width】(宽度)、【Height】(高度):用来定义 Gizmo 尺寸。用工具栏中的等比缩放工具可以达到同样的效果。

✧【U Tile】(U 向平铺):定义贴图 U 方向上重复的次数。

✧【V Tile】(V 向平铺):定义贴图 V 方向上重复的次数。

✧【W Tile】(W 向平铺):定义贴图 W 方向上重复的次数。

✧【Flip】(翻转):激活此项,可使贴图在对应方向上发生翻转。

✧【Channel】(通道):为每个场景对象指定两个通道。通道 1 是在【UVW map】(UVW 贴图)中所选择的贴图方式,通道 2 是系统为场景对象缺省赋予的贴图坐标。

### 9.3.4 对齐方式

✧【Fit】(适配):单击此按钮,贴图坐标会自动与对象的外轮廓边界大小一致。它会改变贴图坐标原有的位置和比例。

✧【Center】(居中):使贴图坐标中心与对象中心对齐。

✧【Bitmap Fit】(位图适配):单击此按钮,可以强行把已经选择的贴图的比例转变成为所选择位图的高宽比例。

✧【Normal Align】(法线对齐):使贴图坐标与面片法线垂直。

✧【View Align】(视图对齐):将贴图坐标与所选视窗对齐。

✧【Region Fit】(区域适配):单击此按钮,可以在不影响贴图方向的情况下,通过拖动视窗来定义贴图的区域。

✧【Reset】(重置):使贴图坐标自动恢复到初始状态。

✧【Acquire】(获取):用来获取其他场景对象贴图坐标的角度、比例及位置。

## 9.4 实战训练——镜框

本节将通过镜框建模实例介绍如何灵活应用贴图命令创建逼真的三维模型。

❶ 单击【File】(文件)菜单中的【Reset】(重置)命令,重新设置系统。

❷ 在前视图中绘制两个闭合曲线作为放样曲线,如图 9-63 所示。

❸ 单击选中长方形,再单击【Create】(创建)命令面板中的【Geometry】(几何体)按钮 ●,选择【Compound Objects】(复合对象),在弹出的菜单中选择【Loft】(放样)命令。

❹ 展开【Creat Method】(创建方法)卷展栏,单击【Get Shape】(获取图形)按钮,并确定【Instance】(实例)为当前选项。移动鼠标到闭合曲线上单击,放样生成镜框外围造型,如图 9-64 所示。

❺ 创建一个长方体,并移动到适当位置,作为镜框的背面,如图 9-65 所示。

❻ 在“材质编辑器”对话框中选中一个样本球,在【Map】(贴图)卷展栏中选择【Diffuse Color】(漫反射颜色)选项,并单击它旁边的【No Map】(无贴图)按钮,给镜框背面贴上一张图片(电子资料包中的贴图 /yingwu.jpg 文件),结果如图 9-66 所示。

图 9-63 绘制放样曲线

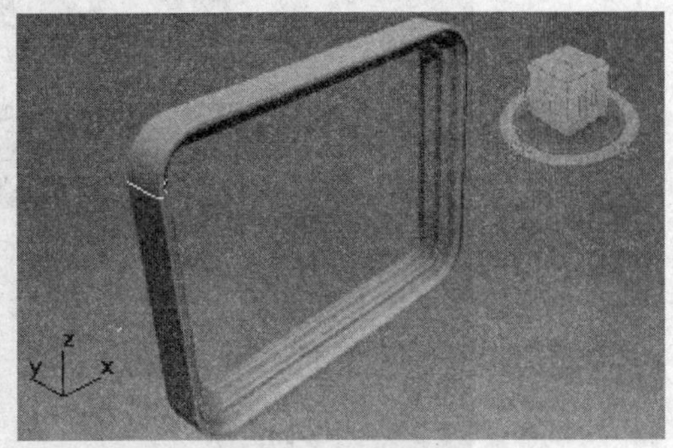

图 9-64 放样生成镜框外围造型

图 9-65 创建镜框背面

图 9-66 为镜框背面贴上图片

❼ 再创建一个长方体，并移动到适当位置，作为镜框的镜面。选中一个样本球，按照图 9-67 中的参数设置玻璃材质，赋予镜面，结果如图 9-68 所示。

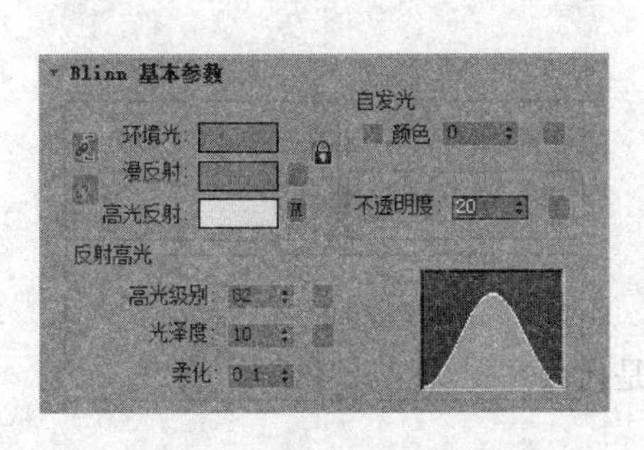


图 9-67 设置玻璃材质

图 9-68 添加玻璃镜面

❽ 选中镜框，选择一个样本球，在【Map】(贴图) 卷展栏中选择【Diffuse Color】(漫反射颜色) 选项，并单击它旁边的【No Map】(无贴图) 按钮，在弹出的材质 / 贴图浏览器中选择【Bitmap】(位图) 贴图，给镜框贴上木纹贴图 (电子资料包中的贴图 /TUTASH.jpg 文件)。渲染透视图，渲染后的镜框效果如图 9-69 所示。

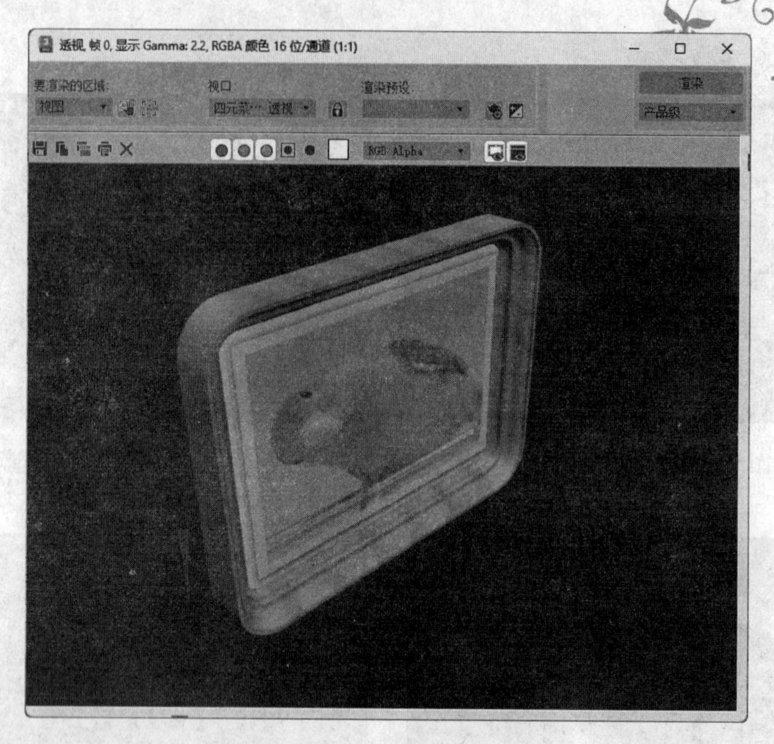


图 9-69　渲染后的镜框效果

## 9.5 课后习题

### 1. 填空题

（1）贴图类型有________种。

（2）标准贴图通道有________种，例如：________、________、________。

（3）创建透明效果的贴图通道是________。

（4）创建自发光效果的贴图通道是________。

（5）贴图方式有________种。

### 2. 问答题

（1）自发光贴图通道的作用是什么？

（2）凹凸贴图通道的作用是什么？

（3）贴图类型中混合贴图类型的效果是什么？

（4）【UVW Map】（UVW 贴图）修改器的作用是什么？

### 3. 操作题

（1）利用【Checker】（棋盘格）贴图制作地板图片。

（2）用贴图通道制作一个发光物体。

（3）创建一个立方体，练习漫反射贴图通道的使用。

（4）创建一个立方体，练习凹凸贴图通道的使用。

（5）创建一个球体，练习自发光贴图通道的使用。

# 第 10 章　灯光与摄像机

## 教学目标

灯光在现实世界中可以用来照明及烘托气氛。在 3ds Max 2024 中，灯光同样可以用来照明及烘托气氛。更重要的是，在 3ds Max 2024 中，灯光和其他造型物体一样，可以被创建、修改、调整和删除，并且可以利用灯光设置现实世界中难以实现的特殊效果。默认情况下，3ds Max 2024 会在场景中自动设置灯光照明，但要更好地表现造型和材质以及其他效果，就需要对灯光进行人工设置。同灯光一样，摄像机也是表现物体外观强有力的工具。正确、适当地使用摄像机，有助于表现物体造型及设置动画。本章将介绍各种灯光的创建与设置、摄像机的创建与使用。

## 教学重点与难点

- 标准光源的建立
- 光源的控制
- 灯光特效的运用
- 摄像机的使用

## 10.1 标准光源的建立

3ds Max 2024 提供了 6 种标准光源，即【Target Spot】(目标聚光灯)、【Target Direct】(目标平行光灯、【Omni】(泛光灯)、【Free Spot】(自由聚光灯)、【Free Direct】(自由平行光灯)以及【Skylight】(天光)。可以通过这 6 种光源对虚拟三维场景进行光线处理，使场景达到真实的效果。

### 10.1.1　创建【Target Spot】(目标聚光灯)

【Target Spot】(目标聚光灯)功能强大，是 3ds Max 中基本但十分重要的照明工具。聚光灯的光线是从一点出发，然后向一个方向传播，从而形成一个照明光锥。这一点和探照灯十分相似。

创建一个目标聚光灯和创建其他灯的步骤基本上是相同的，方法是在 Create（创建）命令面板上单击【Light】(灯光)按钮，然后单击【Target Spot】(目标聚光灯)按钮，在视图窗口中单击并拖动鼠标放置灯光和目标。下面举例介绍。

❶ 单击【File】(文件)菜单中的【Reset】(重置)命令，重新设置系统。

❷ 打开【Create】(创建)命令面板，单击【Geometry】(几何体)按钮，在【Object Type】(对象类型)卷展栏里选择【Teapot】(茶壶)。在视图中创建一个茶壶，作为照明的对象。

❸ 在【Create】(创建)命令面板上单击【Lights】(灯光)按钮，在【Object Type】(对象类型)卷展栏里选择【Target Spot】(目标聚光灯)。

❹ 在前视图中单击指定目标聚光灯的放置位置，拖动鼠标，这时在视图窗口中显示出光源光的发射示意图。把鼠标拖动到目标物体上，松开鼠标左键，即可完成目标聚光灯的创建，如图 10-1 所示。

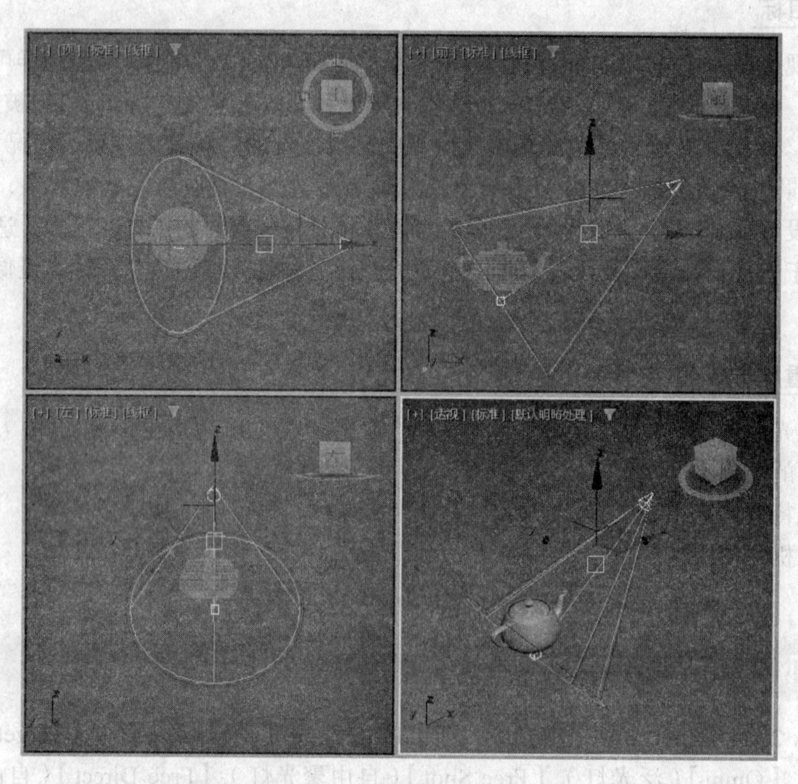

图 10-1 创建目标聚光灯

❺ 在默认的情况下，3ds Max 会提供默认光源，以便观察所创建的对象。刚创建目标聚光灯后，场景会突然变暗，这是因为当创建了一个灯光对象时，3ds Max 会认为用户将自己设计灯光，关闭系统提供的默认光源，因此场景反而变暗。

❻ 单击工具栏上的【Select and Move】(选择并移动)按钮，调整目标聚光灯的位置。如果要调整聚光灯光源的空间位置，将鼠标移动到目标聚光灯的光源位置，拖动光源即可。此时聚光灯的目标并不跟随变化。

同样，如果要调整聚光灯所指的目标对象，把鼠标移动到聚光灯目标上的小黄色正方形上并拖动就可以改变聚光灯所指的目标对象。如果要移动整个聚光灯，把鼠标移动到聚光灯的中间杆上并拖动即可。

❼ 拖动光源位置到如图 10-2 所示的位置，并且把聚光灯目标放置在茶壶上，此时的光源效果和默认的光源效果一致。

创建的光源与默认的光源不同的是，如果把对象移动到其他地方，则有可能光源照射不到对象，使得对象变为渲染不可见，这是因为系统默认的光源并不是只有一个目标聚光灯，而是由数个其他类型灯光共同构成。

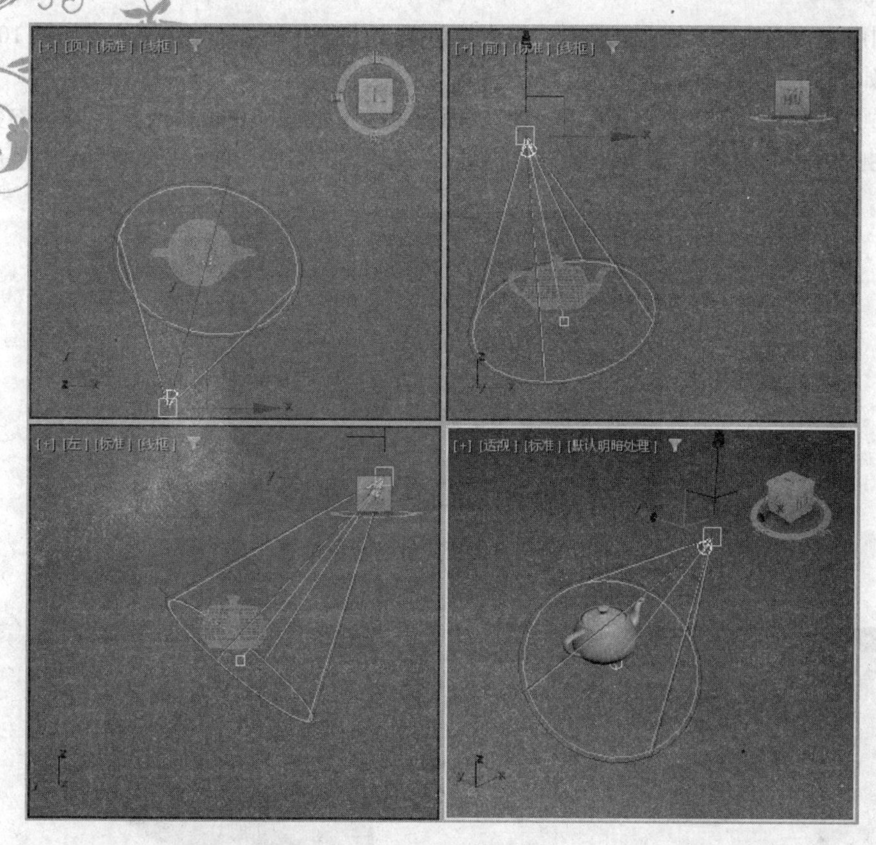

图 10-2　调整后的目标聚光灯

## 10.1.2　创建【Free Spot】(自由聚光灯)

【Free Spot】(自由聚光灯)包含了目标聚光灯的所有性能但没有目标位置。创建自由聚光灯时不像创建目标聚光灯那样先确定光源位置再确定目标位置，而是直接创建一个带有照射范围但没有照射位置的聚光灯。如果希望自由聚光灯对准它的目标对象，只能通过旋转达到目的，因此稍显繁琐。一般说来，选择自由聚光灯而非目标聚光灯的原因可能是用户个人的爱好，或是动画中特殊灯光的需要。

例如，在运用动画灯光时，有时需要保持灯源相对于另一个对象的位置不变，典型的例子是汽车的车前灯、探照灯和矿工的头灯，这些情况下使用自由聚光灯将是明智的选择。原因在于，把自由聚光灯连接到对象上，当对象在场景中移动时，自由聚光灯在跟随移动中可以继续发挥作用，并且真实可信。下面举例介绍。

❶ 单击【File】(文件)菜单中的【Reset】(重置)命令，重新设置系统。

❷ 打开【Create】(创建)命令面板，单击【Geometry】(几何体)按钮，在【Object Type】(对象类型)卷展栏里选择【Teapot】(茶壶)。在视图中创建一个茶壶，作为照明的对象。同时创建一个长方体，铺满整个透视图，作为茶壶的背景。

❸ 在【Create】(创建)命令面板上单击【Lights】(灯光)按钮，在【Object Type】(对象类型)卷展栏里选择【Free Spot】(自由聚光灯)。在茶壶上方创建一个自由聚光灯源。

❹ 利用旋转、移动工具，调整自由聚光灯位置，使自由聚光灯与对象位置如图 10-3 所示。渲染效果如图 10-4 所示。

❺ 选中聚光灯，打开【Modify】(修改）面板中的【General Parameters】(常规参数）卷展栏，在【Shadows】(阴影）中选择【On】(启用）选项。开启阴影的效果如图 10-5 所示。

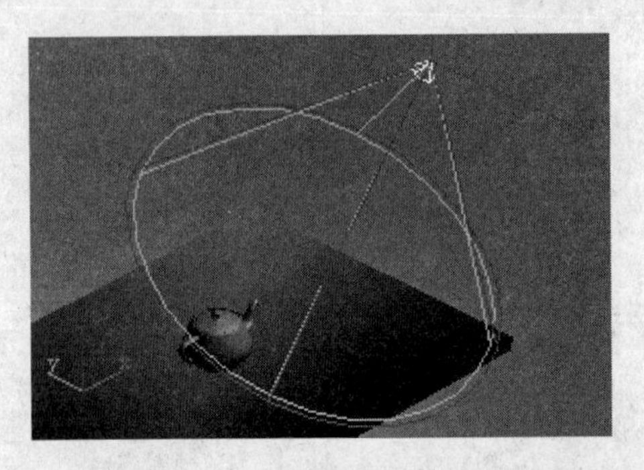

图 10-3 自由聚光灯与对象位置

图 10-4 渲染效果

图 10-5 开启阴影的效果

❻ 在场景中选择聚光灯，打开【Modify】(修改）面板中的【Spotlight Parameters】(聚光灯参数）卷展栏，修改【Hotspot/Beam】(聚光区 / 光束）及【Falloff Field】(衰减区域）角度数值。随时渲染，可以看出随着聚光区和衰减区大小的变化，茶壶的阴影大小也发生变化。

### 10.1.3 创建【Target Direct】(目标平行光灯)

平行光灯分为【Target Direct】(目标平行光灯）与【Free Direct】(自由平行光灯)。平行光灯只在一个方向上传播，这是平行光灯的一个重要特征。平行光灯另外一个不同于其他光源的特征是它的光源不是一个球体或者点，而是一个平面或者表面。

在 3ds Max 中，平行光灯一定程度上是传统的平行灯和聚光灯的混合。平行光灯和聚光灯一样也有聚光区和衰减区，这些可用来控制在场景中计算阴影的范围以及衰减区的范围。当聚光区被最小化时，平行光灯一样可以投射柔和的区域光。

下面举例介绍其创建方法。

❶ 单击【File】(文件）菜单中的【Reset】(重置）命令，重新设置系统。

❷ 打开【Create】(创建）命令面板，单击【Geometry】(几何体）按钮，在【Object Type】(对象类型）卷展栏里选择【Teapot】(茶壶)。在视图中创建一个茶壶，作为照明的对象。

❸ 单击工具栏上的【Select and Move】(选择并移动)按钮，按住 Shift 键的同时，在视图中用鼠标拖动茶壶，在弹出的对话框中输入 3 并选择【Instance】(实例)选项，单击"确定"按钮，复制 3 个相同的茶壶，结果如图 10-6 所示。

图 10-6　复制茶壶

❹ 在【Create】(创建)命令面板上单击【Lights】(灯光)按钮，在【Object Type】(对象类型)卷展栏里选择【Target Direct】(目标平行光灯)。

❺ 在第一个茶壶的左上方单击，指定目标平行光灯的光源位置，然后拖动鼠标到目标物体(茶壶)上，松开鼠标左键，即可完成目标平行光灯的创建，结果如图 10-7 所示。

❻ 此时只有两个茶壶被照亮。这是因为目标平行光灯的灯光是一个圆柱体形状，它的照明范围不足以同时照射到 4 个茶壶，因此其他在圆柱体状灯光之外的茶壶并没有被照亮。

❼ 在场景中选择目标平行光灯，打开【Modify】(修改)控制面板，单击展开【Directional Parameters】(平行光参数)卷展栏，在【Light Cone】(光锥)中选择【Overshoot】(泛光化)选项，以使光线从整个发光平面发射出来，从而使全部的茶壶都被照射到，如图 10-8 所示。

❽ 观察图 10-8 会发现，被目标平行光灯照射之后每个茶壶上的光线亮度分布都是相同的，这充分说明了在目标平行光灯的照射下，光线始终保持着相同的比例，在宽度和高度上不会随距离的改变而改变。

图 10-7　创建目标平行光灯

图 10-8　选择"泛光化"选项之后的效果

### 10.1.4　创建【Omni】(泛光灯)

泛光灯是指按 360° 球面向外照射的一个点光源。它是 3ds Max 场景中用得最多的灯光之一。泛光灯可照亮所有面向它的对象，但是它不能控制光束的大小，即不能将光束只照射在一点上。它通常是作为辅光使用。创建一个泛光灯非常简单。下面还是以 10.1.3 小节中创建的 4 个茶壶为例进行介绍。

❶ 选中上例中创建的目标平行光灯，按【Delete】(删除)键将其删除。

❷ 在【Create】(创建)命令面板上单击【Lights】(灯光)按钮，在【Object Type】(对象类型)卷展栏里选择【Omni】(泛光灯)。

❸ 在前视图中第一个茶壶左上方单击，即可创建一个泛光灯。

❹ 泛光灯的位置可以通过移动工具来调整。为了便于说明问题，这里把泛光灯大致移动到 4 个茶壶中心的连线上，并且放置在第一个茶壶附近，如图 10-9 所示。

图 10-9 创建泛光灯并调整其位置

❺ 在透视图中观察泛光灯照明情况，可以看到泛光灯的灯光是从中心发散到四周的，因而它是扩散传播，这就意味着光线在宽度和高度上将随距离的改变而改变。在离光源比较近的地方，泛光灯作为点光源的效果比较明显；在离光源比较远的地方，则光线已经接近于平行光线。

将图 10-9 与上例中的图 10-8 对比，可以看出相同的 4 个茶壶在泛光灯的照射下与在平行光照射下的效果是大不相同的。在平行光照射下，被照亮的茶壶区域是一样的。

## 10.2 光源的控制

10.1 节中介绍了几种常见光源的创建，在实际工作中，往往需要对光源的各种参数进行设置，从而创造出精美的作品。本节将介绍光源的控制。

在布光设置中，聚光灯往往是主角，无论是室内还是室外配光，主调的效果都是由聚光灯来决定，再使用泛光灯作为补充。因此，聚光灯在灯光配置中是非常重要的。下面以目标聚光灯为例来说明对光源的控制。

首先创建一个目标聚光灯，然后将其选中，打开【Modify】（修改）命令面板中的目标聚光灯控制面板，如图 10-10 所示。

在目标聚光灯控制面板中有 7 个卷展栏，它们依次是【General Parameters】（常规参数）卷展栏、【Atmospheres & Effects】（大气和效果）、【Density/Color/Attenuation】（强度 / 颜色 / 衰减）卷展栏、【Spotlight Parameters】（聚光灯参数）卷展栏、【Advanced Effects】（高级效果）卷展栏、【Shadow Parameters】（阴影参数）卷展栏和【Shadow Map Params】（阴影贴图参数）卷展栏。这 7 个卷展栏中的参数控制着聚光灯的不同方面的性质。

## 10.2.1 “常规参数”卷展栏

单击“常规参数”卷展栏的▶按钮，即可展开“常规参数”卷展栏，如图 10-11 所示。

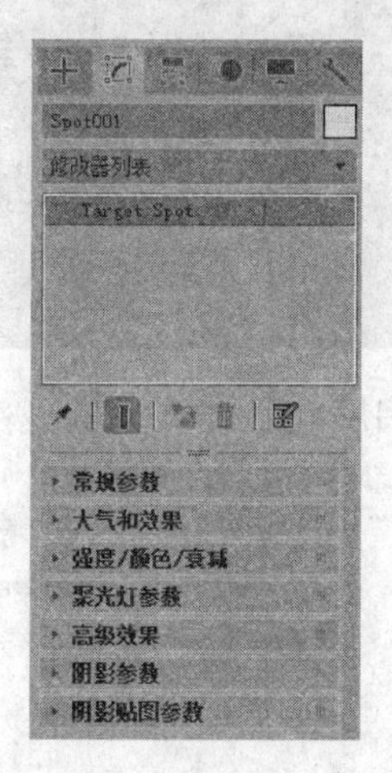

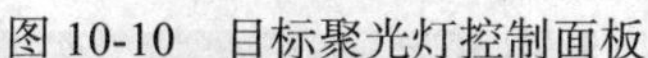

图 10-10　目标聚光灯控制面板

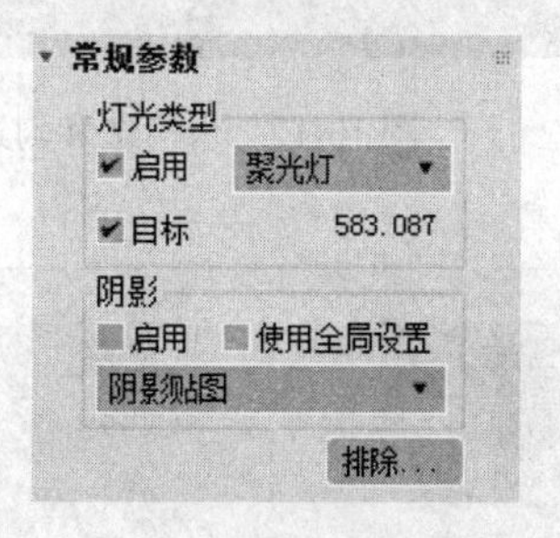


图 10-11　“常规参数”卷展栏

**01** 参数简介

✧【On】(启用)：灯光的开关。当勾选该复选框时，在场景中的光线对场景中的对象产生作用。当取消【On】(启用)复选框的勾选时，灯光仍然保留在场景中，但是灯光将不再对场景中对象产生任何影响。

✧【Target】(目标)：该选项实际上是指【Target Distance】(目标距离)，其后面显示的是从聚光灯到对象的距离。其属性是只读，要调节该距离，只能在视图中移动聚光灯，而不能直接修改其值。

✧【Shadows On】(阴影启用)：用于显示或者消除阴影。

✧【Use Global】(使用全局设置)：这个选项常被用于要使用相同设置的灯光，如设置一排街灯。

✧【Shadow Map】(阴影贴图)：使用贴图方法计算阴影，而不是采用光线跟踪方法。该方法是从灯光投影一幅贴图到场景中，并计算投射的阴影。使用阴影贴图方法时可在【Shadow Map Params】(阴影贴图参数)面板中调节参数。

✧【Exclude】(排除)：在每创建一个灯光时，3ds Max 都默认为灯光对所有的对象有效。单击这个按钮可以将一个对象从光的影响中排除或者包含进来。

**02** 部分参数应用举例

❶ 单击【File】(文件)菜单中的【Reset】(重置)命令，重新设置系统。

❷ 在视图中创建一个长方体和一个圆柱体，并创建一个目标聚光灯用作照明。

❸ 选中目标聚光灯，打开【Modify】(修改)命令面板中的“常规参数”卷展栏，调试其中的部分参数。图 10-12 所示为勾选【Shadows On】(阴影启用)复选框与否的效果。

❹ 单击“排除”按钮，弹出【Exclude/Include】(排除 / 包含)对话框，如图 10-13 所示。

❺ 在列表框中选择【Cylinder001】(圆柱 001)，单击向右的箭头»按钮，把对象移动到右边，单击“确定”按钮。渲染透视图，结果如图 10-14 所示。可以看出，排除聚光灯对圆柱体的影响后，聚光灯的光线不再照射到圆柱体上，圆柱体变成了黑色。

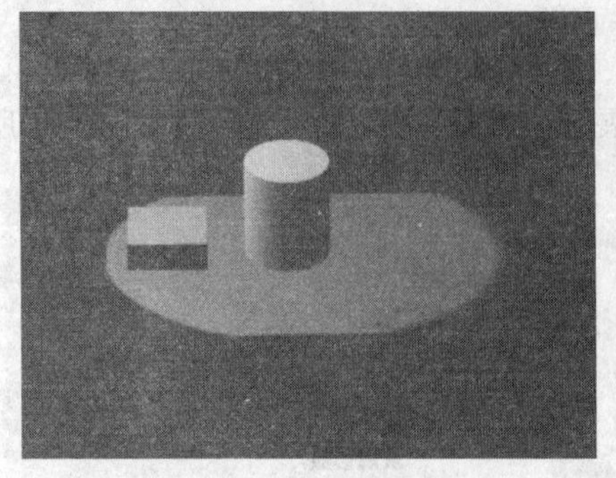

图 10-12　未勾选和勾选【Shadows On】(阴影启用)复选框的效果

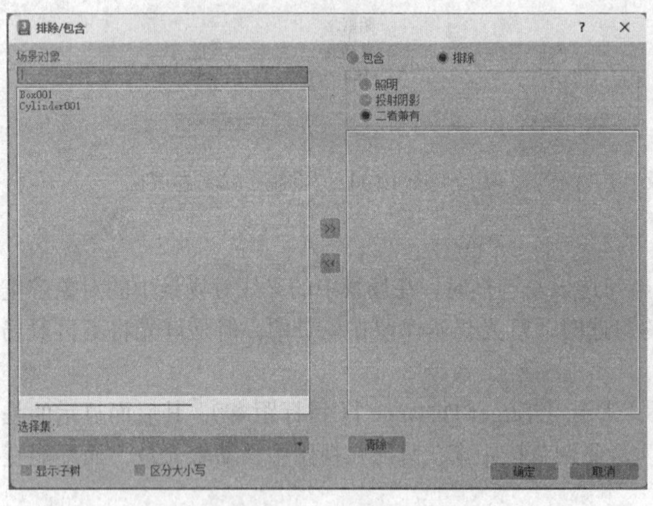


图 10-13　“排除 / 包含”对话框

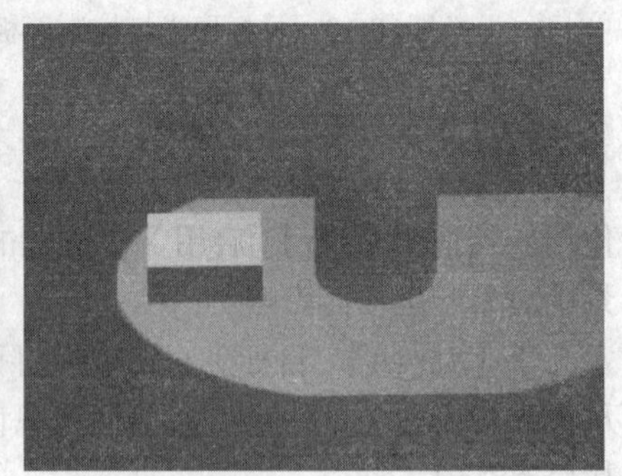

图 10-14　渲染透视图

## 10.2.2　“强度 / 颜色 / 衰减”卷展栏

**01** 参数简介(见图 10-15)

✧【Multip】(倍增):用来调节光源的光强。当【Multip】(倍增)值为 1 时是正常的光强,当【Multip】(倍增)值为 0～1 之间时会减少光的强度,当【Multip】(倍增)值大于 1 时能够增加光强。【Multip】(倍增)值也可以设置为负数值,这时将使光源的效果变得相反,即光源不是“发射”光线,而是“吸收”光线,在光源作用的范围内,场景中和光源颜色相同的光将被删去,而不是照亮场景。

✧ 颜色块:颜色块在【Multip】(倍增)右侧,可用来 / 控制光的颜色和强度。单击这个颜色块,可以改变光的 RGB 值和 HSV 值。

✧【Decay】(衰退):为模拟的真实灯光进行衰减设置。

✧【None】(无):不使用自然衰减,灯光的衰减设置完全由【Attenuation】(衰减)中的【Near】(近距衰减)和【Far】(远距衰减)中的属性来控制。

✧【Inverse】(倒数):使灯光的强度与距离成反比关系变化。

✧【Inverse Square】(平方反比):使灯光强度与灯光的距离平方成反比关系。这是真实世界的灯光衰减方式。比较来看，采用倒数衰减要自然得多，而采用平方反比衰减使灯光过于局限化，所以通常都采用倒数衰减方式。

✧【Use】(使用)：控制被选择的灯光是否使用它被指定的范围。如果该复选框被选择，则灯光周围的圆圈表示灯光的【Start】(开始)和【End】(结束)范围区域。

✧【Show】(显示)：表示灯光【Start】(开始)和【End】(结束)范围区域的圆圈在灯光没有被使用时是不可见的，选择【Show】(显示)复选框，则表示灯光【Start】(开始)和【End】(结束)范围区域的圆圈在没有被使用时也可以看到。

✧【Start】(开始)：对于【Near Attenuation】(近距衰减)，定义不发生衰减的内圈范围；对于【Far Attenuation】(远距衰减)，定义开始发生衰减的内圈范围。

✧【End】(结束)：对于【Near Attenuation】(近距衰减)，定义不发生衰减的外圈范围；对于【Far Attenuation】(远距衰减)，定义发生衰减的外圈范围。在【Start】(开始)和【End】(结束)范围内灯光强度按线性变化。

**02** 参数应用举例

❶ 打开 10.2.1 小节中创建的对象与目标聚光灯。

❷ 选中目标聚光灯，打开【Modify】(修改)命令面板中的“强度/颜色/衰减”卷展栏，调试其中的部分参数。

❸ 单击卷展栏中的颜色块，在弹出的颜色对话框里将颜色调成绿色，关闭对话框。

❹ 渲染透视图，效果如图 10-16 所示。可以看出，聚光灯发出的颜色为绿色。

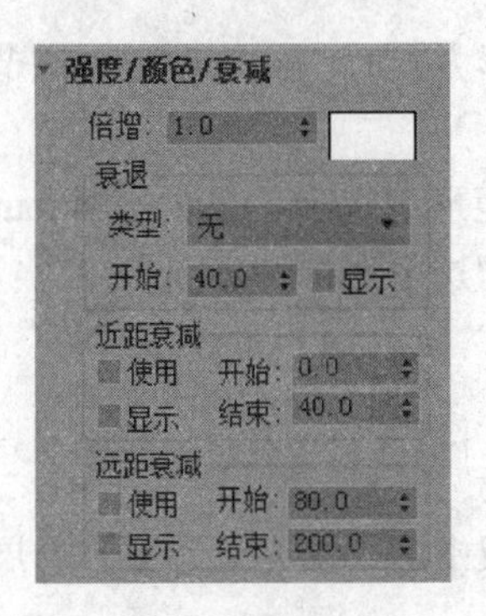


图 10-15　“强度/颜色/衰减”卷展栏

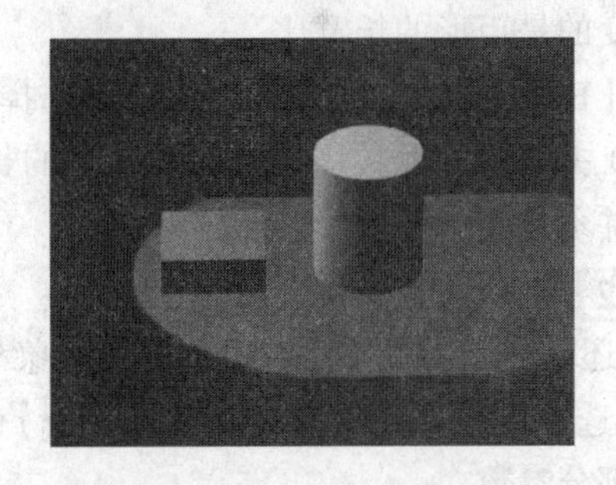

图 10-16　将聚光灯颜色调为绿色后的渲染效果

❺ 分别设置【Multip】(倍增)值为 2 和 3。渲染透视图，效果如图 10-17 所示。

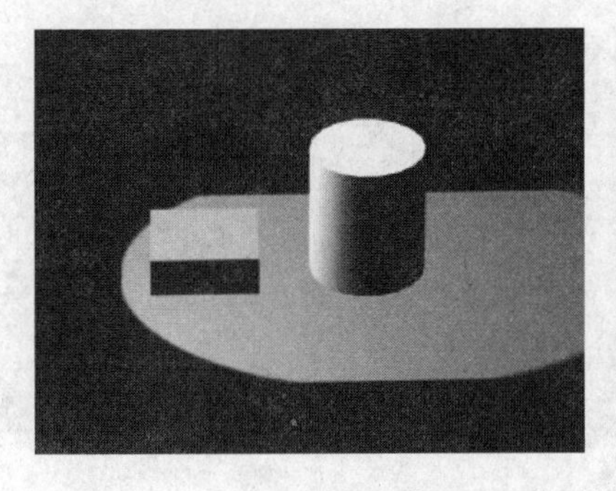

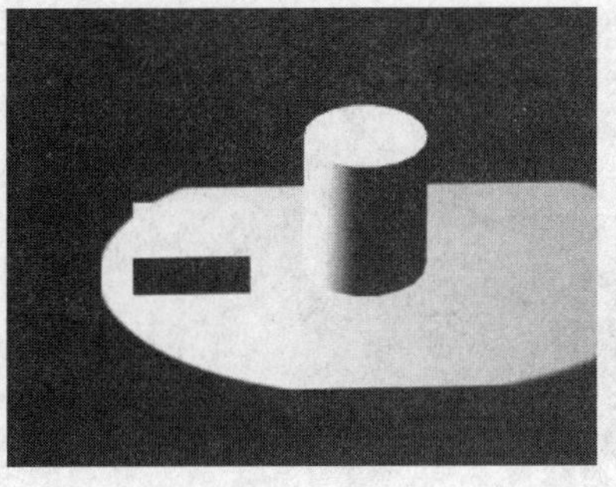

图 10-17　【Multip】(倍增)值为 2 和 3 的效果

## 10.2.3 “聚光灯参数”卷展栏

**01** 参数简介（见图 10-18）

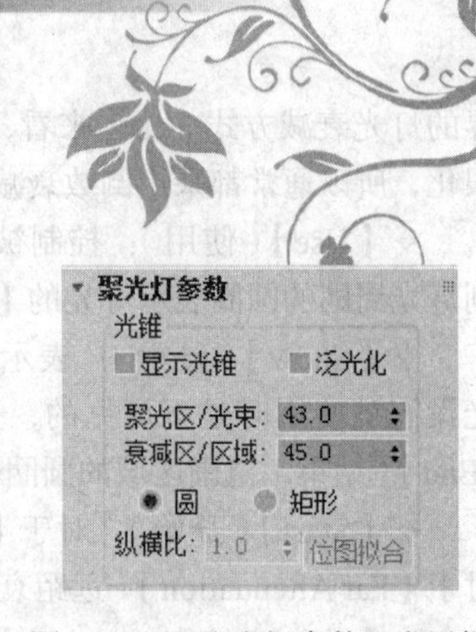


图 10-18 “聚光灯参数”卷展栏

✧【Overshoot】（泛光化）：当选择【Overshoot】（泛光化）选项时，光线能够照亮所有的方向，但是只有在锥形框中投影的对象才有阴影，在锥形框之外的对象即使能被光线照射到，在对象背后也没有阴影。

✧【Show Cone】（显示光锥）：当选择【Show Cone】（显示光锥）选项时，光线以光源为顶点，形成一个张角为【Hotspot】（聚光区）的圆锥体，在该圆锥体区域包含范围内的光线具有最大的光强。【Hotspot】（聚光区）的值比【Falloff】（衰减区）的值要小。

✧【Falloff】（衰减区）：这也是一个表示角度的值，它是围绕光源的假想球体的一部分。聚光灯发射出来的光线在【Hotspot】（聚光区）控制的区域内光强最大，【Falloff】（衰减区）控制区域在【Hotspot】（聚光区）控制区域的外围，光强在【Falloff】（衰减区）控制区域内由最强逐步衰减到 0，因此当【Falloff】（衰减区）的值远远大于【Hotspot】（聚光区）的值时，光线有一个比较柔和的边缘。

✧【Circle】（圆）和【Rectangle】（矩形）：设置光线锥体的形状。一般使用【Circle】（圆）形状，有时也可以选择【Rectangle】（矩形）形状。

✧【Aspect】（纵横比）：当光线锥体选择矩形锥体投影方式时，此选项可以调节。调节这个值改变的是矩形的长宽比。

✧【Bitmap Fit】（位图拟合）：当选择【Rectangle】（矩形）选项，单击【Bitmap Fit】（位图拟合）并选择一张位图图片时，矩形的长宽比将自动匹配这个选择的位图。注意：选择的这张位图并不是投影贴图。

**02** 参数应用举例

❶ 还是利用 10.2.1 小节中创建的对象与目标聚光灯。

❷ 选中目标聚光灯，打开【Modify】（修改）命令面板中的“聚光灯参数”卷展栏，调试其中的部分参数。

❸ 勾选卷展栏中的【Overshoot】（泛光化）复选框。对比透视图，可以看出物体比未勾选“泛光化”复选框时亮了很多，如图 10-19 所示。

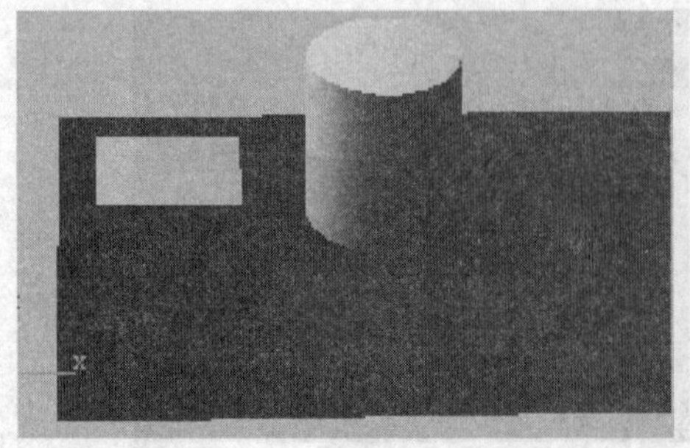
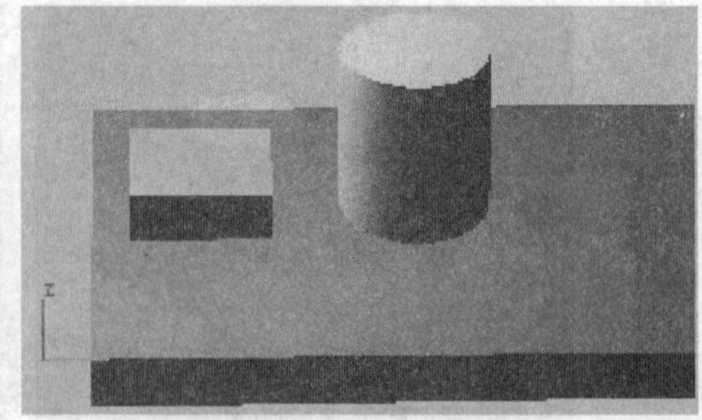

图 10-19 未勾选和勾选“泛光化”复选框时的透视图

❹ 勾选卷展栏中的【Rectangle】(矩形)复选框。渲染透视图，可以看出聚光灯的照射范围变成了矩形。圆形和矩形光线锥体形状如图 10-20 所示。

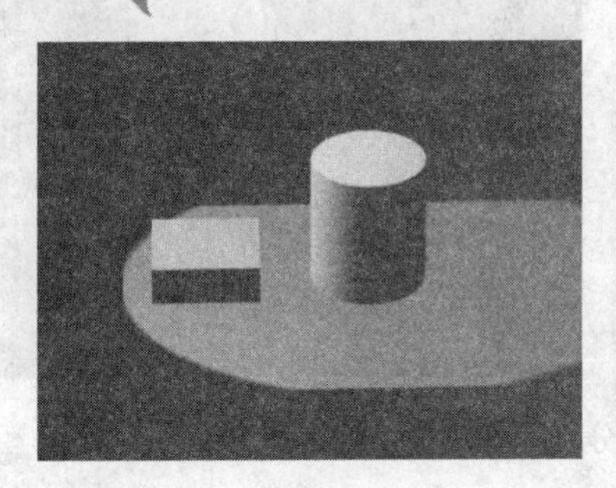

图 10-20　圆形和矩形光线锥体形状

## 10.2.4 “高级效果”卷展栏

**01** 参数简介(见图 10-21)

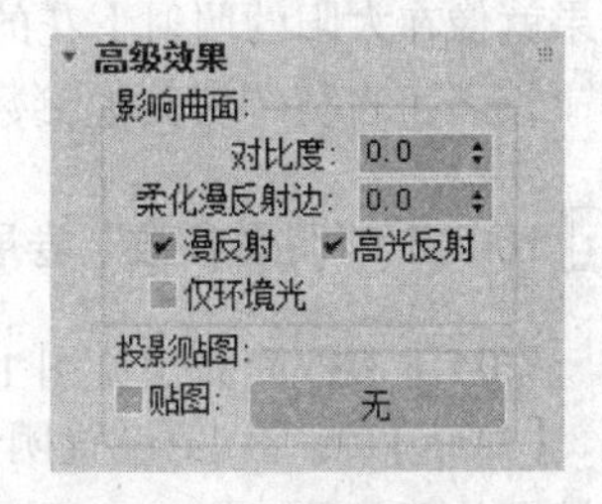


图 10-21 “高级效果”卷展栏

✧【Contrast】(对比度)：这个值可以在 0~100 之间变化，它用于调节光在最强和最弱的区域之间的对比度。一般当光垂直地照射到物体的表面时，该表面是明亮的。若物体表面发生偏转，则光会变得倾斜，表面接收到的光较弱。【Contrast】(对比度)的值越大，光线越强越刺眼；【Contrast】(对比度)的值越小，则光线越弱越柔和。

✧【Soften Diffuse】(柔化漫反射边)：这个值也可以在 0~100 之间变化，它影响的是散射光和环境光之间的光线柔和度。此值越高则散射光和环境光之间的过渡越柔和，此值如果过低则可能使散射光和环境光之间的过渡显得生硬。增大这个值可以轻微地减少整个光线的亮度，不过一般影响并不是很大。

✧【Diffuse】(漫反射)：在选择【Diffuse】(漫反射)选项时，散射光照射区域会受到灯光效果的影响，而高亮区域则不受灯光的影响。显然，设置灯光时一般都希望散射光照射区域要受到灯光效果的影响，因此在默认情况下这个选项是被选中的。

✧【Specular】(高光反射)：在选择【Specular】(高光反射)选项时，高亮区域会受到灯光效果的影响。在默认情况下，这个选项是被选中的，用户可以根据需要决定是否选择该选项。

✧【Ambient】(仅环境光)：在选择【Ambient】(仅环境光)选项时，阴影区域会受到灯光效果的影响。在默认情况下，这个选项是不被选中的，用户可以根据需要决定是否选择该选项。

✧【Map】(贴图)：贴图的开关。只有打开这个开关，才能进行投影贴图。

**02** 部分参数应用举例

❶ 还是利用 10.2.1 小节中创建的对象与目标聚光灯。

❷ 选中目标聚光灯，打开【Modify】(修改)命令面板中的“高级效果”卷展栏，调试其中的部分参数。

❸ 分别设置【Contrast】(对比度)值为 20 和 80。渲染透视图，效果如图 10-22 所示。

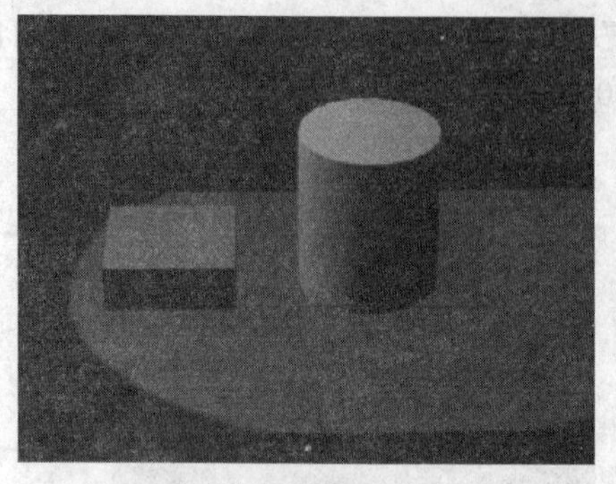
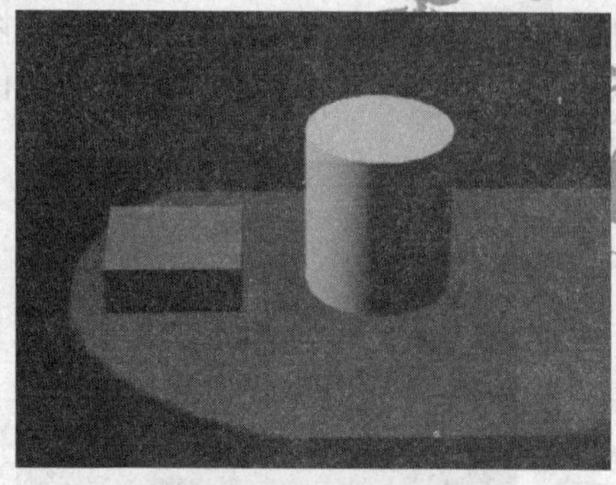

图 10-22 “对比度”值分别为 20 和 80 时的效果

❹ 选择【Map】(贴图)复选框，单击【Map】(贴图)后面的【None】(无)按钮，选择【Bitmap】(位图)方式，选择一张花朵图片(电子资料包中的贴图 /FLOWER3.tga)，这张图片即可被投影在对象上，效果就像在太阳的照射下花的投影，如图 10-23 所示。

读者可自行练习其他参数的应用。

图 10-23 投影贴图后的效果

## 10.2.5 “阴影参数”卷展栏

01 参数简介(见图 10-24)

【Map】(贴图)：设置阴影图片，使对象的阴影部分被图片所代替。

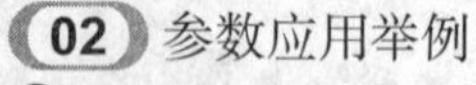

02 参数应用举例

❶ 还是利用 10.2.1 小节中创建的对象与目标聚光灯。

❷ 选中目标聚光灯，打开【Modify】(修改)命令面板中的“阴影参数”卷展栏，调试其中的部分参数。

❸ 打开“常规参数”卷展栏，勾选【Shadows On】(阴影启用)复选框。

❹ 在“阴影参数”卷展栏中选择【Map】(贴图)复选框，单击【Map】(贴图)后面的【None】(无)按钮，选择【Bitmap】(位图)方式，在计算机硬盘中任意选择一张图片，这张图片即可覆盖对象的阴影部分。渲染视图，阴影贴图后的效果如图 10-25 所示。

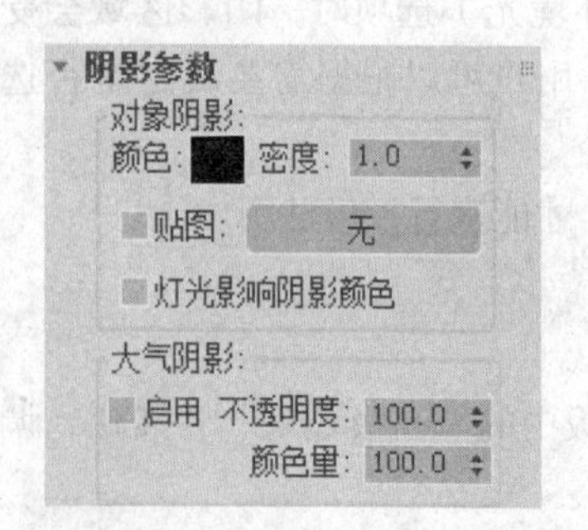


图 10-24 “阴影参数”卷展栏

图 10-25 阴影贴图后的效果

要注意的是，10.2.5 小节中讲到的投影贴图与本小节中讲到的阴影贴图截然不同，前者是将贴图投影在对象上，后者是将对象的阴影部分用贴图代替（对象上面没有图片）。

读者可自行练习其他参数的应用。

### 10.2.6 “阴影贴图参数”卷展栏

**01** 参数简介（见图 10-26）

✧【Bias】(偏移)：用来设置投影的偏移。这项功能可使阴影产生偏向对象或者偏离对象的位移。设置低的【Bias】(偏移）值可使阴影靠近投下阴影的对象，设置高的【Bias】(偏移）值可使阴影远离对象物体。

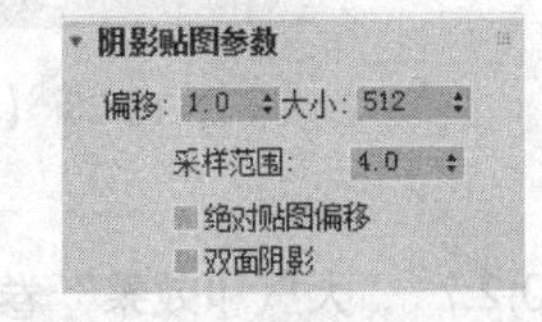


图 10-26 “阴影贴图参数”卷展栏

✧【Size】(大小)：用阴影贴图方法计算出的投影尺寸大小。如果阴影不够明显，可以考虑增加【Size】(大小）的值来提高阴影的效果。需要说明的是，提高【Size】(大小）的值同时也会增加渲染的时间。

✧【Sample Range】(采样范围)：该值用来控制阴影范围采样的次数。采样的次数越少则产生的阴影越柔和，采样的次数越多则阴影越尖锐。增加采样的次数后，计算机的运算次数会相应增加，因而渲染的时间也会变长。

✧【Absolute Map Bias】(绝对贴图偏移)：用于动画制作的参数，在动画渲染过程中，由于在每一帧中都要重复计算贴图偏移，使得阴影边有时模糊，选择这个选项能够把每一帧变成贴图偏移的静态计算，在动画渲染过程中将不会出现阴影边模糊的情况。

**02** 参数应用举例

❶ 打开 10.2.5 小节中创建的效果图。

❷ 选中目标聚光灯，打开【Modify】(修改）命令面板中的“阴影贴图参数”卷展栏，调试其中的部分参数。

❸ 将【Bias】(偏移）的值分别设置为 10 和 55。渲染透视图，效果如图 10-27 所示。

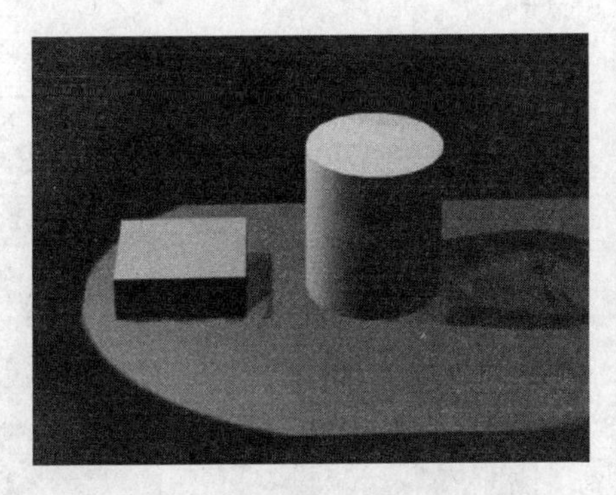
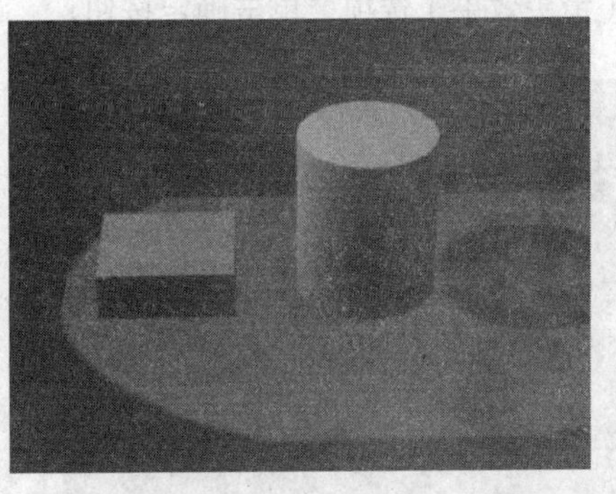

图 10-27 【Bias】(偏移）值分别为 10 和 55 时的投影效果

❹ 将【Bias】(偏移）的值设置为 0，再将【Size】(大小）值分别设置为 100 和 1000，效果对比如图 10-28 所示。

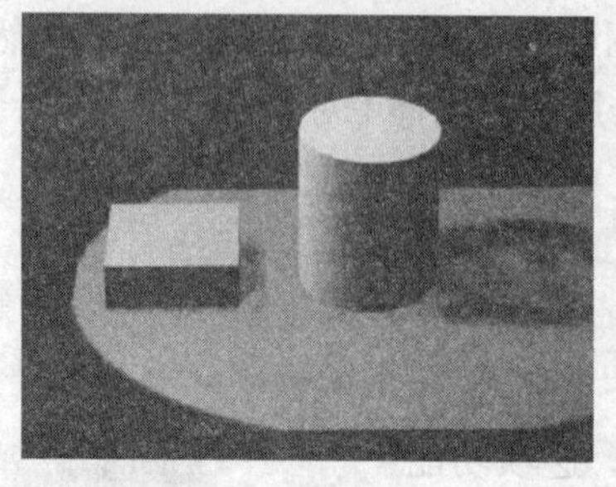
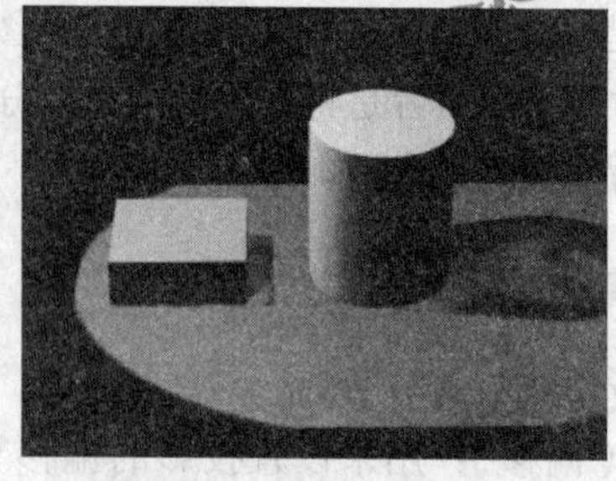

图 10-28 【Size】(大小)值分别为 100 和 1000 时的效果对比

### 10.2.7 "大气和效果"卷展栏

在默认情况下，灯光只会在场景中产生效果，并不会在渲染效果中看到灯光光源。如果需要在场景中看到灯光，就需要用到灯光的特殊效果。灯光的特殊效果可在如图 10-29 所示的【Atmospheres & Effects】(大气和效果)卷展栏中设置。

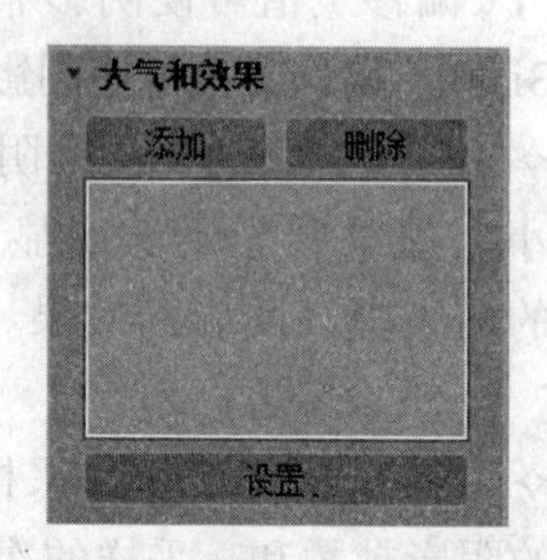


图 10-29 "大气和效果"卷展栏

## 10.3 灯光特效

利用灯光可以制作出令人惊叹的特殊效果。下面就以泛光灯模拟太阳为例来介绍灯光特效的制作。

❶ 创建一个长方体，再创建一个泛光灯，用来模拟太阳的效果，如图 10-30 所示。

❷ 选择泛光灯，打开【Modify】(修改)命令面板，展开【Atmospheres & Effects】(大气和效果)卷展栏。

❸ 单击【Atmospheres & Effects】(大气和效果)卷展栏中的【Add】(添加)按钮，在弹出的如图 10-31 所示的【Add Atmospheres or Effects】(添加大气或效果)对话框中选择【Lens Effects】(镜头效果)选项，单击确定按钮。

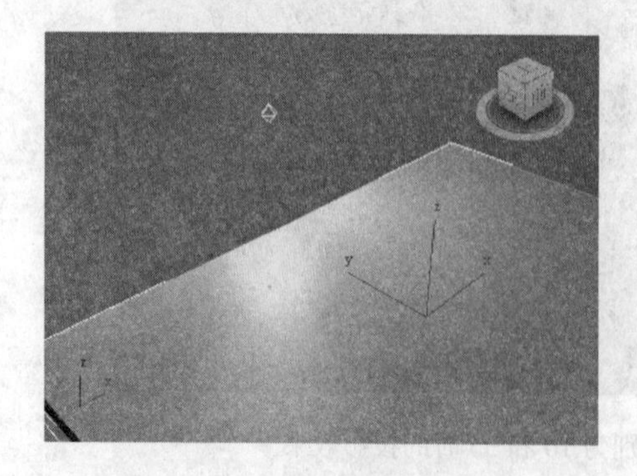

图 10-30 创建泛光灯和长方体

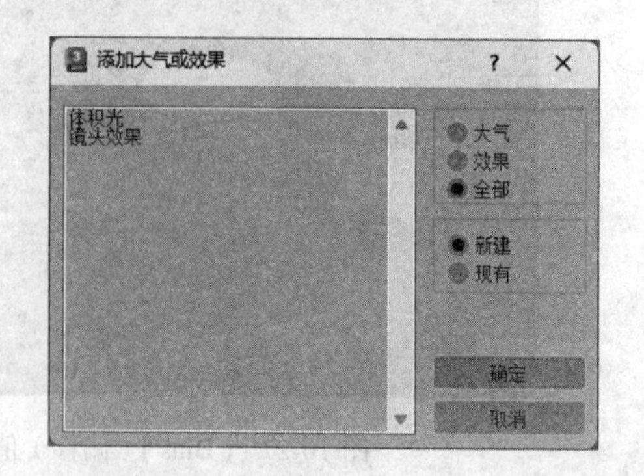


图 10-31 "添加大气或效果"对话框

❹ 在【Atmospheres & Effects】(大气和效果)卷展栏的列表框中显示出【Lens Effects】(镜头效果)。选择【Lens Effects】(镜头效果)，然后单击【Setup】(设置)按钮，对【Lens Effects】(镜头效果)进行设置。

❺ 弹出【Enviroment and Effects】(环境和效果)对话框，在其中可以调节灯光的特效，如图 10-32 所示。展开【Lens Effects Parameters】(镜头效果参数)卷展栏，其中有左右两个列表框，左边的列表框是指灯光所具有的所有特效，选择某种特效，再单击向右箭头按钮 >，把该特效移动到右边的列表框内，则该特效在渲染时就能够显示出来。这里选择【Glow】(光晕)。

❻ 打开【Effects】(效果)卷展栏，单击【Update Effect】(更新效果)按钮。渲染透视图，可以看到泛光灯有了光晕特效，如图 10-33 所示。

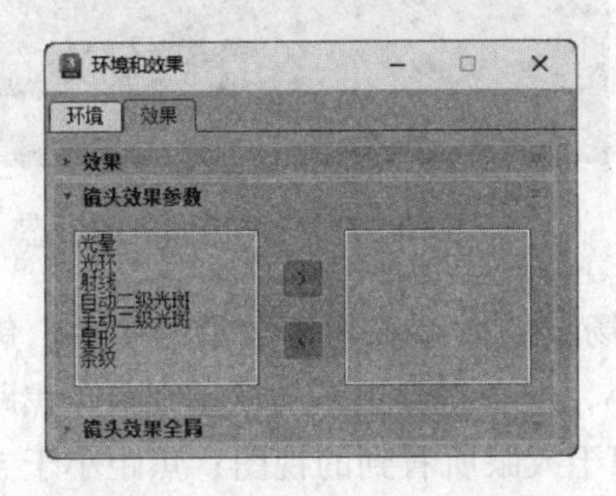


图 10-32 “环境和效果”对话框

图 10-33 添加光晕特效后的泛光灯

❼ 向下拖动卷展栏，找到【Lens Effects Global】(镜头效果全局)卷展栏，将其展开。在这里可以对灯光效果的影响范围等进行粗略的调节。

❽ 将【Size】(大小)值设为 200，【Intensity】(强度)值也设为 200，如图 10-34 所示。再次渲染透视图，泛灯光效果如图 10-35 所示。

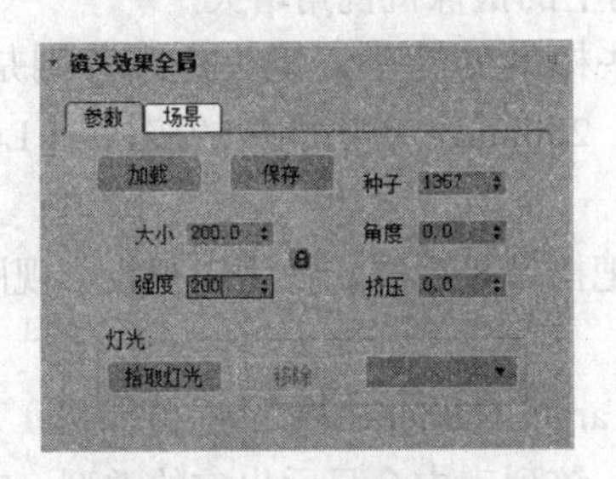


图 10-34 “镜头效果全局”卷展栏

图 10-35 调整参数后的泛光灯效果

❾ 单击【Save】(保存)按钮可以保存当前的灯光特效的设置，文件格式为 .lzv。单击【Load】(加载)按钮可以导出以前保存的灯光特效设置。

## 10.4 摄像机的使用

### 10.4.1 摄像机的类型

3ds Max 2024 提供了三种摄像机，即【Physical】(物理)摄像机、【Target】(目标)摄像机和【Free】(自由)摄像机，如 10-36 所示。三种摄像机的形态如图 10-37 所示。

【Target】(目标)摄像机的常用参数如下：

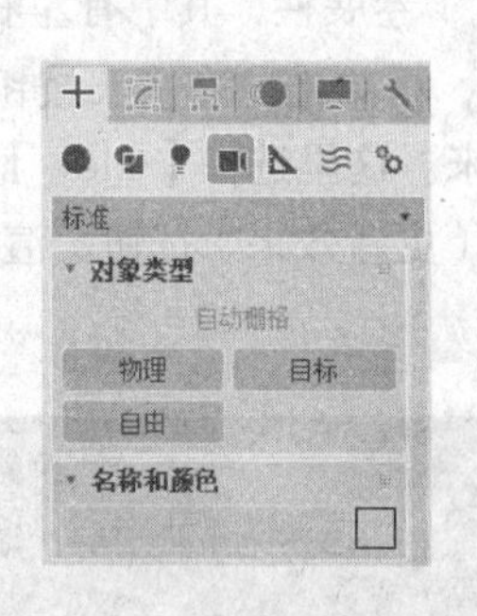


图 10-36　三种类型的摄像机

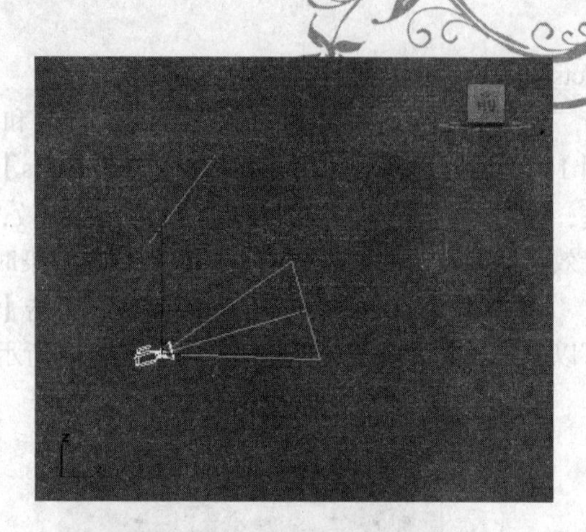

图 10-37　三种摄像机的形态

✧【Lens】(镜头):焦距可用来确定视图中场景的大小和物体数量的多少。焦距小,取得的场景数据较大;焦距大,取得的场景数据较小,但会得到更多的场景细节。焦距的单位是 mm(毫米),50mm 焦距的镜头所产生的视图类似于人眼所看到的视图;焦距小于 50mm 的镜头称为广角镜头,可显示场景的广角视图;焦距大于 50mm 的镜头称为长焦镜头,可产生像望远镜一样的视图效果。

✧【Field of View(FOV)】(视野):控制摄像机可见视角的大小,决定多少景物可见。它与焦距的大小有相当密切的关系。单击它左侧的↔按钮,会弹出分别表示垂直、水平和斜向三个方向的三个按钮:↕、↔、⤢。选择其中的一个按钮,调整视野值,可调整该方向上的视角。例如,选中↔按钮,将视野值调大,可将水平方向上的摄像机视角增大。

✧【Stock Lenses】(备用镜头):系统提供了一些标准的镜头,镜头焦距分别是 15mm、20mm、24mm、28mm、35mm、50mm、85mm、135mm、200mm。单击相应的按钮,【Lens】(镜头)和【FOV】(视野)值会自动更新。

✧【Orthographic】(正交投影):选中该选项,将把摄像机视图转换为正视投影视图。在正视投影视图中,以正向投影的形式显示出造型体。

✧【Type】(类型):该列表中有两个选项,即【Target Cameras】(目标摄像机)和【Free Cameras】(自由摄像机)。在视图区中选择一个镜头后,该列表中会显示出它的类型。也可以在修改命令面板中选择另一个类型的镜头,将镜头修改为另一个类型的镜头。

✧【Environment Ranges】(环境范围):该子面板中有两个选项,即【Near Range】(近距范围)和【Far Range】(远距范围)。它们分别表示环境的起始范围和终止范围,可用于设定制作的云、雾等环境效果的起始和终止范围。

✧【Clipping Planes】(剪切平面):选中该选项,可以将视图剪切到离镜头一定距离的位置上。只有在选中了【Clip Manually】(手动剪切)选项以后,其面板中的设置才处于可用状态。【Near Clip】(近距剪切)和【Far Clip】(远距剪切)这两个选项分别用于设置剪切平板的起始位置和终止位置。

目标镜头由【Camera Target】(目标摄像机)和【Camera】(摄像点)两个部分组成。如果视图中有多个镜头,则在【Camera】(摄像点)的后面还有 0X 的字样,其中 X 是 1 ~ 9 的数字,表示不同的镜头。在视图区中创建了目标镜头后,造型体列表中会显示出【Camera Target】(目标摄像机)和【Camera】(摄像点)两个部分,可以分别选择这两个部分中的任意一个。

【Free Camera】(自由摄像机)只有摄像机点，没有特定的目标点。在调整时可对摄像机点直接操作。在制作摄像机漫游时常使用这种摄像机。

### 10.4.2　创建摄像机

创建摄像机的过程比较简单，单击【Create】(创建)→【Camera】(摄像机)按钮，在【Object Type】(对象类型)中选择需要的摄像机类型，在任意视图中放置摄像机即可。下面举例介绍。

❶ 单击【File】(文件)菜单中的【Reset】(重置)命令，重新设置系统。

❷ 创建一个球体和一个锥体，再创建三个泛光灯并调整其位置，结果如图 10-38 所示。

❸ 单击【Creat】(创建)→【Cameras】(摄像机)，再单击【Target】(目标)，创建一个目标摄像机。用选择工具选中摄像机，调整目标点和摄像点位置，使摄像机处在一个适当的位置。

❹ 单击【Creat】(创建)→【Cameras】(摄像机)，再单击【Free】(自由)，创建一个自由摄像机，结果如图 10-39 所示。

❺ 选中透视图，按 C 键切换到摄像机视图，弹出选择摄像机对话框，选择目标摄像机，渲染后的效果如图 10-40 所示。

❻ 选中透视图，按 C 键切换到摄像机视图，弹出选择摄像机对话框，选择自由摄像机，渲染后的效果如图 10-41 所示。

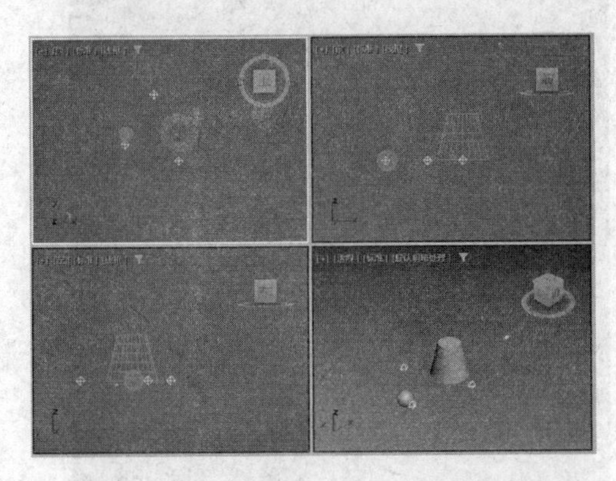

图 10-38　创建球体、锥体和泛光灯

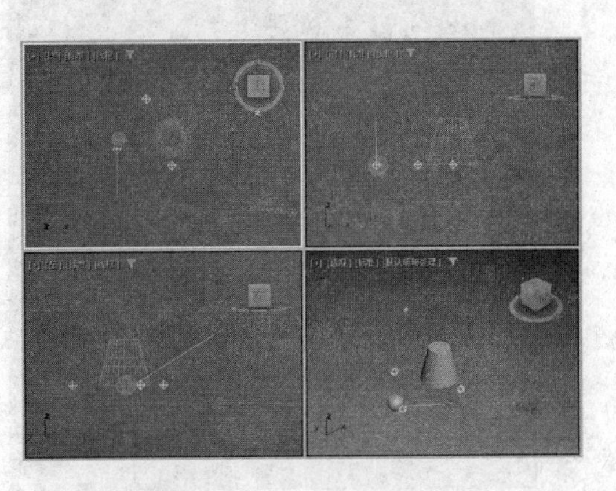

图 10-39　创建自由摄像机

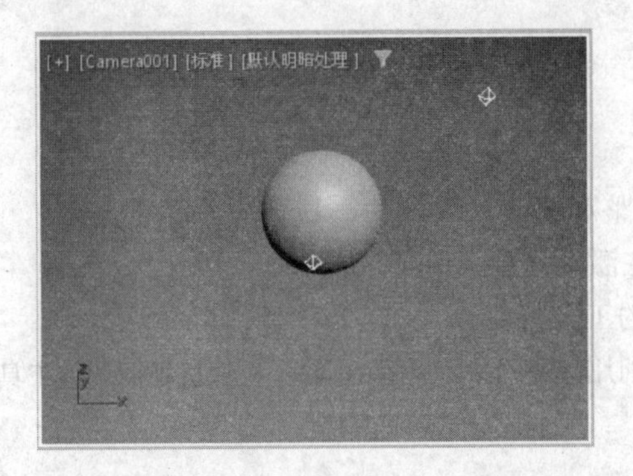


图 10-40　目标摄像机视图

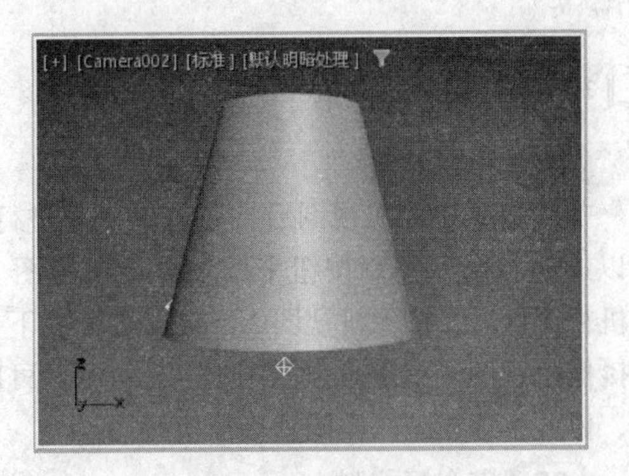


图 10-41　自由摄像机视图

### 10.4.3 设置摄像机

在摄像机控制面板中可以设置视野和焦距。

**01** 设置视野【FOV】（视野）

【FOV】（视野）定义了摄像机在场景中所看到的区域。视野参数的值是摄像机视锥的水平角。3ds Max 中视野的定义与现实世界摄像机的视野不同。3ds Max 定义摄像机视锥的左右边线所夹的角为视野的值，而现实世界定义视锥的左下角和右上角边线所夹的角为视野的值。单击视野前面的按钮，则会弹出、、三个按钮。这三个按钮可用于改变测量的方法。

**02** 设置焦距

焦距是指从镜头的中心到相机焦点的长度，以 mm 为单位。焦距参数越小，视野越宽，摄像机表现出离对象越远；焦距参数越大，视野越窄，摄像机表现出离对象越近。焦距小于 50mm 的镜头叫广角镜头，大于 50mm 的叫长焦镜头。在目标摄像机“参数”卷展栏上面的【Lens】（镜头）文本框中可设置镜头的焦距，而下面的【Stock Lenses】（备用镜头）中则提供了系统自带的几个默认的镜头焦距。同一摄像机在相同位置用不同焦距拍下的图像如图 10-42 所示。

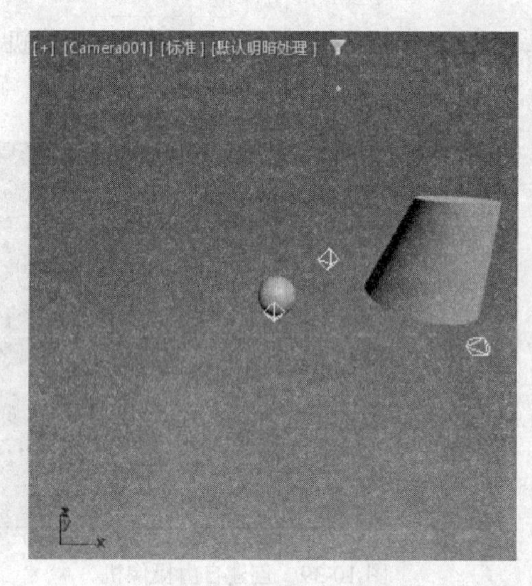


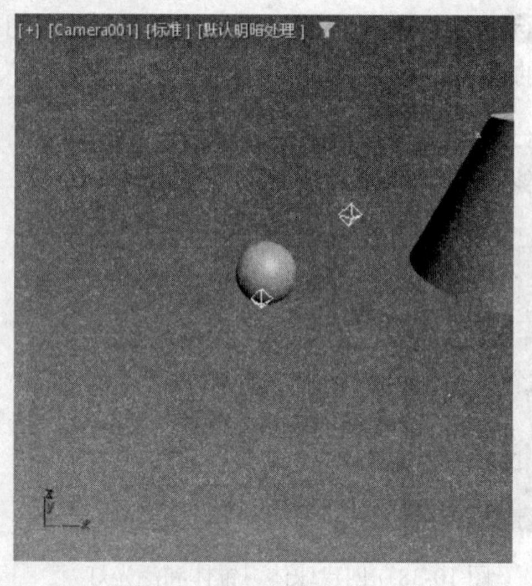


图 10-42 摄像机拍摄的图像（左图焦距为 15mm，右图焦距为 24mm）

### 10.4.4 控制摄像机

**01** 视图控制

在设置了摄像机视图后，还可以对其进行调整和修改。可以通过视图区控制按钮来调整摄像机视图。在激活了摄像机视图区后，摄像机视图 3ds Max 界面右下方的工具将变成摄像机视图调整工具，如图 10-43 所示。可以利用这些工具，像调整透视图一样调整摄像机视图。

图 10-43 摄像机视图调整工具

**02** 安全框控制

激活摄像机视图，在其左上角“+”字样上右击，弹出快捷菜单，选择【Configure】（配置视口）命令，如图 10-44 所示。在弹出的对话框中选择【Safe Frames】（安全框）选项卡，选择【Show Safe Frames in Active View 】（在活动视图中显示安全框）项，如图 10-45 所示。在摄像机视图中显示出的三个不同颜色的矩形框就是安全框，如图 10-46 所示。

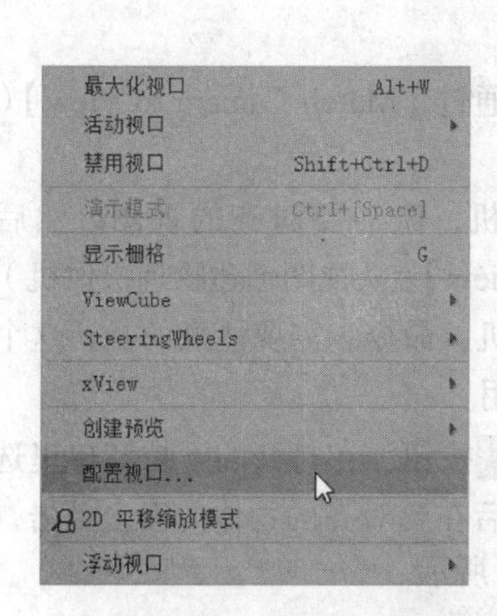


图 10-44 右键菜单

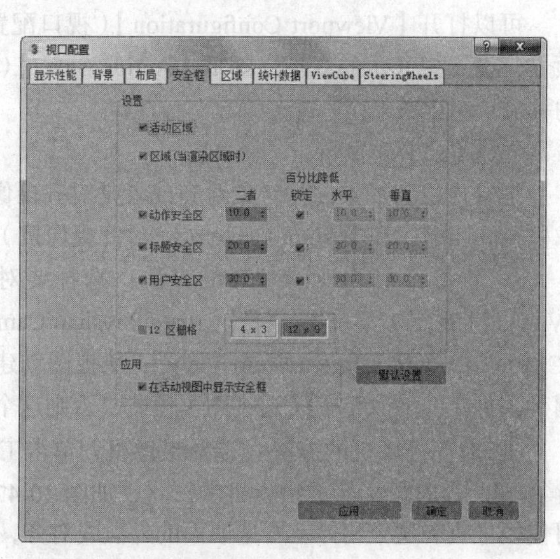


图 10-45 “视口配置”对话框

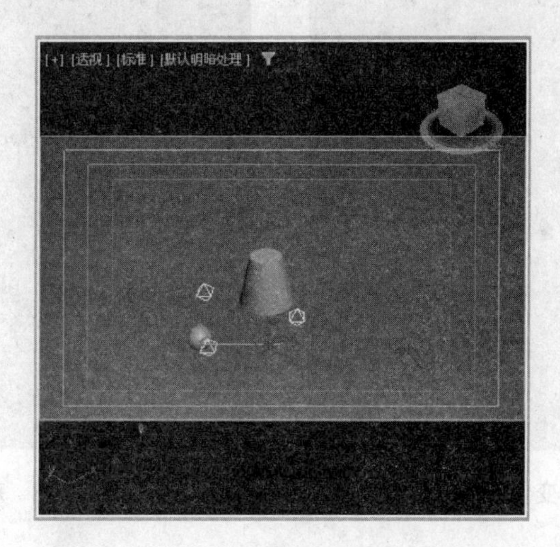

图 10-46 显示安全框

> 注意：安全框可以表明渲染时的最终图像是如何被剪裁的，这是一个非常重要的特性。

安全框由【Live Area】（用户安全区）、【Action Safe】（动作安全区）和【Title Safe】（标题安全区）三个矩形框组成。

✧【Live Area】（用户安全区）：标出将被渲染的准确区域，与视图的尺寸和纵横比无关。

✧【Action Safe】（动作安全区）：表明对用户的渲染操作来讲是安全的区域。

✧【Title Safe】（标题安全区）：表明对标题或其他信息来讲是安全的区域。安全框是成比例的。

最外面一个浅黄色矩形框是【Live Area】(用户安全区)区域，中间的淡蓝色矩形框是【Action Safe】(动作安全区)区域，最里面的土黄色矩形框是【Title Safe】(标题安全区)区域。

可以打开【Viewport Configuration】(视口配置)对话框中的【Safe Frames】(安全框)选项卡，设置想显示的区域。降低【Action Safe 】(动作安全区)和【Title Safe】(标题安全区)的百分比会比较安全。

03 对齐摄像机

把摄像机和场景内的对象对齐或者是对齐摄像机，可以通过【Match Camera to View】(摄像机视图匹配)和【Align Camera】(对齐摄像机)来实现。

✧ 将摄像机和视图对齐的方法：选择要对齐的摄像机，激活要对齐的视图，然后从【Views】(视图)菜单里选择【Create Physical Camera From View】(从视图创建物理摄像机)或【Create Standard Camera From View】(从视图创建标准摄像机)命令。需要注意的是，这个视图必须是【Perspective】(透视图)模式，否则这个命令不可用。

✧ 对齐摄像机的方法：选择摄像机，单击工具栏中的按钮，在打开的下拉菜单里选择按钮，这时鼠标变成摄像机的形状，如图 10-47 所示。然后在要对齐的物体的面上单击，即可使摄像机和这个物体上所选取面的外法线对齐，如图 10-48 所示。

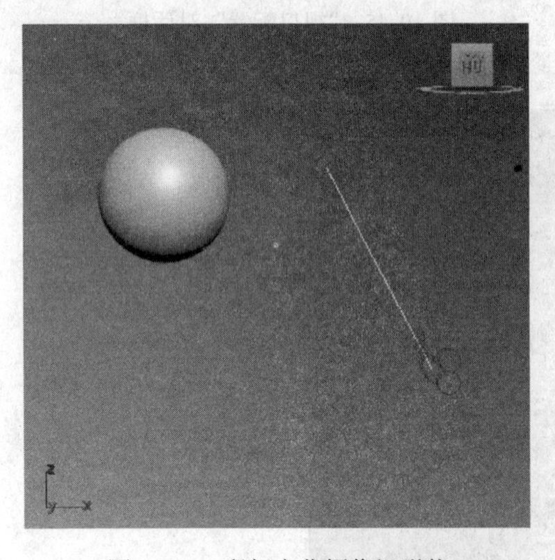

图 10-47 鼠标变化摄像机形状

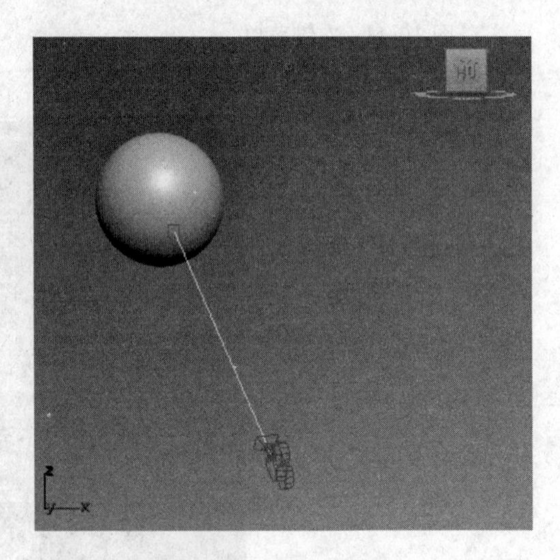

图 10-48 对齐摄像机

### 10.4.5 移动摄像机

移动摄像机可以增强场景的真实感。移动摄像机的原则是流畅。平移摄像机是最一般的摄像机移动。另外，转动、拖拉和缩放摄像机都可以被设为动画。当变换摄像机对象时需要注意不要使用比例缩放，因为比例缩放后摄像机的基本参数显示的值与实际不符。

将目标移向摄像机，并不影响摄像机的视野。若想改变视野或切换镜头，可以改变摄像机的视野和镜头参数，或在摄像机视图中使用视野按钮。摄像机的移动就像是观察者是摄像机，摄像机目标是观察者所注视的地方，因此摄像机或目标的最轻微的移动都是很明显的。若想模拟急刹车，快速或突然地移动摄像机可取得很好的效果，但如果要在房间里这样做，效果则会很差。下面介绍如何使用路径控制器为摄像机创建路径来移动摄像机。

❶ 创建一个简单的场景，如图 10-49 所示。

❷ 在【Create】(创建)命令面板中单击【Shapes】(图形)，再单击【Line】(线)，画出摄像机移动的大致路径。也可以用【NURBS Curves】(NURBS 曲线)命令生成平滑曲线作为路径。

❸ 在【Modify】(修改)命令面板中单击【Edit Spline】(编辑样条线)编辑器，在【Sub-object】(子对象)中选择【Vertex】(顶点)。右击每一个节点，选择【Bezier】(贝塞尔)，按用户自己的要求调整手柄。绘制完成的摄像机路径曲线如图 10-50 所示。

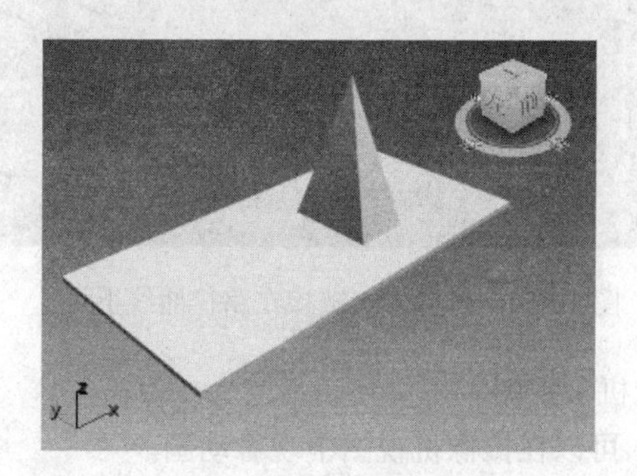
图 10-49　创建场景

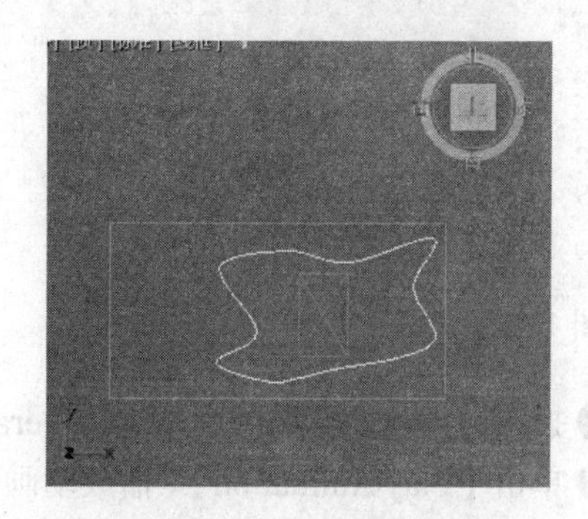
图 10-50　绘制摄像机路径曲线

❹ 创建并选中目标摄像机。单击【Motion】(运动)命令面板中的【Parameters】(参数)按钮。

❺ 打开【Assign Controller】(指定控制器)卷展栏，选中【Position】(位置)，如图 10-51 所示。然后单击✓按钮。

❻ 在弹出的对话框中选中【Path Constraint】(路径约束)，单击“确定”按钮，如图 10-52 所示。在【Motion】(运动)命令面板的“参数”卷展栏中打开如图 10-53 所示的“路径参数”卷展栏，单击【Add Path】(添加路径)按钮，再单击路径曲线，即可将摄像机链接在路径曲线上，如图 10-54 所示。

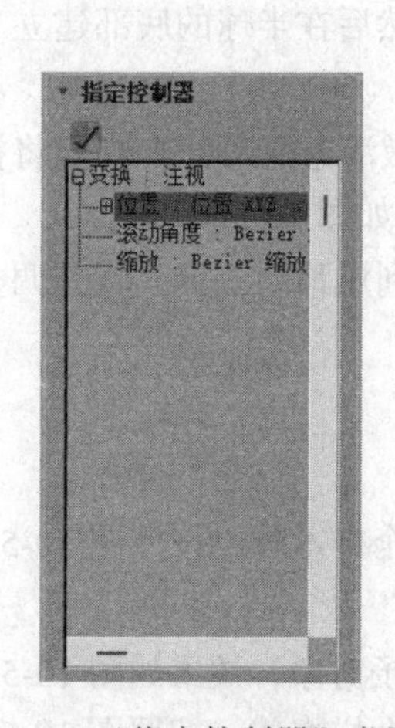

图 10-51　“指定控制器”卷展栏

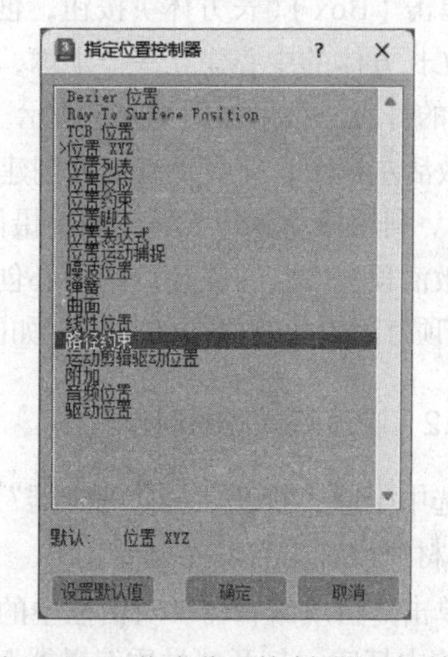

图 10-52　“指定位置控制器”对话框

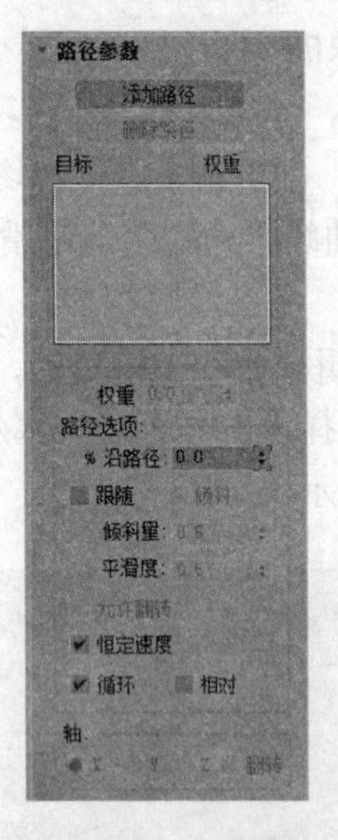


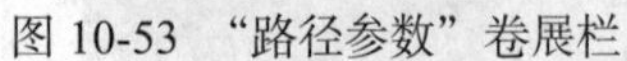
图 10-53 “路径参数”卷展栏

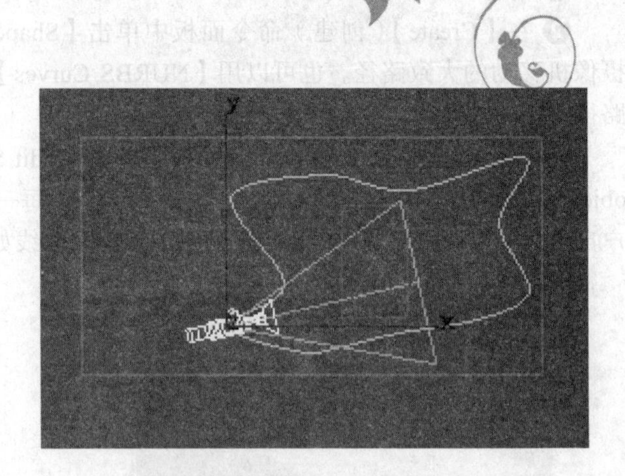
图 10-54 将摄像机链接在路径曲线上

❼ 按快捷键 C，将视图变为【Camera】(摄像机)视图。

❽ 单击【Play Animation】(播放动画)按钮，可以在摄像机视图中观看动画。

## 10.5 实战训练——吸顶灯

本节将通过吸顶灯建模实例介绍如何灵活应用灯光和摄像机命令创建逼真的三维模型。

### 10.5.1 吸顶灯模型的制作

❶ 单击【File】(文件)菜单中的【Reset】(重置)命令，重置系统。

❷ 打开【Create】(创建)命令面板，单击【Geometry】(几何体)按钮，在下拉列表中选择【Standard Primitives】(标准基本体)。

❸ 单击【Box】(长方体)按钮，创建一个长方体，作为屋子的顶部。

❹ 在长方体的中心建立一个半球，作为吸顶灯模型，然后在半球的底部建立三个圆环，作为吸顶灯的灯座，结果如图 10-55 所示。

❺ 激活左视图，在吸顶灯下方创建一架目标摄像机。激活透视图，按 C 键将视图切换成摄像机视图。利用移动旋转工具，调整摄像机到适当的位置，如图 10-56 所示。

❻ 激活顶视图，在吸顶灯的中心创建一盏泛光灯，并利用移动工具，将其调整到适当的位置，使吸顶灯附近出现光照的效果，如图 10-57 所示。

### 10.5.2 吸顶灯材质的制作

❶ 选中半球，打开“材质编辑器”对话框，选择第一个样本球，按照图 10-58 所示的参数将吸顶灯材质设置为自发光材质。

❷ 单击“材质编辑器”对话框中的按钮，将材质赋予对象，效果如图 10-59 所示。

❸ 选中灯座，打开“材质编辑器”对话框，选择第二个样本球，按照图 10-60 所示的参数

将灯座材质设置为铜管材质。

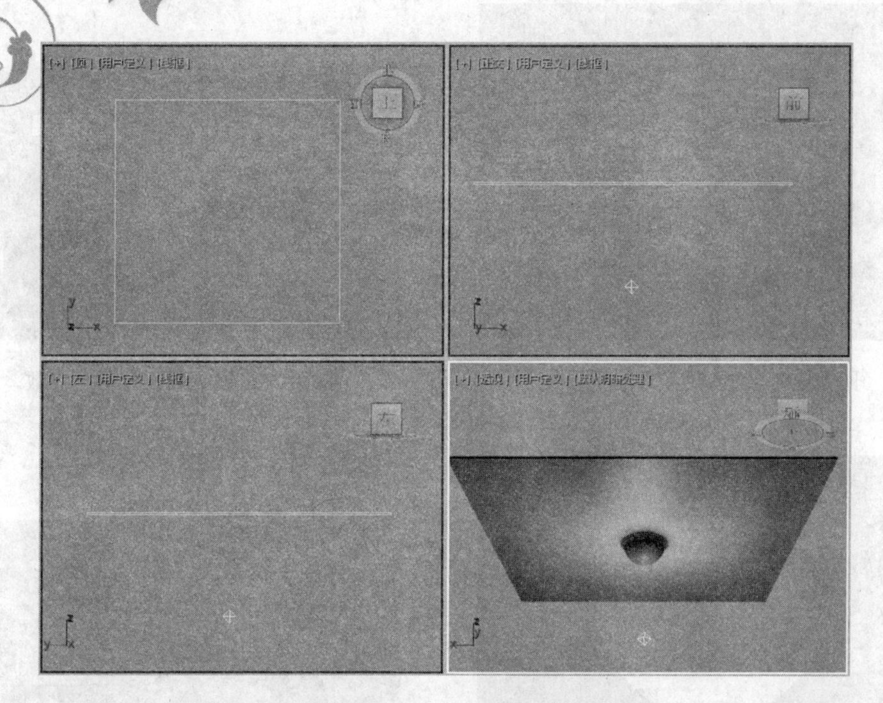


图 10-55 吸顶灯的灯座

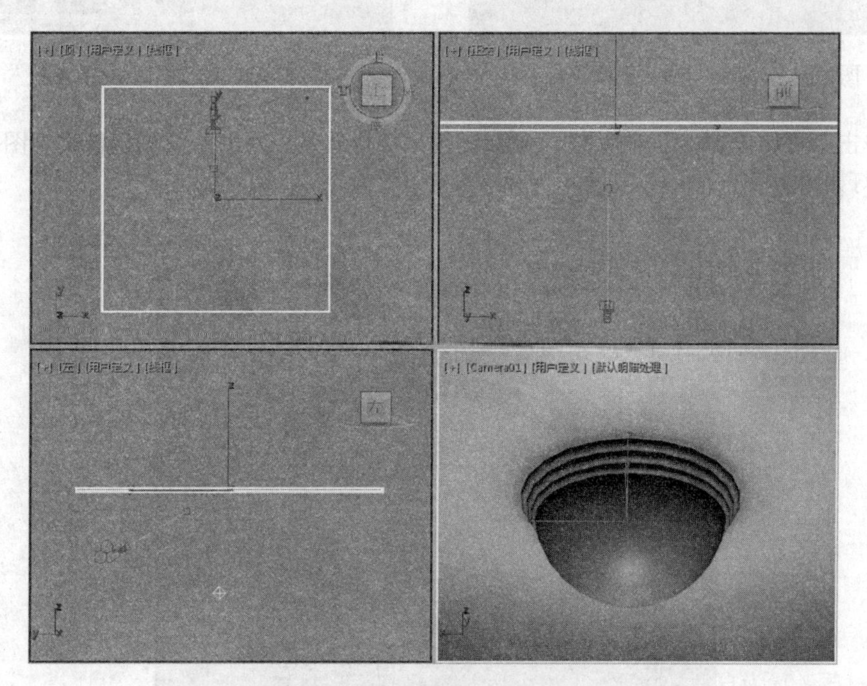


图 10-56 调整摄像机位置

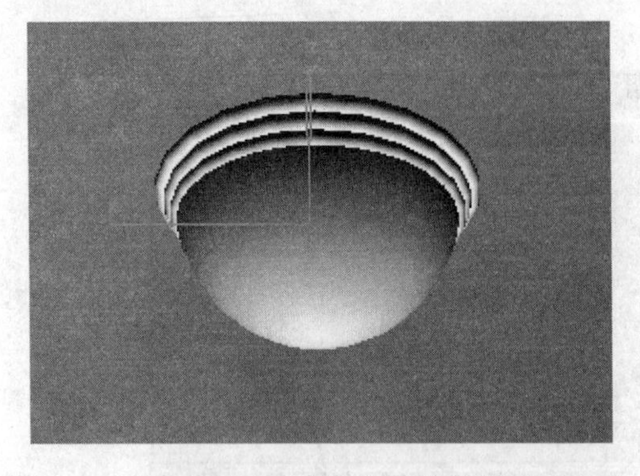

图 10-57　加入泛光灯的效果

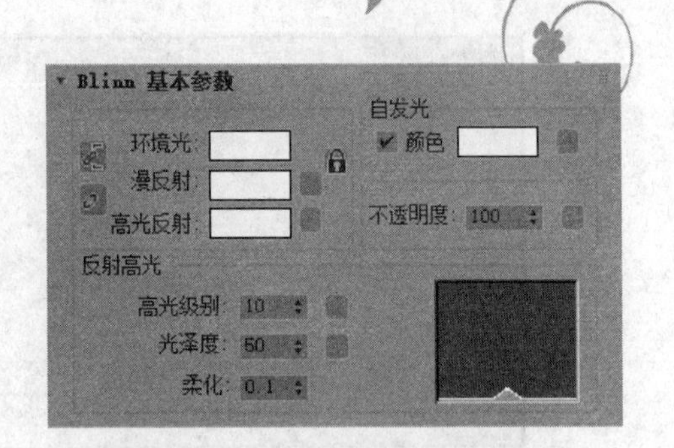


图 10-58　设置吸顶灯材质参数

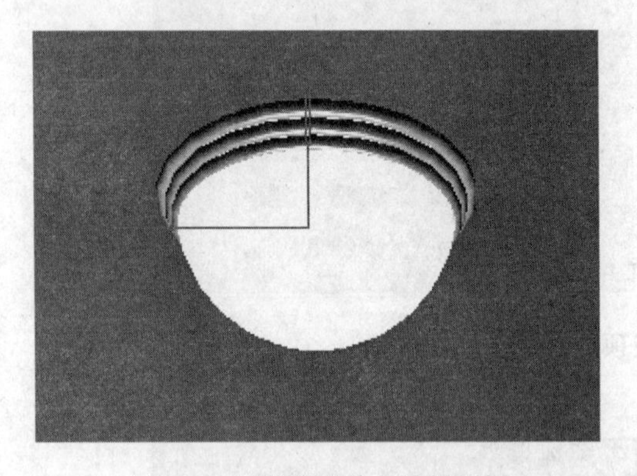

图 10-59　赋予材质后的吸顶灯

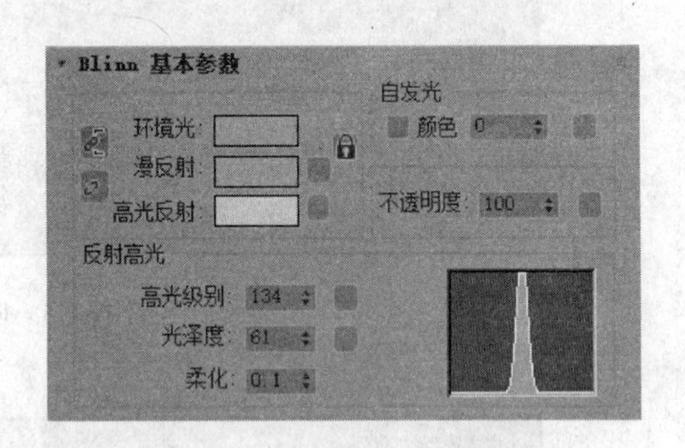


图 10-60　设置灯座材质参数

❹ 单击“材质编辑器”对话框中的按钮，将材质赋予对象。渲染摄像机视图，创建完成的吸顶灯如图 10-61 所示。

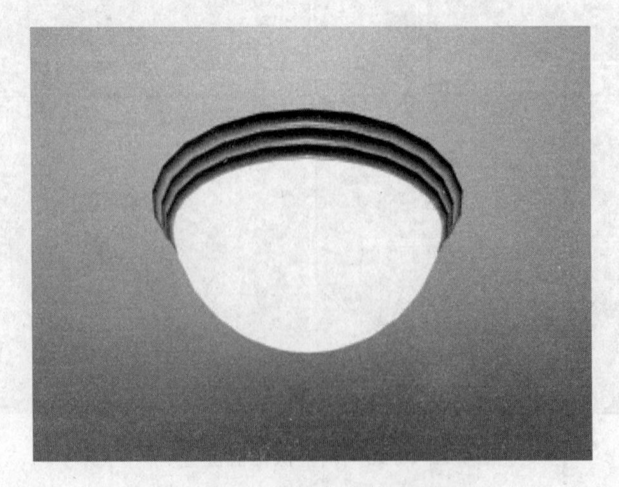

图 10-61　创建完成的吸顶灯

## 10.6　课后习题

**1. 填空题**

（1）灯光的类型有________种，包括________、________、________、________等。

（2）3ds Max 默认的光源为________。

（3）摄像机有________、________和________三类。

（4）目标摄像机由________和________两个部分组成。

**2. 问答题**

（1）哪些灯光不能控制照射范围？

（2）3ds Max 2024 中各种类型的摄像机分别在什么情况下使用？

（3）安全框有几种，分别代表什么意思？

**3. 操作题**

（1）模拟自然光的照明效果。

（2）创建一个泛光灯，改变它的不同参数以体验其效果。

（3）在视图中创建简单对象和目标聚光灯，在目标聚光灯参数面板中改变其参数，观察场景效果。

（4）创建一个简单的场景，放置自由摄像机和目标摄像机，切换摄像机视图。

# 第 11 章　空间变形和粒子系统

## 教学目标

3ds Max 2024 的强大功能之一是它能模拟现实世界中类似爆炸的冲击效果和海水的涟漪效果等空间变形现象。该功能加上 3ds Max 2024 的粒子系统，使得 3ds Max 2024 在模仿自然现象、物理现象及空间扭曲上更具优势。用户可以利用这些功能来制作烟云、火花、爆炸、暴风雪或者喷泉等效果。3ds Max 2024 中提供了众多的空间扭曲系统和粒子系统。

## 教学重点与难点

- 空间变形
- 粒子系统

## 11.1　空间变形

在 3ds Max 2024 中有一类特殊的力场，叫作 Space Warps（空间扭曲），施加了这类力场作用后的场景可用来模拟自然界的各种动力效果，使物体的运动规律与现实更加贴近，产生诸如重力、风力、爆发力和干扰力等作用效果。

### 11.1.1　初识空间变形

❶ 单击【File】（文件）菜单中的【Reset】（重置）命令，重新设置系统。

❷ 打开【Create】（创建）命令面板，单击【Space Warp】（空间扭曲）按钮，在下拉列表中选择【Geometric/Deformable】（几何 / 可变形）类型，展开【Object Type】（对象类型）卷展栏，此时可以看到 7 种类型的空间变形按钮，如图 11-1 所示。

❸ 单击任何一个空间变形按钮，这里选择【Wave】（波浪），在顶视图中创建一个矩形框，在透视图中生成的波浪变形体如图 11-2 所示。

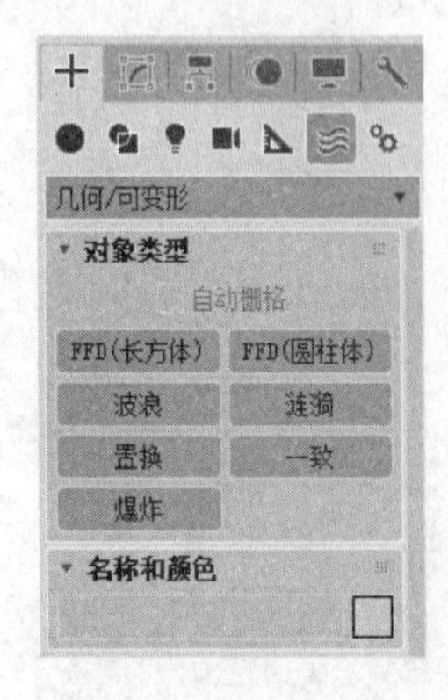

图 11-1　“几何 / 可变形”类型的“对象类型”卷展栏

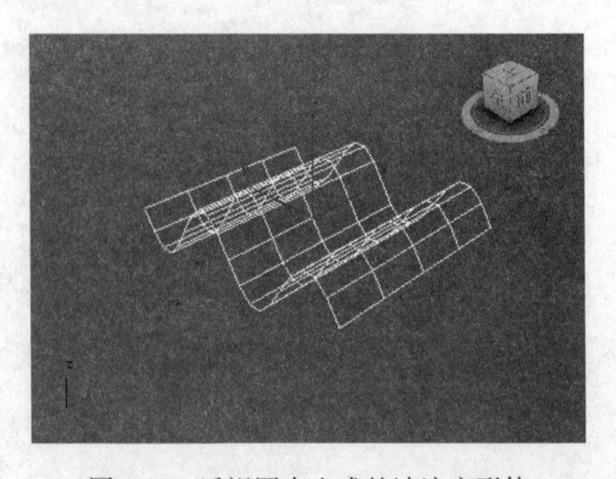
图 11-2　透视图中生成的波浪变形体

❹ 空间变形建立之后并不会改变任何对象，只有将对象连接到该空间变形，空间变形才会影响对象，所以还必须建立一个对象实体。这里在透视图中创建一个长方体，并设置长和宽的段数均为 10，如图 11-3 所示。

❺ 单击主工具栏上的【Bind to Space Wrap】(绑定到空间扭曲)按钮，然后在场景中单击长方体，使其变成高亮显示。按住并拖动鼠标左键到波浪空间变形对象上，释放鼠标，可以看到创建的波浪变形体在瞬间变成高亮显示，然后恢复原状，表示长方体已经被连接到了波浪变形体上。

❻ 观察透视图，可以看到长方体已经受到波浪变形体的影响，结果如图 11-4 所示。要注意的是，如果连接上波浪变形体后长方体没发生变形，很可能是长和宽的段数没设置好，段数越多，变形越精细。

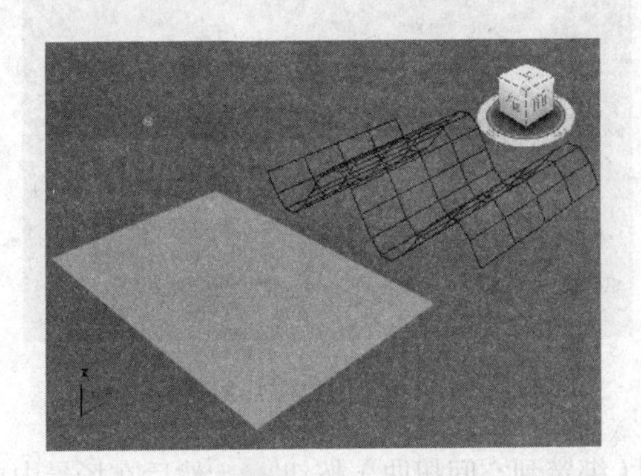

图 11-3　创建长方体

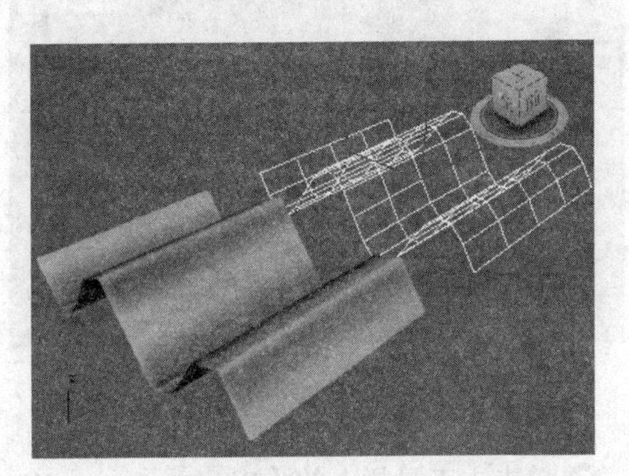

图 11-4　连接波浪变形体后的长方体

❼ 建立波浪变形体后，在命令面板的“参数”卷展栏中会显示出相关参数，如图 11-5 所示。这些参数的含义跟前面讲到的涟漪编辑器中的参数相似，这里不再赘述。改变这些参数，长方体的形状也会跟着发生变化。例如，修改【Wave Length】(波长)值为 60，此时透视图中长方体的形状如图 11-6 所示。

图 11-5　波浪变形体“参数”卷展栏

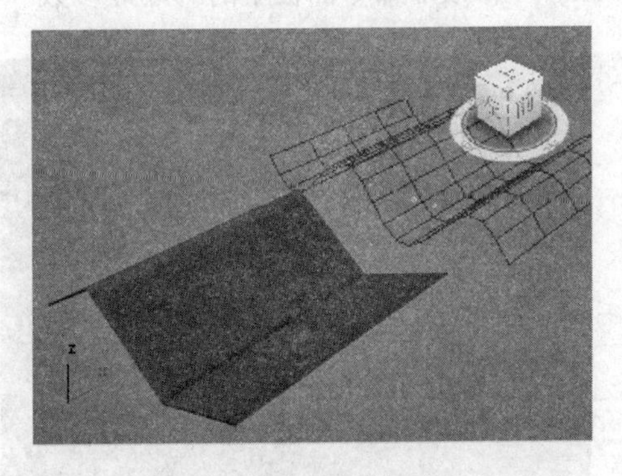

图 11-6　改变波浪变形体参数后的长方体

### 11.1.2 【Bomb】(爆炸)变形

【Bomb】(爆炸)变形可以用来模拟物体爆炸的情形。下面举例介绍。

❶ 单击【File】菜单中的【Reset】(重置)命令，重新设置系统。

❷ 打开【Create】(创建)命令面板，单击【Space Warp】(空间扭曲)按钮，在下拉列表中选择【Geometric/Deformable】(几何 / 可变形)类型，展开【Object Type】(对象类型)卷展栏。

❸ 单击【Bomb】(爆炸)按钮，再在透视图中单击，即可创建一个爆炸变形对象，如图 11-7 所示。

❹ 打开【Create】(创建)命令面板，单击【Geometry】(几何体)按钮，展开【Object Type】(对象类型)卷展栏，在透视图中创建一个球体作为爆炸对象，如图 11-8 所示。

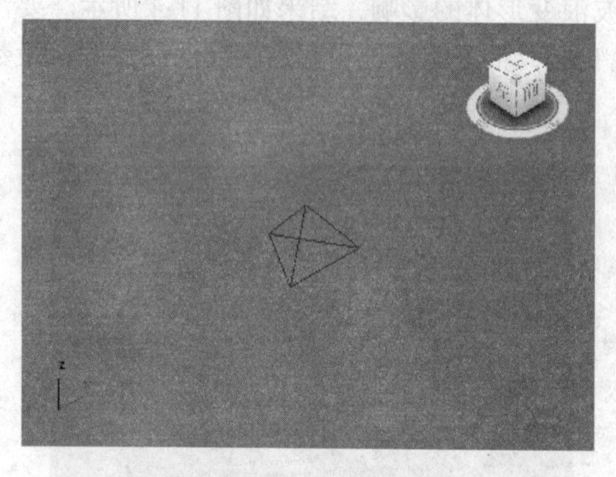

图 11-7 创建爆炸变形对象

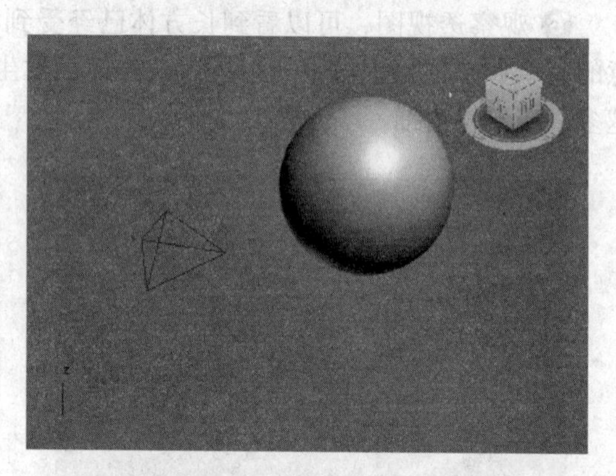

图 11-8 创建爆炸对象

❺ 单击主工具栏上的【Bind to Space Wrap】(绑定到空间扭曲)按钮，然后在场景中单击球体，使其变成高亮显示。按住并拖动鼠标左键到爆炸变形对象上，释放鼠标，可以看到爆炸变形对象在瞬间变成高亮显示，然后恢复原状，表示球体已经被连接到了爆炸变形对象上。

❻ 观察透视图，发现此时球体并没有爆炸，这是因为爆炸是一个过程，拖动时间滑块到第 10 帧，就可以看见生成的爆炸变形体，如图 11-9 所示。

❼ 此时的爆炸效果不是很理想，需要修改爆炸变形体的参数设置。选中爆炸变形体，打开【Modify】(修改)命令面板中的“爆炸参数”卷展栏，如图 11-10 所示。

图 11-9 第 10 帧的爆炸变形体

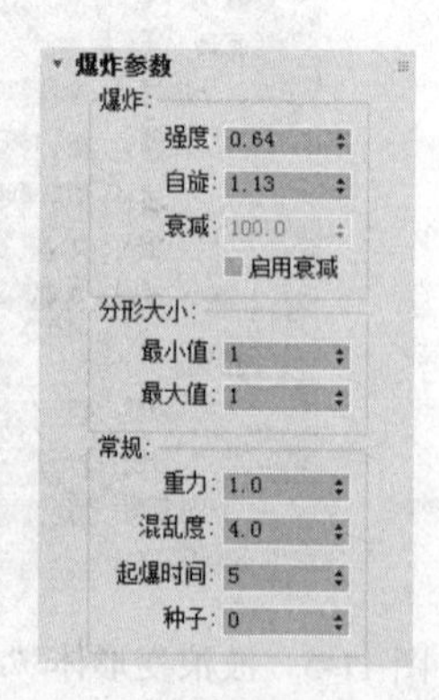


图 11-10 “爆炸参数”卷展栏

❽ 修改【Chaos】(混乱度)参数为 2。再观察透视图，发现爆炸效果比原来好了许多，如图 11-11 所示。读者还可调试其他参数，观察生成的爆炸效果。

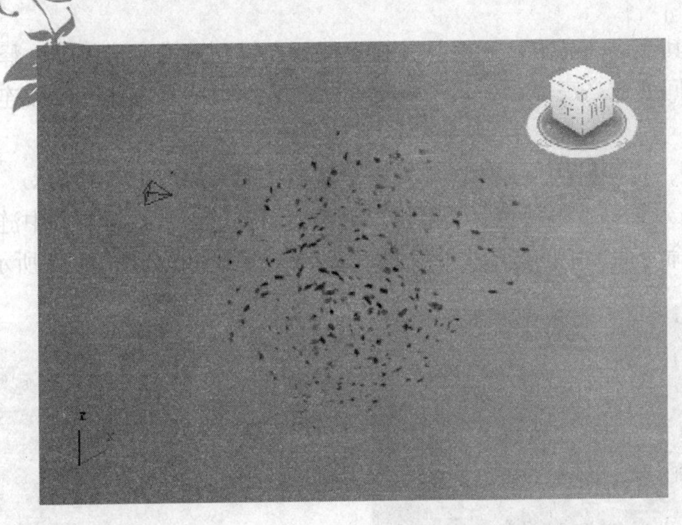

图 11-11　修改【Chaos】(混乱度)参数后的爆炸效果

### 11.1.3 【Ripple】(涟漪)变形

【Ripple】(涟漪)变形的功能和前面讲到的"涟漪"编辑器比较相似，但两者工作原理不同，前者是直接修改物体，后者是通过修改变形体来实现对物体的修改。下面举例介绍。

❶ 单击【File】(文件)菜单中的【Reset】(重置)命令，重新设置系统。

❷ 打开【Create】(创建)命令面板，单击【Geometry】(几何体)按钮，展开【Object Type】(对象类型)卷展栏，在透视图中创建一个板状长方体，并设置长和宽的段数均为 50，如图 11-12 所示。

❸ 打开【Create】(创建)命令面板，单击【Space Warp】(空间扭曲)按钮，在下拉列表中选择【Geometric/Deformable】(几何 / 可变形)类型，展开【Object Type】(对象类型)卷展栏。

❹ 单击【Ripple】(涟漪)按钮，在顶视图中创建一个涟漪变形体，并调整位置，结果如图 11-13 所示。

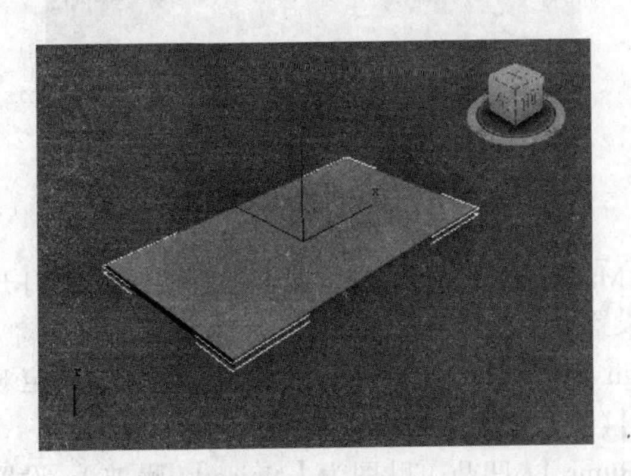

图 11-12　创建板状长方体

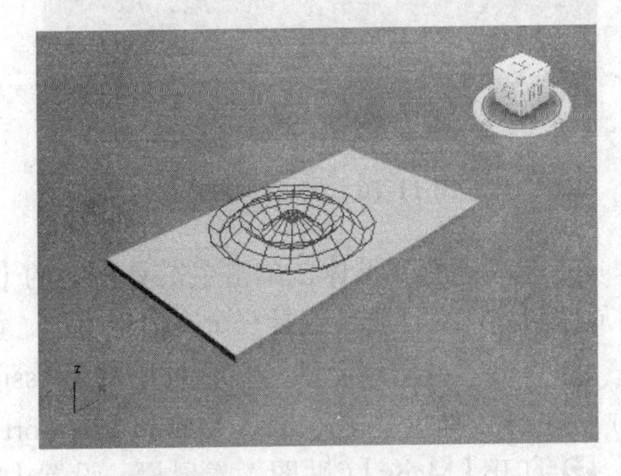

图 11-13　创建涟漪变形体

❺ 单击主工具栏上的【Bind to Space Wrap】(绑定到空间扭曲)按钮，然后在场景中单

击板状长方体，使其变成高亮显示。按住并拖动鼠标左键到涟漪变形体上，释放鼠标，可以看到涟漪变形体在瞬间变成高亮显示，然后恢复原状，表示板状长方体已经被连接到了涟漪变形体上。

❻ 观察透视图，发现板状长方体已经发生了涟漪变形，如图 11-14 所示。

❼ 此时的涟漪效果不是很理想，需要修改涟漪变形体的参数设置。选中涟漪变形体，打开【Modify】(修改) 命令面板中的涟漪变形体的“参数”卷展栏，如图 11-15 所示。

图 11-14　产生涟漪变形的板状长方体

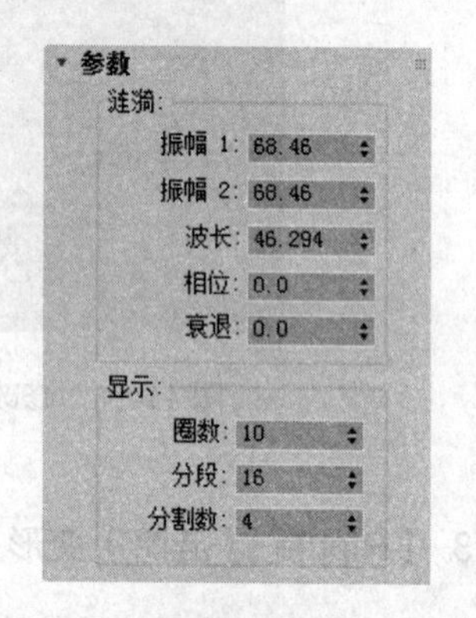


图 11-15　涟漪变形体的“参数”卷展栏

❽ 修改【Wave Length】(波长) 为 21，并调整振幅，生成轻微的涟漪效果。

❾ 激活前视图，在右上方设置一台目标摄像机，如图 11-16 所示。激活透视图，在键盘上按 C 键切换为摄像机视图，其中的涟漪效果如图 11-17 所示。

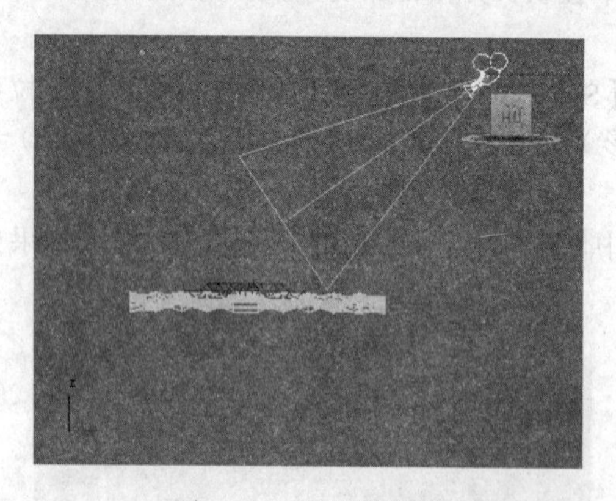

图 11-16　设置摄像机

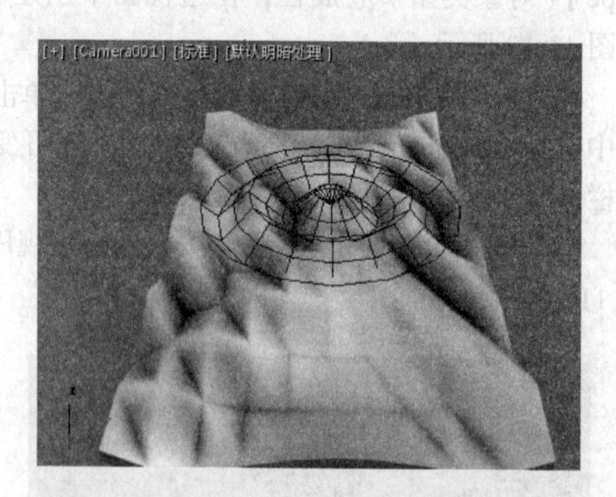


图 11-17　摄像机视图中的涟漪效果

❿ 选中涟漪变形体，单击主工具栏上的【Material Editor】(材质编辑器) 按钮，打开“材质编辑器”对话框。选择一个空白样本球，设置海水材质参数如图 11-18 所示。

⓫ 单击“材质编辑器”对话框中的【Assign Material to Selection】(将材质指定给选定对象) 按钮，然后单击【Show Map in Viewport】(视口中显示明暗处理材质) 按钮。

⓬ 打开【Maps】(贴图) 卷展栏，设置【Bump】(凹凸) 贴图为【Noise】(噪波)，设置【Reflection】(反射) 贴图为【Bitmap】(位图)，为海水选择一张蓝天白云的反射贴图（电子资料包中的贴图 /SKY.JPG）。贴图后的海水效果如图 11-19 所示。

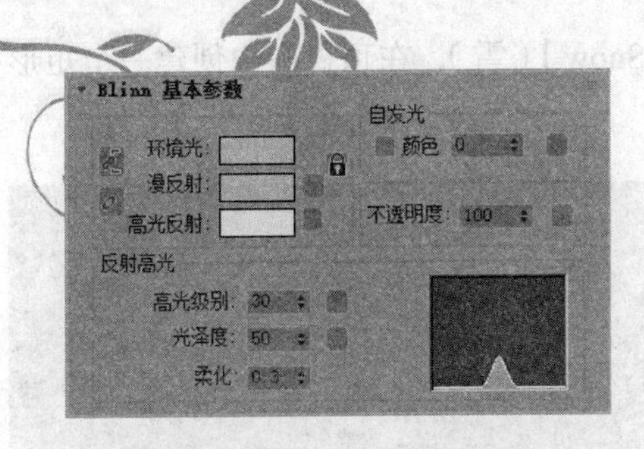


图 11-18　设置海水材质参数

图 11-19　贴图后的海水效果

⓭ 单击主菜单栏上的【Rendering】（渲染）菜单，在子菜单里选择【Environment】（环境）选项，打开环境对话框。

⓮ 创建一个平面作为背景，然后为其添加一张蓝天白云图片（电子资料包中的贴图 / SE028.BMP）模拟天空。

⓯ 快速渲染透视图，效果如图 11-20 所示。

图 11-20　加入背景的海水效果

## 11.2　粒子系统

3ds Max 2024 中有 7 种粒子系统，分别是【Spray】（喷射）、【Snow】（雪）、【Blizzard】（暴风雪）、【PArray】（粒子阵列）、【Pcloud】（粒子云）、【Super Spray】（超级喷射）和【PF Source】（粒子流源）。每一种粒子系统的参数都相似，但也存在差异。通过本节的学习，读者应做到触类旁通，举一反三。

### 11.2.1　初识粒子系统

❶ 单击【File】（文件）菜单中的【Reset】（重置）命令，重新设置系统。

❷ 打开【Create】（创建）命令面板，单击【Geometry】（几何体）按钮，在下拉列表中选择【Particle Systems】（粒子系统），展开【Object Type】（对象类型）卷展栏，此时可以看到 7

种粒子系统按钮，如图 11-21 所示。

❸ 单击任何一个粒子系统按钮，这里选择【Snow】(雪)，在顶视图中创建一个矩形框，作为雪花发生的范围，如图 11-22 所示。

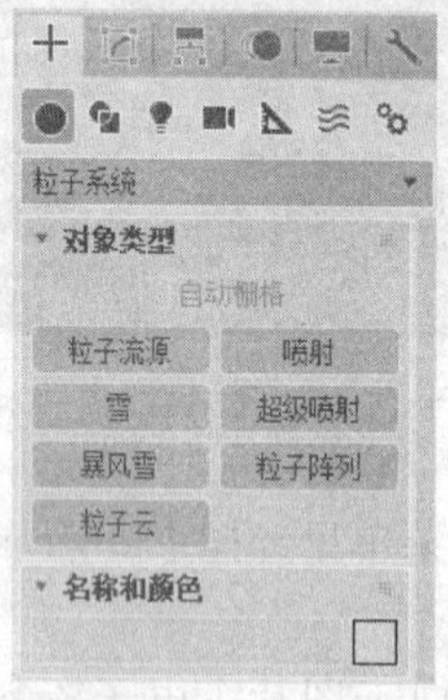


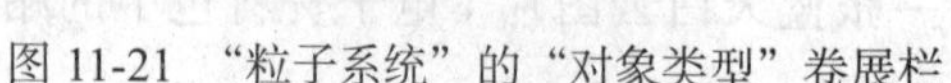
图 11-21 “粒子系统”的“对象类型”卷展栏

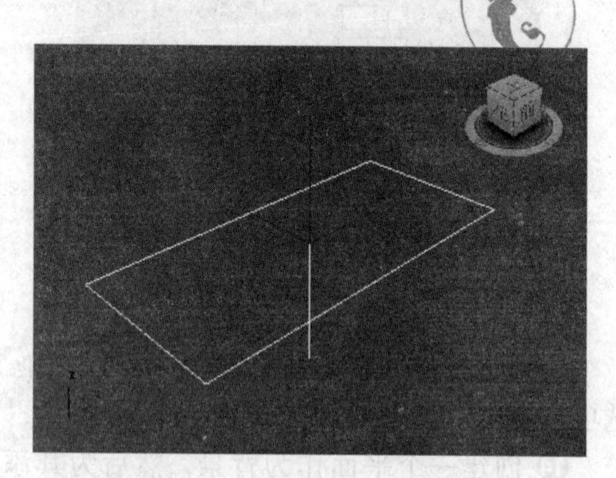
图 11-22 创建矩形框

❹ 图 11-22 中竖直线的上端点为发射源。在视图中发射源以非渲染模式表示。与平面垂直的直线段代表粒子喷射的方向。白色矩形框代表粒子喷射的范围。

❺ 此时在透视图中看不到任何雪花，这是因为动画处于第 0 帧，粒子喷射是一个过程，在第 0 帧喷射还没有发生。往后拖动时间滑块到第 50 帧，发现透视图中的矩形区域中有了纷飞雪花，如图 11-23 所示。

❻ 观察命令面板，可以看到里面多了刚创建雪花的参数，如图 11-24 所示。

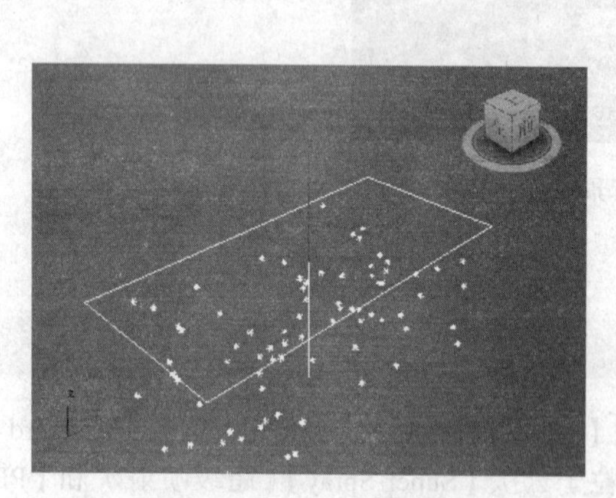
图 11-23 第 50 帧的雪花

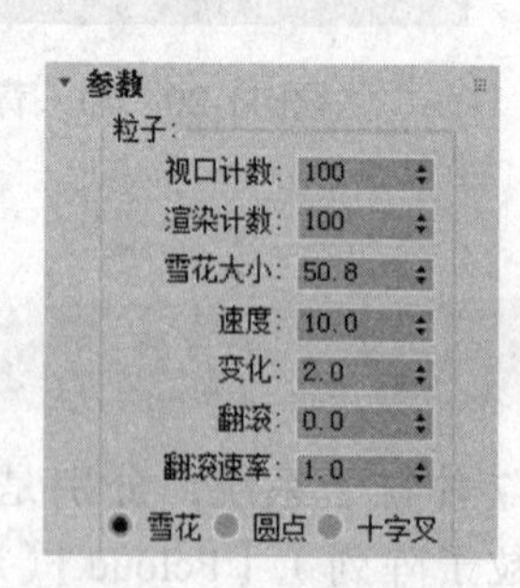

图 11-24 雪花参数面板

❼ 下面简单介绍其中比较有代表性的参数。

✧【Viewport Count】(视口计数)：该值控制视窗中显示的粒子数。

✧【Render Count】(渲染计数)：只控制渲染的粒子数，而对视图中粒子的数目没有影响。渲染的粒子越多，动画的效果越佳，所以应在可能的情况下渲染更多的粒子。

✧【Flake Size】(雪花大小)：用来确定粒子的大小。

✧【Speed】(速度)：用来确定粒子的下落速度。要注意的是，这里的速度的单位不同于日常生活中的速度，这里的单位速度是指一个粒子在 25 帧移动 10 个单位的距离。例如，速度的初始值为 10，表明在 25 帧的时间内移动了 100 个单位距离。

✧【Variation】(变化)：默认值为 0，即创建一个均匀的粒子流，粒子的速度、方向完全相同。当该值大于 0 时，粒子流的速度和方向发生随机的变化，也就是粒子的速度不完全一样，粒子的方向也发生一定的偏移，其规律是变化值越大，速度差和粒子的方向差也越大。

✧ 粒子的外观：有三种，分别为【Flake】(雪花)、【Dots】(圆点)和【Tick】(十字叉)。

✧【Render】(渲染)：用来确定渲染时粒子的形状。在喷射中包含四面体和片面体两项，在雪中包含【Six Point】(六角形)、【Triangle】(三角形)和【Facing】(面)三项。

✧【Timing】(计时)：粒子系统是以帧为度量单位对粒子进行时间控制的。【Start】(开始)数值是指开始送出粒子的帧数，可以是 1 ~ 100 帧内任意的一帧；【Life】(寿命)数值是指粒子在场景中存在的时间，数字越大寿命越长，其值为 100 时粒子可在整个动画过程中始终存在。

✧【Emitter】(发射器)：也就是发射器的范围。通过改变发散器的【Length】(长度)和【Width】(宽度)，可以改变粒子喷出的范围。长和宽越小，其粒子流越紧凑，反之越离散。

✧【Hide】(隐藏)：用来控制是否隐藏发射器。

### 11.2.2 【Spray】(喷射)粒子系统

【Spray】(喷射)粒子系统可以模拟雨、喷泉、导火索上的火花或倒出的水等。下面举例说明该粒子系统。

❶ 创建一个倒角长方体并通过拉伸上部顶点制作成水池形状。放样制作水龙头，再制作其他辅助物体，赋予相应贴图。添加摄像机，制作动画场景如图 11-25 所示（读者也可以直接打开电子资料包中的源文件 /11 章 / 水龙头 .max 文件）。

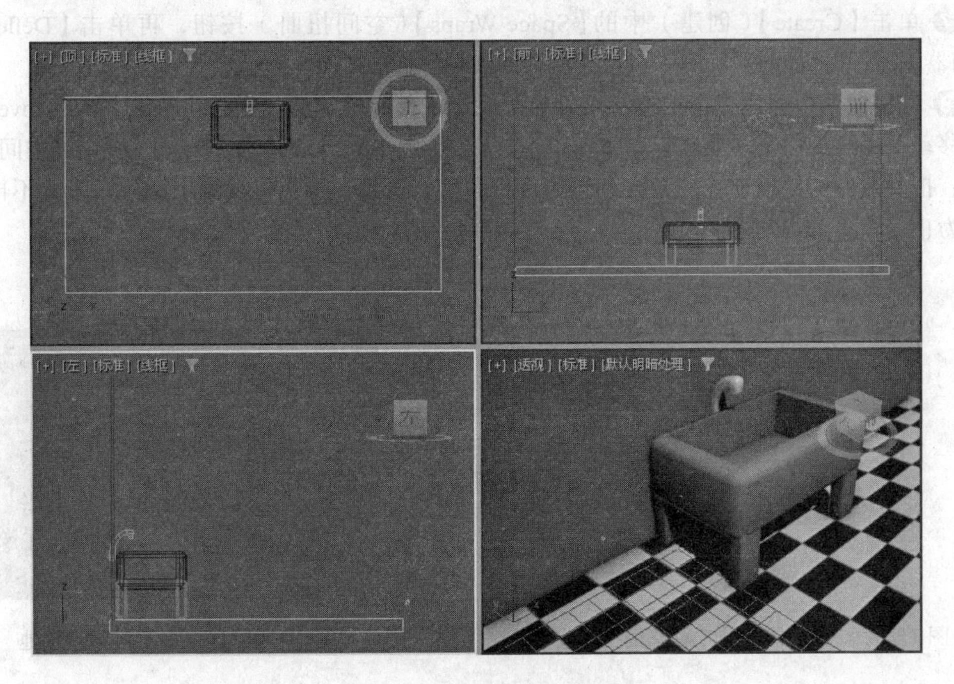


图 11-25　制作动画场景

❷ 单击【Create】(创建)中的【Geometry】(几何体)按钮，在下拉列表中选择【Particle Systems】(粒子系统)，单击【Spray】(喷射)按钮，创建一个发射器。

❸ 激活顶视图并创建一个矩形，该矩形代表发射器的大小。打开【Modify】(修改)命令面板，在“参数”卷展栏中设置发射器的长和宽。然后用移动、旋转命令调节发射器与水龙头的位置，使粒子喷射方向向下，呈直线状。

❹ 选中发射器，单击主工具栏中的【Select and Link】(选择并链接)按钮，把鼠标移动到发射器上，这时鼠标变成连接的形状。按住鼠标左键并拖动到水龙头上，松开鼠标左键，水龙头为被选择状态，表明已将发射器连接到了水龙头。

❺ 激活透视图，单击【Play Animation】(播放动画)按钮，可以观察到自来水的下落情况，调整发射器参数，使动画更符合现实生活中的真实情况，如图 11-26 所示。

❻ 调整摄像机视图，可以看到自来水穿透了水池，如图 11-27 所示。下面为粒子系统创建一个挡板，用于平面碰撞检测。

图 11-26　自来水下落

图 11-27　自来水穿透了水池

❼ 单击【Create】(创建)中的【Space Wraps】(空间扭曲)按钮，再单击【Deflectors】(导向器)，打开“导向器”的“对象类型”卷展栏，如图 11-28 所示。

❽ 在顶视图中创建一个挡板，用于粒子系统平面碰撞检测。通过【Select and Move】(选择并移动)将挡板移至水池底下。结合主工具栏中的【Bind to Space Wrap】(绑定到空间扭曲)按钮，把发射器与挡板连在一起，调整摄像机角度，直到在摄像机视图中看到自来水不再穿过水池为止，如图 11-29 所示。

图 11-28　“导向器”的“对象类型”卷展栏

图 11-29　自来水不再穿过水池

❾ 选择【Spray01】(喷射器)，打开【Modify】(修改)命令面板，在【Modify Stack】(修改堆栈)下拉列表中选取喷射器，修改参数值，使其反射得到修正。

❿ 打开“材质编辑器”对话框，为自来水赋予材质，将漫反射固有色设为淡蓝色，将透明度设为 70，调整周围的光线。

⓫ 单击【Play Animation】(播放动画)按钮▶，拖动时间滑块到第 100 帧，单击【Select and Rotate】(选择并旋转)按钮将视图中的水龙头旋转 180°，模拟开启水龙头的情景。关闭【Play Animation】(播放动画)按钮▶，即可生成动画。

## 11.3 实战训练——海底气泡

本节将通过海底气泡实例介绍如何灵活运用空间变形和粒子系统命令创建逼真的三维效果。

❶ 单击【File】(文件)菜单中的【Reset】(重置)命令，重新设置系统。

❷ 打开【Create】(创建)命令面板，单击【Geometry】(几何体)按钮，在下拉列表中选择【Particle Systems】(粒子系统)。

❸ 展开【Object Type】(对象类型)卷展栏，单击【Super Spray】(超级喷射)，在顶视图中创建一个超级喷射粒子系统，透视图中的效果如图 11-30 所示。

❹ 单击选中超级喷射粒子系统，在【Modify】(修改)命令面板中打开【Load/Save Presets】(加载 / 保存预设)卷展栏，如图 11-31 所示。

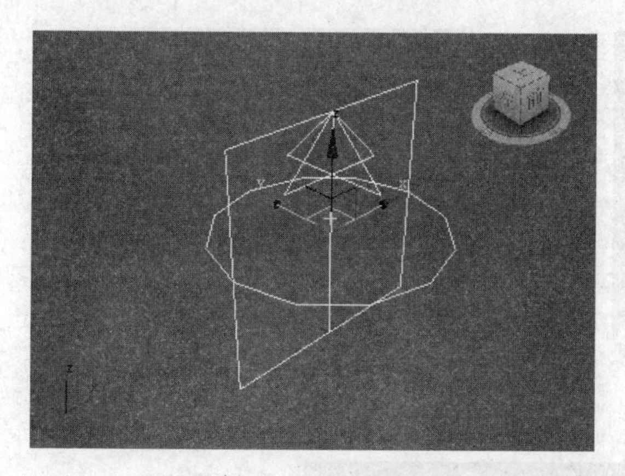

图 11-30　透视图中的超级喷射粒子系统

图 11-31　“加载 / 保存预设”卷展栏

❺ 单击【Bubbles】(气泡)选项，再单击【Load】(加载)按钮，载入预置参数。拖动时间滑块到第 80 帧，然后快速渲染透视图，加载的预设气泡效果如图 11-32 所示。

❻ 打开【Partical Generation】(粒子生成)卷展栏，设置参数如图 11-33 所示。

❼ 选中气泡，单击主工具栏上的【Material Editor】(材质编辑器)按钮，打开“材质编辑器”对话框，选择一个空白样本球，设置气泡的材质参数如图 11-34 所示。

❽ 单击“材质编辑器”对话框中的【Assign Material to Selection】(将材质指定给选定对象)按钮，然后单击【Show Map in Viewport】(视口中显示明暗处理材质)按钮。快速渲染透视图，赋予材质后的气泡如图 11-35 所示。

❾ 单击主菜单栏上的【Rendering】(渲染)菜单，在子菜单里选择【Environment】(环境)选项，打开环境对话框。

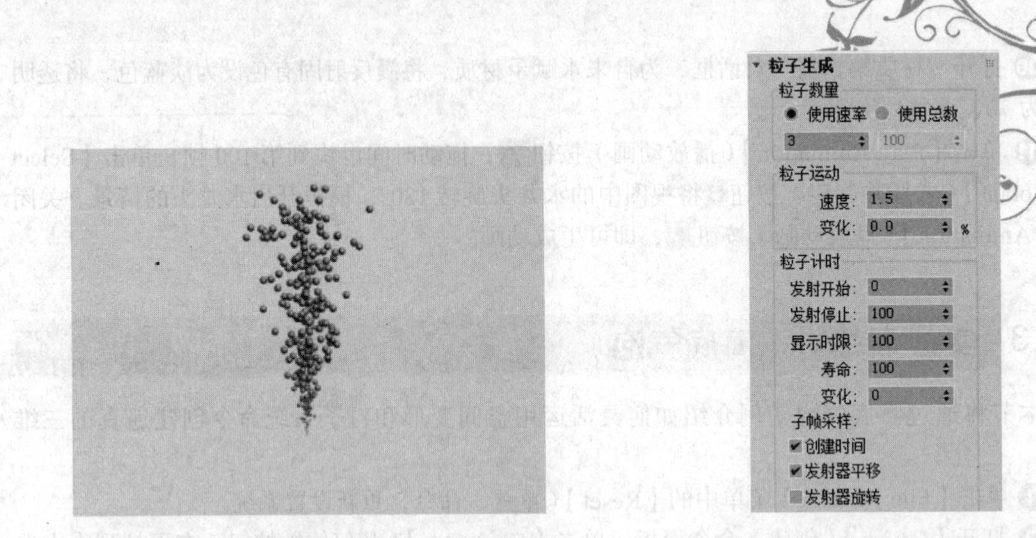


图 11-32　加载的预设气泡效果　　　　图 11-33　“粒子生成”卷展栏

❿ 单击【Environment Map】（环境贴图）下的长按钮，在弹出的对话框中选择【Bitmap】（位图）贴图，并选择一张海底的图片（电子资料包中的贴图 /haidi.jpg）作为背景贴图。

⓫ 快速渲染透视图，创建完成的海底气泡如图 11-36 所示。

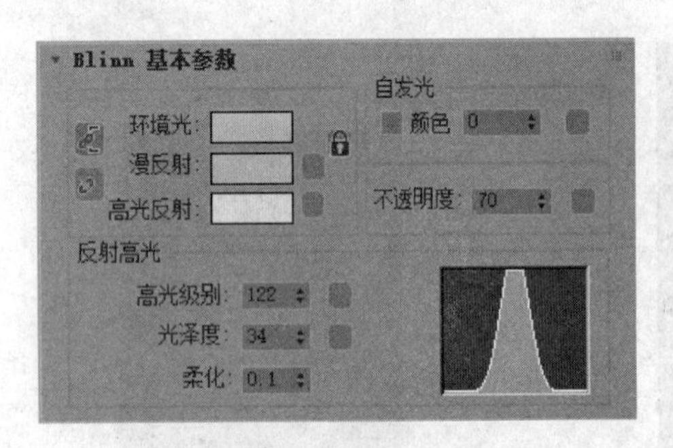


图 11-34　设置气泡的材质参数

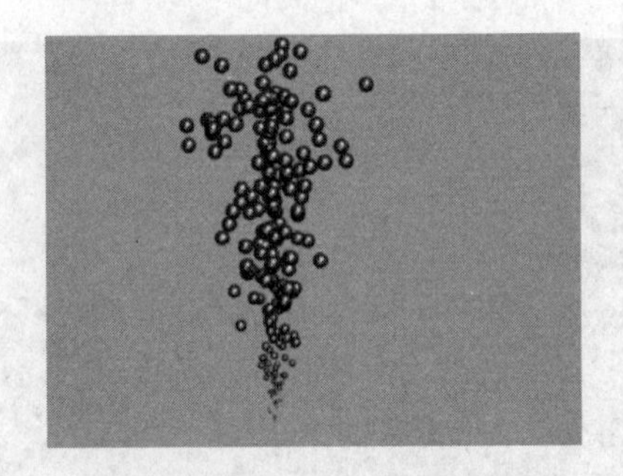

图 11-35　赋予材质后的气泡

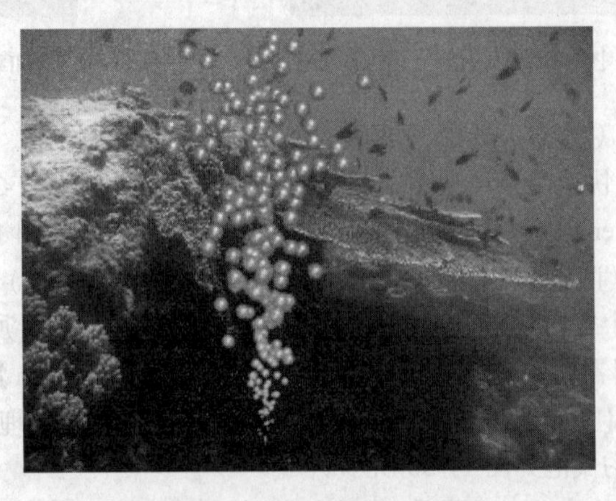

图 11-36　创建完成的海底气泡

## 11.4 课后习题

**1. 填空题**

（1）可以模拟爆炸的空间变形体是________。

（2）可以模拟涟漪的空间变形体是________。

（3）粒子系统有______种。

（4）基本粒子系统有______，______。

**2. 问答题**

（1）粒子系统的作用有哪些？

（2）基本粒子系统发射器大小如何调节？

（3）讲述应用基本粒子系统的参数。

（4）介绍高级粒子系统应用的过程。

**3. 操作题**

（1）使用【Ripple】（涟漪）变形模拟涟漪效果。

（2）使用【Wave】（波浪）变形模拟波浪效果。

（3）应用基本粒子系统生成雪花的动画。

（4）用【Spray】（喷射）粒子系统模拟喷泉效果。

（5）使用【Snow】（雪）粒子系统模拟下雪的场景。

（6）使用系统预设的粒子系统模拟水泡效果。

# 第 12 章　环境效果

## 教学目标

环境效果对于表现造型的作用是不言而喻的，为场景加入的环境效果，会直接影响造型最终的效果或者渲染效果。本章介绍了“环境和效果”对话框、环境贴图的应用、雾效的使用、体积光的使用以及火效果五个部分，其中前两部分是后三部分的基础，也是比较常用的内容，后三部分着重讲解了环境效果的设置及应用。

## 教学重点与难点

- “环境和效果”对话框
- 环境贴图的应用
- 设置各种雾效
- 设置各种体积光
- 使用特效增强火焰效果

## 12.1 初识“环境和效果”对话框

环境效果的设置都是在“环境和效果”对话框中完成的。打开“环境和效果”对话框的方法很简单，只要单击菜单栏上的【Rendering】(渲染)命令，在子菜单里选择【Environment】(环境)命令即可。“环境和效果”对话框如图 12-1 所示。

从图 12-1 可以看出，【Environment And Effect】(环境和效果)对话框中有两个选项卡，即【Enviroment】(环境)选项卡和【Effect】(效果)选项卡。其中，【Effect】(效果)选项卡已经在“10.3 灯光特效”中介绍过，这里不再赘述；【Enviroment】(环境)选项卡中有三个卷展栏，分别是【Common Parameters】(公用参数)卷展栏、【Exposure Control】(曝光控制)卷展栏及【Atmosphere】(大气)卷展栏。下面主要介绍“公用参数”卷展栏和“大气”卷展栏。

【Common Parameters】(公用参数)卷展栏如图 12-2 所示。

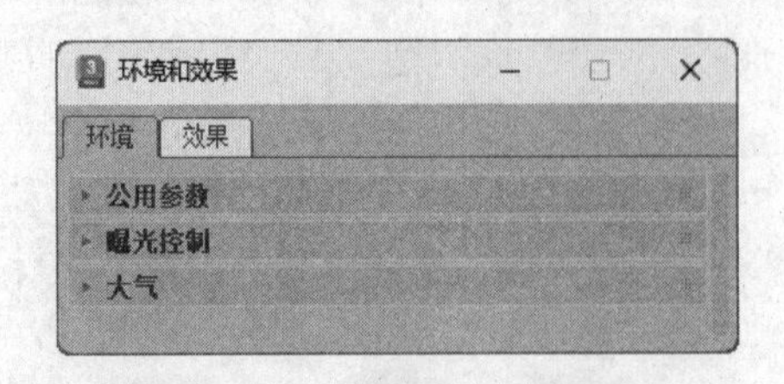

图 12-1 “环境和效果”对话框

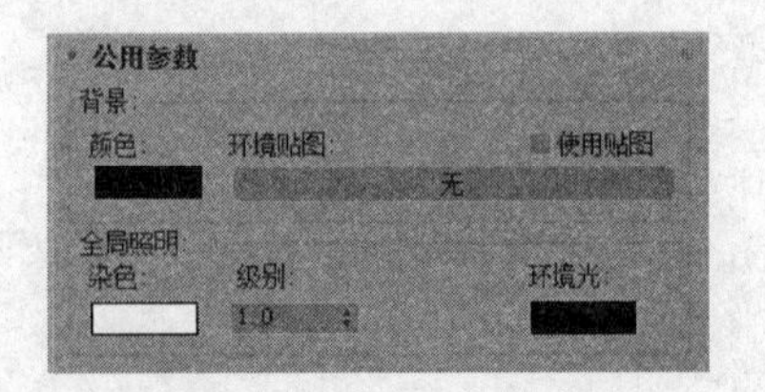

图 12-2 “公用参数”卷展栏

✸【Background】(背景)：用来为场景渲染的背景指定颜色和贴图。

✧【Color】(颜色)：指定场景的背景颜色。单击颜色框将弹出颜色编辑修改框，用户可以在其中对背景颜色进行编辑和设置。

✧【Use Map】(使用贴图)：控制是否在场景渲染过程中使用背景贴图。选中此复选框，单击位于下方的长按钮，即可为背景指定一个贴图文件。

✸【Global Light】(全局照明)：指定场景中的全景灯光颜色。单击位于下方的【Tint】(染色)颜色框，系统会弹出颜色编辑修改框，用户可以在其中对颜色进行修改。

✧【Level】(级别)：指定全景灯光的强度值。

✧【Ambient】(环境光)：设置位于场景周围的灯光颜色。

【Atmosphere】(大气)卷展栏可用来为场景设置有关大气的影响效果，如雾效、体积光、体积雾和燃烧等。“大气”卷展栏如图 12-3 所示。

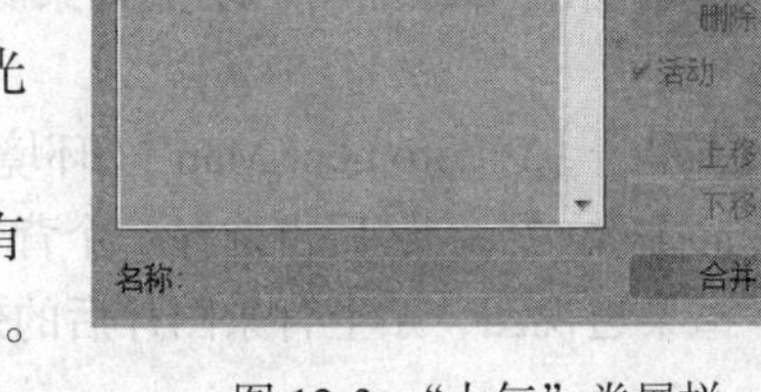


图 12-3 “大气”卷展栏

✧【Add】(添加)：用于添加大气效果。

✧【Delete】(删除)：将选定的大气效果删除。

✧【Active】(活动)：激活选择的大气效果。

✧【Move Up】(上移)：将所选定的多项大气效果从下向上移动，使其进入相应的参数面板。

✧【Move Down】(下移)：将所选定的多项大气效果从上向下移动，使其进入相应的参数面板。

✧【Merge】(合并)：合并已经创建的场景大气效果。

✧【Name】(名称)：显示当前所选定的大气效果名称。

## 12.2 环境贴图的应用

❶ 单击【File】(文件)菜单中的【Reset】命令，重新设置系统。

❷ 打开【Create】(创建)命令面板，单击【Geometry】(几何体)按钮，展开【Object Type】(对象类型)卷展栏，在透视图中创建一个球体，如图 12-4 所示。

❸ 快速渲染透视图，效果如图 12-5 所示。

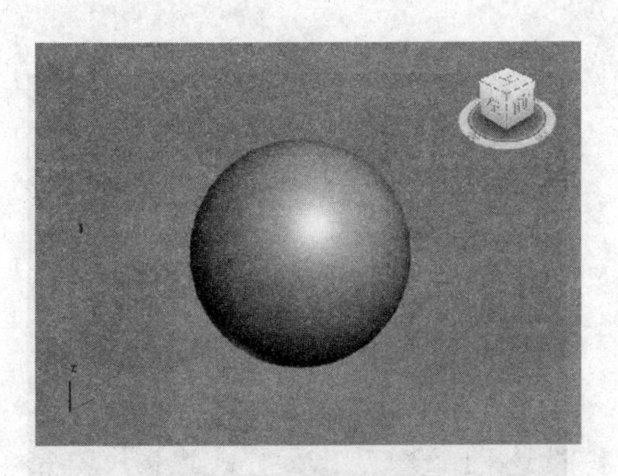

图 12-4 创建球体

图 12-5 渲染后的效果

❹ 单击菜单栏上的【Rendering】(渲染)命令，在子菜单里选择【Environment】(环境)命令，打开“环境和效果”对话框。

❺ 默认情况下背景颜色是黑色，这也是每次渲染视图后，看到的背景总是黑色的原因。单击【Background】(背景)中的【Color】(颜色)框，在弹出的颜色对话框中选择一种颜色。这里选择淡绿色。

❻ 快速渲染透视图，改变背景颜色后的效果如图 12-6 所示，可以看出，背景变成了淡绿色。

❼ 单击【Enviroment Map】(环境贴图)下的【None】(无)按钮，在弹出的对话框中选择【Bitmap】(位图)，然后再选择一个背景图片(这里选择电子资料包中的贴图 /LAKE_MT.jpg 文件)。渲染透视图，贴上背景图片后的效果如图 12-7 所示。

图 12-6 改变背景颜色后的效果

图 12-7 贴上背景图片后的效果

❽ 单击【Global Light】(全局照明)中的白色颜色框，在弹出的颜色对话框中选择淡蓝色。渲染透视图，观察球体颜色的变化，效果如图 12-8 所示。可以看出，原来的红色变暗了很多，这是因为环境光已经变成了淡蓝色。

❾ 将【Global Light】(全局照明)中的【Level】(级别)值设为 4，再次渲染透视图，观察球体颜色的变化，效果如图 12-9 所示。可以看出，球体的颜色亮了很多，这是因为提高了环境光的级别。

图 12-8 改变环境光颜色后的效果

图 12-9 提高环境光级别后的效果

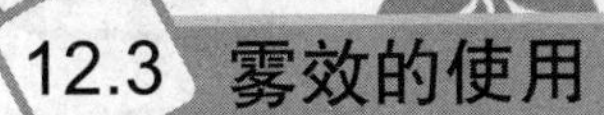

## 12.3 雾效的使用

### 12.3.1 【Fog】(雾)

【Fog】(雾)在 3ds Max 2024 中设置起来最简单，可用来给场景增加大气扰动效果。雾效的设置是在【Atmosphere】(大气)卷展栏中完成的。先展开“大气”卷展栏，单击其中的【Add】(添加)按钮，弹出如图 12-10 所示的对话框，在列表框中选择【Fog】(雾)，然后单击“确定”按钮就完成了雾效的添加。同时，参数卷展栏跳转到“雾参数”卷展栏，如图 12-11 所示。

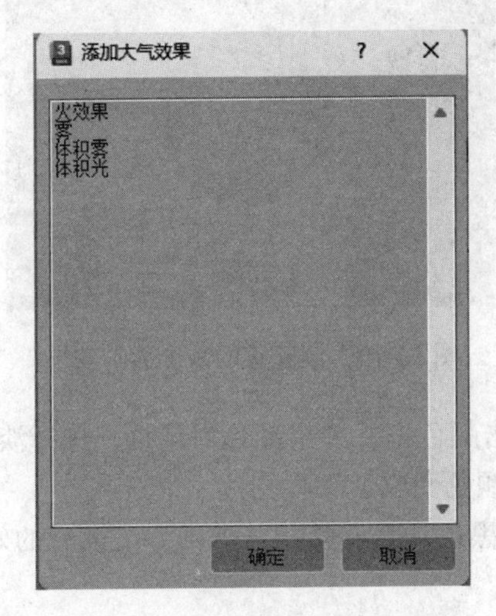


图 12-10 “添加大气效果”对话框

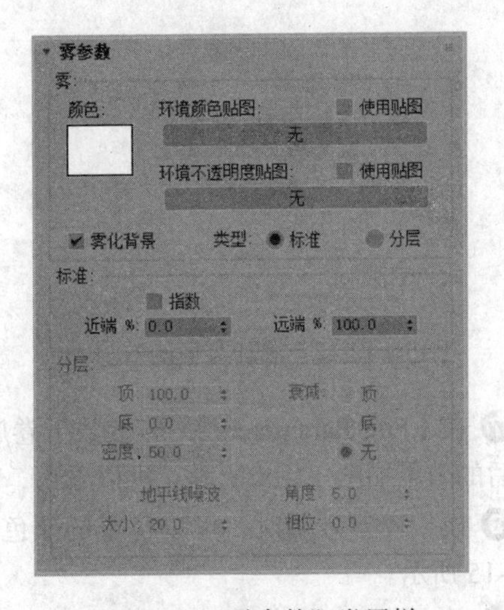


图 12-11 “雾参数”卷展栏

**01** 参数简介

✧【Color】(颜色)框：指定雾的颜色。系统模认为白色。

✧【Environment Color Map】(环境颜色贴图)和【Environment Opacity Map】(环境不透明度贴图)：为环境设置贴图。它分为彩色贴图和不透明度贴图两种。

> 注意：只有先在材质编辑器中为贴图指定了贴图通道，并选择了贴图类型和贴图文件后，才能为雾指定贴图。

✧【Fog Background】(雾化背景)：控制是否为场景中的背景使用雾。

✧【Type】(类型)：指定雾的类型。系统提供了两种雾，即标准雾和分层雾。

✧【Exponential】(指数)：用来柔化标准雾，从而增加它的真实感。

✧【Near】(近端)：指定近镜头范围的雾的百分比。

✧【Far】(远端)：指定远镜头范围的雾的百分比。

**02** 实例运用

❶ 打开 12.2 节例子中的场景。

❷ 单击菜单栏上的【Rendering】(渲染)命令，在子菜单里选择【Environment】(环境)命令，打开“环境和效果”对话框。

❸ 在【Atmosphere】(大气)卷展栏中单击【Add】(增加)按钮，在弹出的对话框中选择【Fog】(雾)选项，添加雾特效。

❹【Effects】(效果)列表中列出了所有在当前场景中设置的效果。在列表中选择【Fog】(雾)特效，在【Atmosphere】(大气)卷展栏下边显示出设置雾的各种参数命令卷展栏。

❺ 快速渲染透视图，效果如图 12-12 所示。

❻ 调节雾的浓度，在【Fog Parameters】(雾参数)卷展栏中设置表示雾的远处浓度的参数【Far】(远端)的值为 70，并勾选【Exponential】(指数)复选框。再次渲染透视图，调整雾的浓度后的效果。如图 12-13 所示。

图 12-12　添加雾后的效果

图 12-13　调整雾的浓度后的效果

❼ 在【Fog Parameters】(雾参数)卷展栏中单击颜色框，弹出颜色对话框，选择淡蓝色，渲染后的效果如图 12-14 所示。可以看出，此时雾的颜色变成了淡蓝色。

❽ 模拟夜幕效果时，可以将雾的颜色设置成纯黑色，并调整相关参数。渲染后的效果如图 12-15 所示。

❾ 单击工具栏中的取消按钮，取消上步操作。取消【Fog Background】(雾化背景)复选框的勾选。此时渲染后场景中的背景设有雾化效果，但场景中的小球仍被雾效笼罩，如图 12-16 所示。

图 12-14　淡蓝色雾效

图 12-15　模拟夜幕的黑色雾效果

❿ 选择【Fog Background】(雾化背景)复选框，在【Fog Parameters】(雾参数)卷展栏的【Fog】(雾)中单击【Environment Opacity Map】(环境不透明度贴图)下的【None】(无)按钮，在弹出的【Material/Map Bowser】(材质 / 贴图浏览器)中选择【Noise】(噪波)项。单击【Render Production】(渲染产品)按钮，可以看到场景中的白雾变得破碎了，如图 12-17 所示。

图 12-16　取消雾化背景后的效果

图 12-17　添加环境不透明度贴图后的效果

### 12.3.2 【Layered Fog】(分层雾)

【Layered Fog】(分层雾)像一块平板，有一定的高度以及无限的长度和宽度。可在场景中的任一位置设定分层雾的顶部和底部，分层雾总是与场景中的地面平行。

> 说明：使用【Top】(顶)和【Bottom】(底)参数可以完全控制雾在垂直方向的开始点和结束点，从而确定雾的高低。

❶ 打开 12.3.1 节例子中的场景。

❷ 单击菜单栏上的【Rendering】(渲染)命令，在子菜单里选择【Environment】(环境)命令，打开“环境和效果”对话框，将雾的颜色改为白色。

❸ 在【Fog Parameters】(雾参数)卷展栏的【Type】(类型)中选中【Layered】(分层)，以使分层雾的参数生效。

❹ 设置分层雾的【Top】(顶)为 10、【Bottom】(底)为 0、【Density】(密度)为 80。快速渲染透视图，效果如图 12-18 所示。可以看到，生成了贴着地表的分层雾，但界限太明显。

❺ 在“雾参数”卷展栏中勾选【Horizon Noise】(地平线噪波)复选框，并设置【Size】(大小)值为 100、【Angle】(角度)值为 10，使地平线柔化。快速渲染透视图，效果如图 12-19 所示。可以看出，地平线的边界变得比较柔和。【Angle】(角度)的值越大，雾的边越模糊。一般设置【Angle】(角度)值为 5° ~ 10° 可以表示真实的雾的效果，如果设置【Angle】(角度)值较大，则场景中的大部分雾都被地平线噪波所取代，如果设置【Angle】(角度)值为 0，则相当于关闭【Horizon Noise】(地平线噪波)。

图 12-18　分层雾效果

图 12-19　使地平线柔化后的效果

❻ 为了看得更清楚，可给雾加上柔化效果并减弱雾的浓度。先取消勾选【Horizon Noise】（地平线噪波）复选框，再将【Top】（顶）值改为40，在【Falloff】（衰减）中点选【Top】（顶）选项，效果如图12-20所示。可以看出，雾在顶部较薄，向下雾的效果逐渐明显。

❼ 在【Falloff】（衰减）中点选【Bottom】（底）选项，效果如图12-21所示。可以看出，雾在底部较薄，向上雾的效果逐渐明显。

图12-20 设置【Top】（顶）选项后的效果

图12-21 设置【Bottom】（底）选项后的效果

❽ 使用多层雾可模拟贴着地表的真实雾效。这里以图12-19为基础，在其上面再加一层雾。首先将【Top】（顶）值改为10。

❾ 在“大气”卷展栏中单击【Add】（添加）按钮，选择【Fog】（雾），单击“确定”按钮。在“雾参数”卷展栏的【Layered】（分层）中设置【Top】（顶）为40、【Bottom】（底）为10、【Density】（密度）为50，选择【Horizon Noise】（地平线噪波），设置【Size】（大小）为100、【Angle】（角度）值为5。多层雾效果如图12-22所示。

### 12.3.3 【Volume Fog】（体积雾）

【Volume Fog】（体积雾）可用来生成场景中密度不均匀的雾，它也能像分层雾一样使用噪波参数，制作飘忽不定的云雾，很适合创建可以被风吹动的云之类的动画。

要在场景中加入体积雾的效果，可执行【Rendering】（渲染）→【Environment】（环境）命令，在打开的【Environment】（环境）选项卡中展开【Atmosphere】（大气）卷展栏，单击“添加”按钮，打开【Add Atmosphere Effect】（添加大气效果）对话框，选择【Volume Fog】（体积雾），单击“确定”按钮，高亮显示【Volume Fog】（体积雾）。此时在【Atmosphere】（大气）卷展栏下边显示出【Volume Fog Parameters】（体积雾参数）卷展栏，如图12-23所示。

**01** 参数简介

✧【Pick Gizmo】（拾取Gizmo）：选择一个包含体积雾特殊效果的容器。如果不选择任何物体，那么体积雾就会充满整个场景。可以通过特效物体的缩放和变形来确定体积雾的外形。

✧【Color】（颜色）：设置雾的颜色。

✧【Fog Background】（雾化背景）：选择该选项后，雾对场景背景贴图或颜色有影响。若不选择该项，则雾只对场景中的对象有影响。

✧【Exponential】（指数）：选择该选项后，雾的密度随着距离指数增加，因此雾的浓度梯度比较大。

图 12-22 多层雾效果

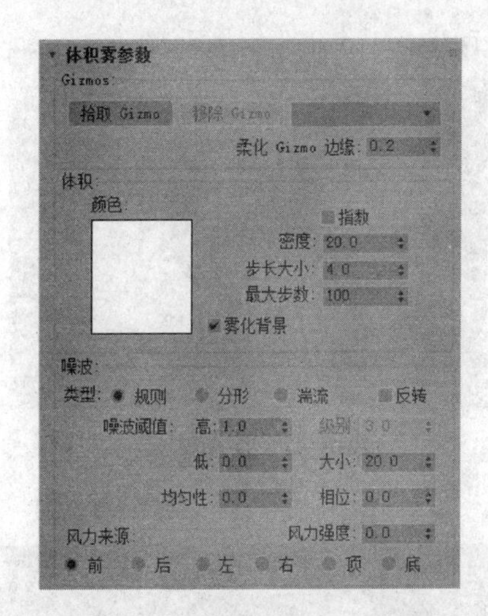


图 12-23 “体积雾参数”卷展栏

✧【Density】(密度):设置雾的浓度。该值越低,雾越薄越透明;该值越高,雾越浓越不透明。

✧【Step Size】(步长大小):设置取样步长。若该值设置得较大,则雾粗糙成团;若该值设置得较小,则雾比较精细。当使用【Pick Gizmo】(拾取 Gizmo)选择了一个特效物体时,这个选项将不起作用。

✧【Max Steps】(最大步数):取样步长不会大于【Max Steps】(最大步数)值。如果已经使用【Pick Gizmo】(拾取 Gizmo)选择了一个特效物体,该值可以设置小一些。

**02** 应用举例

❶ 打开上面的例子中的场景和背景贴图(见图 12-7)。

❷ 单击菜单栏上的【Rendering】(渲染)命令,在子菜单里选择【Environment】(环境)命令,打开“环境和效果”对话框。

❸ 在【Atmosphere】(大气)卷展栏中单击【Add】(增加)按钮,在弹出的对话框中选择【Volume Fog】(体积雾)选项,添加体积雾特效。

❹ 在【Effects】(效果)列表中单击【Volume Fog】(体积雾)选项,在【Atmosphere】(大气)卷展栏下边显示出“体积雾参数”卷展栏。

❺ 勾选【Exponential】(指数)选项。快速渲染透视图,效果如图 12-24 所示。可以看出,雾的密度很不均匀,这是因为体积雾应用了噪波。

❻ 在噪波类型中选择【Fract】(分形)选项,改变噪波类型。再次渲染透视图,效果如图 12-25 所示。

❼ 打开【Create】(创建)命令面板,单击【Helpers】(辅助对象)按钮,在下拉列表中选择【Atmospheric Apparatus】(大气装置),创建一个【Sphere Gizmo】(球体线框)特效物体,结果如图 12-26 所示。

❽ 在“体积雾参数”卷展栏中单击【Pick Gizmo】(拾取 Gizmo)按钮,并用鼠标选中视窗中的球形控制器。为了看得更清楚,将【Density】(密度)值改为 80。渲染场景,效果如图 12-27 所示。可以看出,体积雾被限制在球形控制器内。

图 12-24　体积雾效果

图 12-25　改变噪波类型后的体积雾效果

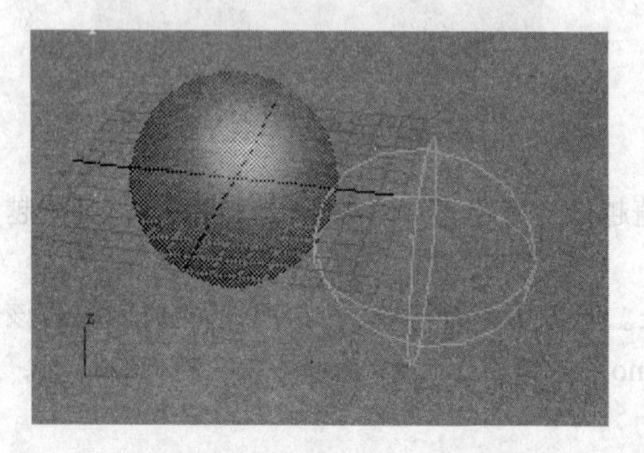

图 12-26　创建球体线框特效物体

图 12-27　体积雾被限制在球形控制器内

## 12.4 体积光的使用

体积光是一种被光控制的大气效果。粗略地讲，体积光是一种雾，它被限制在灯光的照明光锥之内。“体积光参数”卷展栏如图 12-28 所示。

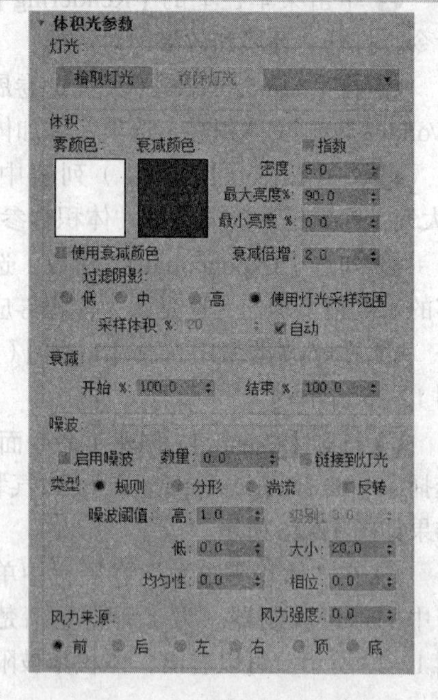


图 12-28 “体积光参数”卷展栏

✧【Fog Color】(雾颜色)：单击颜色块，可改变雾的颜色。这种颜色和体积光的颜色相互融合。

✧【Attenuation Color】(衰减颜色)：设置方法和“雾颜色”相同，用来使衰减的范围内雾的颜色发生渐变。

✧【Exponential】(指数)：只有在渲染场景中的透明对象时才可使用。

✧【Density】(密度)：设置雾的浓度值越大，在光的容积内反射的光线越多。

✧【Max Light】(最大亮度)：体积光的最大光照。默认值为 90。值越小，光线亮度越低。

✧【Min Light】(最小亮度)：值大于 0，可在光照容积区外发光并使用雾颜色，就像加入了容积雾。

✧【Filter Shadows】(过滤阴影)：设置过滤阴影，提高阴影质量。

✧【Sample Volume】(采样体积)：一个光的容积取样的个数。默认设置为【Auto】(自动)。

✧【Attenuation】(衰减)：减小【Start】(起点)值，可使体积光源点移动；减小【End】(结束)值，可使扩展光线投射的长度变小。默认值为 100%。对于点光源，需要在灯光总体参数的衰减区进行设置，对于泛光源可不设置衰减。

✧【Noise】(噪波)：可在体积光中加入雾的效果。

### 12.4.1 聚光灯的体积效果

❶ 单击【File】(文件)菜单中的【Reset】(重置)命令，重新设置系统。

❷ 打开【Create】(创建)命令面板，单击【Geometry】(几何体)按钮●，展开【Object Type】(对象类型)卷展栏，在场景中创建一个球体和一个正方体平板，再创建一盏目标聚光灯，结果如图 12-29 所示。

❸ 选中目标聚光灯，打开【Modify】(修改)命令面板，在“常规参数”卷展栏中勾选【Shadows On】(阴影启用)复选框。快速渲染透视图，效果如图 12-30 所示。

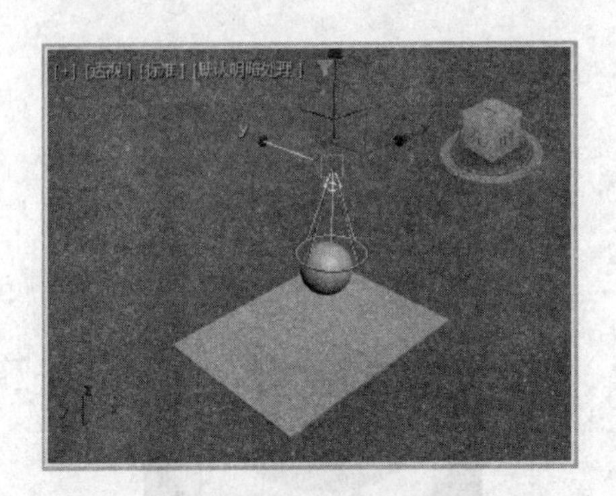

图 12-29　在场景中创建对象及灯光

图 12-30　渲染后的效果

❹ 单击菜单栏上的【Rendering】(渲染)命令，在子菜单里选择【Environment】(环境)命令，打开“环境和效果”对话框。

❺ 在【Atmosphere】(大气)卷展栏中单击【Add】(添加)按钮，在弹出的对话框中选择【Volume Light】(体积光)选项，添加体积光特效。

❻【Effects】(效果)列表中列出了所有在当前场景中设置的效果。在列表中选择【Volume Light】(体积光)选项，在【Atmosphere】(大气)卷展栏下边显示出“体积光参数”卷展栏。

❼ 在【Volume Light Parameters】(体积光参数)卷展栏中单击【Pick Light】(拾取灯光)按钮，然后在任意视图中选择目标聚光灯。这时可以看到，目标聚光灯的名称显示在“体积光参数”卷展栏中。

❽ 快速渲染透视图，体积光效果如图 12-31 所示。

❾ 图 12-31 中显示的体积光是白色的，还可以设置任意颜色的体积光。这里将体积光颜色改为淡绿色。单击展开【Volume Light Parameters】(体积光参数)卷展栏，在【Fog Color】(雾颜色)下面的白色颜色块上单击，打开颜色对话框，选择淡绿色后关闭对话框。再次渲染透视图，发现体积光的颜色已经变为淡绿色，如图 12-32 所示。

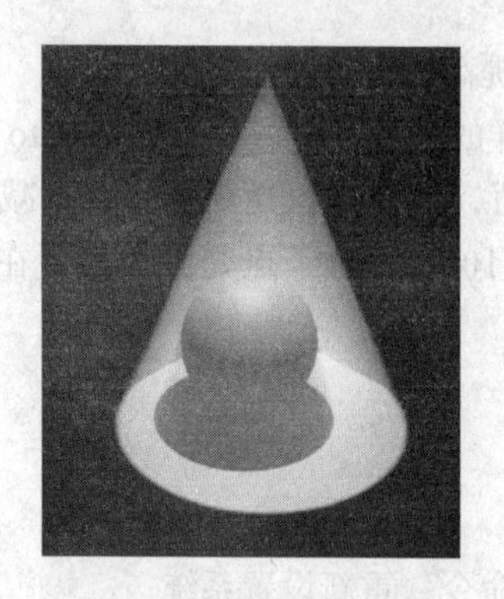

图 12-31　体积光效果

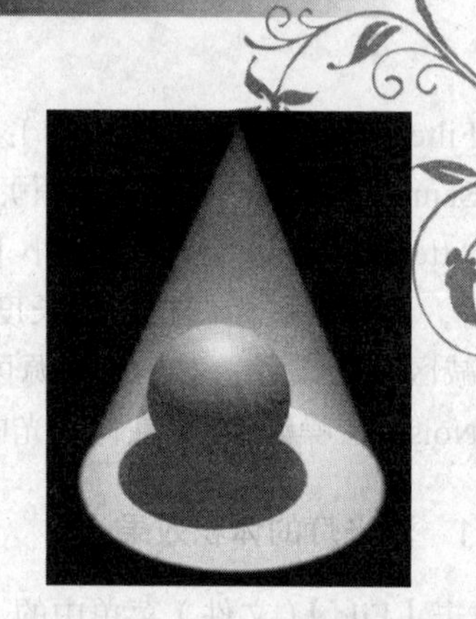

图 12-32　淡绿色体积光效果

⑩ 如果觉得体积光的强度不够，还可以通过修改参数来调整。这里修改【Volume】(体积)中的【Density】(密度)值为 10。渲染透视图，增加强度后的体积光效果如图 12-33 所示。

⑪ 设置【Noise】(噪波)中的【Amount】(数量)值为 0.8、【Type】(类型)为【Turbulence】(湍流)、【Size】(大小)值为 20。快速渲染透视图，可以看到光柱中好像飘着烟状物，加入噪波后的体积光效果如图 12-34 所示。

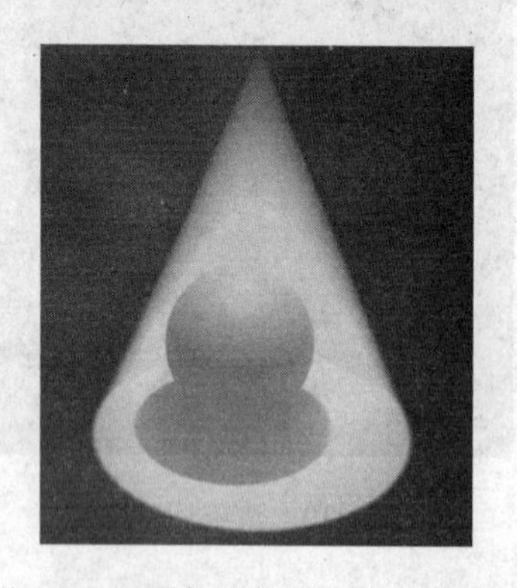

图 12-33　增加强度后的体积光效果

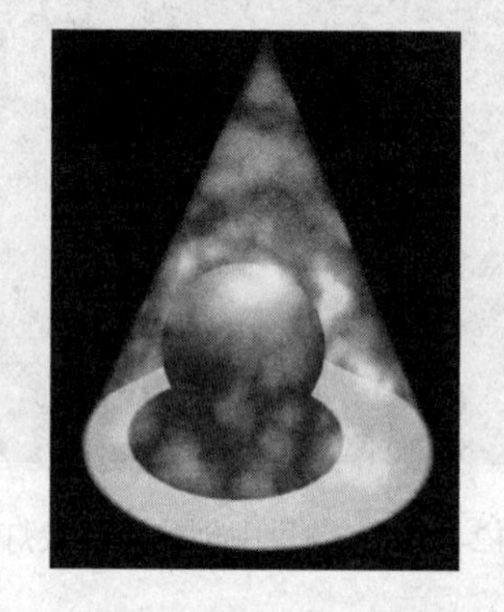

图 12-34　加入噪波后的体积光效果

⑫ 取消【Noise】(噪波)中的【Noise On】(启用噪波)复选框的勾选，即取消对体积光的【Noise】(噪波)作用。

⑬ 选择目标聚光灯，单击【Modify】(修改)命令面板【Advanced Effects】(高级效果)卷展栏中【Projector Map】(投影贴图)的【None】(无)按钮。

⑭ 打开材质 / 贴图浏览器，任意选择一幅彩色图片。快速渲染透视图，加入投影图后的体积光效果，如图 12-35 所示。

### 12.4.2　泛光灯的体积效果

泛光灯体积光最有特色的光效就是能够产生美丽的光晕效果。下面以一个茶壶模型为例，介绍泛光灯体积光的设置和光晕效果的生成。

❶ 单击【File】(文件)菜单中的【Reset】(重置)命令，重新设置系统。

❷ 打开【Create】(创建)命令面板，在场景中创建一个茶壶，然后再创建三盏灯，其中一盏在茶壶的里面，另两盏用作照明，如图 12-36 所示。

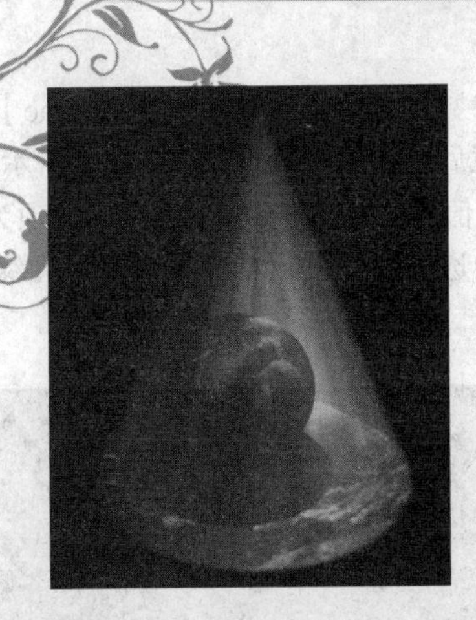

图 12-35　加入投影图后的体积光效果

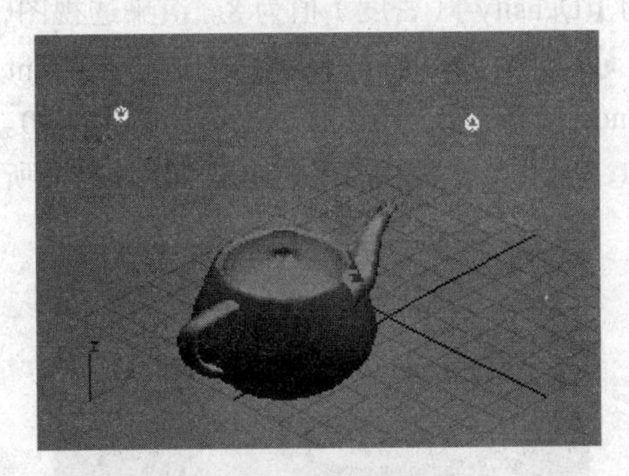

图 12-36　在场景中创建对象与灯光

❸ 单击菜单栏上的【Rendering】（渲染）命令，在子菜单里选择【Environment】（环境）命令，打开“环境和效果”对话框。

❹ 在【Atmosphere】（大气）卷展栏中单击【Add】（增加）按钮，在弹出的对话框中选择【Volume Light】（体积光）选项，添加体积光特效。

❺【Effects】（效果）列表中列出了所有在当前场景中设置的效果。在列表中选择【Volume Light】（体积光）选项，在【Atmosphere】（大气）卷展栏下边显示出“体积光参数”卷展栏。

❻ 在【Volume Light Parameters】（体积光参数）卷展栏中单击【Pick Light】（拾取灯光）按钮，然后在任意视图中选择处于茶壶中心的泛光灯。这时可以看到，泛光灯名称显示在“体积光参数”卷展栏中。

❼ 快速渲染透视图，可以看出体积光效果不太明显，需要在【Environment】（环境）选项卡中修改【Volume Light Parameters】（体积光参数）卷展栏中的参数来优化光效。这里将【Attenuation】（衰减）中的【End】（结束）值设为 30（读者可根据具体渲染效果决定）。再次渲染透视图，可以看到茶壶已全部笼罩在了泛光灯的体积光中，如图 12-37 所示。

❽ 图 12-37 中显示的体积光是淡黄色的，这是泛光灯的黄色和雾的白色叠加而成的效果。也可以根据具体需要来设置其他颜色。单击展开【Volume Light Parameters】（体积光参数）卷展栏，在【Fog Color】（雾颜色）下面的白色颜色块上单击，打开颜色对话框，选择绿色后关闭对话框。再次渲染透视图，可以看到泛光灯体积光的颜色已经变为了绿色，如图 12-38 所示。

图 12-37　修改参数后的泛光灯体积光效果

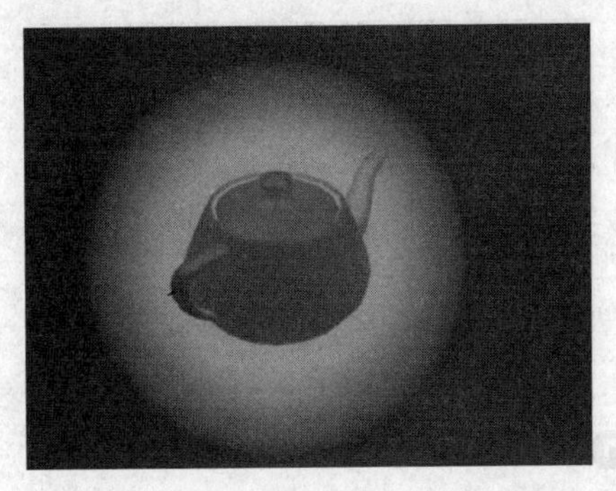

图 12-38　变为绿色的泛光灯体积光效果

❾ 如果觉得体积光的强度不够，还可以通过修改参数来调整。这里修改【Volume】(体积)中的【Density】(密度)值为 8。渲染透视图，增加强度后的体积光效果如图 12-39 所示。

❿ 设置【Noise】(噪波)中的【Amount】(数量)值为 0.7、【Type】(类型)选项为【Turbulence】(湍流)、【Size】(大小)的值为 20。快速渲染透视图，可以看到茶壶笼罩在绿色的烟雾中，加入噪波后的体积光效果如图 12-40 所示。

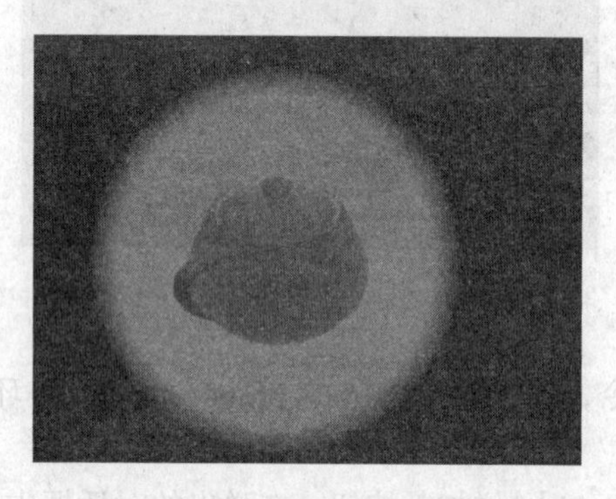

图 12-39　增加强度后的体积光效果

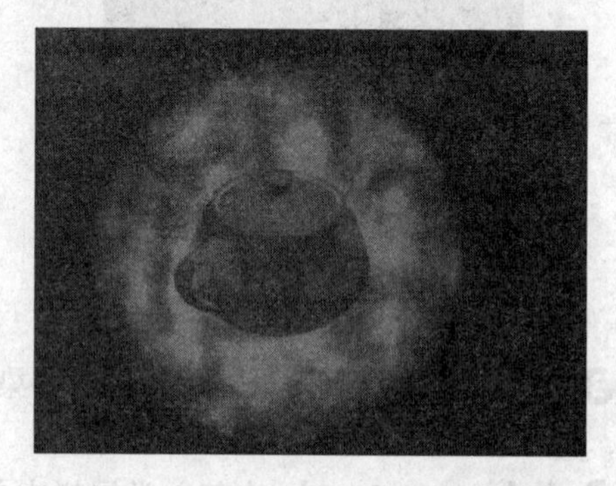

图 12-40　加入噪波后的体积光效果

⓫ 取消【Noise】(噪波)中【Noise On】(启用噪波)复选框的勾选，即取消对体积光的【Noise】(噪波)作用。

⓬ 选择泛光灯，单击其【Modify】(修改)命令面板【Advanced Effects】(高级效果)卷展栏中【Projector Map】(投影贴图)的【None】(无)按钮。

⓭ 打开材质 / 贴图浏览器，选择一幅彩色图片。快速渲染透视图，加入投影图后体积光的效果如图 12-41 所示。

### 12.4.3　平行光灯的体积效果

平行光灯的体积光效常用来模拟激光束效果。

❶ 单击【File】(文件)菜单中的【Reset】(重置)命令，重新设置系统。

❷ 打开【Create】(创建)命令面板，在【Top】(顶)视图中绘制一个圆柱作为激光发射器的发射口。在发射口的中心设置一盏目标平行光灯，在发射口的周围设置几盏泛光灯作为场景照明，结果如图 12-42 所示。

图 12-41　加入投影图的体积光效果

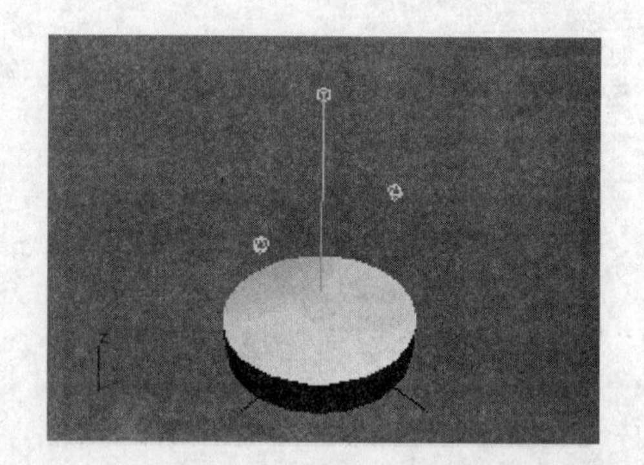

图 12-42　创建对象与灯光

❸ 单击菜单栏上的【Rendering】（渲染）命令，在子菜单里选择【Environment】（环境）命令，打开“环境和效果”对话框。

❹ 在【Atmosphere】（大气）卷展栏中单击【Add】（增加）按钮，在弹出的对话框中选择【Volume Light】（体积光）选项，添加体积光特效。

❺【Effects】（效果）列表中列出了所有在当前场景中设置的效果。在列表中选择【Volume Light】（体积光）选项，在【Atmosphere】（大气）卷展栏下边显示出“体积光参数”卷展栏。

❻ 在【Volume Light Parameters】（体积光参数）卷展栏中单击【Pick Light】（拾取灯光）按钮，然后在任意视图中选择目标平行光灯。这时可以看到，目标平行光灯的名称显示在“体积光参数”卷展栏中。

❼ 快速渲染透视图，目标平行光灯的体积光效果如图 12-43 所示。可以看出，一束黄色的光束直冲上面。

❽ 图中的体积光是淡黄色的，这是目标平行光灯的黄色和雾的白色叠加而成的效果。也可以根据具体需要来设置其他颜色。单击展开【Volume Light Parameters】（体积光参数）卷展栏，在【Fog Color】（雾颜色）下面的白色颜色块上单击，打开颜色对话框，选择蓝色后关闭对话框。再次渲染透视图，可以看到体积光的颜色已经变为了蓝色，如图 12-44 所示。

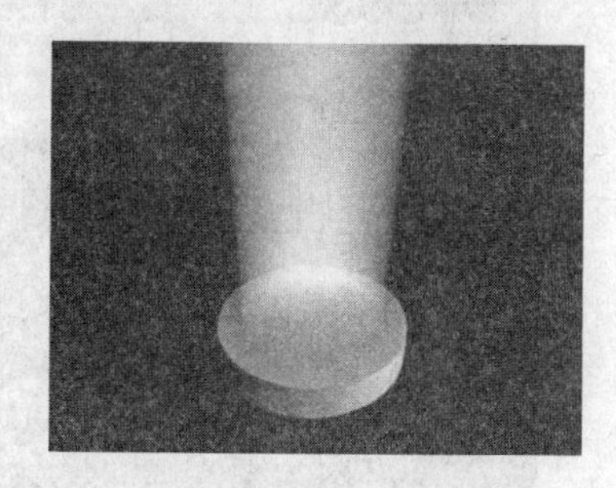

图 12-43　目标平行光灯的体积光效果

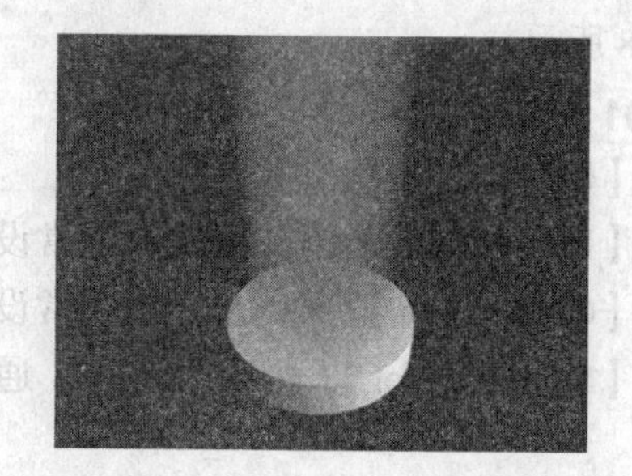

图 12-44　变为蓝色的体积光效果

❾ 如果觉得体积光的强度不够，还可以通过修改参数来调整。这里修改【Volume】（体积）中的【Density】（密度）值为 10。渲染透视图，增加强度后的体积光效果如图 12-45 所示。

❿ 设置【Noise】（噪波）中的【Amount】（数量）值为 0.8、【Type】（类型）选项为【Turbulence】（湍流）、【Size】（大小）的值为 20。快速渲染透视图，可以看到光束变为蓝色的烟雾，加入噪波后的体积光效果如图 12-46 所示。

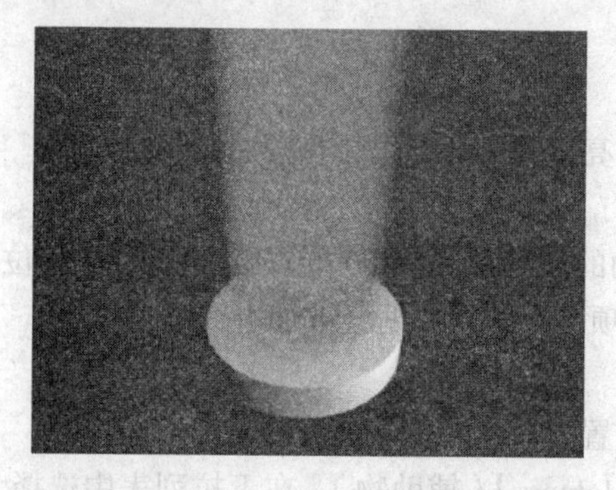

图 12-45　增加强度后的体积光效果

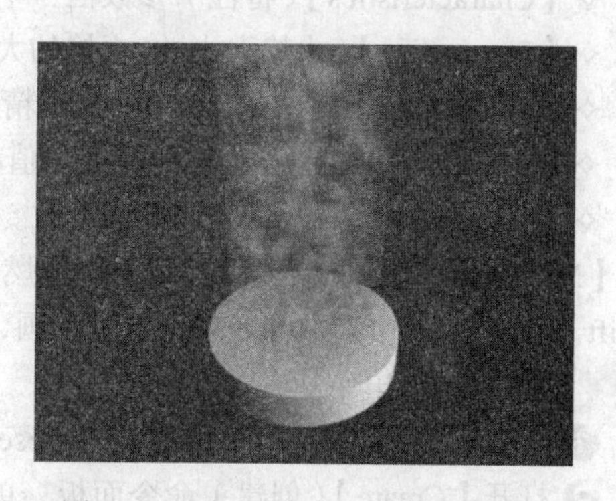

图 12-46　加入噪波后的体积光效果

⓫ 取消【Noise】（噪波）中【Noise On】（启用噪波）复选框的勾选，即取消对体积光的【Noise】（噪波）作用。

⓬ 选择目标平行光灯，单击其【Modify】（修改）命令面板【Advanced Effects】（高级效果）卷展栏中【Projector Map】（投影贴图）的【None】（无）按钮。

⓭ 打开材质 / 贴图浏览器，选择一幅彩色图片。快速渲染透视图，可以看到体积光柱染上了彩色，加入投影图后的体积光效果如图 12-47 所示。

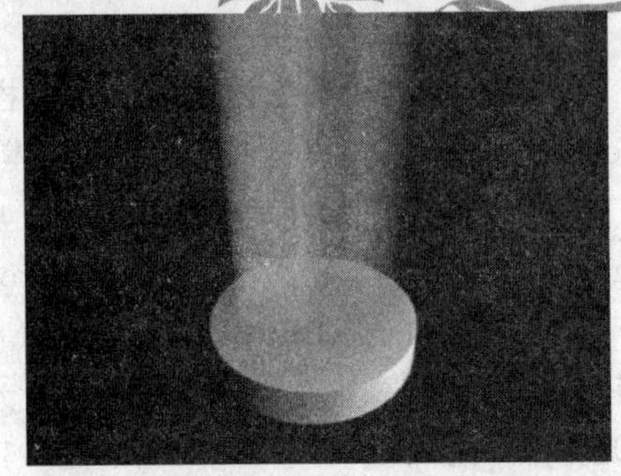

图 12-47　加入投影图后的体积光效果

## 12.5 火效果

【Fire Effect】（火效果）适合用于创建火、烟和爆炸之类的动画场景。“火效果参数”卷展栏如图 12-48 所示。

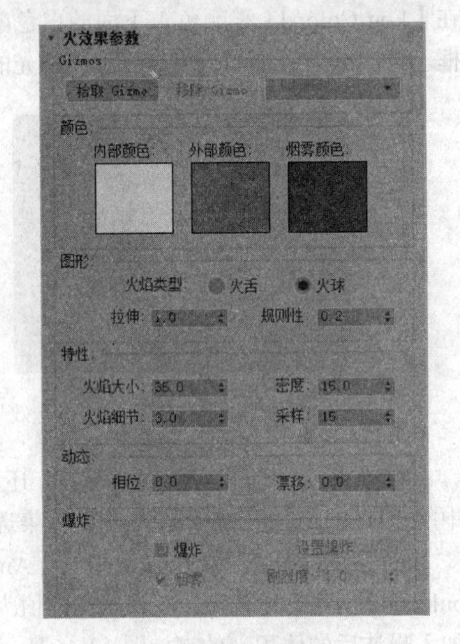


图 12-48　“火效果参数”卷展栏

**01** 参数简介

✧【Colors】（颜色）参数栏：

✧【Inner Color】（内部颜色）：通常设为浅黄色。

✧【Outer Color】（外部颜色）：通常设为亮红色。

✧【Smoke Color】（烟雾颜色）：通常设为灰黑色。

✧【Shape】（图形）参数栏：

✧【Flame Type】（火焰类型）：分为【Tendril】（火舌）和【Fire ball】（火球）两种。

✧【Stretch】（拉伸）：火焰的伸展值。

✧【Regularity】（规则性）：该值越大，火焰越大，火焰的形状越接近线框；该值越小，火焰越小。

✧【Characteristics】（特性）参数栏：

✧【Flame Size】（火焰大小）：火焰的大小。

✧【Flame Detail】（火焰细节）：火焰精细度。

✧【Density】（密度）：火焰的亮度。值越大，亮度越大。

✧【Samples】（采样）：火焰的样本数。

【Motion】（动态）参数栏：用于制作燃烧跳动的火焰动画效果。包括【Phase】（相位）和【Drift】（漂移）两个参数。如果设置了动画，这两项参数的微调框会被加上红框。

**02** 实例应用

❶ 单击【File】（文件）菜单中的【Reset】（重置）命令，重新设置系统。

❷ 打开【Create】（创建）命令面板，单击【Helpers】（辅助物），在下拉列表中选择【Atmospheric Apparatus】(大气部件)，在透视图中创建一个【Sphere Gizmo】(球体线框）辅助物体，如图 12-49 所示。

❸ 单击菜单栏上的【Rendering】(渲染）命令，在子菜单里选择【Environment】(环境）命令，打开“环境和效果”对话框。

❹ 在【Atmosphere】(大气）卷展栏中单击【Add】(增加）按钮，在弹出的对话框中选择【Fire Effect】(火效果）选项，添加火焰特效。

❺【Effects】(效果）列表中列出了所有在当前场景中设置的效果。在列表中选择【Fire Effect】(火效果）选项，在【Atmosphere】(大气）卷展栏下边显示出“火效果参数”卷展栏。

❻ 在【Fire Effect Parameters】(火效果参数）卷展栏中单击【Pick Gizmo】(拾取 Gizmo）按钮，然后在任意视图中选中创建的辅助物体。这时可以看到，辅助物体的名称显示在“火效果参数”卷展栏中。

❼ 快速渲染透视图，生成的火焰效果如图 12-50 所示。

图 12-49　创建辅助物体

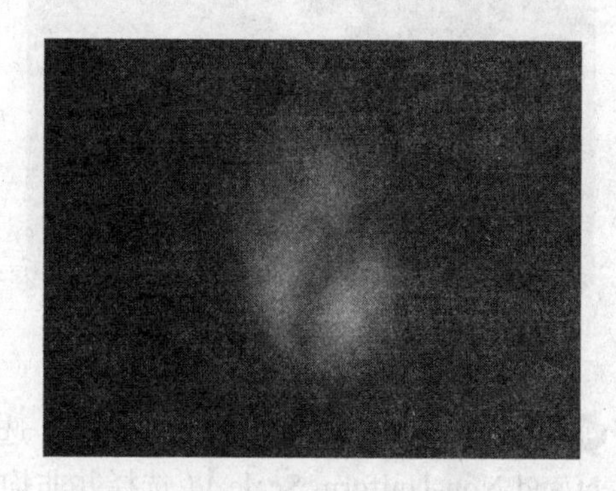

图 12-50　火焰效果

❽ 将【Flame Type】(火焰类型）改为【Tendril】(火舌)，并将【Flame Size】(火焰大小）设为 10。渲染透视图，修改火焰类型和大小后的效果如图 12-51 所示。

❾ 将【Density】(密度）改为 60。再次渲染透视图，发现火焰的颜色亮了很多，增大密度后的效果如图 12-52 所示。

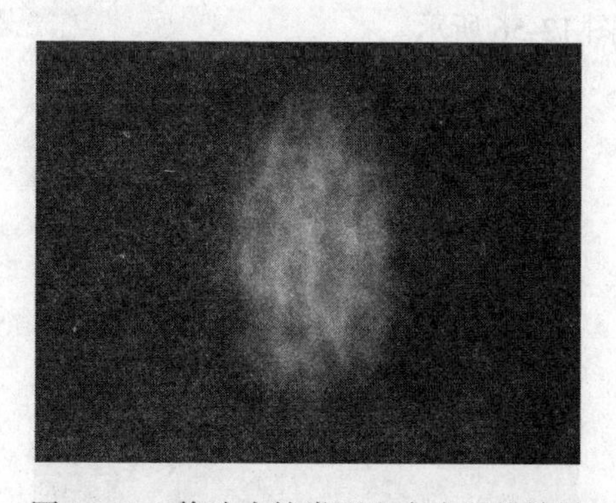

图 12-51　修改火焰类型和大小后的效果

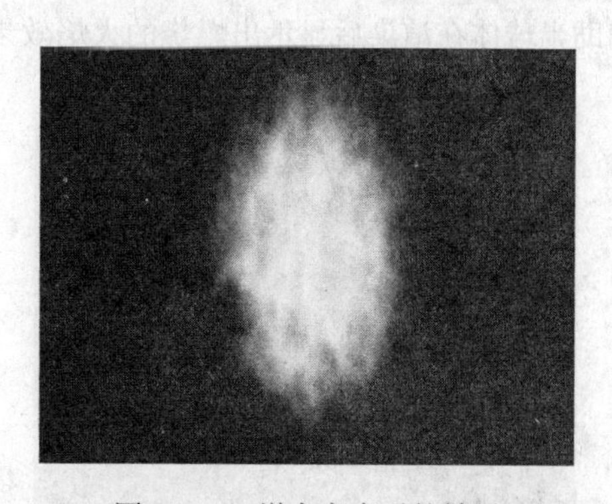

图 12-52　增大密度后的效果

## 12.6 实战训练——燃烧的蜡烛

本节将通过燃烧的蜡烛实例介绍如何灵活运用环境效果相关命令创建逼真的三维效果。

❶ 单击【File】(文件)菜单中的【Reset】(重置)命令，重新设置系统。

❷ 打开【Create】(创建)命令面板，在视图中创建两个圆柱，一个作为蜡烛的主体，另一个作为烛芯，如图 12-53 所示。

❸ 打开【Create】(创建)命令面板，单击【Helpers】(辅助对象)，在下拉列表中选择【Atmospheric Apparatus】(大气装置)，单击【Sphere Gizmo】(球体线框)，选择【Hemisphere】(半球)选项，在顶视图中创建一个辅助半球体，并调整其位置，前视图中的结果如图 12-54 所示。

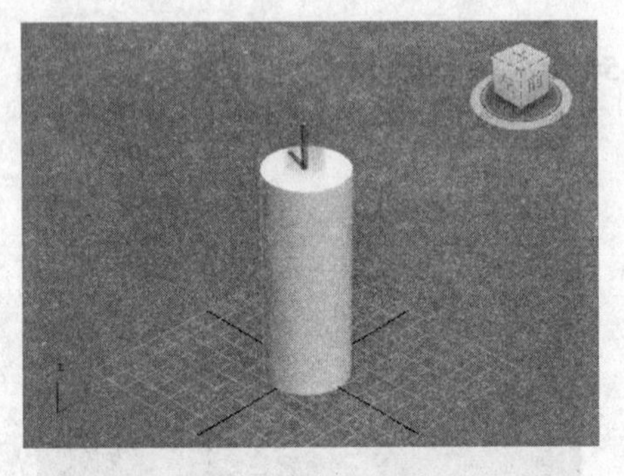

图 12-53　创建蜡烛主体与烛芯

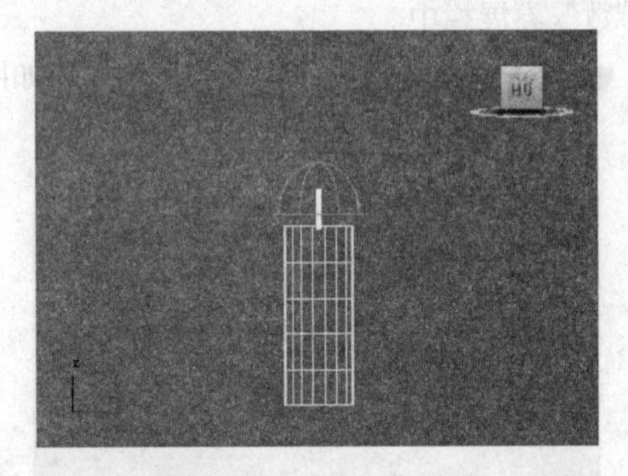

图 12-54　创建辅助半球体

❹ 单击【Select and Uniform Scale】(选择并均匀缩放)按钮，在弹出的下拉列表中选择【Select and Non-Uniform Scale】(选择并非均匀缩放)按钮，在【Front】(前)视图中沿 Y 轴对辅助半球体进行缩放，结果如图 12-55 所示。

❺ 单击主菜单中的【Rendering】(渲染)命令，在子菜单中选择【Environment】(环境)命令，打开“环境和效果”对话框，展开“大气”卷展栏，单击【Add】(添加)按钮，在弹出的“添加大气效果”对话框中选择【Fire Effect】(火效果)选项，单击“确定”按钮。

❻ 在“火效果参数”卷展栏中设置【Stretch】(拉伸)为 200、【Density】(密度)为 200，其余参数采用默认值。单击【Pick Gizmo】(拾取 Gizmo)按钮，在视图中选取辅助半球体。此时辅助半球体在渲染后显示出燃烧的火焰效果，如图 12-56 所示。

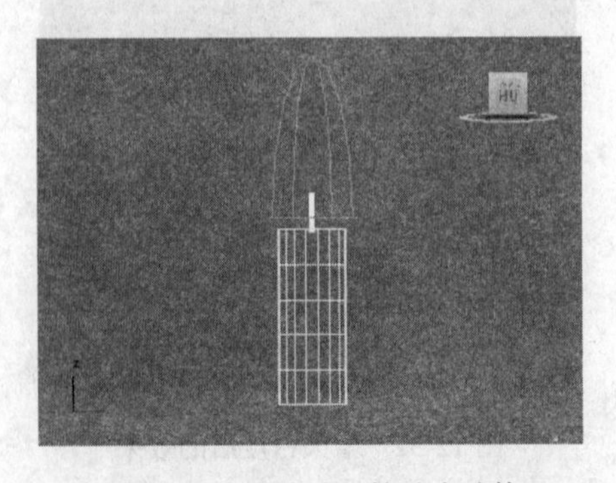

图 12-55　缩放后的辅助半球体

图 12-56　渲染后的火焰效果

❼ 给蜡烛主体和烛芯添加贴图，并添加装饰物。贴图这里不做详细讲解，仅给出制作完成后燃烧的蜡烛效果图，如图12-57所示。

图12-57 燃烧的蜡烛

## 12.7 课后习题

**1. 填空题**

（1）环境设置中三种雾的效果分别为________、________和______。

（2）环境设置中有________种添加效果，即________、________。

（3）火效果中的火焰类型分为________和________两种。

（4）泛光灯的容积光效果是________。

**2. 问答题**

（1）如何打开“环境和效果”对话框？

（2）怎样进行环境贴图？

（3）如何使分层雾的边缘与场景有机地融合在一起？

（4）体积光有哪几种类型？各有何特点？

**3. 操作题**

（1）创建一个简单的场景，为场景背景贴图。

（2）在透视图中创建简单场景，并创建标准雾，调试标准雾参数，观察环境效果。

（3）在透视图中创建简单场景，并创建分层雾，调试分层雾参数，观察环境效果。

（4）在透视图中创建简单场景，并创建体积雾，调试体积雾参数，观察环境效果。

（5）在透视图中创建简单场景，并创建各种灯光的体积光，观察环境效果。

（6）制作模拟太阳的特效。

# 第 13 章　动画制作初步

## 教学目标

强大的动画制作功能是 3ds Max 2024 深受广大用户青睐的原因之一。用户可以展开想象力，构思各种奇妙的动画并通过 3ds Max 来制作。本章介绍了动画制作的基本知识，可以帮助读者具备动画初步设计的能力，为制作复杂动画打好基础。

## 教学重点与难点

- 动画的简单制作
- 使用功能曲线编辑动画轨迹
- 使用动画控制器制作动画

## 13.1 动画的简单制作

### 13.1.1　动画控制面板

在制作关键帧动画时，经常需要用到动画控制面板，如图 13-1 所示。该面板中的内容已经在前面章节中做了介绍，这里不再赘述，请读者参照前面的章节，熟悉这些按钮的作用。

图 13-1　动画控制面板

### 13.1.2　“时间配置”对话框

默认情况下，3ds Max 2024 显示的时间只有 100 帧，如果要制作更长时间的动画，就需要用到“时间配置”对话框。

在动画控制面板中单击时间配置按钮，弹出【Time Configuration】（时间配置）对话框，如图 13-2 所示。下面简单介绍“时间配置”对话框。

✧ “动画”选项组：用于动画时间的设定。【Start Time】（开始时间）表示动画开始时间或位置，【End Time】（结束时间）表示动画结束时间或位置，【Length】（长度）表示动画的时间或者帧的长度。单击【Re-scale Time】（重缩放时间）按钮，在弹出的对话框中可以对【Animation】（动画）中的“开始时间”“结束时间”和“长度”三个值进行更新设置。

✧ “关键点步幅”选项组：用来设置各种形式的变换关键帧。

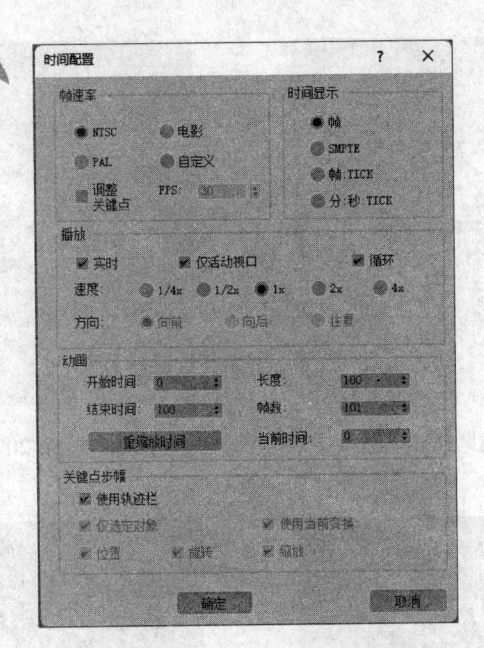


图 13-2 “时间配置”对话框

### 13.1.3 制作简单的动画效果

❶ 单击【File】(文件)菜单中的【Reset】(重置)命令，重新设置系统。

❷ 打开【Create】(创建)命令面板，将高的段数设为 10，在【顶】(Top)视图中创建一个圆柱体，从透视图中观察到的结果如图 13-3 所示。

❸ 在动画控制面板中单击【Time Configuration】(时间配置)按钮，在弹出的对话框中将【End Time】(结束时间)设为 200。然后单击【Auto Key】(自动关键点)按钮，开始记录关键帧。

❹ 单击选中圆柱体，拖动时间滑块到第 20 帧，打开【Modify】(修改)命令面板，在【Modifiers List】(修改器列表)中选择【Bend】(弯曲)修改器。此时参数卷展栏跳转至弯曲参数卷展栏。

❺ 在弯曲轴选项中选定 Z 轴，将圆柱绕着 Z 轴弯曲 180°，从透视图中观察到的效果如图 13-4 所示。

❻ 拖动时间滑块到第 40 帧，打开【Modify】(修改)命令面板，将弯曲参数卷展栏中的弯曲方向设为 360。

❼ 拖动时间滑块到第 100 帧，打开【Modify】(修改)命令面板，将弯曲参数卷展栏中的弯曲角度和弯曲方向均设为 0。此时圆柱体复原。

❽ 拖动时间滑块到第 120 帧，打开【Modify】(修改)命令面板，在【Modifiers List】(修改器列表)中选择【Taper】(锥化)修改器。此时参数卷展栏跳转至锥化参数卷展栏。

❾ 将锥化参数卷展栏中的【Amount】(数量)值设为 2，【Curve】(曲线)值设为 5。此时从透视图中观察到的效果如图 13-5 所示。

❿ 拖动时间滑块到第 160 帧，打开【Modify】(修改)命令面板，将锥化数量设为 −2，锥化曲率设为 8。此时从透视图中观察到的效果如图 13-6 所示。

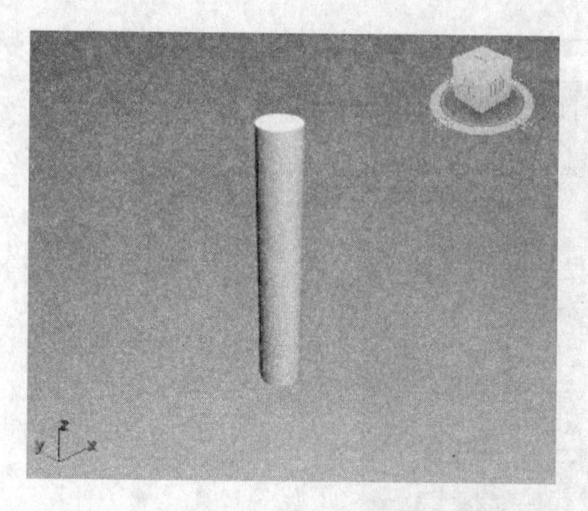

图 13-3　创建圆柱体

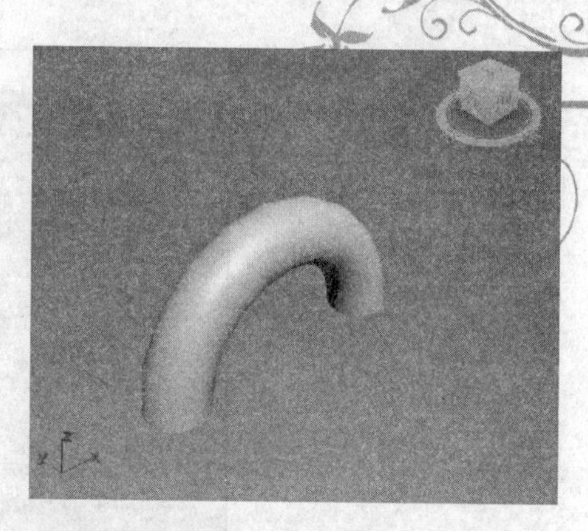

图 13-4　第 20 帧时圆柱体的形状

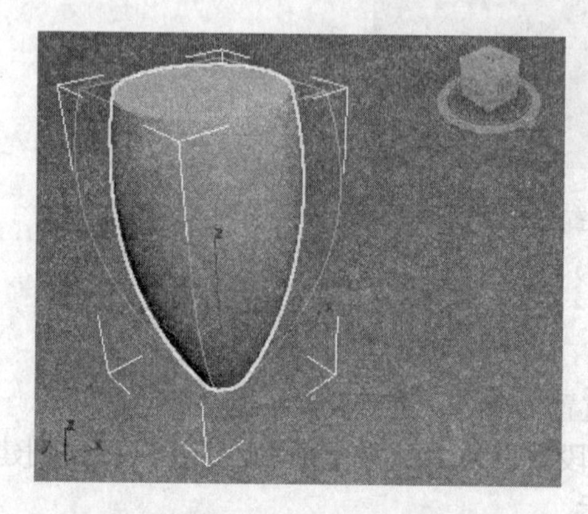

图 13-5　第 120 帧时圆柱体的形状

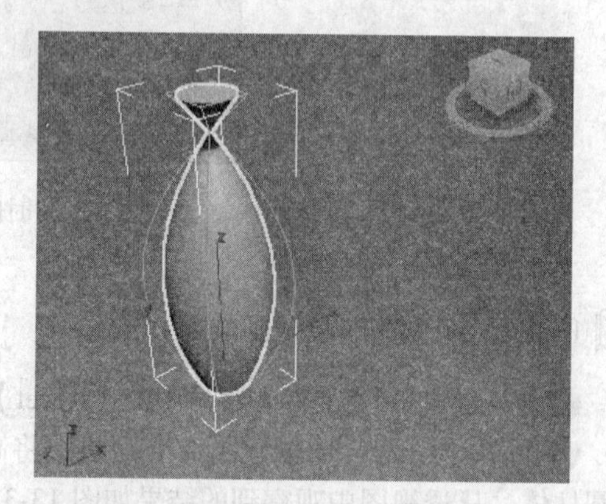

图 13-6　第 160 帧时圆柱体的形状

⓫ 拖动时间滑块到第 200 帧，在主工具栏上选取不均匀缩放工具，将变形体压缩成如图 13-7 所示的形状。

⓬ 单击关闭【Auto Key】(自动关键点）按钮，完成动画制作。

⓭ 单击【Play Animation】(播放动画）按钮▶，然后单击【Perspective】(透）视图，将看到圆柱体在设置参数之后产生变形效果。图 13-8 所示为两次锥化过渡之间的一帧。

图 13-7　第 200 帧时圆柱体的形状

图 13-8　两次锥化过渡之间的一帧

## 13.2 使用功能曲线编辑动画轨迹

从 13.1.3 小节的例子中可以大致了解到制作动画的基本步骤，以及在特定关键帧改变物体状态的方法，但是对关键帧之外的物体运动轨迹无从知晓。本节将讲解轨迹视图的应用。在轨迹视图里可以清楚地看到物体运动的轨迹曲线。

❶ 单击【File】(文件)菜单中的【Reset】(重置)命令，重新设置系统。

❷ 打开【Create】(创建)命令面板，单击【Geometry】(几何体)按钮，展开【Object Type】(对象类型)卷展栏，在透视图中创建一个球体。

❸ 激活【Front】(前)视图，单击动画控制面板中的【Auto Keys】(自动关键点)按钮进行动画录制。

❹ 将时间滑块拉到 30 帧，将球体拖到任意一个目所能及的位置。

❺ 将时间滑块拉到 70 帧，将球体拖到另一个位置。

❻ 将时间滑块拉到 100 帧，将球体再拖到一个新的位置。球体的位置读者可自行设置。

❼ 单击【Auto Keys】(自动关键点)按钮，关闭动画录制。激活透视图，观察球体运动的动画。

❽ 选中球体，打开【Display】(显示)命令面板，展开【Display Properties】(显示属性)卷展栏，选中【Motion Path】(运动路径)复选框。此时，各视图中显示出球体运动的轨迹线，如图 13-9 所示。

❾ 选中球体，单击主菜单栏上的【Graph Editors】(图形编辑器)，在子菜单中选择【Track View-Curve Editor】(轨迹视图 - 曲线编辑器)，打开“轨迹视图 - 曲线编辑器”对话框，如图 13-10 所示。

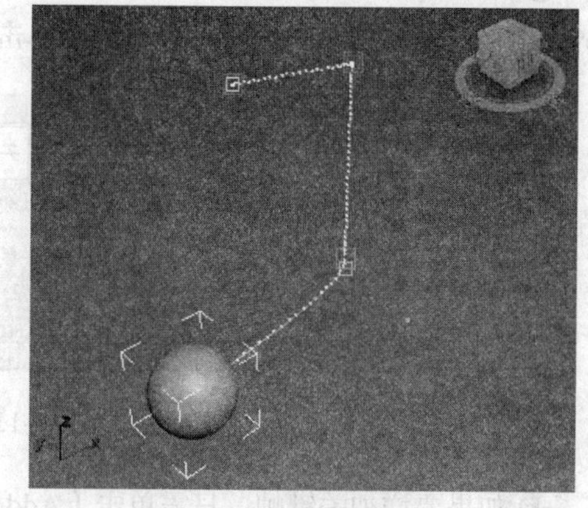

图 13-9　球体运动的轨迹线

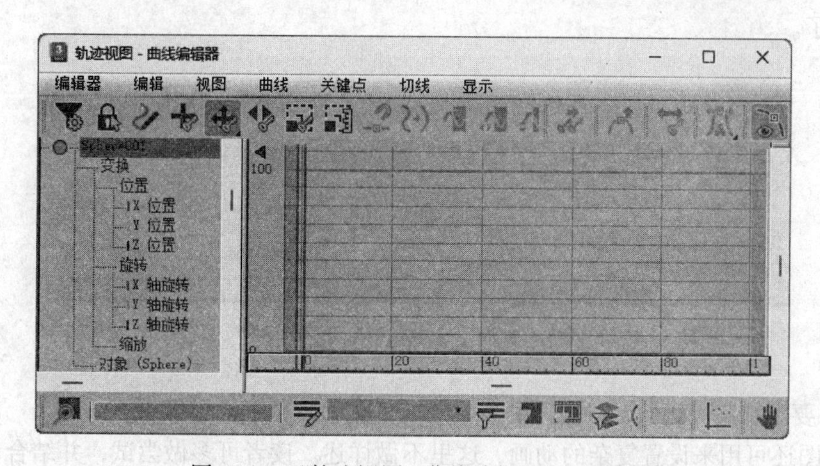


图 13-10　“轨迹视图 - 曲线编辑器”对话框

⑩ 可以看到，该对话框主要分为 5 个部分，分别是菜单栏、工具栏、项目窗口、编辑窗口及视图窗口。其中编辑窗口中显示出了球体运动三个方向上的曲线。这些内容都比较简单，这里不做详细介绍。

⑪ 单击左侧项目窗口中的任一球体位置和方向，相应方向上的运动曲线及关键帧（曲线上的小方块）就会显示出来。这里选择 Z 方向（见图 13-11），视图中显示出的 Z 方向上的运动曲线如图 13-12 所示。

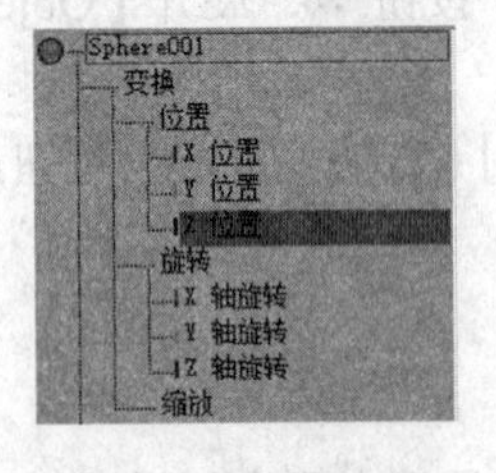


图 13-11 选择 Z 方向

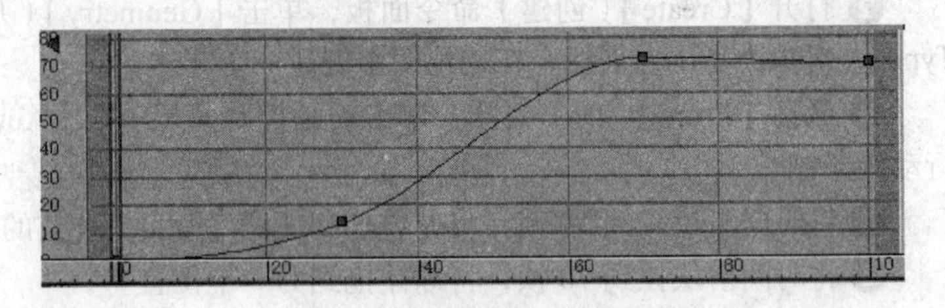

图 13-12 Z 方向上的运动曲线

⑫ 单击任意一个关键帧，关键帧变成白色，表示其已经被选中。单击工具栏上的【Move Keys】（移动关键帧）按钮，即可采用单击拖动的方式移动关键帧，如图 13-13 所示。

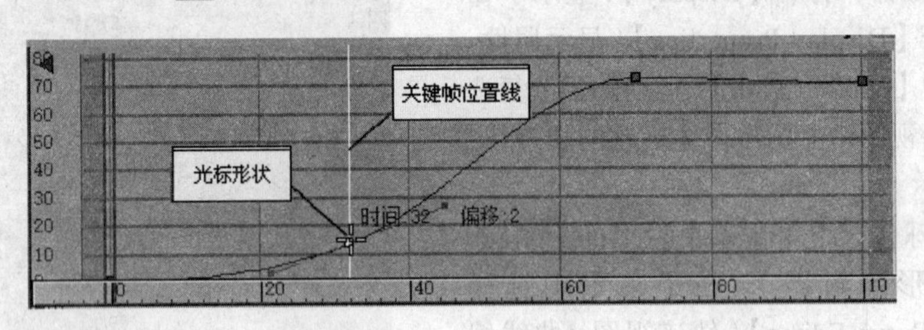


图 13-13 移动关键帧

⑬ 如果要增加关键帧，只需单击【Add/Remove Key】（添加 / 移除关键帧）按钮，在曲线上的适当位置单击即可，如图 13-14 所示。增加关键帧后，利用移动工具就可创建需要的运动轨迹曲线了。

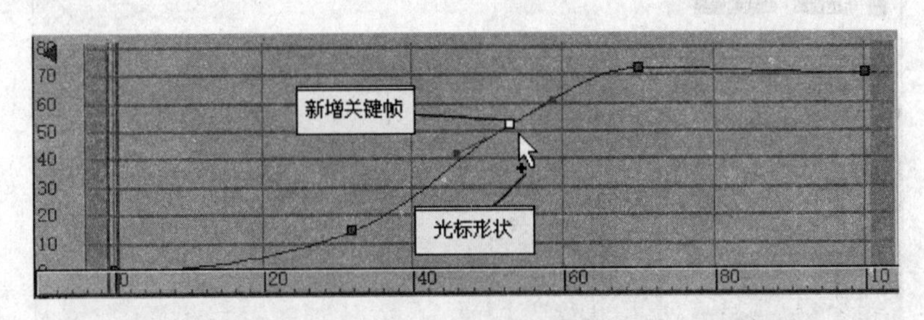


图 13-14 增加关键帧

⑭ 如果要删除某关键帧，只需选中该关键帧，然后按 Delete 键即可。

轨迹视图还可用来设置复杂的动画，这里不做详述。读者可多做尝试，并结合动画播放工具，实时观察调整轨迹视图的结果。

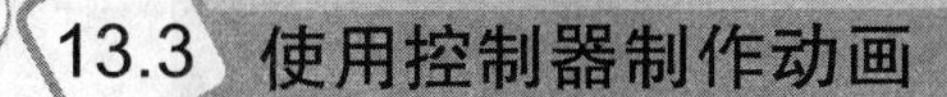

## 13.3 使用控制器制作动画

### 13.3.1　线性位置控制器

❶ 单击【File】(文件)菜单中的【Reset】(重置)命令，重新设置系统。

❷ 打开【Create】(创建)命令面板，单击【Geometry】(几何体)按钮，展开【Object Type】(对象类型)卷展栏，在顶视图中创建一个球体。

❸ 激活前视图，单击动画控制面板中的【Auto Keys】(自动关键点)按钮进行动画录制。将时间滑块拉到第 30 帧，将物体沿 X 轴向右移动 40，再沿 Y 轴向上移动 40。

❹ 将时间滑块拉到 70 帧，将物体沿 X 轴向右移动 50，再沿 Y 轴向下移动 40。

❺ 将时间滑块拉到 100 帧，将物体沿 X 轴向右移动 40，再沿 Y 轴向上移动 40。

❻ 在工具栏中打开【Motion】(运动)命令面板，单击【Motion Path】(运动路径)按钮。这时在视图中显示出物体的移动路径，如图 13-15 所示。播放动画，可以看到物体沿路径前进。

❼ 打开【Track View-Curve Editor】(轨迹视图 - 曲线编辑器)对话框，在左侧的项目窗口中选择【Position】(位置)，在右侧视图窗口中显示出物体的运动曲线。可以看出，此时的运动曲线为光滑模式，如图 13-16 所示。

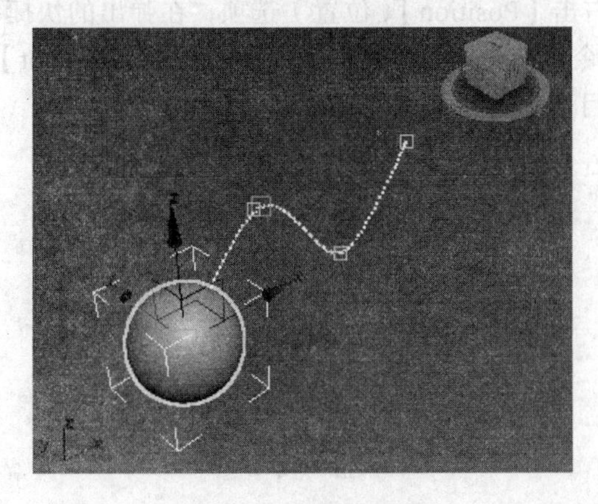

图 13-15　显示移动路径

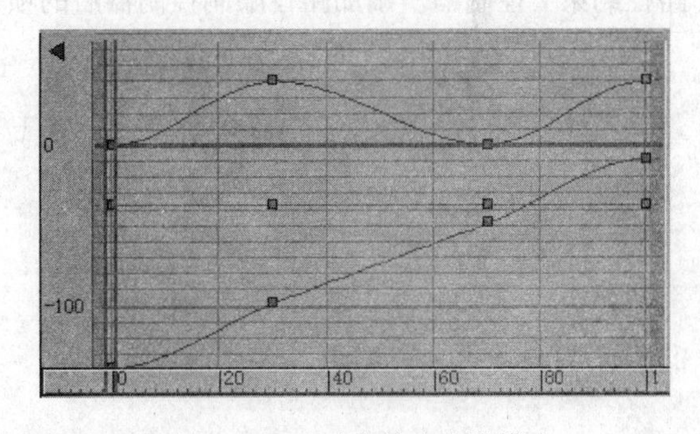


图 13-16　运动曲线为光滑模式

❽ 右击【Position】(位置)，在弹出的快捷菜单中选择【Assign Controller】(指定控制器)命令，在弹出的对话框中选择【Linear Position】(线性位置)，加入线性位置控制器。这时【Track View-Curve Editor】(轨迹视图 - 曲线编辑器)视图窗口中的运动曲线变成了直线形式，如图 13-17 所示。

❾ 还可以通过依次选中各关键点，再单击工具栏中的按钮，或者依次选中各关键点，在关键点上右击，在弹出的对话框中更改运动曲线的类型，达到同样的效果。

❿ 在透视图中观察动画效果，并显示轨迹线。发现球体的运动路径已经不再平滑，球体呈线性运动，如图 13-18 所示。

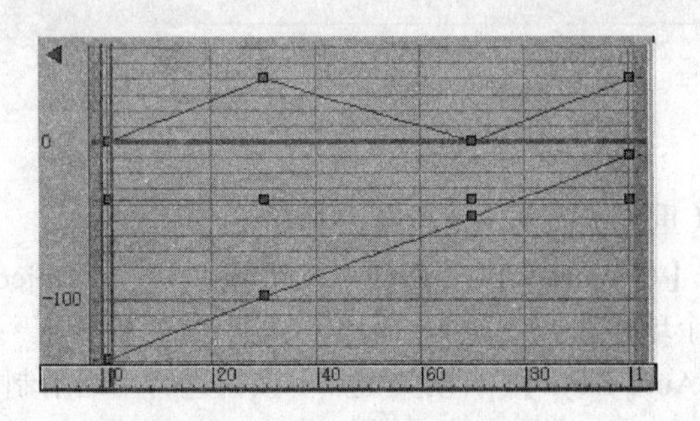

图 13-17　运动曲线变成直线

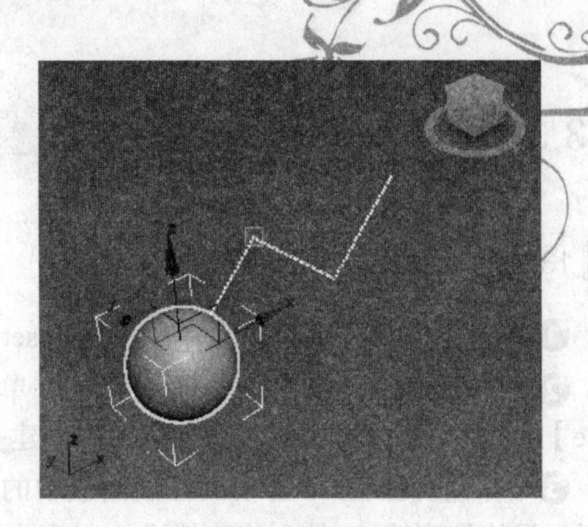

图 13-18　加入线性控制器后球体的运动路径

## 13.3.2　路径限制控制器

这个控制器是一个应用很广泛、很简单的控制器。

❶ 单击【File】(文件)菜单中的【Reset】(重置)命令，重新设置系统。

❷ 打开【Create】(创建)命令面板，在视图中创建如图 13-19 所示的动画场景。

❸ 选中茶壶，单击主菜单栏上的【Graph Editors】(图形编辑器)，在子菜单中选择【Track View-Curve Editor】(轨迹视图 - 曲线编辑器)对话框，弹出【Track View-Curve Editor】(轨迹视图 - 曲线编辑器)对话框，在左侧项目窗口中右击【Position】(位置)选项，在弹出的快捷菜单中选择【Assign Controller】(指定控制器)命令，在弹出的对话框中选择【Path Constraint】(路径约束)控制器。添加路径限制控制器后的项目列表如图 13-20 所示。

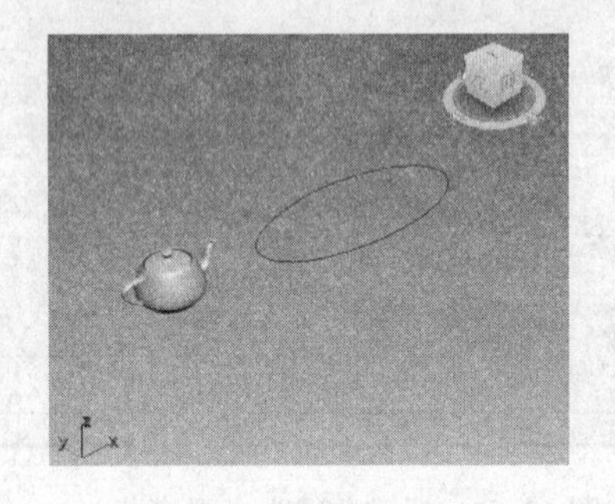

图 13-19　创建动画场景

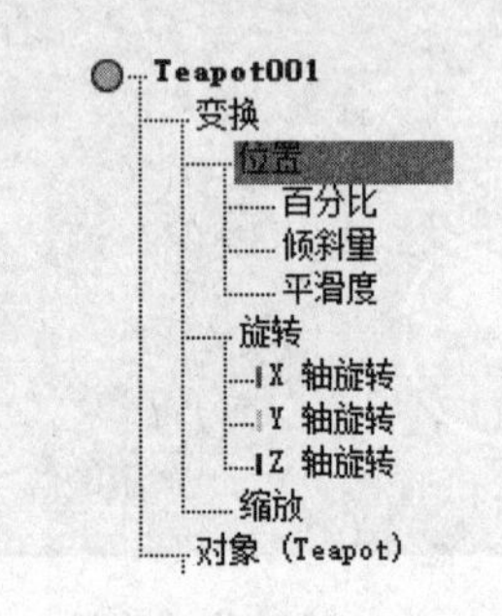


图 13-20　添加路径限制控制器后的项目列表

❹ 打开【Motion】(运动)命令面板，单击【Parameters】(参数)按钮，在【Path Parameters】(路径参数)卷展栏中单击【Add Path】(添加路径)，在视图中单击椭圆形曲线。可以看到，添加路径限制控制器后，透视图中茶壶被限制在了椭圆形路径上，如图 13-21 所示。

❺ 单击动画播放按钮，观看动画，可以看到茶壶沿椭圆形曲线运动的情况。

❻ 在参数卷展栏中勾选【Follow】(跟随)选项。再次播放动画，可以看到茶壶沿着路径运动的同时，自身方向也发生了变化，如图 13-22 所示。

❼ 在参数卷展栏中勾选【Bank】(倾斜)选项，然后设置【Bank Amount】(倾斜量)值为 −1.5。播放动画，可以看到茶壶受到向心力的影响，发生了倾斜变化，如图 13-23 所示。

图 13-21　茶壶被限制在椭圆路径上

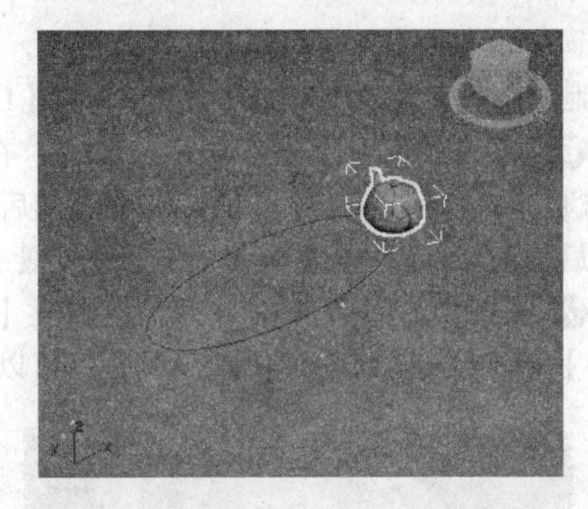

图 13-22　勾选“跟随”选项后的茶壶状态

### 13.3.3　朝向控制器

❶ 单击【File】(文件)菜单中的【Reset】(重置)命令，重新设置系统。

❷ 打开【Create】(创建)命令面板，在视图中创建如图 13-24 所示的动画场景。其中，鸟头可以用一个锥体和两个小球通过【Group】(成组)命令创建而成。

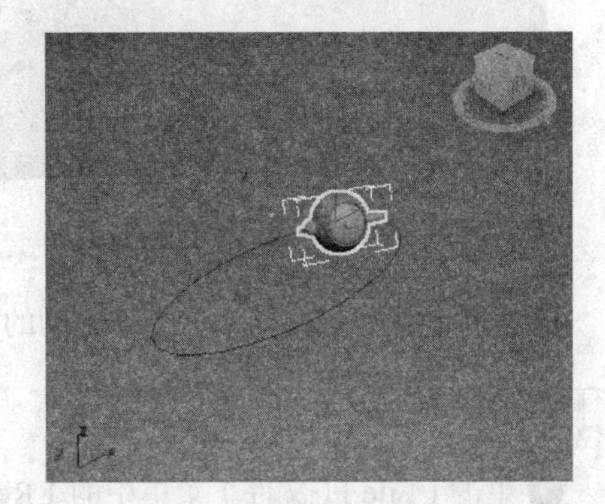

图 13-23　勾选“倾斜”选项后的茶壶状态

❸ 选中小球，单击主菜单栏上的【Graph Editors】(图形编辑器)，在子菜单中选择【Track View-Curve Editor】(轨迹视图 - 曲线编辑器)，在弹出的对话框左侧项目窗口中右击【Position】(位置)选项，在弹出的快捷菜单中选择【Assign Controller】(指定控制器)命令，在弹出的对话框中选择【Path Constraint】(路径约束)控制器。

❹ 打开【Motion】(运动)命令面板，单击【Parameters】(参数)按钮，在【Path Parameters】(路径参数)卷展栏中单击【Add Path】(添加路径)，在视图中单击圆形曲线。可以看到，为小球添加路径控制器后，透视图中小球被限制在了圆形路径上，如图 13-25 所示。

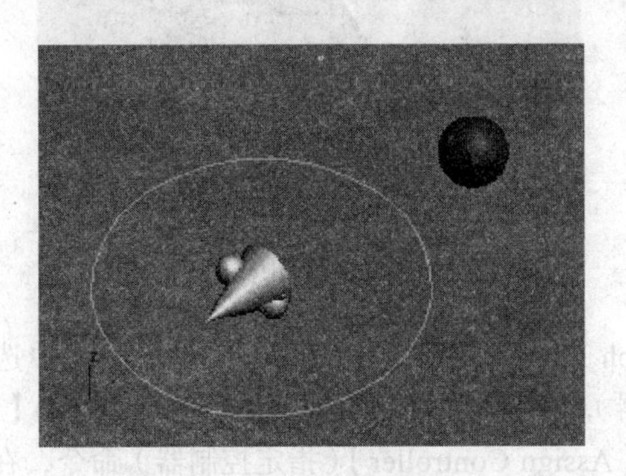

图 13-24　创建动画场景

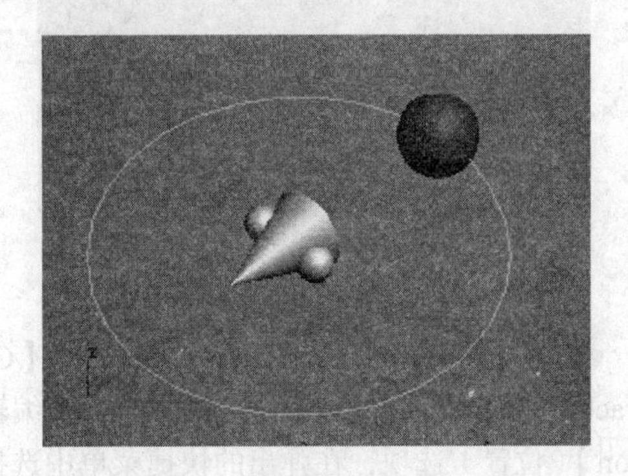

图 13-25　为小球添加路径控制器

❺ 选择鸟头，打开【Track View-Curve Editor】(轨迹视图 - 图形编辑器)对话框，在左侧

项目窗口中右击【Rotation】(旋转)选项，在弹出的快捷菜单中选择【Assign Controller】(指定控制器)命令，在弹出的对话框中选择【Look At Constraint】(方向约束)控制器。

❻ 打开【Motion】(运动)命令面板，在【Look At Constraint】(方向约束)卷展栏中单击【Add LookAt Target】(添加方向目标)，然后单击视图中的小球。可以看到，为鸟头添加朝向控制器后，在小球和鸟头之间多了一条连接线，如图 13-26 所示。

❼ 如果希望鸟嘴指向小球，可以在【Select LookAt Axis】(选择朝向轴向)下面勾选【Flip】(反向)选项。这时观察透视图，可以看到鸟嘴指向了小球，如图 13-27 所示。

图 13-26　为鸟头添加朝向控制器

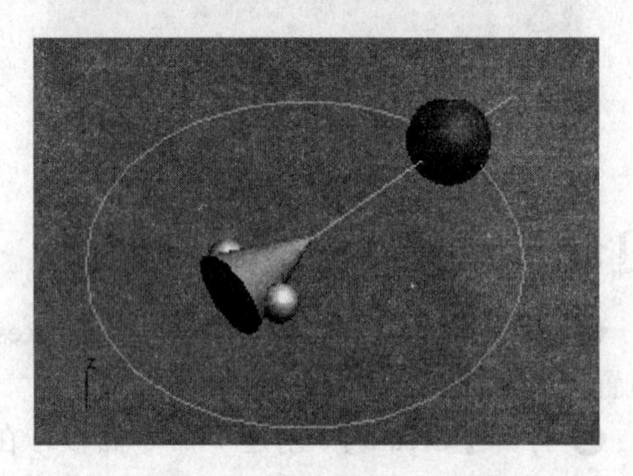

图 13-27　鸟嘴指向小球

❽ 播放动画，观察鸟头和小球运动的动画。动画中的一帧如图 13-28 所示。

### 13.3.4　噪波位置控制器

❶ 单击【File】(文件)菜单中的【Reset】(重置)命令，重新设置系统。

❷ 打开【Create】(创建)命令面板，在视图中创建一个环形节。透视图中的环形节如图 13-29 所示。

图 13-28　动画中的一帧

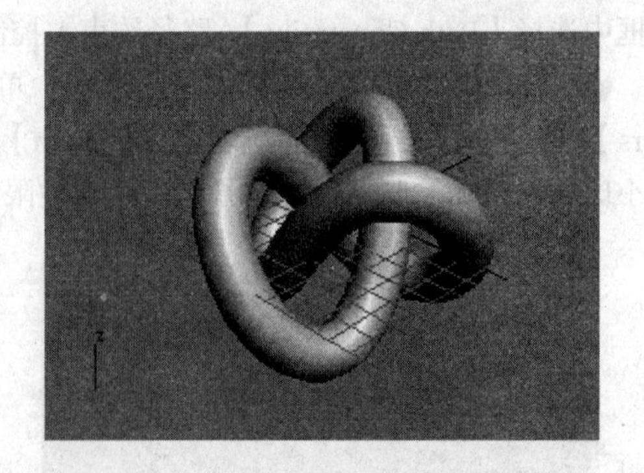

图 13-29　透视图中的环形节

❸ 选中环形节，单击主菜单栏上的【Graph Editors】(图形编辑器)，在子菜单中选择【Track View-Curve Editor】(轨迹视图 - 曲线编辑器)，在弹出的对话框左侧项目窗口中右击【Position】(位置)选项，在弹出的快捷菜单中选择【Assign Controller】(指定控制器)命令，在弹出的对话框中选择【Noise Position】(噪波位置)控制器。

❹ 在轨迹视图中生成的环形节运动曲线如图 13-30 所示。在透视图中观看动画，发现环形

节上下左右不规则地跳动。

❺ 如果对环形节的运动曲线不满意，可以在弹出的“噪波控制器”对话框中修改相关参数。“噪波控制器”对话框如图 13-31 所示。

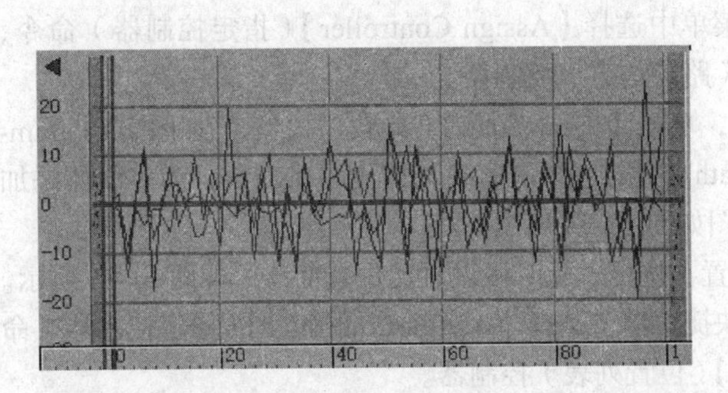

图 13-30　添加噪波位置控制器后的环形节运动曲线

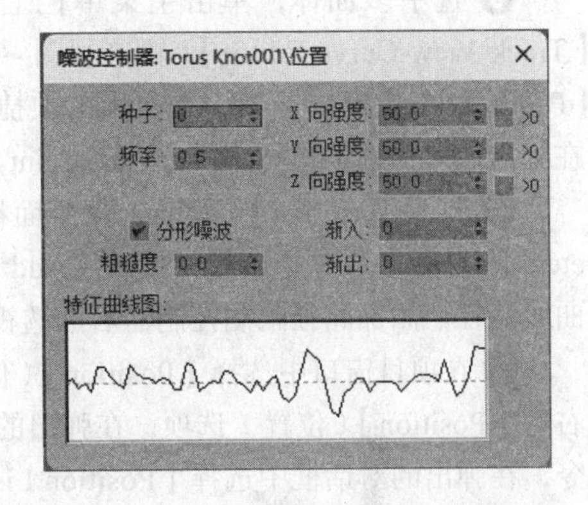


图 13-31　“噪波控制器”对话框

❻ 将【Frequency】(频率)更改为 0.2，可以看到环形节的运动曲线变得比较柔和，如图 13-32 所示。在透视图中观察动画，发现环形节跳动也缓和了许多。

❼ 取消勾选【Fractal】(分形噪波)复选框，可以看到环形节的运动曲线变得规则了，如图 13-33 所示。在透视图中观察动画，发现环形节的运动也比较有规律。

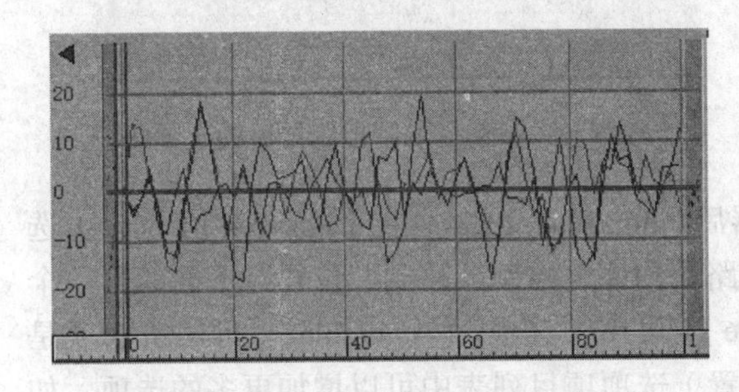

图 13-32　调整频率后环形节的运动曲线

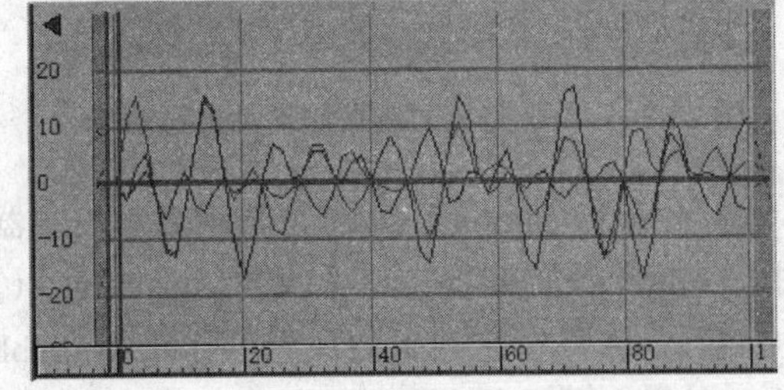

图 13-33　取消勾选“分形噪波”复选框后的运动曲线

❽ 还可设置对象在 X、Y、Z 向的强度。如果不勾选“> 0”复选框，则值域是从负的二分之一【Strength】(强度)到正的二分之一【Strength】(强度)；如果勾选“> 0”复选框，则值域是从 0 到【Strength】(强度)。

❾ 若【Roughness】(粗糙度)值为 0，则粗糙度约按 10% 的幅度增加；若【Roughness】(粗糙度)值为 1，则粗糙度约按 100% 的幅度增加。【Ramp in】(渐入)和【Ramp out】(渐出)表示阻尼值域起始和终止处的噪波量。

读者可自行调试其他参数，了解噪波位置控制器的用法。需要说明的是，噪波位置控制器还可以和其他控制器结合使用，从而模拟出现实中的真实效果，如它和路径限制控制器结合使用来模拟汽车在路上上下颠簸的效果。初学者应多尝试。

### 13.3.5 位置列表控制器

❶ 单击【File】(文件)菜单中的【Reset】(重置)命令，重新设置系统。

❷ 打开【Create】(创建)命令面板，在视图中创建一个多面体和一条曲线。

❸ 选中多面体，单击主菜单栏上的【Graph Editors】(图形编辑器)，在子菜单中选择【Track View-Curve Editor】(轨迹视图 - 曲线编辑器)，在弹出的对话框左侧的项目窗口中右击【Position】(位置)选项，在弹出的快捷菜单中选择【Assign Controller】(指定控制器)命令，在弹出的对话框中选择【Path Constraint】(路径约束)控制器。

❹ 打开【Motion】(运动)命令面板，单击【Parameters】(参数)按钮，在【Path Parameters】(路径参数)卷展栏中单击【Add Path】(添加路径)，在视图中单击曲线，为多面体添加曲线路径。添加路径限制控制器后的透视图如图 13-34 所示。

❺ 在项目窗口中选择【Position】(位置)选项。此时可以看见位置曲线。如图 13-35 所示。右击【Position】(位置)选项，在弹出的快捷菜单中选择【Assign Controller】(指定控制器)命令，在弹出的对话框中选择【Position List】(位置列表)控制器。

图 13-34　添加路径限制控制器后的透视图

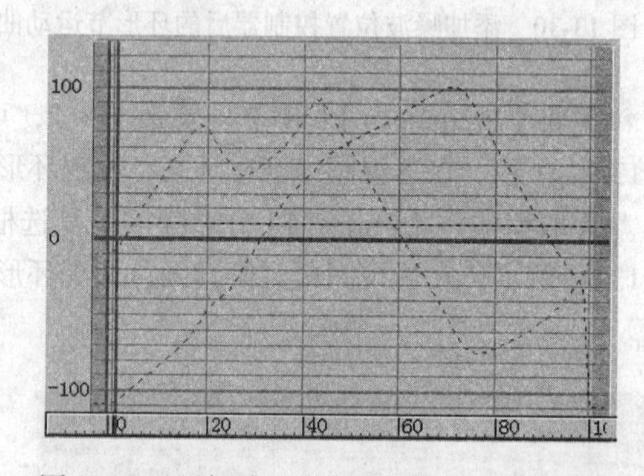


图 13-35　添加路径限制控制器后的位置曲线

❻ 添加【Position List】(位置列表)控制器后，3ds Max 2024 会在【Position】(位置)选项中增加两个子控制器，将【Path Constraint】(路径约束)控制器移到“位置”下面的第一个子控制器上，并在它的下面放置一个【Available】(可用)选项。【Available】(可用)选项是一个指示器，表明在【Linear Position】(曲线位置)选项项目列表中可以增加更多的选项，如图 13-36 所示。

❼ 选中【Available】(可用)，右击，在弹出的快捷菜单中选择【Assign Controller】(指定控制器)，从弹出的对话框中选择【Noise Position】(噪波位置)。这时弹出“噪波控制器”对话框，如图 13-37 所示。在该对话框中可以通过更改数值，从而更改【Noise Position】(噪波位置)在运动中的振幅。

❽ 在左侧项目窗口中选择【Noise Position】(噪波位置)选项，右击，在弹出的快捷菜单中选择【Assign Controller】(指定控制器)命令，在弹出的对话框中调整【Noise Position】(噪波位置)曲线，如图 13-38 所示。

❾ 在左侧项目窗口中单击【Position】(位置)选项。合成后的运动曲线如图 13-39 所示。在透视图中可观看动画，观察效果。

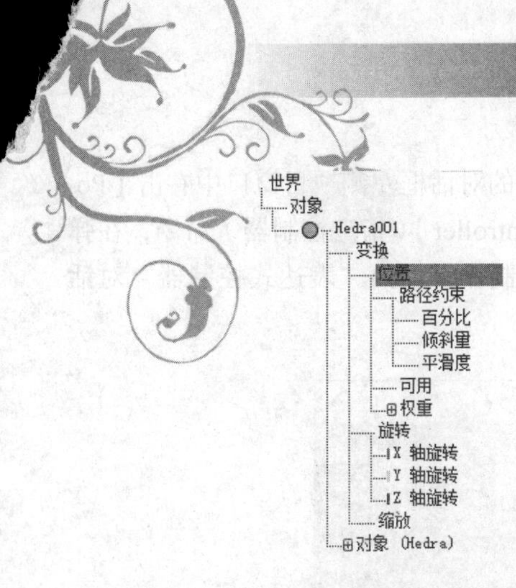


图 13-36 添加位置列表控制器后的项目列表

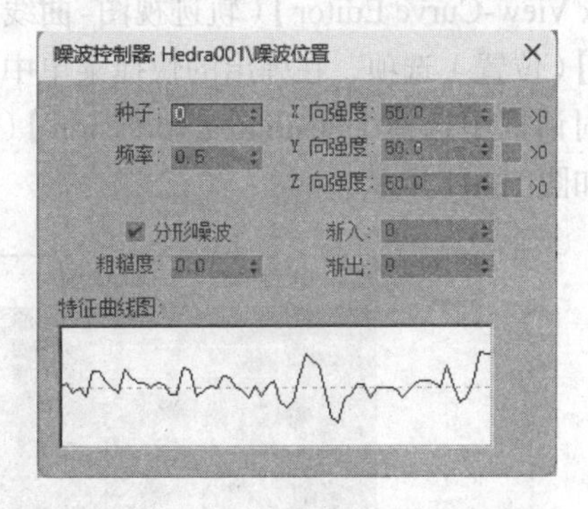


图 13-37 "噪波控制器"对话框

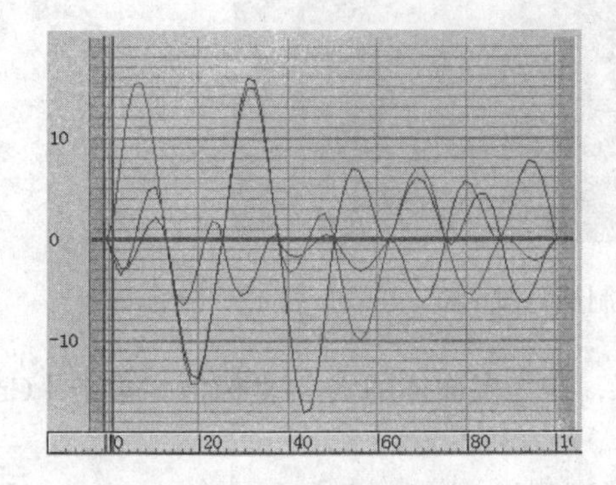

图 13-38 噪波位置曲线

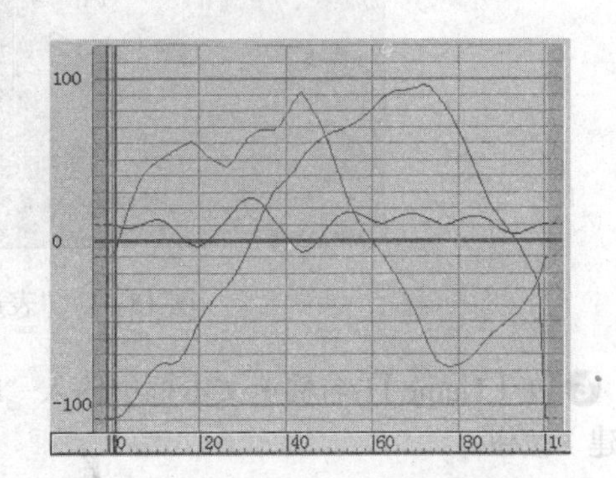

图 13-39 合成后的运动曲线

## 13.3.6 表达式控制器

前面介绍的几个控制器都是设定时间或其他参数，由计算机自动套用公式来进行插值计算，用户也可以自己定义表达式，来控制动画制作的效果。

❶ 单击【File】(文件)菜单中的【Reset】(重置)命令，重新设置系统。

❷ 打开【Create】(创建)命令面板，在视图中创建一个长方体、一个球体和一个多面体，并用关键帧的方法给长方体和球体制作简单动画。长方体和球体的轨迹如图 13-40 所示。

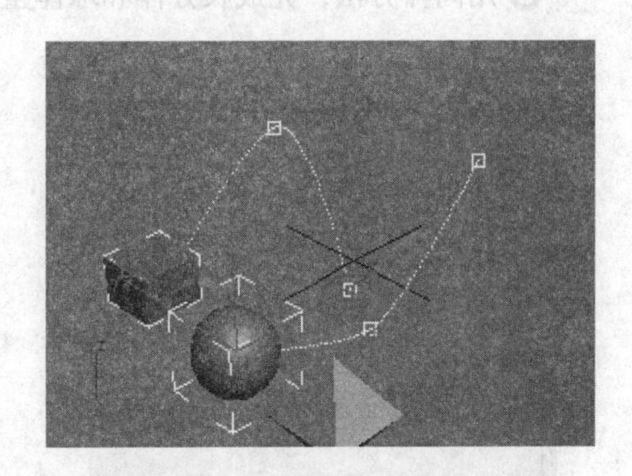

图 13-40 长方体与球体运动轨迹

❸ 选中长方体，单击主菜单栏上的【Graph Editors】(图形编辑器)，在子菜单中选择【Track View-Curve Editor】(轨迹视图 - 曲线编辑器)，在弹出的对话框左侧项目窗口中右击【Position】(位置)选项，在弹出的快捷菜单中选择【Assign Controller】(指定控制器)命令，在弹出的对话框中选择【Position XYZ】(位置 XYZ)控制器，给长方体添加位置 XYZ 控制器。

❹ 用同样方法，给球体添加位置 XYZ 控制器。

❺ 选中多面体，单击主菜单栏上的【Graph Editors】(图形编辑器)，在子菜单中选择

【Track View-Curve Editor】(轨迹视图 - 曲线编辑器)，在弹出的对话框左侧项目窗口中右击【Position】(位置)选项，在弹出的快捷菜单中选择【Assign Controller】(指定控制器)命令，在弹出的对话框中选择【Position Expression】(位置表达式)控制器，弹出“表达式控制器”对话框，如图 13-41 所示。

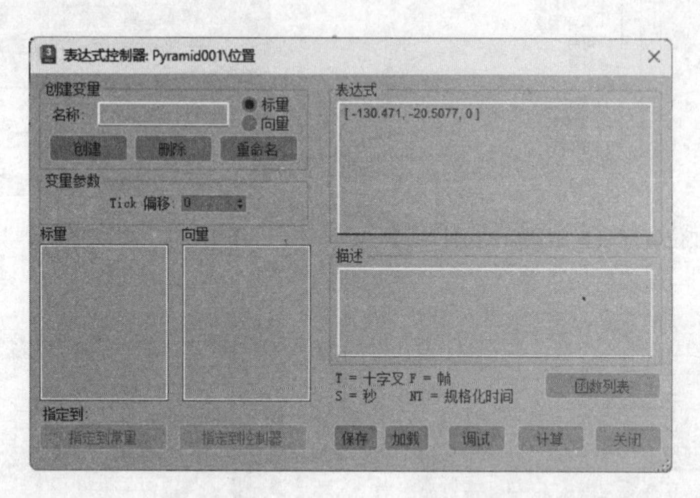

图 13-41 “表达式控制器”对话框

❻ 在【Name】(名称)文本框中输入“boxX”，作为多面体的 X 轴坐标值。单击【Creat】(创建)按钮。

❼ 单击下方的【Assign to Controller】(指定到控制器)按钮，弹出【Track View Pick】(轨迹视图拾取)对话框，如图 13-42 所示。在其中找到多面体的【X Position】(X 位置)，选中后单击“确定”按钮。这样就完成了一个变量的创建。

❽ 用同样方法，完成长方体和球体全部变量的创建，结果如图 13-43 所示。

图 13-42 “轨迹视图拾取”对话框

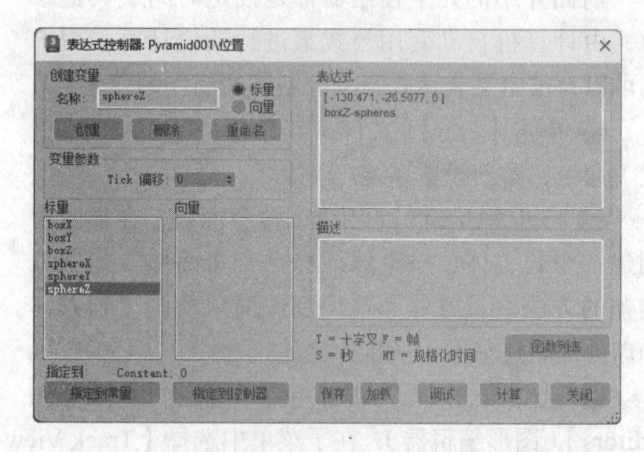

图 13-43 完成长方体和球体全部变量的创建

❾ 在【Description】(描述)文本框中输入对表达式的简要说明，以便理解。然后单击【Evaluate】(计算)按钮，计算表达式的值。

❿ 单击【Save】(保存)按钮，将对话框中的内容保存。显示三个对象的运动轨迹，表达式控制器的作用效果如图 13-44 所示。

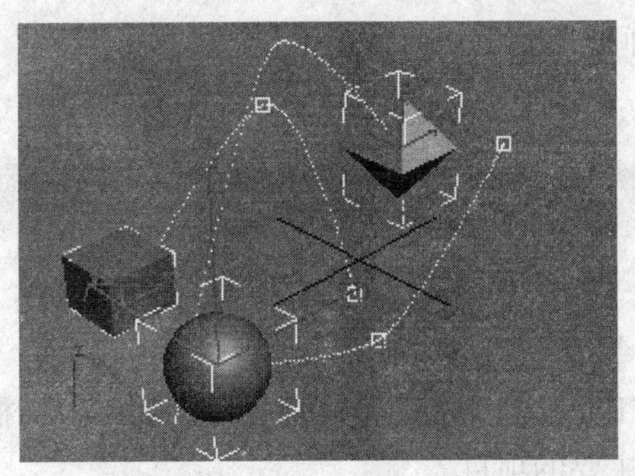

图 13-44　表达式控制器作用效果

## 13.4 实战训练——篮球入篮

本节将利用前面学到的知识制作一个篮球入栏的动画。

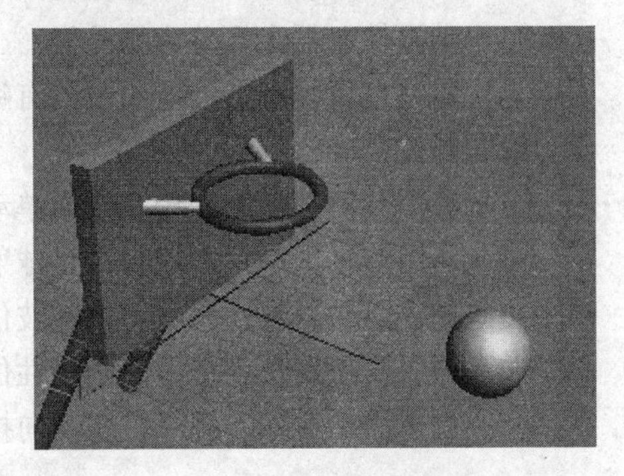

图 13-45　创建篮球及框架场景

❶ 单击【File】(文件)菜单中的【Reset】(重置)命令，重新设置系统。

❷ 打开【Create】(创建)命令面板，在视图中创建如图 13-45 所示的篮球及框架场景。

❸ 在左视图创建一条轨迹曲线，作为篮球入网时的路径，如图 13-46 所示。

❹ 选中篮球，单击主菜单栏上的【Graph Editors】(图形编辑器)，在子菜单中选择【Track View-Curve Editor】(轨迹视图 - 曲线编辑器)，在弹出的对话框左侧项目窗口中右击【Position】(位置)选项，在弹出的快捷菜单中选择【Assign Controller】(指定控制器)命令，在弹出的对话框中选择【Path Constraint】(路径约束)控制器。

❺ 打开【Motion】(运动)命令面板，单击【Parameters】(参数)按钮，在【Path Parameters】(路径参数)卷展栏中单击【Add Path】(添加路径)，在视图中单击轨迹曲线。观察透视图，可以看到给篮球添加路径控制器后篮球被限制在了轨迹曲线上，如图 13-47 所示。

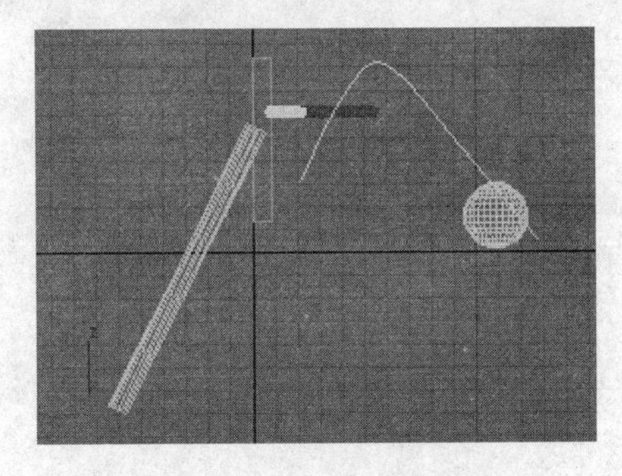

图 13-46　创建篮球入网路径

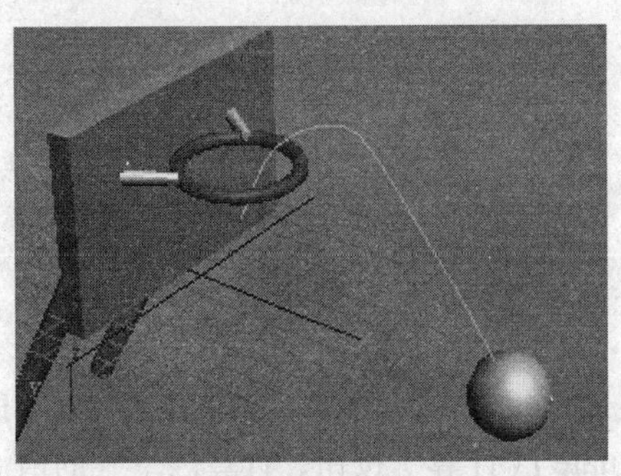

图 13-47　给篮球添加路径控制器

❻ 在【Path Parameters】(路径参数)卷展栏中勾选【Follow】(跟随)选项，播放动画，

可以观察篮球入网的精彩瞬间。

## 13.5 课后习题

1. 填空题

（1）生成动画预览的命令是________。

（2）【Track View-Curve Editer】（轨迹视图 - 曲线编辑器）对话框的项目窗口中有________、________和________等几个主要的项目。

（3）使物体沿固定曲线移动的控制器是________。

（4）使物体一直面向目标物体的控制器是________。

2. 问答题

（1）什么是关键帧？什么是关键帧动画？

（2）如何打开轨迹视图？轨迹视图有什么作用？

（3）动画控制器大概分为哪几类？

（4）噪波位置控制器的应用步骤有哪些？

3. 操作题

（1）利用关键帧动画制作一段简单动画。

（2）利用路径限制控制器制作足球射门的动画。

（3）创建简单对象，练习使用噪波位置控制器制作动画的方法。

（4）创建简单对象，练习使用线性位置控制器制作动画的方法。

（5）创建简单对象，练习使用朝向控制器制作动画的方法。

# 第 14 章　渲染与输出

## 教学目标

创建三维模型并为其赋予模拟真实的材质后，即可对其进行渲染，观察效果图，或者是输出一个动画视频文件。渲染是在建模过程中用户为了观察设计的动作、材质和灯光等效果而经常用到的操作。后期合成是在完成动画制作后，为其添加片头、片尾和各种特效等要素，从而使作品更加完美，并符合人们的视觉要求的过程。本章将介绍渲染工具的使用以及后期合成的步骤。

## 教学重点与难点

- 渲染工具的使用
- 静态图像的合成
- 动态视频的合成

## 14.1 渲染工具的使用

3ds Max 提供了一系列用来渲染静态图像的工具，如工具栏中有【Render Setup】（渲染设置）、【Rendered Frame Window】（渲染帧窗口）和【Render Production】（渲染产品）三个按钮，在【Render Production】（渲染产品）下还有【Render in the Cloud】（在线渲染）、【Rendering Iteration】（渲染迭代）和【ActiveShade】（着色渲染）三个按钮。其中，【Rendered Frame Window】（渲染帧窗口）、【Rendering Iteration】（渲染迭代）和【ActiveShade】（着色渲染）都比较简单，这里不做详细介绍。

### 14.1.1　使用快速渲染工具

❶ 单击【File】（文件）菜单中的【Reset】（重置）命令，重新设置系统。

❷ 打开【File】（文件）菜单，单击【Open】（打开），选择任意一个以前做好的场景文件。这里选择电子资料包中的源文件 /14 章 / 电脑 .max，如图 14-1 所示。

❸ 单击工具栏上的【Render Production】（渲染产品）按钮，渲染后的场景如图 14-2 所示。

❹ 常用到的按钮有保存、复制、颜色控制及删除按钮。

❺ 单击【Save Bitmap】（保存图像）按钮，弹出“保存图像”对话框，如图 14-3 所示。输入文件名，选择保存类型和文件路径将文件保存。

❻ 单击【Clone Rendered Frame Window】（克隆渲染帧窗口）按钮，复制渲染后的场景，结果如图 14-4 所示。

❼ 颜色按钮可用来控制图像的显示方式，默认情况下，三个颜色的按钮均处于开启状态。单击【Enable Red Channel】（启用红色通道），使其处于灰显状态，则红色通道关闭，此时的场景如图 14-5 所示。

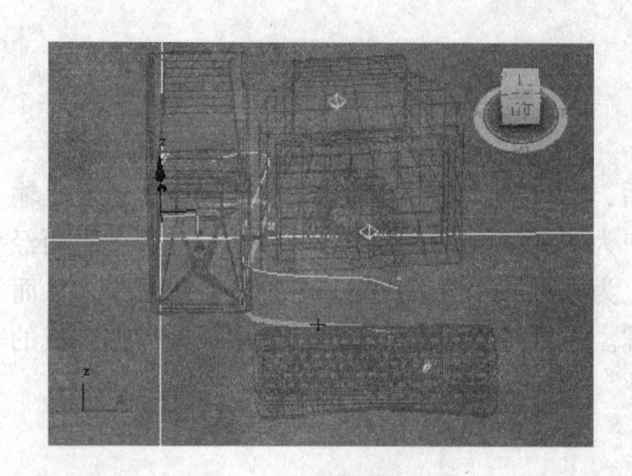

图 14-1　选择场景文件

图 14-2　渲染后的场景

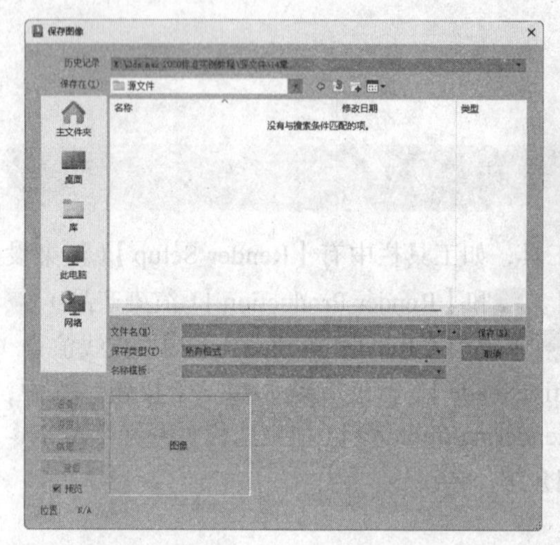


图 14-3　“保存图像”对话框

图 14-4　复制渲染后的场景

❽ 关闭【Enable Blue Channel】(启用蓝色通道)，仅开启红色和黄色两个通道，此时的场景如图 14-6 所示。

### 14.1.2　使用渲染场景工具

❶ 单击【File】(文件)菜单中的【Reset】(重置)命令，重新设置系统。

❷ 打开【File】菜单，单击【Open】(打开)，选择任意一个以前做好的场景文件。这里选择电子资料包中的源文件 /14 章 / 亭子 .max。

❸ 单击工具栏上的【Render Setup】(渲染设置)按钮，弹出“渲染设置”对话框，如图 14-7 所示。

❹ 在该对话框中，默认情况下为渲染一帧，对动画而言，可以设置渲染的帧数范围，也可以设置输出的尺寸和选项等高级参数。

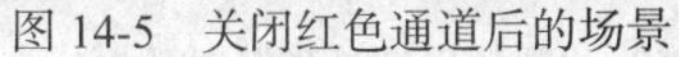
图 14-5　关闭红色通道后的场景

图 14-6　关闭蓝色通道后的场景

❺ 设置参数后，单击对话框右上方的【Render】(渲染) 按钮，即可看到渲染场景后的图片，如图 14-8 所示。

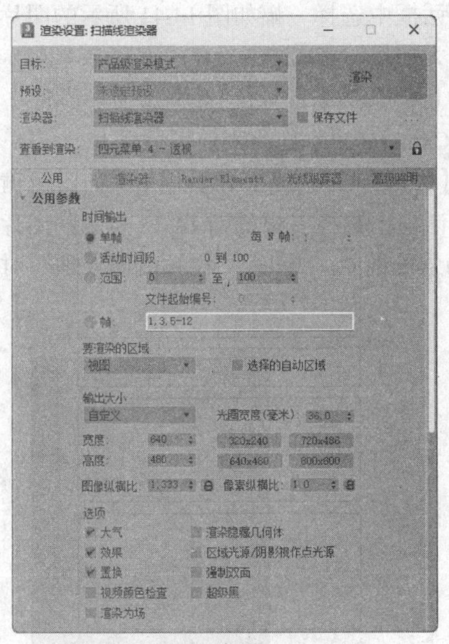


图 14-7　“渲染设置”对话框

图 14-8　渲染场景后的图片

## 14.2　后期合成

### 14.2.1　静态图像的合成

❶ 单击【File】(文件) 菜单中的【Reset】(重置) 命令，重新设置系统。

❷ 打开【File】(文件) 菜单，单击【Open】(打开)，选择一个以前做好的场景文件。这里选择电子资料包中的“源文件 /14 章 / 苹果 .max”。为了方便控制，添加一架摄像机。调整后的摄像机视图如图 14-9 所示。

❸ 选择菜单栏中的【Rendering】(渲染)→【Video Post】(视频后期处理)命令，打开“视频后期处理”对话框。此时对话框左边的项目列表中只有【Queue】(队列)选项，如图 14-10 所示。

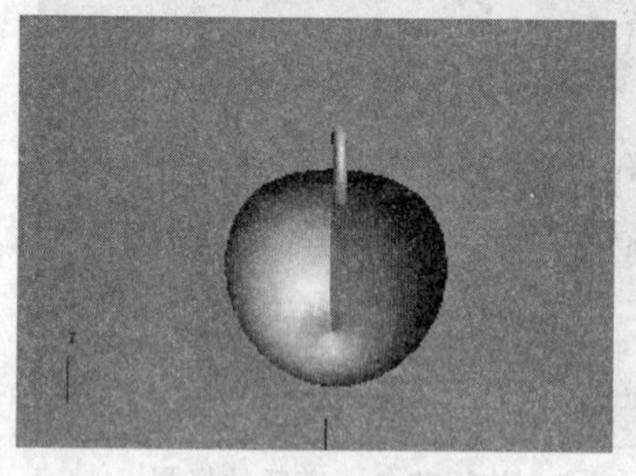

图 14-9　摄像机视图

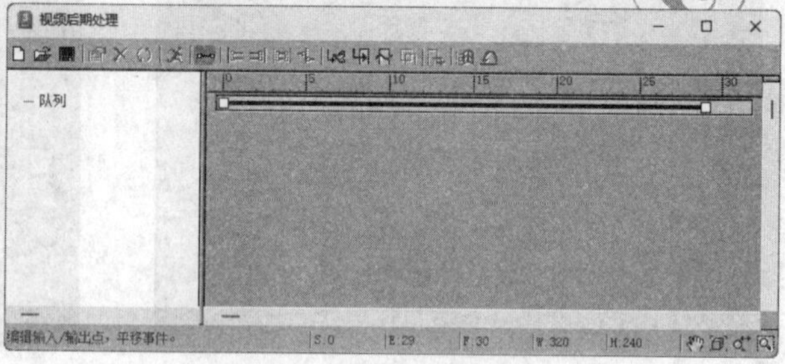

图 14-10　“视频后期处理”对话框

❹ 单击“视频后期处理”对话框工具栏上的【Add Image Input Event】(添加图像输入事件)按钮，添加一个图片输入事件，在弹出的对话框中选择一幅如图 14-11 所示的图片(电子资料包中的“源文件 / 贴图 /MEADOW1.jpg”)作为场景的背景。

❺ 单击“视频后期处理”对话框工具栏上的【Add Scene Event】(添加场景事件)按钮，打开“添加场景事件”对话框，在其中选择“Camera01”，作为当前场景载入。

❻ 单击“视频后期处理”对话框工具栏上的【Add Image Input Event】(添加图像输入事件)按钮，添加一个图片输入事件，在弹出的对话框中选择一幅如图 14-12 所示的图片(电子资料包中的“源文件 / 贴图 /nangua.jpg”)作为场景的前景。此时，“视频后期处理”对话框中左侧的项目列表如图 14-13 所示。

图 14-11　背景图片

图 14-12　前景图片

❼ 按住 Ctrl 键，单击选中“视频后期处理”对话框工具栏左侧项目列表中的“MEADOW01.JPG”和“Camera01”选项。再单击“视频后期处理”对话框工具栏中的【Add Image Layer Event】(添加图像层事件)按钮，弹出对话框。

❽ 在【Layer Plug-In】(层插件)的下拉列表中选择【Alpha Compositor】(Alpha 合成器)类型，单击“确定”按钮，完成图层添加。添加图层后的项目列表如图 14-14 所示。

❾ 在“视频后期处理”对话框工具栏左侧项目列表中双击“nangua.jpg”选项，打开“编辑输入图像事件”对话框，如图 14-15 所示。

❿ 单击【Option】(选项)按钮，弹出“图像输入选项”对话框，如图 14-16 所示。选中

【Custom Size】（自定义大小）复选框，并适当调整图片大小。

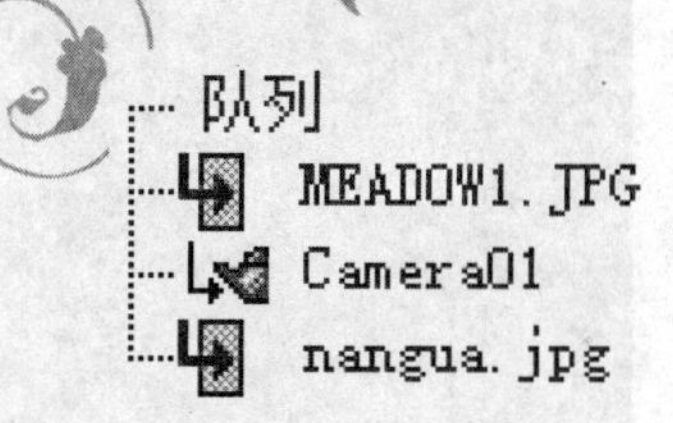


图 14-13 项目列表

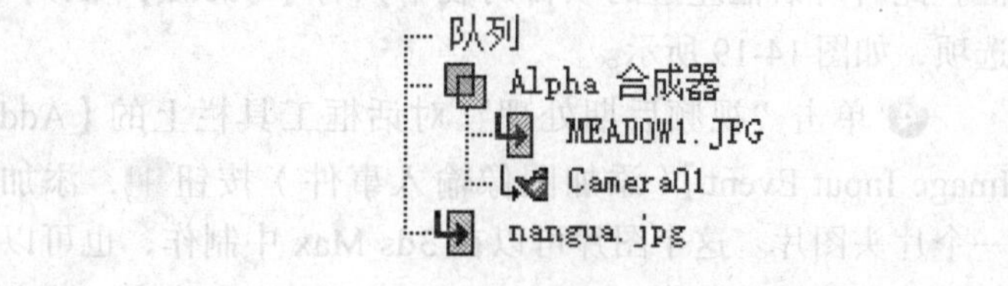


图 14-14 添加图层后的项目列表

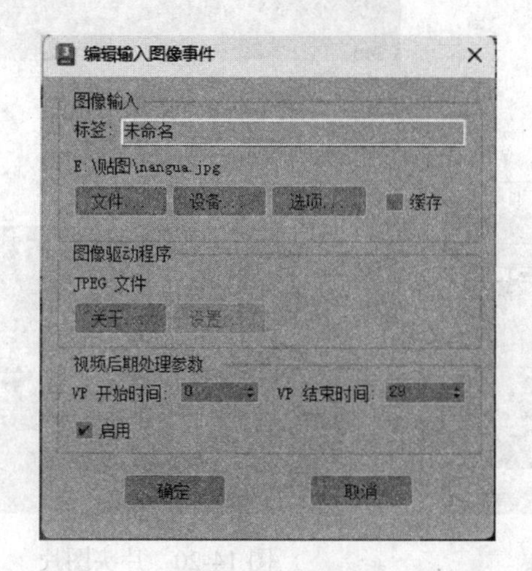


图 14-15 “编辑输入图像事件”对话框

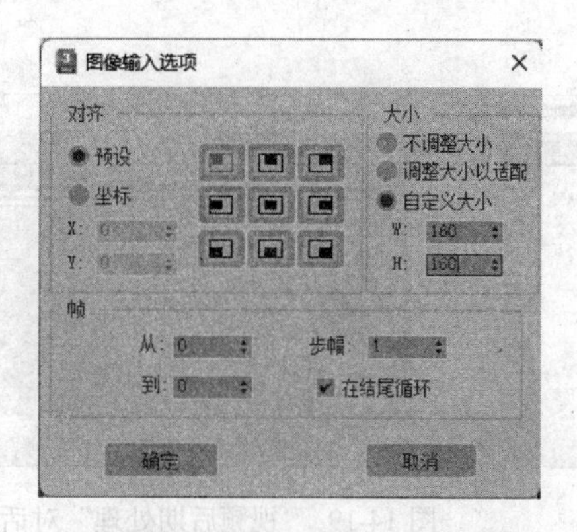


图 14-16 “图像输入选项”对话框

⓫ 激活摄像机视图，适当调整苹果在摄像机视图中的位置。

⓬ 单击“视频后期处理”对话框中工具栏上的【Execute Sequence】（执行序列）按钮，弹出“执行视频后期处理”对话框，在其中设置图像输出的尺寸，然后单击 渲染 按钮，渲染场景。图像合成的结果如图 14-17 所示。

图 14-17 图像合成的结果

### 14.2.2 动态视频的合成

在进行动态视频合成之前，需要先确定视频的情节。本例中的情节如下：首先出现一个开始的字幕，随着字幕的消失，动画开始播放，动画播放结束时，出现结束字幕。

❶ 单击【File】（文件）菜单中的【Reset】（重置）命令，重新设置系统。

❷ 打开【File】（文件）菜单，单击【Open】（打开），选择任意一个以前做好的动画文件。这里选择 13.3.3 节中的动画文件（电子资料包中的源文件 /14 章 / 朝向动画 .max）。调整后的摄像机视图如图 14-18 所示。

❸ 选择菜单栏中的【Rendering】(渲染)→【Video Post】(视频后期处理)命令，打开“视频后期处理”对话框。此时对话框左边的项目列表中只有【Queue】(队列)选项，如图 14-19 所示。

❹ 单击“视频后期处理”对话框工具栏上的【Add Image Input Event】(添加图像输入事件)按钮，添加一个片头图片。这个图片可以在 3ds Max 中制作，也可以用其他绘图软件制作，这里是在 3ds Max 中完成的。读者可直接使用电子资料包中的“贴图 /start.bmp 文件”，如图 14-20 所示。

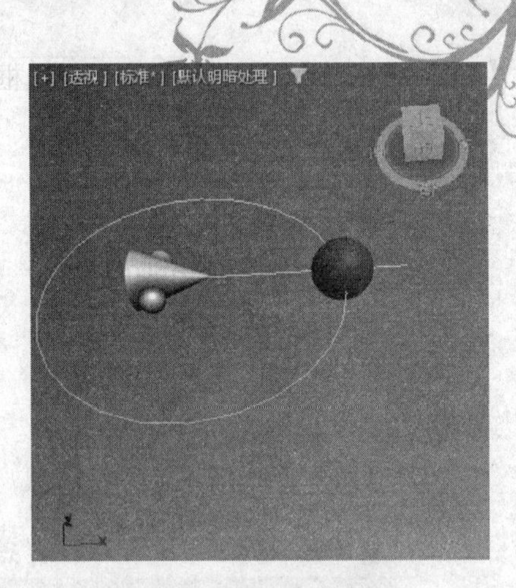

图 14-18　摄像机视图

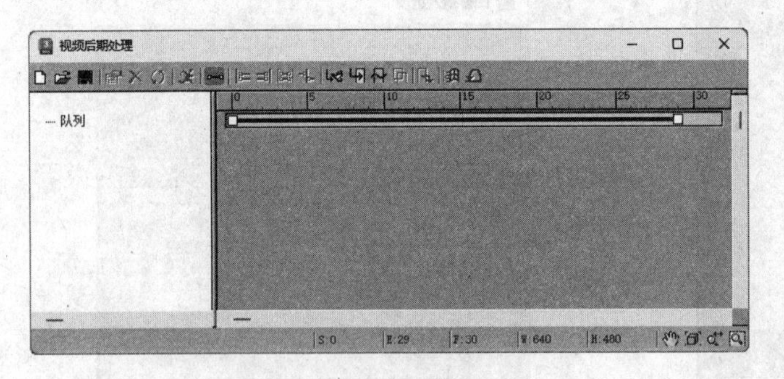


图 14-19　“视频后期处理”对话框

图 14-20　片头图片

❺ 单击“视频后期处理”对话框工具栏上的【Add Scene Event】(添加场景事件)按钮，打开添加场景事件对话框，选择“Camera001”，作为当前场景载入。

❻ 单击“视频后期处理”对话框工具栏上的【Add Image Input Event】(添加图像输入事件)按钮，添加一个片尾图片。此处用电子资料包中的“贴图 /end.bmp”文件，如图 14-21 所示。

❼ 单击“视频后期处理”对话框工具栏上的【Add Image Output Event】(添加图像输出事件)按钮，添加图像输出事件，在弹出的如图 14-22 所示的对话框中单击 文件... 按钮，选择输出图像的保存位置、文件名和文件格式，然后单击“确定”按钮。

❽ 添加事件后的“视频后期处理”对话框如图 14-23 所示。

❾ 单击选中“视频后期处理”对话框左侧项目列表中的“start.bmp”，使其处于蓝颜色选中状态，此时右侧的范围条呈现红色。

❿ 单击“视频后期处理”对话框工具栏上的【Add Image Filter Event】(添加图像过滤事件)按钮，弹出“添加图像过滤事件”对话框，在下拉列表中选择【Fade】(简单擦除)选项，如图 14-24 所示。

⓫ 单击【Setup】(设置)按钮，弹出“简单擦除控制”对话框，如图 14-25 所示。选择【In】(推入)模式，单击“确定”按钮结束简单擦除操作。

⓬ 用同样的方法，为片尾图片添加简单擦除效果。

图 14-21 片尾图片

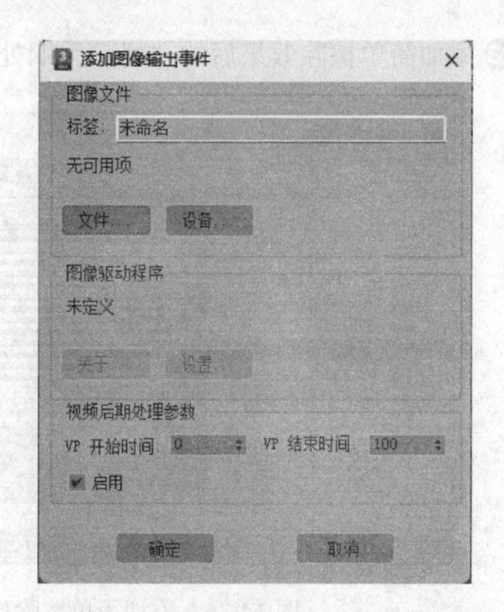


图 14-22 “添加图像输出事件”对话框

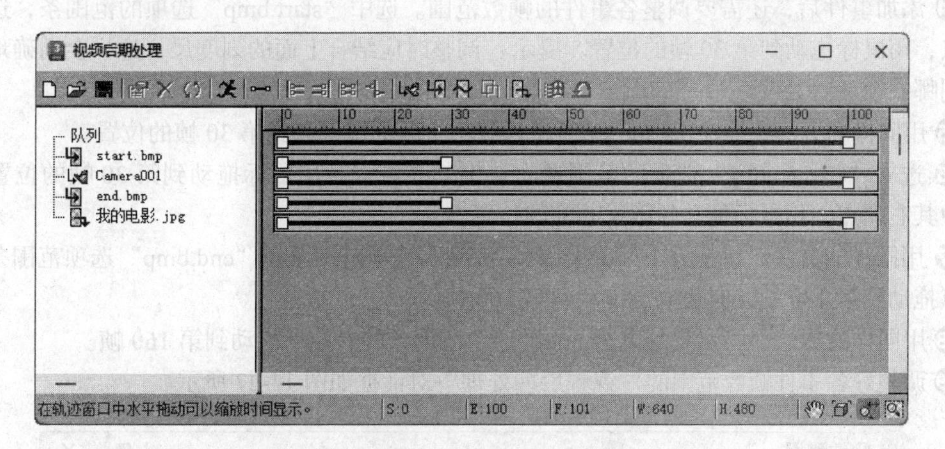


图 14-23 添加事件后的“视频后期处理”对话框

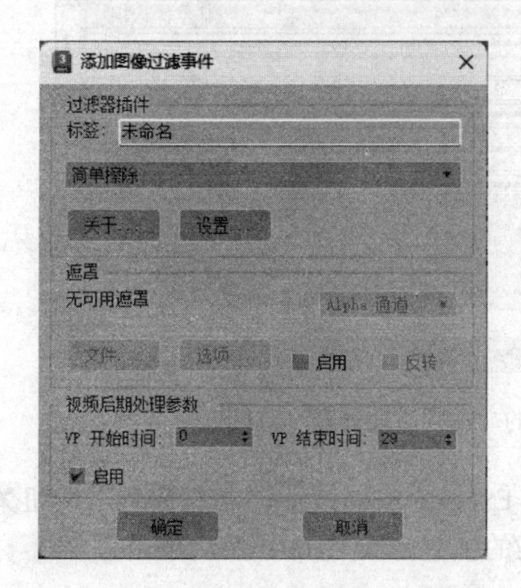


图 14-24 “添加图像过滤事件”对话框

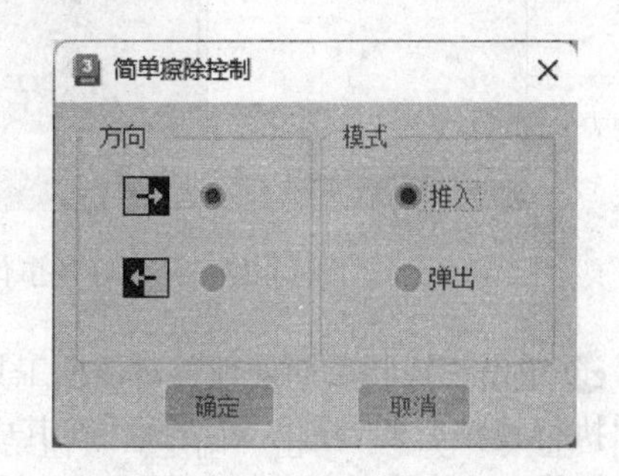


图 14-25 “简单擦除控制”对话框

⑬ 添加简单擦除效果后的“视频后期处理”对话框如图 14-26 所示。

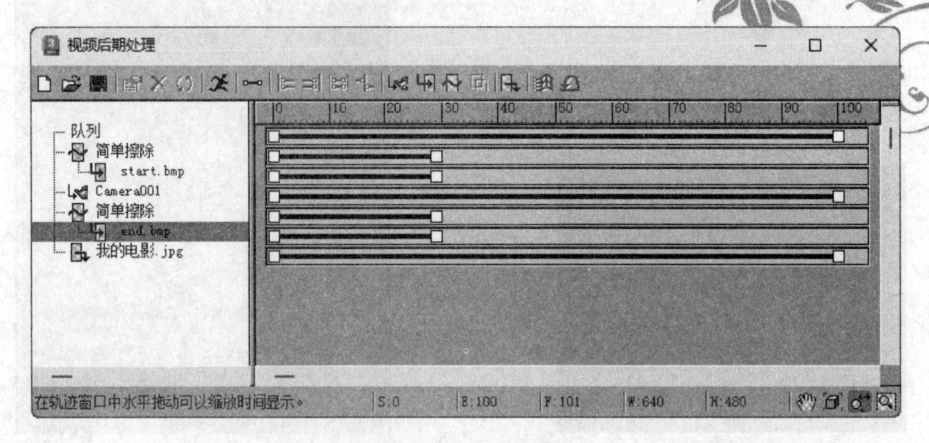


图 14-26　添加简单擦除效果后的“视频后期处理”对话框

⑭ 添加事件后，还需要调整各事件的帧数范围。选中“start.bmp”选项的范围条，选中其右端点，用鼠标拖动到第 30 帧的位置。提示：调整时应结合上面的刻度尺，这样会精确地知道拖动到哪一帧。

⑮ 用同样的方法，拖动【Fade】(简单擦除)选项的范围条到第 30 帧的位置。

⑯ 选中“Camera001”选项的范围条。选中其左端点，用鼠标拖动到第 30 帧的位置；然后选中其右端点，用鼠标拖动到第 130 帧的位置。

⑰ 用同样的方法，将下方【Fade】(简单擦除)选项范围条和“end.bmp”选项范围条的左边端点拖动到第 130 帧，右边端点拖动到第 160 帧。

⑱ 用同样的方法，将“我的电影 .jpg”选项范围条的右端点拖动到第 160 帧。

⑲ 调整好各事件帧数范围的“视频后期处理”对话框如图 14-27 所示。

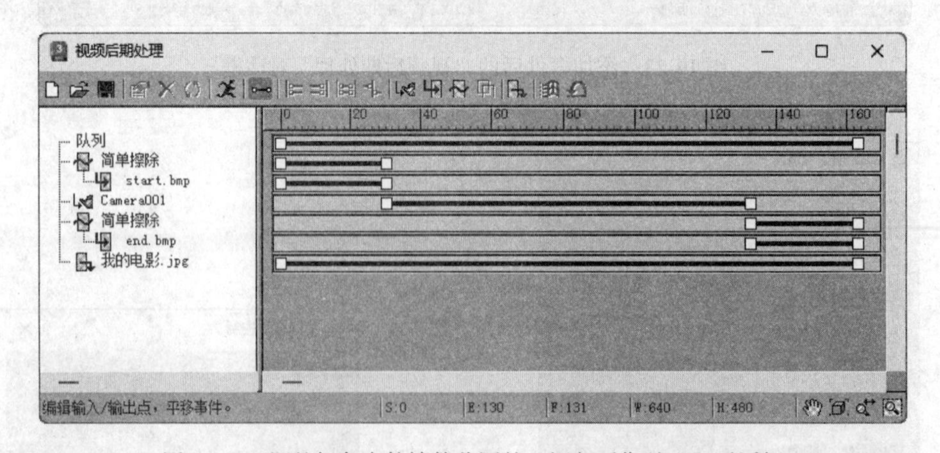


图 14-27　调整好各事件帧数范围的“视频后期处理”对话框

⑳ 单击“视频后期处理”对话框工具栏上的【Execute Sequence】(执行序列)按钮，弹出“执行视频后期处理”对话框，在其中设置渲染的帧数为 0 ~ 160，然后单击 渲染 按钮，渲染场景。渲染中的部分帧如图 14-28 所示。

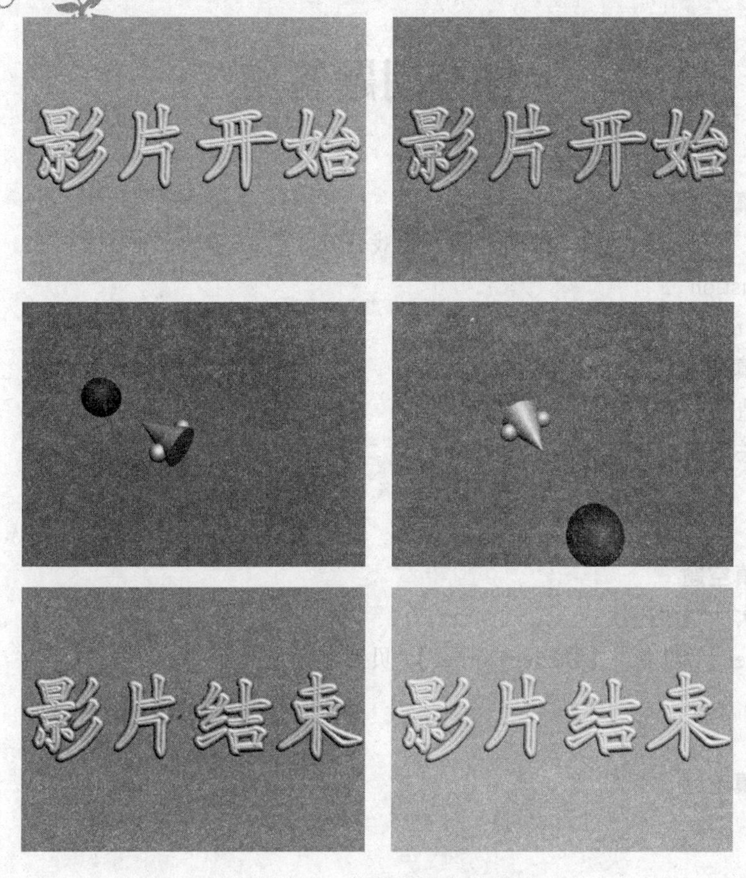


图 14-28 渲染中的部分帧

## 14.3 课后习题

**1. 填空题**

（1）快速渲染的命令有________、________、________和________。

（2）视频后期处理的工作元素有________、________、________和________等。

**2. 问答题**

（1）如何设置渲染图像的尺寸？

（2）如何设置渲染动画的帧数范围？

（3）如何输出动画视频文件？

（4）静态图像合成的一般步骤是什么？

（5）动态视频合成的一般步骤是什么？

**3. 操作题**

（1）创建简单对象，利用不同的渲染工具进行渲染。

（2）打开【Video Post】（视频后期处理）对话框，熟悉其操作界面及功能。

（3）调用读者自己做好的一段动画，尝试后期合成与输出，制作一段小电影。

# 部分习题答案

**第 1 章　填空题**

（1）片头广告　影视特效　建筑装潢　游戏开发

（2）combustion

（3）character studio

**第 2 章　填空题**

（1）三维造型　灯光

（2）线　关键点

（3）名称

（4）实例

**第 3 章　填空题**

（1）点层次　线段层次

（2）【Corner】（角点）【Bezier Corner】（贝塞尔角点）

（3）差集　交集

（4）一半

**第 4 章　填空题**

（1）10

（2）13

（3）3

（4）6

（5）4

**第 5 章　填空题**

（1）按路径放样　按截面放样

（2）【Scale】（缩放）【Twist】（扭曲）【Teeter】（倾斜）【Bevel】（倒角）【Fit】（拟配）

（3）并集　交集　差集和剪切

（4）Ctrl

（5）【Mesh Smooth】

**第 6 章　填空题**

（1）点曲线　CV 曲线

（2）点曲面　CV 曲面

**第 7 章　填空题**

（1）创建参数　通过物体修改编辑器　变换　空间变形结合

（2）锁定堆栈　显示最终结果开 / 关按钮　独立　删除编辑修改器

（3）节点　边界　面　多边形　元素

（4）从修改器堆栈中进入　在 Selection 卷展栏中单击子物体按钮

第 8 章　填空题

（1）3×2

（2）热材质　暖材质　冷材质

（3）7

（4）由若干材质通过一定方法组合而成的材质

第 9 章　填空题

（1）4

（2）12

（3）Opacity 贴图通道

（4）Self-Illumination 贴图通道

（5）6

第 10 章　填空题

（1）6　泛光灯　目标聚光灯　自由聚光灯　目标平行光灯

（2）泛光灯

（3）目标摄像机　自由摄像机　物理摄像机

（4）摄像机　目标

第 11 章　填空题

（1）Bomb 变形体

（2）Ripple 变形体

（3）6

（4）雪　飞沫

第 12 章　填空题

（1）标准雾　分层雾　体雾

（2）2　背景贴图　大气效果

（3）fireball　tendril

（4）产生光晕效果

第 13 章　填空题

（1）Make Preview（位于 Animation 菜单下）

（2）World（世界）　Sound（声音）　Video Post（视频通道）

（3）路径限制控制器

（4）朝向控制器

第 14 章　填空题

（1）渲染产品　渲染帧窗口　渲染迭代　着色渲染

（2）场景事件　图像输入事件　图像过滤事件　图像层事件